Beier / Kaufhold / Paydar

Messdatenverarbeitung mit LabVIEW und Python

Ihr Plus – digitale Zusatzinhalte!

Auf unserem Download-Portal finden Sie zu diesem Titel kostenloses Zusatzmaterial.

Geben Sie dazu einfach diesen Code ein:

plus-t8vfn-88bx4

plus.hanser-fachbuch.de

Thomas Beier
Tobias Kaufhold
Mohammadreza Paydar

Messdatenverarbeitung mit LabVIEW und Python

2., vollständig überarbeitete Auflage

HANSER

Über die Autor:innen:
Thomas Beier unterrichtete an der Staatlichen Technikerschule Berlin die Fächer Messdatenverarbeitung und Automatisierungstechnik.
Tobias Kaufhold ist als Lehrkraft an der Staatlichen Technikerschule Berlin tätig.
Dipl.-Ing. Mohammadreza Paydar unterrichtet zahlreiche Fächer im Bereich Elektrotechnik an der Staatlichen Technikerschule Berlin.

MIX
Papier aus verantwortungsvollen Quellen
FSC® C083411
FSC www.fsc.org

Print-ISBN: 978-3-446-48248-7
E-Book-ISBN: 978-3-446-48435-1

Die allgemein verwendeten Personenbezeichnungen gelten gleichermaßen für alle Geschlechter.

Bibliografische Information der Deutschen Nationalbibliothek:
Die Deutsche Nationalbibliothek verzeichnet diese Publikation in der Deutschen Nationalbibliografie; detaillierte bibliografische Daten sind im Internet unter http://dnb.d-nb.de abrufbar.

Vilshofener Straße 10 | 81679 München | info@hanser.de
www.hanser-fachbuch.de
Lektorat: Dipl.-Ing. Natalia Silakova-Herzberg
Herstellung: le-tex publishing services GmbH, Leipzig
Coverkonzept: Marc Müller-Bremer, www.rebranding.de, München
Covergestaltung: Max Kostopoulos
Titelmotiv: © Fotolia / Wladimir Bulgar
Satz: Eberl & Koesel Studio, Kempten
Druck: CPI Books GmbH, Leck
Printed in Germany

Vorwort

Das Fach Messdatenverarbeitung, das nun unter dem neuen Namen Signale und Systeme an der Staatlichen Technikerschule Berlin (STB) unterrichtet wird, hat eine lange Tradition an der STB. Es umfasst weiterhin den zusätzlichen Schwerpunkt der digitalen Signalverarbeitung. Die Inhalte werden praxisnah mit Messgeräten und unter Einsatz der Programmiersprache LabVIEW vermittelt. Die erste Auflage dieses Buches ist im Wesentlichen aus dem Unterrichtsmaterial von Thomas Mederer entstanden, der das Fach über viele Jahre an der STB lehrte und Mitautor der ersten Auflage war. Ihm sei an dieser Stelle herzlich gedankt. Seit der Veröffentlichung der ersten Auflage sind mittlerweile zehn Jahre vergangen, in denen zahlreiche Neuerungen eingeflossen sind. Dieses Buch ist weiterhin an der Staatlichen Technikerschule Berlin verankert, und zwei neue Dozenten der Schule sind als Autoren in dieses Projekt eingestiegen.

Das Problem, die anspruchsvolle Theorie mit der Praxis in Einklang zu bringen, bestand von Anfang an. Während der praktische Teil sich gut mit LabVIEW programmieren lässt, ist der theoretische Teil der digitalen Signalverarbeitung mit der vorhandenen Literatur nur schwer zu vermitteln. Meist sind die guten Bücher der digitalen Signalverarbeitung für den mathematisch nicht vorgebildeten Studierenden nur schwer verständlich. Die STB hat im Unterricht von Anbeginn die anschauliche Beschreibung der streng mathematischen Vorgehensweise vorgezogen. Das wurde in der zweiten Auflage beibehalten. Die zweite Auflage wurde gründlich überarbeitet. Das Kapitel digitale Signalprozessoren wurden herausgenommen und stattdessen wurde die Messdatenverarbeitung mit Python aufgenommen. Die Programmiersprache Python hat sich zu einem mächtigen Werkzeug in vielen Bereichen entwickelt. LabVIEW und Python ergänzen sich zusammen hervorragend. Über den sogenannten Python-Knoten lässt sich eine direkte Schnittstelle zwischen beiden Programmiersprachen realisieren.

Mit diesem Buch haben sich die Autoren zum Ziel gesetzt, den Studierenden einen leichteren Zugang zur Theorie zu ermöglichen. Die Autoren sind sich bewusst, dass an einigen Stellen die Aussagen zugunsten der Verständlichkeit vereinfacht wurden. Viele allgemeingültige Aussagen, die quasi nur in der Praxis so vorkommen, werden nicht weiter infrage gestellt. An dieser Stelle muss der interessierte Leser auf die weiterführende Literatur zurückgreifen.

Die Inhalte richten sich an Techniker, angehende Studenten, Praktiker und Autodidakten. Mit diesem Buch kann altes Wissen aufgefrischt werden, ohne in die tiefere Mathematik einsteigen zu müssen. Die Lösungen zu den Aufgaben sind teilweise im Buch direkt angegeben und können einfach nachvollzogen werden, sie können auch von der Webseite *plus.hanser-fachbuch.de* heruntergeladen werden. Die Programme, die im Buch teilweise nur auszugsweise dargestellt sind, sind dort komplett vorhanden.

Bei den Lösungsbeispielen wurden im Wesentlichen elementare LabVIEW-Funktionen verwendet und auf die Anwendung fertiger Funktionen verzichtet. Der Programmierstil wurde zeitgemäß angepasst. Die Themen des Buches entsprechen zu größten Teil den Inhalten, die an der Staatlichen Technikerschule Berlin vermittelt werden. Es wurden aber auch viele neue Themen mit aufgenommen.

Wir möchten uns an dieser Stelle für die gute Betreuung durch das Team des Hanser Verlags Frau Kubiak und Frau Silakova bedanken.

Das Autoren-Team wünscht den Lesern viel Freude beim Studium dieses Buches.

Berlin, im August 2025

Thomas Beier
Tobias Kaufhold
Mohammadreza Paydar

Inhalt

1 Einführung

Messen gehört wahrscheinlich zu den ältesten Fähigkeiten der Menschheit – und ist heute wichtiger denn je. Schon in der Steinzeit mussten Länge und Masse bestimmt werden, damit der Warenaustausch fair blieb. Mangels moderner Messmittel griff man damals kurzerhand auf das zurück, was man immer dabei hatte: den eigenen Körper. So wurden die Körpermaße des Menschen wie z. B. Fuß oder Elle die ersten Maßverkörperungen der Geschichte.

Heute kann deutlich präziser gemessen werden – und auch digitaler. Doch egal ob damals oder heute: Messwerte allein nützen wenig, wenn sie nicht sinnvoll verarbeitet werden können. Messdatenverarbeitung sorgt hier dafür, dass rohe Messwerte geordnet, übertragen, umgeformt und letztlich in nützliche Informationen verwandelt werden, im Allgemeinen mithilfe von Computern oder Mikrocontrollern.

Wie rasant sich dieser Bereich entwickelt hat, zeigt ein kleiner geschichtlicher Rückblick. Denn eines ist sicher: Ohne Messdatenverarbeitung wäre unsere technisierte Welt undenkbar.

1.1 Historische Entwicklung

Messinstrumente vor Strom und Zeiger

Bevor Elektrotechnik die Messtechnik revolutionierte bediente man sich mechanischer, optischer oder sogar akustischer Methoden um die Welt zu erfassen.

Massen wurden mit einfachen Balkenwaagen bestimmt, Längen mit Maßstäben, die Zeit ließ sich mithilfe von Wasseruhren oder Sonnenuhren grob erfassen, frühe Thermometer und Barometer arbeiteten mit Flüssigkeiten und Luftdruck, ganz ohne Elektrizität. Selbst Frequenzen ließen sich durch Stimmgabeln nachweisen. Diese frühen Messmittel bildeten das Fundament der Messtechnik.

Elektromechanische Instrumente

Bevor digitale Sensoren und Mikrocontroller die Bühne betraten, entwickelte sich gegen Ende des 19. Jahrhunderts die elektromechanische Messtechnik. Eine wichtige Gruppe der elektromechanischen Instrumente waren die Zeigerinstrumente. Bei ihnen wurde elektrische Größen wie Spannung oder Strom raffiniert in eine mechanische umgewandelt und somit sichtbar gemacht. Wichtige Vertreter solcher Instrumente waren das Drehspul- und das Dreheiseninstrument, aber auch frühe Oszillografen wie z.B. das Lichtstrahl-Oszilloskop. Das Messprinzip des Drehspul- oder Dreheiseninstruments spielt auch noch heute bei den digitalen Messinstrumenten eine Rolle, wenn z.B. der wahre Effektivwert (RMS) ermittelt werden soll.

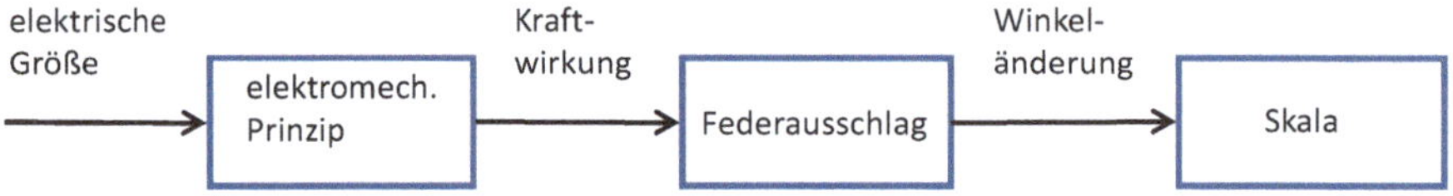

Bild 1.1 Elektromechanische Wirkkette

Bild 1.2 Elektromechanische Voltmeter

Elektronische Instrumente

Seit dem 19 Jahrhundert wird in Verbindung mit Elektronenröhren von Elektronik gesprochen, eine neue Ära der Messtechnik begann. Elektronische Bauelemente ersetzten mechanische und erweiterten nicht nur den Einsatzbereich konventioneller Instrumente, sondern ermöglichten auch neue Messmethoden. So finden elektronische Hilfsmittel Anwendung in der Sensorik, bei Messverstärkern, in der Signalaufbereitung und -erzeugung sowie in der Übertragung von Messdaten. Wichtige Messgeräte dieser Art waren z.B. das Elektronenstrahl-Oszilloskop. Plötzlich konnten Daten nicht nur angezeigt, sondern auch gespeichert, verarbeitet werden. Der Grundstein für die heutige digitale Messtechnik war gelegt.

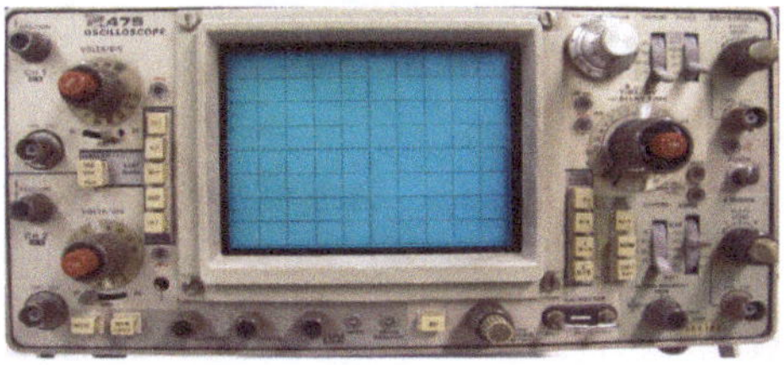

Bild 1.3
Elektronenstrahl-Oszilloskop

Digitale Instrumente

Mit der Verfügbarkeit integrierter Schaltungen zur Analog-Digital-Umsetzung (ADU) und Digital-Analog-Umsetzung (DAU) begann sich in den 1970er-Jahren die digitale Messtechnik durchzusetzen. Diese Entwicklung ging einher mit zunehmender Verbreitung der digitalen Signalverarbeitung, wodurch Messwerte nicht nur präziser erfasst, sondern auch schneller verarbeitet und analysiert werden konnten. Geräte der digitalen Messtechnik sind z. B. digitale Multimeter (DMM), Zähler (Counter) und das digitale Speicheroszilloskop (DSO).

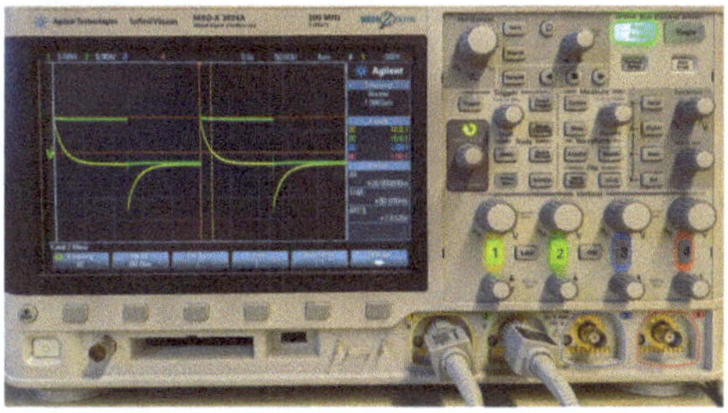

Bild 1.4
Digitales Speicheroszilloskop

Rechnergestützte Messtechnik

Mit der steigenden Rechenleistung von Computern hat sich auch die Messtechnik grundlegend gewandelt. Heute verfügen viele Messgeräte über eigene eingebaute Mikrorechner, die eine schnelle und präzise Datenverarbeitung ermöglichen. Messwerterfassungs-Hardware ist in vielfacher Weise über geeignete Schnittstellen oder Bussysteme mit Rechnern unterschiedlichster Art verbunden bzw. vernetzt. Auch die zugehörige Software entwickelte sich von Assemblersprachen über Hochsprachen wie FORTRAN, BASIC und C hin zu komplexen, grafisch orientierten Programmierumgebungen, wie z. B. LabVIEW.

Eine immer wichtigere Rolle spielt dabei auch Python. Die Sprache hat sich in der Messtechnik durch ihre einfache Syntax, die breite Unterstützung für wissenschaftliches Rechnen und die riesige Auswahl an Bibliotheken etabliert.

Bild 1.5
USB-6001 Messbox von NI

1.2 Moderne Messwerterfassung und -verarbeitung

Moderne Messtechnik ist in nahezu allen technischen und wissenschaftlichen Bereichen unverzichtbar. Ihre Anwendungen reichen von Aufgaben in der Mess- und Regelungstechnik über die Datenübertragung bis hin zur Sprach- und Bildverarbeitung. Wichtige Anwendungsgebiete finden sich in der Automatisierung, in der Medizintechnik oder in der Kommunikationstechnologie.

Für Messwerterfassungssysteme (engl. DAQ system = Data-Acquisition-System) ergeben sich aus den Messaufgaben die unterschiedlichsten Anforderungen. Bei der Konzipierung von Messsystemen stellen sich daher zentrale Fragen, darunter:

- Welche Messgrößensollen erfasst werden – analog oder digital?
- Ist Signalkonditionierung erforderlich?
- Müssen mehrere Messgrößen zeitgleich erfasst werden?
- Welche Bandbreite an Frequenzen muss erfasst werden?
- Welche Messunsicherheit ist zulässig?
- Wie lange soll die Messung dauern?
- Ist eine Echtzeit-Berechnung erforderlich?

Diese Faktoren bestimmen maßgeblich die Auswahl der geeigneten Messhardware und -software.

Für viele Anwendungen lässt sich die in Bild 1.6 dargestellte Grundstruktur für die Messwerterfassung und -verarbeitung skizzieren. Die Messkette besteht aus mehreren Schritten, die gemeinsam dafür sorgen, dass eine physikalische Größe erfasst, verarbeitet und ausgegeben wird.

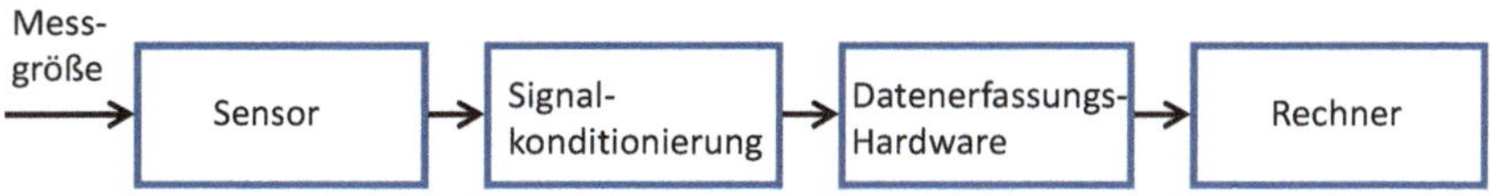

Bild 1.6 Grundstruktur eines Messwerterfassungssystems

Die einzelnen Funktionseinheiten seien im Folgenden kurz erläutert:

Sensor

Der Sensor (auch Messfühler oder Messwertaufnehmer) reagiert auf die nichtelektrische Messgröße. Es werden dabei physikalische und chemische Effekte genutzt, um die nichtelektrische Größe in eine elektrische Größe umzuwandeln.

Signalkonditionierung

Das vom Sensor erzeugte Signal ist oft schwach oder nicht direkt nutzbar. Die Signalkonditionierung bereitet das Ausgangssignal des Sensors so auf, dass es für die weitere Verarbeitung geeignet ist. Ist das Ausgangssignal der Signalkonditionierung ein sog. Einheitssignal, dann wird die Signalkonditionierung auch als Messumformer oder Transmitter (engl. transducer) bezeichnet. Die Signalkonditionierung enthält elektronische Komponenten wie zum Beispiel Verstärker oder Filter.

Datenerfassungs-Hardware

In der Datenerfassungs-Hardware werden die ankommenden Signale digitalisiert und für die digitale Weiterverarbeitung umgeformt. Typische Komponenten der Datenerfassungs-Hardware sind Multiplexer, Verstärker, AD-Wandler und Mikroprozessoren. Die Hardware bildet die Schnittstelle zwischen der analogen Welt und der digitalen Verarbeitung.

Rechner

Die digitalisierten Messwerte können zur weiteren Verarbeitung an einen Rechner übertragen werden. Je nach Anwendungsfall können unterschiedliche Rechner wie z.B. PC, Mikrocontroller oder Digitaler Signalprozessor mit entsprechender Peripherie zum Einsatz kommen. Der Rechner analysiert die Daten, stellt sie visuell dar oder leitet sie zur weiteren Nutzung weiter.

Die einzelnen Funktionseinheiten können dabei sowohl als einzelne Bausteine vorliegen oder in einer einzigen integrierten Lösung zusammengefasst sein – wie bei einem „Smart-Sensor“, einem Sensor, der Signalverarbeitung und Datenausgabe in einem Chip vereint. Durch den stetigen technologischen Fortschritt entwickeln sich sowohl Hard- als auch Software für Messwerterfassungssysteme kontinuierlich weiter und ermöglichen immer leistungsfähigere Lösungen.

2 Analog-Digital-Umsetzer

Ein Analog-Digital-Umsetzer (ADU), auch Analog-Digital-Wandler oder Analog-Digital-Converter (ADC) genannt, setzt eine analoge Eingangsspannung in eine Zahl um.

2.1 Grundbegriffe und Kennlinie

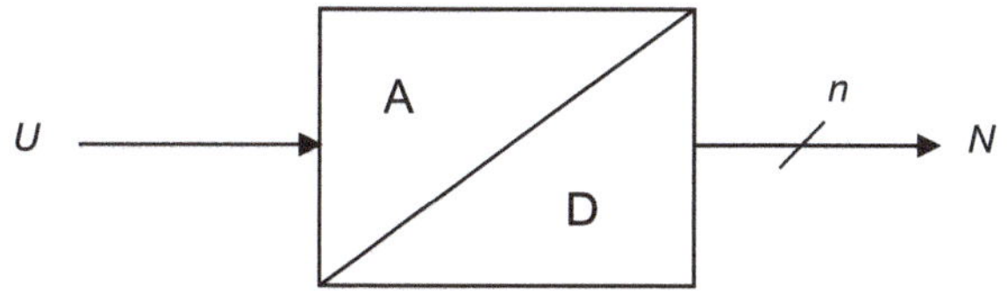

Bild 2.1
Blockbild AD-Umsetzer

Bild 2.1 zeigt das Blockbild für einen AD-Umsetzer. Der Bereich der Eingangsspannung U wird über eine Referenzspannung U_{ref} festgelegt. Die analoge Eingangsgröße kann jeden möglichen Zwischenwert im Spannungsbereich annehmen. Die Zahl N als Ausgangsgröße kann nur diskrete Werte annehmen. Sie wird meist als Dualzahl mit n Bits ausgegeben.

Folgende Gleichung, die **Wandlungsfunktion**, beschreibt das Übertragungsverhalten:

$$N = \left\langle \frac{U}{U_{\mathrm{LSB}}} \right\rangle \tag{2.1}$$

mit

$$U_{\mathrm{LSB}} = \frac{U_{\mathrm{ref}}}{2^n}$$

Die „eckige Klammer“ bedeutet hierbei, dass N gerundet wird und nur ganze Zahlen annehmen kann.

U_{ref} = Referenzspannung, legt den Bereich der Eingangsspannung U fest

U_{LSB} = Quantisierungseinheit = Spannungsstufung der Eingangsspannung U

Hinweis

Die Ausgangsgröße N eines ADU gibt an, wie oft die Quantisierungseinheit U_{LSB} in der Eingangsspannung U gerundet enthalten ist.

Die grafische Darstellung der Wandlungsfunktion ergibt die **Kennlinie eines ADU**.

Beispiel 2.1

Für einen 3-Bit-ADU ($n = 3$) mit $U_{ref} = 4\,V$ ist die Kennlinie zu zeichnen.

Lösung

$$U_{LSB} = \frac{U_{ref}}{2^n} = \frac{4\text{ V}}{2^3} = 0{,}5\text{ V}$$

Die sich damit nach Formel 2.1 ergebende Kennlinie ist in Bild 2.2 dargestellt.

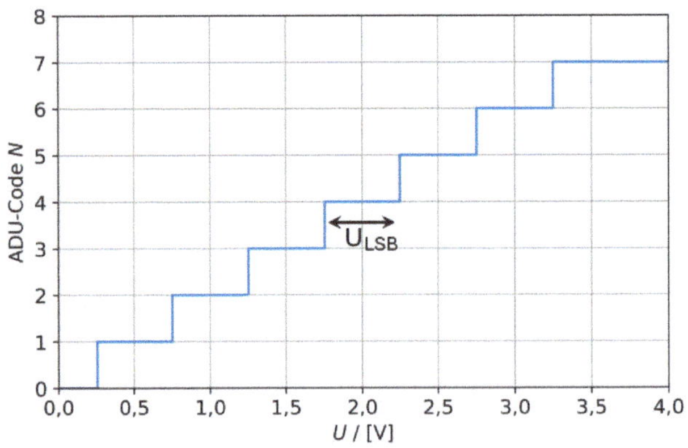

Bild 2.2 ADU-Kennlinie

Quantisierungsfehler

Da die AD-Wandlung unendlich viele analoge Spannungswerte auf eine endliche Anzahl von Zahlenwerten abbildet (dieser Vorgang wird auch als Quantisierung bezeichnet), lässt sich von einem quantisierten Zahlenwert N nicht mehr eindeutig auf die Eingangsspannung U zurückschließen. Es entsteht eine Unsicherheit, die als „Quantisierungsfehler“ bezeichnet werden kann. Der Quantisierungsfehler ist ein systematischer Fehler, der bei jeder AD-Umsetzung entsteht. Er kann durch höhere Auflösung des ADU (höhere Bit-Anzahl n) hinreichend klein gemacht werden.

Bei vorliegendem Zahlenwert *N* lässt sich bezüglich der gewandelten Spannung *U* nur noch folgende Aussage machen:

$$U = N \cdot U_{\text{LSB}} \pm \frac{1}{2} \cdot U_{\text{LSB}} \tag{2.2}$$

Die Unsicherheit $\pm \frac{1}{2} U_{\text{LSB}}$ drückt den entstehenden Quantisierungsfehler aus. Im Beispiel (Bild 2.2) lässt sich das unmittelbar nachvollziehen.:

Für z. B. $N = 3$ ergibt sich:

$$U = N \cdot U_{\text{LSB}} \pm \frac{1}{2} \cdot U_{\text{LSB}} = 3 \cdot 0{,}5\ \text{V} \pm \frac{1}{2} \cdot 0{,}5\ \text{V} = 1{,}5\ \text{V} \pm 0{,}25\ \text{V}$$

d. h. die Eingangsspannung *U* lag im Bereich 1,25 V bis 1,75 V.

Beispiel 2.2

Zur digitalen Temperaturmessung kommt die in Bild 2.3 dargestellte Schaltung zum Einsatz. Der zu erfassende Temperaturbereich von 10 °C bis 40 °C wird durch den Sensor und die nachfolgende Signalkonditionierung auf einen Spannungsbereich von 0 V bis 10 V abgebildet. Zu ermitteln ist die gemessene Temperatur θ, wenn der AD-Wandler einen Zahlenwert von $N = 12$ ausgibt.

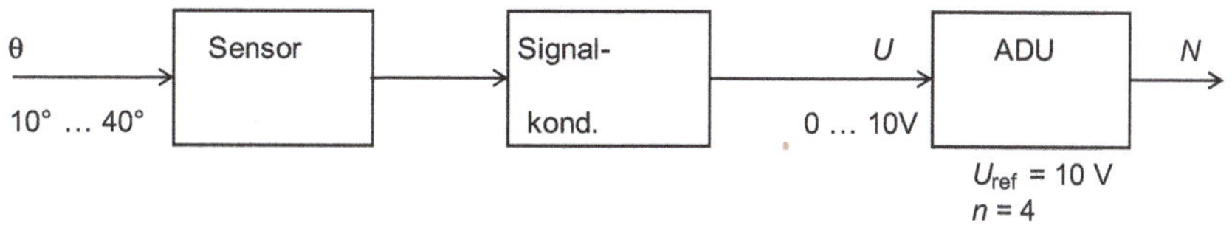

Bild 2.3 Digitale Temperaturmessung

Lösung

Aus den AD-Wandler-Daten $U_{\text{ref}} = 10\ \text{V}$ und $n = 4$ ergibt sich für die Quantisierungseinheit U_{LSB}

$$U_{\text{LSB}} = \frac{10\ \text{V}}{2^4} = 0{,}625\ \text{V}$$

Für die Eingangsspannung *U* am AD-Wandler kann demnach angegeben werden:

$$U = N \cdot U_{\text{LSB}} \pm \frac{1}{2} \cdot U_{\text{LSB}} = 12 \cdot 0{,}625\ \text{V} \pm \frac{1}{2} \cdot 0{,}625\ \text{V} = 7{,}7\ \text{V} \pm 0{,}3125\ \text{V}$$

Zwischen Temperatur und Spannung gilt aufgrund der Abbildung die Relation:

$$\frac{\Delta\theta}{\Delta U} = \frac{30°\text{C}}{10\ \text{V}} = 3\frac{°\text{C}}{\text{V}}$$

Für die gemessene Temperatur unter Berücksichtigung des Anfangswertes von 10 °C ergibt sich:

$$\theta = 10°\text{C} + U \cdot 3\frac{°\text{C}}{\text{V}} = 10°\text{C} + 22{,}5°\text{C} \pm 0{,}94°\text{C}$$

Die Temperatur würde also bei dieser Messeinrichtung infolge des Quantisierungsfehlers mit einer Ungenauigkeit von ±0,94 °C erfasst werden. Bei Verwendung eines 8-Bit-ADU würde die Ungenauigkeit nur noch ±0,06 °C betragen.

2.2 Verfahren zur AD-Umsetzung

Ähnlich wie bei den DA-Wandlern gibt es auch hier eine Reihe unterschiedlicher Verfahren, die sich in ihren Eigenschaften wie Umsetzungsgeschwindigkeit, Auflösung, Genauigkeit, Linearität usw. unterscheiden. Beispielhaft sollen zwei Verfahren genauer betrachtet werden.

2.2.1 Sukzessive Verfahren

Das sukzessive Verfahren („schrittweise Annäherung") entspricht einer Waage, auf der mit entsprechenden Gewichten auf der rechten Seite, das richtige Gewicht auf der linken Seite abgeschätzt wird.

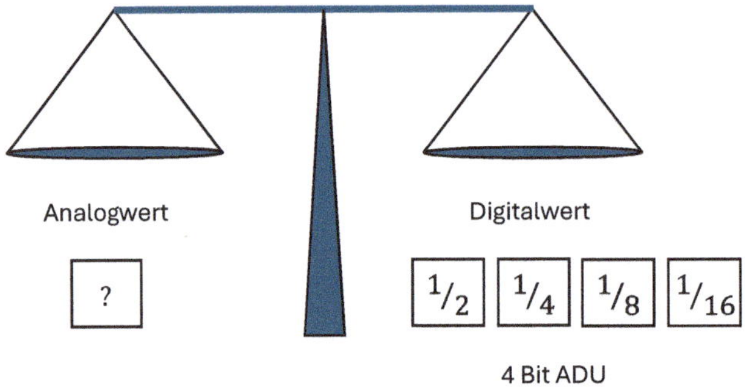

Bild 2.4 Wägeverfahren

Das Bild 2.4 deutet das Verfahren an für einen 4-Bit-Wandler. In Bild 2.5 ist die grundsätzliche Struktur des sukzessiven Verfahrens dargestellt.

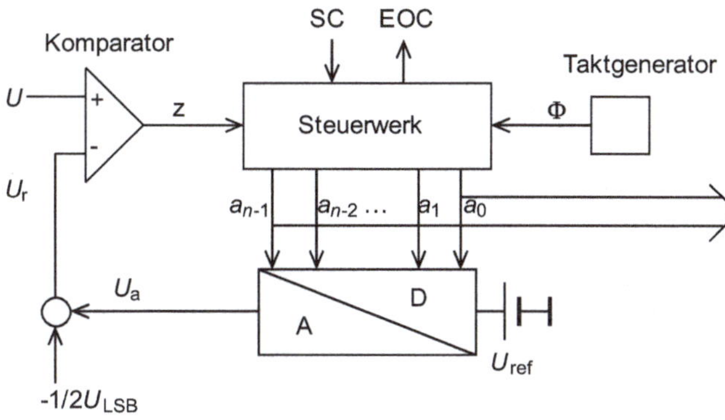

Bild 2.5 Verfahren der sukzessiven Approximation

Die Wandlung einer Eingangsspannung U in eine Zahl N lässt sich anhand von Bild 2.5 folgendermaßen beschreiben:

Nach einem Startimpuls an SC (engl. start conversion) setzt das Steuerwerk die Leitungen a_{n-1} bis a_0 auf null. Damit ist $N = 0$, $U_a = 0\,V$ und die Vergleichsspannung am Komparator $U_r = -{}^1/_2 U_{LSB}$.

Beginnend mit a_{n-1} werden jeweils mit der steigenden Flanke des Taktes Φ die einzelnen Leitungen a_i nacheinander (sukzessive) auf 1 gesetzt. Über den DA-Wandler in der Rückkopplung wird dabei die Vergleichsspannung U_r für den Komparator gemäß $U_r = N \cdot U_{LSB} - {}^1/_2 U_{LSB}$ erzeugt. Bei der nachfolgenden fallenden Flanke des Taktes wird dann der Komparatorausgang z durch das Steuerwerk ausgewertet:

- $z = 0$ (d. h. $U_r \geq U$) $\rightarrow a_i = 0$ (Bit wird zurückgesetzt)
- $z = 1$ (d. h $U_r \geq U$) $\rightarrow a_i = 1$ (Bit bleibt gesetzt)

Nach der Festlegung für Bit a_0 ist der Vorgang beendet und die Ausgangsgröße N bestimmt. Das Ende der Wandlung wird über das Signal EOC (engl. end of conversion) angezeigt.

In Bild 2.6 ist der zeitliche Verlauf der einzelnen Größen für $U = 5{,}63$ V; $U_{ref} = 8$ V und $n = 5$ (Bits a_4 bis a_0) dargestellt. Als Ergebnis wird ein Ausgabewert von $N = 10111_2 = 23$ erzeugt.

Dies korrespondiert mit dem Ergebnis aus der Wandlungsfunktion:

$$U_{LSB} = \frac{U_{ref}}{2^n} = \frac{8\text{ V}}{2^5} = 0{,}25\text{ V}$$

$$N = \left\langle \frac{U}{U_{LSB}} \right\rangle = \left\langle \frac{5{,}63\text{ V}}{0{,}25\text{ V}} \right\rangle = 23$$

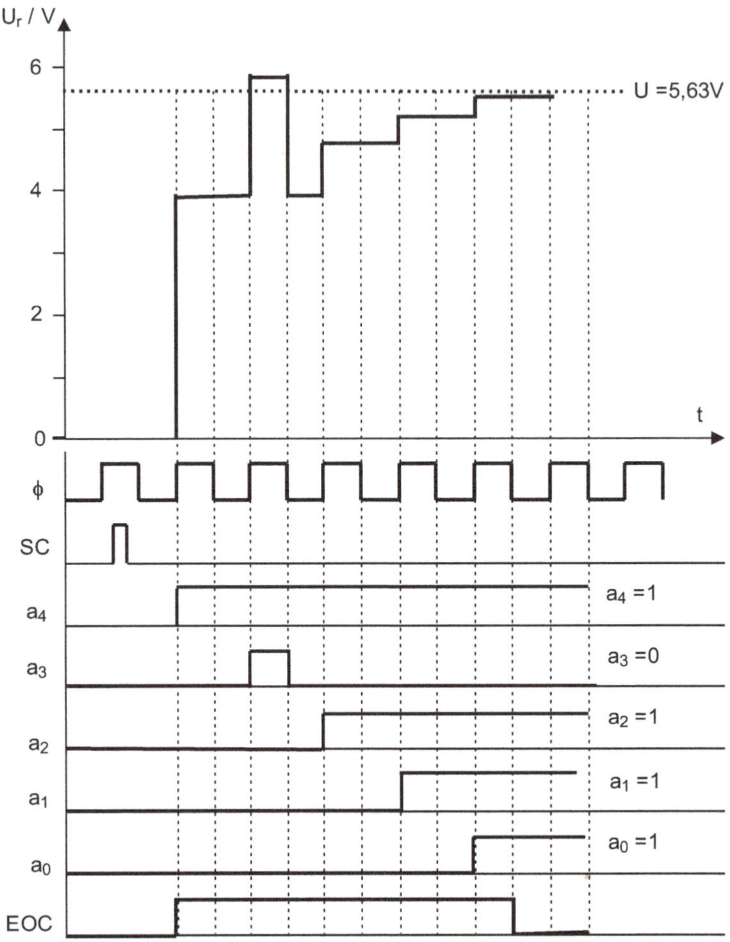

Bild 2.6 Sukzessive Approximation – zeitlicher Ablauf

2.2.2 Sigma-Delta-Verfahren

Das Bild 2.7 zeigt einen einfachen Sigma-Delta-Modulator. Die Eingangsspannung V_{in} wird zunächst mit dem Ausgang eines Rückkopplungs-DAU summiert. Ein Integrator addiert dann den Ausgang dieses Summierungsknotens zu einem Wert, den er aus dem vorherigen Integrationsschritt gespeichert hat. Ein Komparator gibt eine logische 1 aus, wenn der Integrationsausgang größer oder gleich null Volt ist, anderenfalls eine logische 0. Ein 1-Bit-DAC führt den Ausgang des Komparators zurück zum Summierungsknoten: $+U_{ref}$ für logisch 1 und $-U_{ref}$ für logisch 0. Diese Rückkopplung versucht, den Integratorausgang auf null zu halten, indem die Einsen- und Nullen-Ausgabe des Komparators über den DAU rückgekoppelt werden.

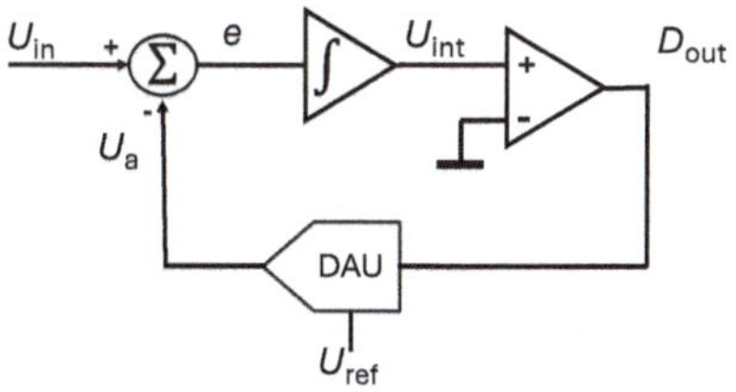

Bild 2.7
Sigma-Delta-Modulator

Der Betrieb des Sigma-Delta-Modulators soll anhand eines Beispiels gezeigt werden.

Beispiel 2.3

Angenommen am Eingang U_{in} liegt eine Spannung 0,5 V an. Die Referenzspannung U_{ref} ist 1 V. Der zulässige Eingangsbereich liegt zwischen –1 V und +1 V (± U_{ref}).

Tabelle 2.1

Schritte	U_{in}	e	U_{int}	D_{out}	U_a	Kommentar
0	0,5 V	0 V	0 V		0 V	Initialisieren
1	0,5 V	0,5 V	0,5 V	1	1 V	$e(1) = U_{in} - U_a(0)$ $U_{int}(1) = U_{int}(0) + e(1)$ $U_{int}(1) \geq 0,\ D_{out}(1) = 1$ $D_{out}(1) == 1,\ U_a(1) = 1\ \text{V}$
2	0,5 V	-0,5 V	0 V	1	1 V	$e(2) = U_{in} - U_a(1)$ $U_{int}(2) = U_{int}(1) + e(2)$ $U_{int}(2) \geq 0,\ D_{out}(2) = 1$ $D_{out}(2) == 1,\ U_a(2) = 1\ \text{V}$
3	0,5 V	-0,5 V	-0,5 V	0	-1 V	$e(3) = U_{in} - U_a(2)$ $U_{int}(3) = U_{int}(2) + e(3)$ $U_{int}(3) < 0,\ D_{out}(3) = 0$ $D_{out}(3) == 0,\ U_a(3) = -1\ \text{V}$

Tabelle 2.1 *(Fortsetzung)*

Schritte	U_{in}	e	U_{int}	D_{out}	U_a	Kommentar
4	0,5 V	1,5 V	1 V	1	1 V	$e(4) = U_{in} - U_a(3)$ $U_{int}(4) = U_{int}(3) + e(4)$ $U_{int}(4) \geq 0,\ D_{out}(4) = 1$ $D_{out}(4) == 1, U_a(4) = 1\,V$
usw.						

Der Bit-Stream ist dann 1101. Von diesen vier Werten sind drei Werte eins. Das entspricht 75 % der vier Werte. Der Spannungsbereich ist durch V_{ref} vorgegeben und beginnt in diesem Beispiel bei –1 V. Dann lässt sich der Ausgangswert nach Formel 2.3 berechnen.

$$Y = -U_{ref} + \frac{\text{Anzahl Einsen}}{\text{Gesamtanzahl BitStream}} \cdot 2 \cdot U_{ref} \tag{2.3}$$

$$Y = -1\,V + 0{,}75 \cdot 2 \cdot 1\,V = 0{,}5\,V$$

Das Beispiel ist hier einfach und so gewählt, dass nach vier Schritten das richtige Ergebnis ermittelt wird. Bei einer Eingangsspannung von $V_{in} = 0{,}7\,V$ werden schon mehr Schritte erforderlich, nämlich 20 Schritte. Der Bit-Stream ist dann 11101111101111110111. Das wären 17 Einsen und 3 Nullen. Nach Formel 2.3 ergibt sich dann:

$$Y = -1\,V + \frac{17}{20} \cdot 2 \cdot 1\,V = 0{,}7\,V$$

Der Strom aus Einsen und Nullen wird nach der Sigma-Delta-Modulationschleife digital gefiltert, siehe Formel 2.3. Die Sigma-Delta-Modulatorschleife läuft typischerweise mit einer viel höheren Frequenz als die endgültige Ausgaberate des digitalen Filters. Beispielsweise kann ein Konverter mit einer Ausgabedatenrate von 2 kHz eine Modulatorschleifenfrequenz von über 2,5 MHz haben. Die Ausgabedatenrate entspricht somit der Sample Rate (Abtastung). Es wird auch deutlich, dass mit zunehmenden Bit-Stream die Auflösung zunimmt.

2.2.3 ADU-Verfahren in der Übersicht

In der Tabelle 2.2 sind wichtige Verfahren zur AD-Umsetzung zusammengefasst.

Tabelle 2.2 ADU-Verfahren

Verfahren	Eigenschaften	Einsatzbeispiele
sukzessive Approximation (Wägeverfahren)	mittlere Wandlungszeit (µs) Auflösung bis 16 Bit	Messkarten, Mikrocontroller
Integrationsverfahren (Dual Slope)	gute Störunterdrückung lange Wandlungszeit (100 ms)	Messinstrumente
Parallelverfahren (Flash-Verfahren)	kurze Wandlungszeit (ns) hoher Schaltungsaufwand	Videotechnik
Sigma-Delta-Verfahren	hohe Auflösung bis 32 Bit, mittlere Wandlungszeit gute Linearität	Audiotechnik, Messkarten

2.3 Quantisierungsfehler

In diesem Abschnitt soll noch einmal etwas ausführlicher auf den schon erwähnten Quantisierungsfehler eingegangen werden. Entsprechend der Fehlerdefinition in der Messtechnik ist er als Differenz zwischen der rückgewandelten Spannung U_{DA} und der ursprünglichen Spannung U definiert (Bild 2.8).

Quantisierungsfehler:

$$F_q = U_{DA} - U = N \cdot U_{LSB} - U \qquad (2.4)$$

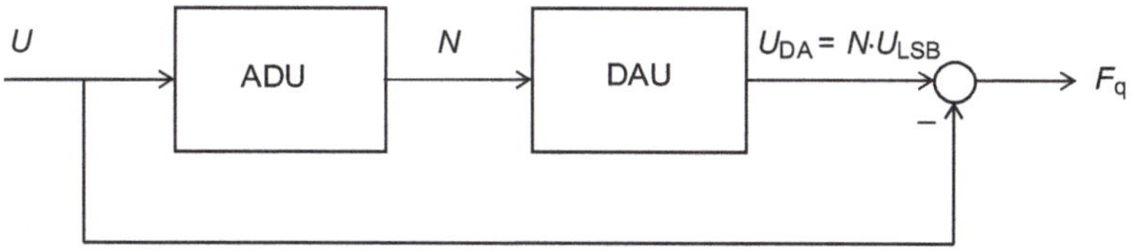

Bild 2.8 Quantisierungsfehler

In Bild 2.9 ist der Verlauf des Quantisierungsfehlers über der Eingangsspannung U des ADU dargestellt. Wie schon in Abschnitt 2.2 festgestellt, bewegt er sich im Bereich $\pm \frac{1}{2} U_{LSB}$.

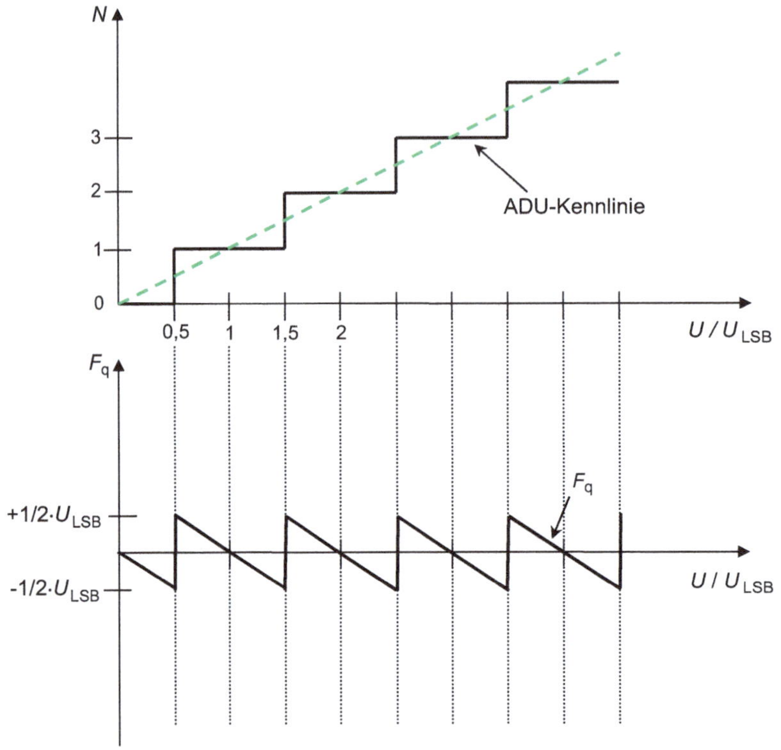

Bild 2.9 Quantisierungsfehler eines idealen ADU

Quantisierungsfehler bei zeitveränderlicher Eingangsspannung

Wird als Eingangsspannung am ADU eine Spannung $u(t)$ betrachtet, die sich zeitlinear ändert, dann lässt sich in Bild 2.9 die Spannungs-Achse (U-Achse) durch eine Zeit-Achse (t-Achse) ersetzen. Der Quantisierungsfehler ergibt sich dann als zeitveränderliche Funktion $F_q(t)$.

$$F_q(t) = u_{DA}(t) - u(t) = N(t) \cdot U_{LSB} - u(t) \qquad (2.5)$$

Er lässt sich durch seinen Effektivwert beschreiben:

$$F_{qRMS} = \frac{\hat{F}_q}{\sqrt{3}} = \frac{\frac{1}{2}U_{LSB}}{\sqrt{3}} = \frac{U_{LSB}}{\sqrt{12}} \qquad (2.6)$$

Der Quantisierungsfehler wird bei zeitveränderlicher Eingangsspannung auch als Quantisierungsrauschen bezeichnet, weil er sich in der rückgewandelten Spannung wie ein überlagertes Rauschen äußert (Bild 2.10). Die Umstellung von Formel 2.5 macht diese Interpretation deutlich:

$$u_{DA}(t) = u(t) + F_q(t)$$

(rückgewandelte Spannung = Originalspannung + Quantisierungsrauschen)

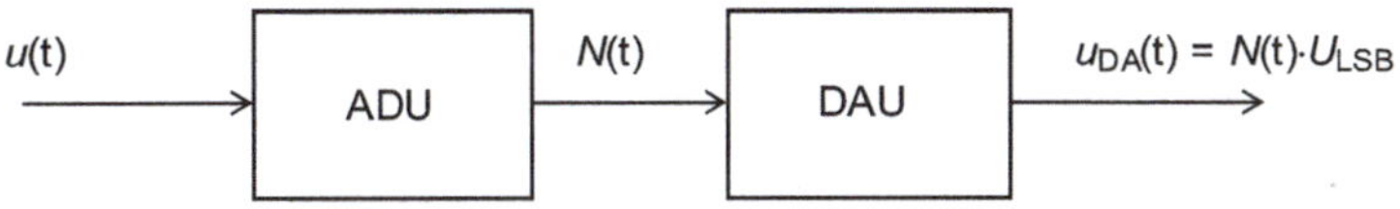

Bild 2.10 Rückgewandelte Spannung und Quantisierungsfehler

Der Einfluss des Quantisierungsrauschens auf das Signal wird durch das Signal-Rausch-Verhältnis *SNR* (engl. signal to noise ratio) beschrieben:

$$SNR = \frac{U_{\mathrm{RMS}}}{F_{\mathrm{qRMS}}} \tag{2.7}$$

U_{RMS} = Effektivwert der Signalspannung $u(t)$

F_{qRMS} = Effektivwert des Quantisierungsrauschens $F_q(t)$

Für einen n-Bit-ADU ergibt sich damit bei Vollaussteuerung mit einem Sinussignal $u(t) = U_S \cdot \sin(\omega t)$.

Vollaussteuerung bedeutet: $U_{\mathrm{ref}} = 2 \cdot U_S$

mit

$$U_{\mathrm{RMS}} = \frac{U_s}{\sqrt{2}} = \frac{U_{\mathrm{ref}}}{2 \cdot \sqrt{2}}$$

und

$$F_{\mathrm{qRMS}} = \frac{U_{\mathrm{LSB}}}{\sqrt{12}} = \frac{U_{\mathrm{ref}}}{2^n \cdot \sqrt{12}}$$

folgt

$$SNR = \frac{U_{\mathrm{RMS}}}{F_{\mathrm{qRMS}}} = \sqrt{1{,}5} \cdot 2^n \tag{2.8}$$

Üblicherweise wird das Signal-Rausch-Verhältnis in dB (Dezibel) ausgedrückt.

$$SNR_{\mathrm{dB}} = 20 \cdot \lg(SNR) = 20 \cdot \lg(\sqrt{1{,}5} \cdot 2^n) = 20 \cdot \lg\sqrt{1{,}5} + 20 \cdot n \cdot \lg 2$$

$$SNR_{\mathrm{dB}} = (1{,}76 + n \cdot 6{,}02)\ \mathrm{dB} \tag{2.9}$$

Für einen 8-Bit-ADU (n = 8) ergibt sich nach Formel 2.8 bzw. Formel 2.9:

$SNR = 314$ bzw. $SNR_{\mathrm{dB}} = 49{,}92$ dB

oder anders ausgedrückt: Das Quantisierungsrauschen beträgt 1/314 bzw. 0,03 % des Signals.

Bei realen AD-Umsetzern wird das Signal-Rausch-Verhältnis messtechnisch über eine Spektralanalyse ermittelt. Diese Messung erfasst zusätzlich Verzerrungen (engl. distortion) aufgrund von Nichtlinearitäten in der Kennlinie. Das so bestimmte Signal-Rausch-Verhältnis wird mit *SINAD* (engl. signal to noise and distortion) bezeichnet, einem Maß für die Gesamtqualität des digitalisierten Signals, das sowohl Rauschen als auch harmonische Verzerrungen durch ADC-Nichtlinearitäten berücksichtigt (*SINAD* < *SNR*).

2.4 Die effektive Anzahl von Bits (ENOB)

In realen Messsystemen liefert die nominale Auflösung eines ADUs oft nicht die tatsächliche Genauigkeit. Die effektive Anzahl von Bits (ENOB) (engl. effective number of bits) quantifiziert die nutzbare Auflösung unter Berücksichtigung von Störungen, die durch interne (verschiedene Rauschquellen, Nichtlinearitäten, Apertur-Jitter) und externe Faktoren (dynamische Signalparameter, Umgebungsbedingungen) bedingt sind. Ein detailliertes Verständnis dieser Einflüsse ist unerlässlich, um die ADU-Leistung in der jeweiligen Anwendung zu optimieren.

Die Beziehung zwischen ENOB und SINAD

Der ENOB wird typischerweise aus dem gemessenen SINAD-Wert des ADUs abgeleitet. Die Formel zur Berechnung des ENOB aus dem SINAD lautet:

$$ENOB = \frac{SINAD_{\mathrm{dB}} - 1{,}76\ \mathrm{dB}}{6{,}02\ \mathrm{dB/Bit}} \tag{2.10}$$

Beispiel 2.4

Ein Sensor erzeugt ein analoges Ausgangssignal, das linear im Bereich von 0 V bis 5 V variiert und eine bestimmte physikalische Größe repräsentiert. Dieses Signal wird mit einem ADU digitalisiert, dessen Eigenschaften wie folgt sind:

- nominale ADU-Auflösung: 16 Bit,
- gemessenes Signal-Rausch-und-Verzerrungs-Verhältnis (SINAD): 90 dB,
- voller Eingangsspannungsbereich: 5 V.

Basierend auf diesem SINAD beträgt der ENOB dieses ADUs unter den gegebenen Bedingungen:

$$ENOB = \frac{90\ \mathrm{dB} - 1{,}76\ \mathrm{dB}}{6{,}02\ \frac{\mathrm{dB}}{\mathrm{Bit}}} \approx 14{,}66\ \mathrm{Bit}$$

Die effektive Anzahl an Unterscheidungsstufen beträgt etwa 25.800, was einer minimalen detektierbaren Spannungsänderung von 194 µV entspricht. Im Gegensatz zur theoretischen Auflösung von 65 536 Stufen (16 Bit) begrenzt der ENOB die praktisch nutzbare Information auf das Niveau eines idealen 14,66-Bit-Wandlers.

Der ENOB ist entscheidend für die Bewertung der realen ADU-Leistung. Während ein hoher ENOB in High-End-Anwendungen wie Messtechnik, Kommunikation und Forschung unerlässlich ist, spielt er in robusteren Systemen oder bei vorverarbeiteten Signalen eine geringere Rolle. Die stetige Optimierung von ADUs durch Design, Kalibrierung und neue Technologien verbessert den ENOB und damit die Messgenauigkeit. Zukünftige Signalverarbeitungstechniken, wie Machine Learning zur Echtzeitkalibrierung und Rauschunterdrückung, versprechen weitere Fortschritte. Die Erforschung des ENOB bleibt somit ein dynamisches Feld für präzisere Messsysteme.

2.5 Codierungen für Datenwandler

AD- und DA-Wandler mit nur positiver Eingangs- und Ausgangsspannung (wie bisher betrachtet) werden als **unipolare Wandler** bezeichnet. Die Codierung der Zahl N am Ausgang bzw. Eingang ist üblicherweise binär und wird deshalb als **„binär"** oder auch **„straight binär"** bezeichnet. Es gibt aber durchaus auch andere Codierungen, z. B. mit BCD-Code (dies wird hier nicht weiter betrachtet).

AD- und DA-Wandler mit einem negativen und positiven Bereich für Eingangs- und Ausgangsspannung werden dann entsprechend als **bipolare Wandler** bezeichnet. Die bipolare Kennlinie ergibt sich, indem die Spannung durch einen Offset von $-½U_{ref}$ in den negativen Bereich verschoben wird. Die Achse für die Zahl N bleibt davon unberührt. Bezüglich der Codierung wird der Begriff **„offset-binär"** verwendet.

In Tabelle 2.3 ist dies nochmal für einen 8-Bit-Wandler zusammengefasst.

Tabelle 2.3 Datenwandler-Codierungen

Datenwandler	Spannungsbereich	Codierung für N
binär	0 V bis $+FS$ (mit $FS = U_{ref}$)	0000 0000 bis 1111 1111
offset-binär	$-FS$ bis $+FS$ (mit $2 \cdot FS = U_{ref}$)	0000 0000 bis 1111 1111

Die Gleichungen für bipolare Wandler ergeben sich in Erweiterung der Formel 2.2 und Formel 2.1 zu:

Bipolarer DAU:

$$U = U_{LSB} \cdot N - \frac{1}{2} \cdot U_{ref} \tag{2.11}$$

Bipolarer ADU:

$$N = \left(\frac{U + \frac{1}{2} \cdot U_{ref}}{U_{LSB}} \right) \tag{2.12}$$

In Bild 2.11 und Bild 2.12 sind die Kennlinien für einen **bipolaren** 3-Bit-DAU mit $U_{ref} = 2{,}4\,\text{V}$ und einen bipolaren 3-Bit-ADU mit $U_{ref} = 4\,\text{V}$ dargestellt.

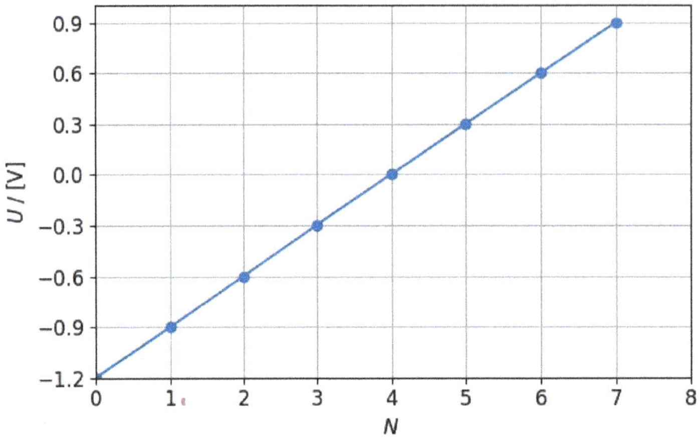

Bild 2.11 Bipolarer DAU

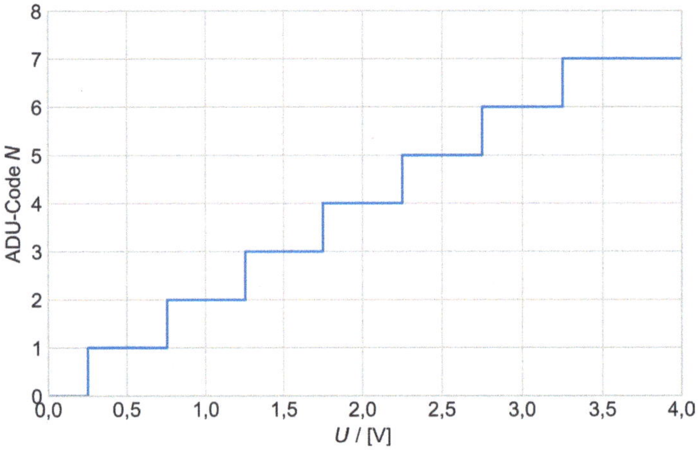

Bild 2.12 Bipolarer ADU

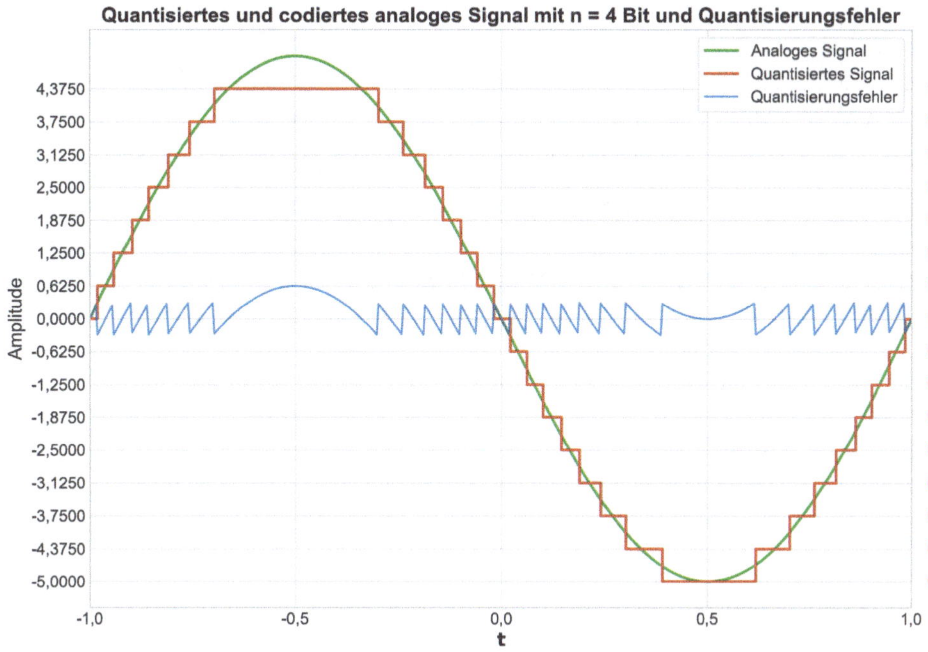

Bild 2.13 Quantisiertes analoges Signal mit n=4 Bit und Quantisierungsfehler

Beispiel 2.5

Der Arduino Uno besitzt einen 10-Bit-Analog-Digital-Wandler (ADC), der digitale Werte von 0 bis 1023 liefert und Spannungen im Bereich von 0 V bis 5 V messen kann. Wie kann eine bipolare Sinusspannung von –2,5 V bis +2,5 V mit dem Arduino digitalisiert werden? Bestimmen Sie den maximalen Wert des Sinussignals, das digitalisiert wird.

Lösung

Die Sinusspannung von –2,5 V bis 2,5 V muss um +2,5 V verschoben werden, sodass sie in den Bereich von 0 V bis 5 V fällt.

Der Arduino Uno-ADU hat eine Auflösung von 10 Bit, was bedeutet, dass er Werte von 0 bis 1023 ausgibt (insgesamt 1024 Stufen).

$$\text{Maximaler Wert} = 5\,\text{V} \cdot \frac{1023}{1024} = 4{,}995\,\text{V}$$

Der maximale Wert für eine Sinusspannung von 2,5 V nach der Verschiebung beträgt daher:

$$\text{Maximaler Wert} = 4{,}995\,\text{V} - 2{,}5\,\text{V} = 2{,}495\,\text{V}$$

2.6 AD-Umsetzung bei zeitveränderlicher Eingangsspannung

Jeder AD-Wandler benötigt die für ihn charakteristische Wandlungszeit t_C (engl. conversion time), um aus der anliegenden Spannung U den Zahlenwert N am Ausgang zu erzeugen. Ändert sich während der Wandlung die Eingangsspannung, so führt dies zu einem Fehler im ausgegebenen Wert N des ADU. N entspricht dann nicht dem Spannungswert zum Zeitpunkt der Wandlungsauslösung (Bild 2.14).

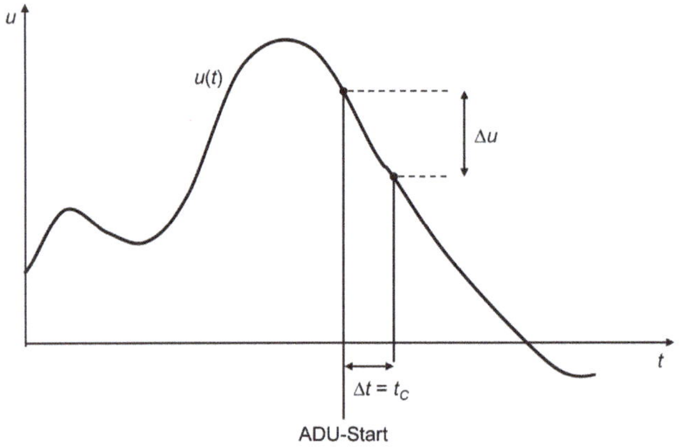

Bild 2.14 AD-Wandlung bei veränderlicher Eingangsspannung

Um den Fehler in der Ausgangsgröße auf ± 1 Bit zu beschränken, sollte während der Wandlungszeit t_C folgende Bedingung eingehalten werden:

$$\Delta u \leq \frac{1}{2} \cdot U_{LSB} \tag{2.13}$$

während der Wandlungszeit t_C

Die Formel 2.13 lässt sich anschaulicher formulieren, wenn ein sinusförmiges Eingangssignal betrachtet wird (Bild 2.15).

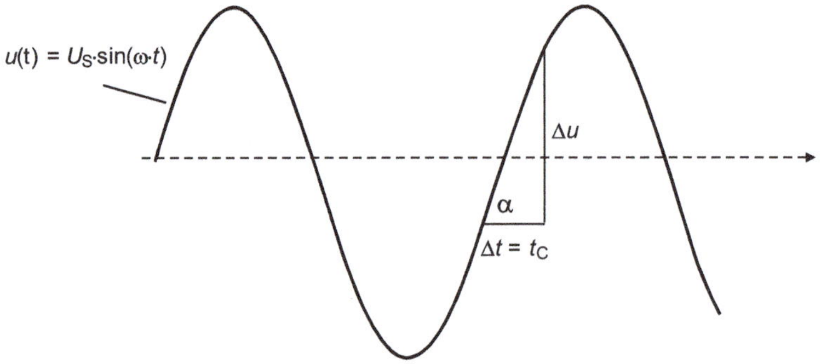

Bild 2.15 Sinusförmiges Eingangssignal

Für das in Bild 2.15 eingezeichnete Steigungsdreieck lässt sich folgender Ansatz machen:

$$\frac{\Delta u}{t_C} = \tan(\alpha) \approx \frac{\mathrm{d}u}{\mathrm{d}t} = \frac{\mathrm{d}(U_S \cdot \sin(\omega \cdot t))}{\mathrm{d}t} = U_S \cdot \cos(\omega \cdot t) \cdot \omega$$

für $t = 0$ (Nulldurchgang der Sinusfunktion) gilt dann wegen $\cos(\omega t) = 1$:

$$\frac{\Delta u}{t_C} = U_S \cdot \omega$$

oder

$$\Delta u = t_C \cdot U_S \cdot \omega$$

Aus der Bedingung (Formel 2.13) folgt somit

$$t_C \cdot U_S \cdot \omega \leq \frac{1}{2} \cdot U_{LSB}$$

und mit $\omega = 2 \cdot \pi \cdot f$ schließlich die Forderung an die Frequenz eines sinusförmigen Eingangssignals:

$$f \leq \frac{U_{LSB}}{4 \cdot \pi \cdot U_S \cdot t_C} \tag{2.14}$$

Beispiel 2.6

Welche maximale Frequenz ist bei einem 8-Bit-ADU (bipolar; $FS = 5\,\mathrm{V}$; $t_C = 5\,\mu\mathrm{s}$) für Vollaussteuerung mit Sinussignal zulässig?

Lösung

$$U_{LSB} = \frac{2 \cdot FS}{2^n} = \frac{10\,\mathrm{V}}{2^8} = 39{,}06\,\mathrm{mV}$$

$$f_{max} = \frac{U_{LSB}}{4 \cdot \pi \cdot U_S \cdot t_c} = \frac{U_{LSB}}{4 \cdot \pi \cdot 5\,\mathrm{V} \cdot 5\,\mu\mathrm{s}} = 124\,\mathrm{Hz}$$

Für Eingangssignale mit höheren Frequenzen ist dem AD-Umsetzer ein SH-Schaltkreis (Sample-Hold-Schaltkreis = Abtast-und-Halte-Schaltkreis) vorzuschalten.

2.7 Sample-Hold-Schaltung

Der Sample-Hold-Schaltkreis (Bild 2.16) ist ein Analogwert-Speicher, der den Momentanwert einer Spannung für einen nachfolgenden kurzen Zeitraum in einer Kapazität speichert. Eingesetzt wird der SH-Schaltkreis immer dann, wenn sich die Eingangsspannung eines ADU während der Umsetzungszeit zu stark (siehe Formel 2.13) ändert. Die SH-Schaltung hat dann die Aufgabe, zu einem bestimmten Zeitpunkt – dem

Abtastzeitpunkt – der Eingangsspannung eine „Probe“ zu entnehmen und diesen analogen Spannungswert für den nachgeschalteten ADU „konstant“ zu halten. In der Sample-Phase ist der Schalter geschlossen und der Kondensator C lädt sich auf die Eingangsspannung $u_e(t)$ auf. Für die Hold-Phase wird der Schalter geöffnet und die idealerweise konstant bleibende Kondensatorspannung an den ADU weitergeleitet. Die Steuerung des Schalters erfolgt über das binäre *SH*-Steuersignal.

Funktionsweise einer **idealen** Sample-Hold-Schaltung:

- Zustand „SAMPLE“ (Schalter geschlossen, $SH = 1$): $u_a(t) = u_e(t)$
- Zustand „HOLD“ (Schalter offen, $SH = 0$): $u_a(t) = \text{konst.} = u_e(t_{S-H})$

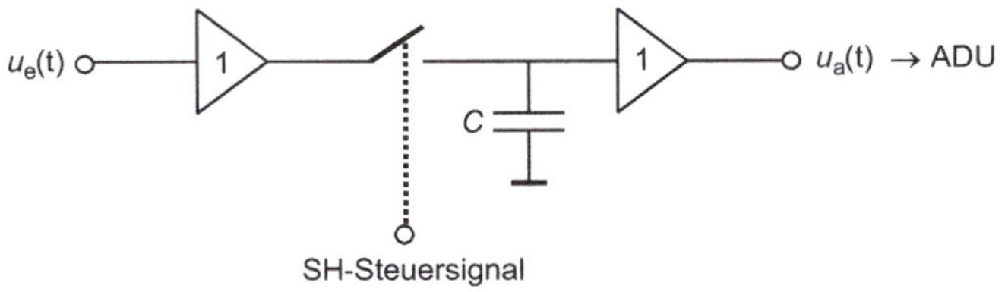

Bild 2.16 Prinzip der SH-Schaltung

In Bild 2.17 ist der Abtastvorgang für eine **reale SH-Schaltung** skizziert. Die eingezeichneten Kenngrößen charakterisieren den Schaltkreis. Sie sind im Datenblatt spezifiziert.

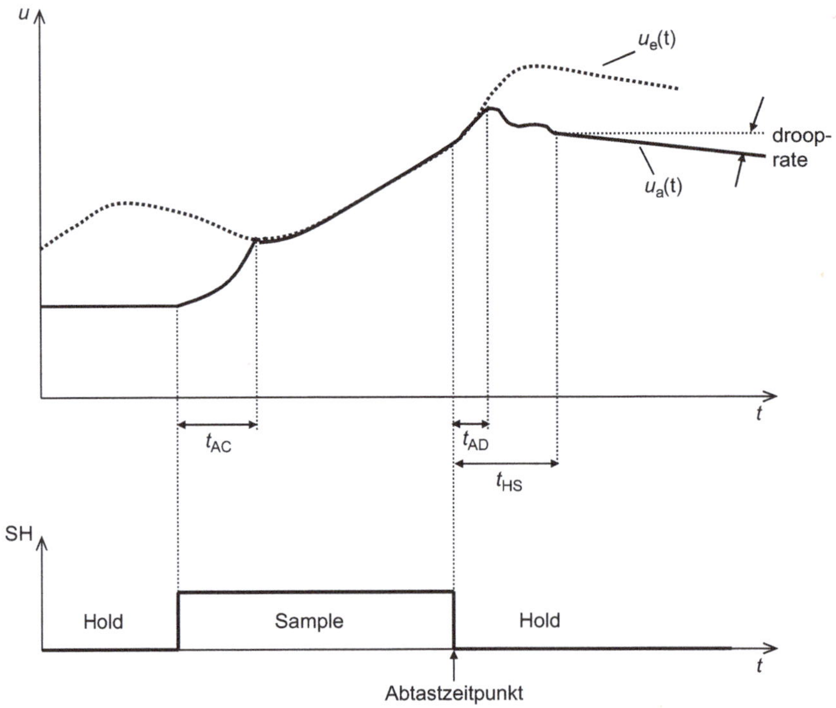

Bild 2.17 Abtastvorgang beim SH-Schaltkreis

Bedeutung der Spezifikationen

t_{AC} = Acquisition Time (Erfassungszeit): Sie gibt an, wie lange es dauert, bis die angelegte Eingangsspannung innerhalb definierter Genauigkeitsgrenzen (z.B. 0,1 %) erreicht wird.

t_{AD} = Aperture Delay Time (Öffnungsverzögerung): ist die Zeit zwischen dem Hold-Befehl und dem vollständigen Öffnen des Halbleiterschalters.

Zu unterscheiden ist hier:

- beliebige Abtastung (engl. random sampling): Das Hold-Signal wird durch ein bestimmtes Ereignis (Trigger) gegeben. Die Eingangsfrequenz nach Formel 2.14 ist dann nicht durch t_C sondern durch t_{AD} bestimmt, da sich innerhalb dieser Zeit die Spannung u_e noch ändern kann.

$$f_e \le \frac{U_{LSB}}{4 \cdot \pi \cdot U_S \cdot t_{AD}}$$

- periodische Abtastung (engl. periodic sampling) von Signalverläufen: Ein konstanter zeitlicher Versatz durch t_{AD} hat hier i.Allg. keinen Einfluss, jedoch aber eine mögliche Schwankung (Unsicherheit) in der Zeit t_{AD}. Diese wird über die sogenannte Aperture Uncertainty (oder Aperture Jitter) t_{AU} angegeben. Innerhalb dieser Zeitspanne kann der übernommene Spannungswert variieren. Damit gilt für die Frequenz des Eingangssignals:

$$f_e \le \frac{U_{LSB}}{4 \cdot \pi \cdot U_S \cdot t_{AU}} \tag{2.15}$$

t_{HS} = Hold Settling Time (Hold-Einschwingzeit): Dauer des Einschwingvorgangs nach dem Umschalten in die Hold-Phase. Frühestens nach Ablauf dieser Zeit darf die AD-Umsetzung beginnen.

Drop Rate (Abfallrate): Änderung der Ausgangsspannung u_a aufgrund von Kondensator-Leckströmen und Eingangsströmen des Verstärkers; (Angabe z.B. in µV/s).

Beispiel 2.7

Zur digitalen Erfassung von Signalen mit höheren Frequenzen wird dem ADU aus Beispiel 3.3 ein SH-Baustein mit den Zeitspezifikationen $t_{AC} = 3\ \mu s$; $t_{AU} = 0{,}5\ ns$ und $t_{HS} = 0{,}5\ \mu s$ vorgeschaltet. Welche maximale Eingangsfrequenz ist dann bei Vollaussteuerung mit einem Sinussignal möglich?

Lösung

In Beispiel 3.3 wurde ein U_{LSB} von 39,06 mV ermittelt.

Damit ergibt sich jetzt für die max. mögliche Eingangsfrequenz nach Formel 2.15:

$$f_{emax} = \frac{U_{LSB}}{4 \cdot \pi \cdot U_S \cdot t_{AU}} = \frac{39{,}06\ mV}{4 \cdot \pi \cdot 5\ V \cdot 0{,}5\ ns} = 1{,}24\ MHz$$

Zeitliche Koordination zwischen SH-Schaltkreis und AD-Umsetzer

Bei den Steuersignalen *SH*-Steuersignal (SH-Schaltkreis) und *SC* = Start Conversion (AD-Umsetzer) ist der in Bild 2.18 dargestellte zeitliche Bezug zu beachten. Die Sample-Phase muss mindestens für die Zeit t_{AC} anliegen. Nach dem Umschalten in die Hold-Phase kann nach der Zeit t_{HS} die AD-Wandlung gestartet werden. Die nächste Sample-Phase kann frühestens nach Ablauf der Wandlungszeit t_C beginnen.

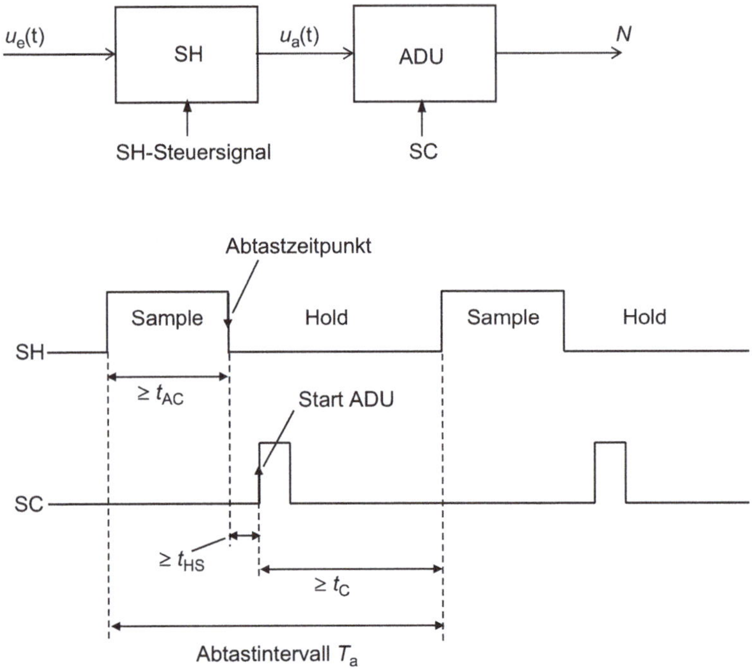

Bild 2.18 Zeitliche Relation der Steuersignale

Für das Abtastintervall T_a, also für die notwendige Zeit zur Erfassung eines Abtastwertes aus dem Signalverlauf, ergibt sich demnach folgende Beziehung:

$$T_a \geq t_{AC} + t_{HS} + t_C$$

Für die Abtastfrequenz f_a als Kehrwert des Abtastintervalls T_a gilt dann:

$$f_a \leq \frac{1}{t_{AC} + t_{HS} + t_C} \quad (2.16)$$

In Tabelle 2.4 sind die relevanten Gleichungen aus Abschnitt 2.6 und Abschnitt 2.7 übersichtlich zusammengestellt.

Tabelle 2.4 Zusammenfassung zu SH und ADU

Schaltung	Forderung an die Eingangsfrequenz f_e	Forderung an die Abtastfrequenz f_a
ADU	$f_e \leq \frac{U_{LSB}}{4 \cdot \pi \cdot U_S \cdot t_C}$	$f_a \leq \frac{1}{t_C}$
SH + ADU	$f_e \leq \frac{U_{LSB}}{4 \cdot \pi \cdot U_S \cdot t_{AU}}$	$f_a \leq \frac{1}{t_{AC} + t_{HS} + t_C}$

Beispiel 2.8

Ein Signal $u(t) = 0{,}5\,\text{V} + 3\,\text{V} \cdot \sin(2 \cdot \pi \cdot 1\,\text{kHz} \cdot t)$ soll mit einem ADU mit einer Frequenz von 4 kHz abgetastet werden.

Der ADU hat die Daten: 8 Bit; $FS = 5\,\text{V}$; bipolar; $t_C = 4\,\mu\text{s}$

Überprüfen Sie, ob dem ADU ein SH vorzuschalten ist. Falls ja, geben Sie die Zeitspezifikationen für den SH-Schaltkreis an.

Lösung

Der Gleichspannungsanteil von 0,5 V hat keinen Einfluss auf die zeitliche Änderung der Eingangsspannung und bleibt deshalb unberücksichtigt.

Für den bipolaren Wandler mit $U_{ref} = 2 \cdot FS$ ergibt sich U_{LSB} zu

$$U_{LSB} = \frac{U_{ref}}{2^n} = \frac{2 \cdot 5\,\text{V}}{2^8} = 39\,\text{mV}$$

Nach Tabelle 2.4 gilt für den ADU:

$$f_e \leq \frac{U_{LSB}}{4 \cdot \pi \cdot U_S \cdot t_C} \leq \frac{39\,\text{mV}}{4 \cdot \pi \cdot 3\,\text{V} \cdot 4\,\mu\text{s}} \leq 259\,\text{Hz}$$

und

$$f_a \leq \frac{1}{t_C} \leq \frac{1}{4\,\mu\text{s}} \leq 250\,\text{kHz}$$

Da die Eingangsfrequenz 1 kHz beträgt, muss ein SH-Schaltkreis mit folgenden Spezifikationen zur Anwendung kommen:

Aus $f_e \leq \frac{U_{LSB}}{4 \cdot \pi \cdot U_S \cdot t_{AU}}$ und $f_a \leq \frac{1}{t_{AC}+t_{HS}+t_C}$ nach Tabelle 2.4 folgt

$$t_{AU} \leq \frac{U_{LSB}}{4 \cdot \pi \cdot U_S \cdot f_e} \leq \frac{39\,\text{mV}}{4 \cdot \pi \cdot 5\,\text{V} \cdot 1\,\text{kHz}} \leq 1\,\mu\text{s}$$

und

$$t_{AC} + t_{HS} \leq \frac{1}{f_a} - t_C \leq \frac{1}{4\,\text{kHz}} - 4\,\mu\text{s} = 256\,\mu\text{s}$$

Der SH-Schaltkreis muss also die Zeitspezifikationen $t_{AU} \leq 1\mu\text{s}$ und $t_{AC} + t_{HS} < 246\,\mu\text{s}$ erfüllen.

2.8 Nichtlineare Quantisierung

Bei der nichtlinearen Quantisierung variieren die Abstände zwischen den Quantisierungsstufen. Eine spezielle Form dieser Technik ist die logarithmische Quantisierung, bei der die Quantisierungsstufen ungleichmäßig verteilt sind. Für kleine Signalwerte werden feinere Stufen genutzt, während größere Signalwerte gröbere Stufen erhalten. Diese Herangehensweise ermöglicht eine effizientere Verarbeitung von Signalen mit einem großen Dynamikbereich, wie etwa Audiosignalen, da das Signal-Rausch-Verhältnis (SNR) über einen weiten Bereich von Signalpegeln nahezu konstant bleibt.

Die logarithmische Quantisierung orientiert sich an der logarithmischen Wahrnehmungseigenschaft des Menschen, insbesondere im Bereich des Hörens. Wir nehmen Lautstärkeänderungen eher als proportional statt absolut wahr. Durch die Verwendung kleinerer Quantisierungsstufen für schwächere und größerer Stufen für stärkere Signale wird ein gleichmäßigeres wahrgenommenes Rauschen erzielt.

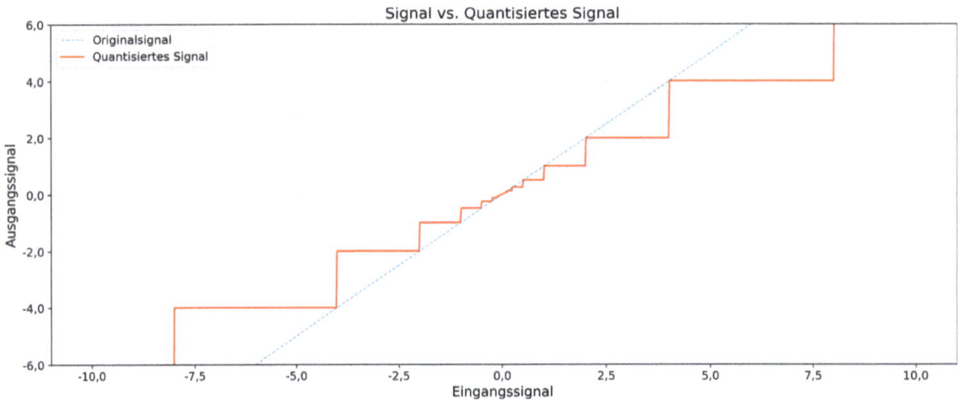

Bild 2.19 Signal vs. quantisiertes Signal

2.8.1 μ-Law und A-Law

Zwei gängige Verfahren der logarithmischen Kompandierung sind μ-Law und A-Law:

- **μ-Law:** Wird hauptsächlich in Nordamerika und Japan verwendet.
- **A-Law:** Wird vor allem in Europa und anderen Teilen der Welt eingesetzt.

Die Kompandierung ist ein zweistufiger Prozess, der bei der logarithmischen Quantisierung zur Anwendung kommt:

- **1. Kompression:** Am Sender wird der Dynamikbereich des Signals reduziert, bevor es quantisiert wird.

- **2. Expansion:** Am Empfänger wird der Dynamikbereich des Signals wiederhergestellt.

2.8.2 µ-Law-Kompandierung

Die µ-Law-Kompandierung verwendet die folgende Gleichung für die Kompressionskennlinie:

$$F(x) = \text{sgn}\,(x)\frac{\ln(1+\mu\cdot|x|)}{\ln(1+\mu)} \tag{2.17}$$

$$-1 \leq x \leq 1$$

Dabei ist:

- x der normalisierte Eingangspegel,
- μ ein Kompressionsparameter, der den Grad der Kompression bestimmt,
- sgn(x) die Vorzeichenfunktion.

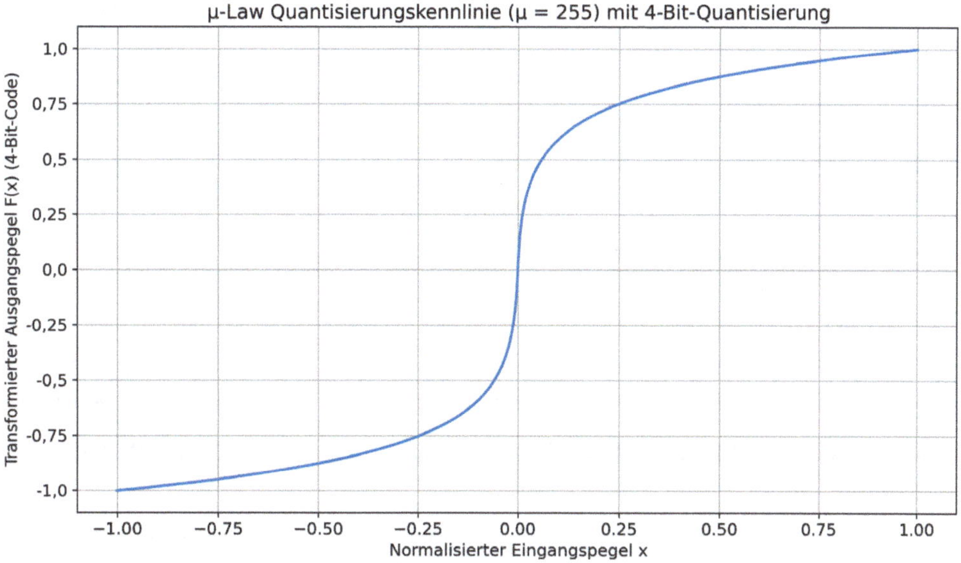

Bild 2.20 µ-Law-Quantisierungskennlinie

Bei der logarithmischen Quantisierung ist das SNR über einen weiten Bereich von Signalpegeln nahezu konstante μ -Law-Quantisierung kann das SNR durch die folgende Gleichung angenähert werden (ohne Beweis):

$$SNR_{\text{dB}} = 20 \cdot \log_{10}\left(\frac{a \cdot 2^n \cdot \sqrt{1{,}5} \cdot \frac{\mu}{\ln(1+\mu)}}{\sqrt{1 + \frac{a^2 \cdot \mu^2}{2} + \frac{4\mu \cdot a}{\pi}}}\right) \tag{2.18}$$

Dabei ist:

- a der normalisierte Eingangspegel,
- n die Anzahl der Bits für die Quantisierung,
- μ der Kompressionsparameter.

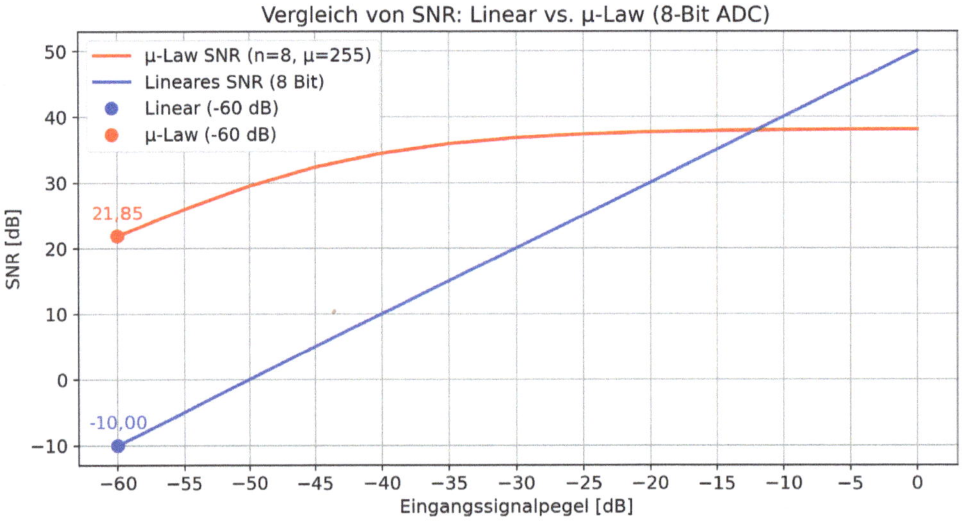

Bild 2.21 SNR-Vergleich: lineare vs. µ-Law-Quantisierung (8-Bit-ADC)

Vorteile der logarithmischen Quantisierung

- Deutlich besseres SNR bei kleinen Pegeln: logarithmische Quantisierung bietet ein wesentlich besseres SNR bei niedrigen Eingangspegeln als lineare Quantisierung.
- Effiziente Darstellung: Kleinere Signalpegel werden mit höherer Genauigkeit dargestellt.
- Wahrnehmungsmäßige Vorteile: Passt besser zur menschlichen Wahrnehmung von Ton und Bild.

Nachteile der logarithmischen Quantisierung

- Komplexität: Aufwendiger zu implementieren als die lineare Quantisierung.
- Verzerrung: Kann bei sehr großen Signalen zu Verzerrungen führen.

Anwendungen

- Die logarithmische Quantisierung wird in verschiedenen Anwendungen eingesetzt, darunter:
  - Telekommunikation: Zur Sprach- und Audiokodierung.
  - Audioverarbeitung: Zur Komprimierung von Audiosignalen.
  - Bildverarbeitung: In einigen Bildkomprimierungsstandards

2.9 Adaptive Differential Pulse Code Modulation (ADPCM)

ADPCM ist ein Verfahren zur verlustbehafteten Audiokodierung, das auf dem Prinzip der *Differential Pulse Code Modulation (DPCM)* basiert. DPCM codiert nicht den tatsächlichen Signalwert, sondern die Differenz zwischen dem aktuellen Wert und einem vorhergesagten Wert. Da sich viele Signale, insbesondere Sprache und Audio, nicht abrupt ändern, sind diese Differenzen tendenziell kleiner als die tatsächlichen Signalwerte und können daher mit weniger Bits dargestellt werden. Ein zentraler Bestandteil von ADPCM ist der Prädiktor, der basierend auf den vorhergehenden Werten den nächsten Signalwert schätzt. Die Differenz zwischen dem tatsächlichen Signalwert und dem vorhergesagten Wert wird dann quantisiert. Durch die Anpassung der Quantisierungsstufe an die Signalcharakteristik kann ADPCM sowohl in leisen als auch in lauten Passagen eine konstante Qualität aufrechterhalten. ADPCM findet breite Anwendung in Sprachcodierungssystemen wie VoIP, Telefonnetzwerken und Audiodateiformaten, da es eine gute Balance zwischen Datenkompression und Signalqualität bietet. Es ermöglicht eine signifikante Reduktion der Bitrate, ohne die Verständlichkeit oder Audioqualität stark zu beeinträchtigen.

2.10 Übungen

Aufgabe 2.1

Eine Spannung U im Bereich 0 V bis 20 V soll digital gemessen werden. Es steht ein ADU mit den Daten: bipolar; 10 Bit; $FS = 5\ \text{V}$; $t_C = 5\ \mu\text{s}$ zur Verfügung.

a) Skizzieren und dimensionieren Sie die Anschaltung der Spannung U an den ADU.

b) Welche Messunsicherheit (Fehler) ergibt sich bei der Messung einer Spannung U?

Aufgabe 2.2

Zur digitalen Temperaturmessung wird nach Bild 2.22 ein Pt-100-Widerstand eingesetzt, dessen Widerstand R_t gemäß

$$R_t = 100\,\Omega \cdot (1 + \alpha \cdot \theta)$$

mit $\alpha = \frac{0{,}39}{100}\,°\mathrm{C}$

von der Temperatur θ abhängig ist.

Gegeben sind die Schaltungsparameter: $I_0 = 50$ mA; $U_0 = 2$ V; $V = 2$; $U_{LSB} = 39$ mV; $n = 8$.

Welcher Ausgangswert N ergibt sich bei einer Temperatur von 50 °C?

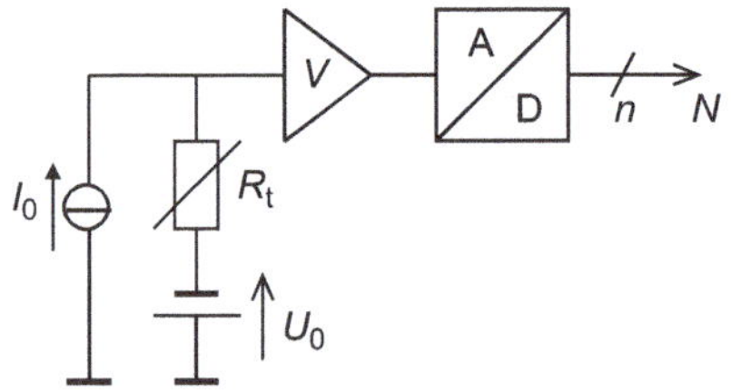

Bild 2.22
Aufgabe 2.2

Aufgabe 2.3

Für die digitale Messung der Luftfeuchte kommt ein Feuchtesensor mit integrierter Signalkonditionierung zum Einsatz. Er liefert eine Ausgangsspannung U_a die in folgender Weise von der relativen Feuchte RF (in Prozent) abhängt:

$$U_a = (0{,}04\,\mathrm{V}/\,\%) \cdot RF$$

Der nachgeschaltete ADU ($FS = 5$ V; unipolar; 8 Bit; $t_C = 5$ µs) wandelt die Spannung in einen Zahlenwert N um.

a) Welchen Wert N (dual und dezimal) gibt der ADU bei einer Feuchte von 75 % aus?

b) Welche Luftfeuchte liegt vor, wenn der ADU einen Wert $N = 0010\ 0101_2$ ausgibt?

Aufgabe 2.4

Ein idealer ADU ($FS = 5$ V; bipolar; $n = 10$; $t_C = 5$ µs) wird mit einer Sinusspannung mit $U_S = 2\,V$ angesteuert.

a) Welches Signal-Rausch-Verhältnis in dB ergibt sich?

b) Welchen prozentualen Anteil in Bezug auf die Signalspannung hat das Quantisierungsrauschen?

Aufgabe 2.5

Eine Temperaturmessung erfolgt über einen Temperatursensor mit angeschlossenem Transmitter. Der Transmitter bildet den Temperaturbereich von –50 °C bis +50 °C auf das Einheitssignal 4 bis 20 mA ab. Über den Widerstand von 200 Ω wird der Strom in die Eingangsspannung für den ADU umgeformt.

a) Welche Messunsicherheit (Messfehler) ergibt sich bei der Temperaturmessung mit dieser Messeinrichtung?

b) Welche Temperatur liegt vor, wenn der ADU einen Ausgangswert $N = 65$ liefert?

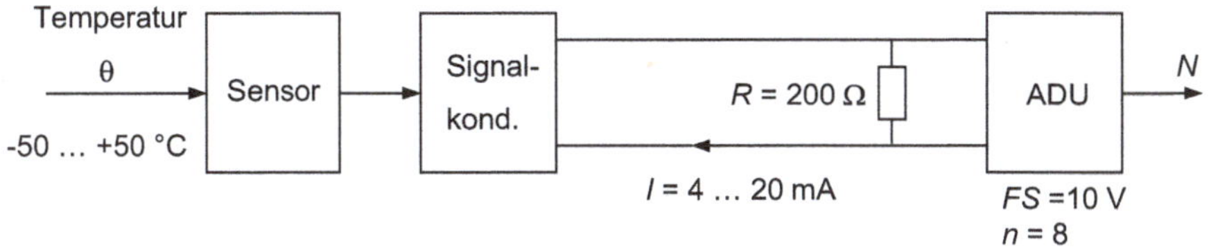

Bild 2.23 Aufgabe 2.5

Aufgabe 2.6

Ein 12-Bit-A/D-Wandler arbeitet mit einer Referenzspannung von $U_{ref} = 3{,}3$ V. Gegeben ist ein digitaler Ausgangscode von 0x7D0.

a) Welche Eingangsspannung Vin entspricht diesem Code?

b) Wie lautet der digitale Ausgangscode, wenn die Eingangsspannung $U_{ein} = 2$ V beträgt?

c) Für welchen Bereich der Eingangsspannung ergibt sich der Ausgangscode 0x00F?

Aufgabe 2.7

Skizzieren Sie die Quantisierungsstufen eines 5-Bit-ADCs für eine Eingangsspannung $U_e = 10\,\text{V} \cdot \sin(\omega t)$.

Geben Sie die zugehörigen Amplituden sowie die entsprechenden Digitalkodes an.

2.11 Lösungen

Lösung 2.1

a) Zur Spannungsmessung ist ein Spannungsteiler vorzuschalten (Bild 2.24).

Spannungsteilerregel:

$$\frac{U_{AD}}{U} = \frac{R_2}{R_1 + R_2} = \frac{5V}{20V} = \frac{1}{4} \Rightarrow R_1 = 3 \cdot R_2$$

z.B. $R_1 = 30\ k\Omega$; $R_2 = 1\ k\Omega$

b) $U_{LSB} = \frac{2 \cdot 5\ V}{2^{10}} = 9{,}77\ mV$

Messfehler für U_{AD}: $\pm ^1/_2 U_{LSB} = \pm 4{,}88\ mV$ mit $U = 4 \cdot U_{AD}$ folgt

Messfehler für U: $(\pm ^1/_2 U_{LSB)} \cdot 4 = \pm 19{,}5\ mV$

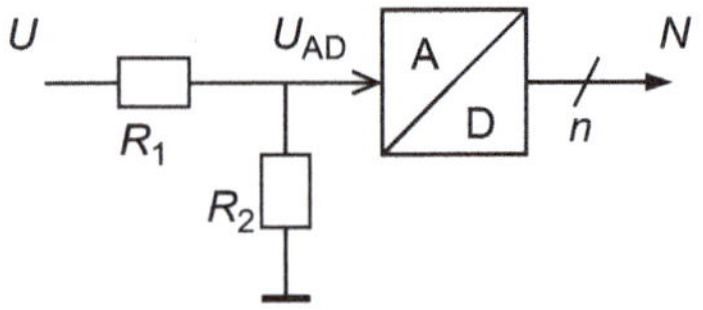

Bild 2.24
Schaltung zu Aufgabe 3.1

Lösung 2.2

Der Pt-100-Widerstand ergibt sich bei 50 °C zu:

$$R_t = 100\ \Omega \cdot (1 + \alpha \cdot 50°C) = 119{,}5\ \Omega$$

Für die Eingangsspannung am Verstärker gilt:

$$U_V = I_0 \cdot R_t - U_0 = 3{,}975\ V$$

Die Eingangsspannung am ADU beträgt: $U_{AD} = 2 \cdot U_V = 7{,}95\ V$.

Damit ergibt sich für N:

$$N = \left\langle \frac{U_{AD}}{U_{LSB}} \right\rangle = 204$$

Lösung 2.3

a) $U_{LSB} = \frac{FS}{2^8} = 19{,}5\ mV$

$$N = \left\langle \frac{0{,}04\ V \cdot 75}{U_{LSB}} \right\rangle = 154 = 10011010_2$$

b) $N = 00100101_2 = 37_{10}$

$$U_a = N \cdot U_{LSB} \pm \frac{1}{2} U_{LSB} = 0{,}7215\ V \pm 9{,}75\ mV$$

$$RF = \frac{U_a \cdot \%}{0{,}04\ V} = 18{,}1\ \% \pm 0{,}25\ \%$$

Lösung 2.4

a) $U_{LSB} = \frac{U_{ref}}{2^n} = \frac{10\text{ V}}{2^{10}} = 9{,}77\text{ mV}$

$$F_{qRMS} = \frac{U_{LSB}}{\sqrt{12}} = 2{,}82\text{ mV}$$

$$U_{RMS} = \frac{U_S}{\sqrt{2}} = 1{,}414\text{ V}$$

$$SNR_{dB} = 20 \cdot \lg\left(\frac{U_{RMS}}{F_{qRMS}}\right) = 54\text{ dB}$$

b) $\text{Rauschanteil} = \frac{F_{qRMS}}{U_{RMS}} \cdot 100$

Lösung 2.5

a) Unsicherheit ADU-Eingangsspannung U_{AD}: $\pm\frac{1}{2}U_{LSB} = \pm 19{,}5\text{ mV}$
Unsicherheit Strom I: $\frac{\pm\frac{1}{2}U_{LSB}}{R} = \pm 97{,}5\ \mu\text{A}$
Umrechnung Strom-Temperatur: $\frac{100°\text{C}}{16\text{ mA}} = 6{,}25 \cdot \frac{°\text{C}}{\text{mA}}$
Unsicherheit Temperatur θ: $\pm 97{,}5\ \mu\text{A} \cdot 6{,}25\frac{°\text{C}}{\text{mA}} = \pm 0{,}6°\text{C}$

b) Berechnung der einzelnen Größen ohne Berücksichtigung der Unsicherheit aus a)

$$U_{AD} = U_{LSB} \cdot N = 2{,}535\text{ V}$$

$$I = \frac{U_{AD}}{R} = 12{,}695\text{ mA}$$

Ein Strom I von 12,695 mA bedeutet eine Stromänderung ΔI von 8,695 mA gegenüber dem Anfangswert 4 mA.

Mit dem Umrechnungsfaktor von 6,25 °C/mA bedeutet dies eine Temperaturänderung $\Delta\theta$ von 54,34 °C gegenüber dem Anfangswert von –50 °C.

Somit ergibt sich eine Temperatur von $\theta = 54{,}34°\text{C} - 50°\text{C} = 4{,}34°\text{C}$

Mit Berücksichtigung der Unsicherheit gilt für den Temperatur-Messwert:

$$\theta = 4{,}34°\text{C} \pm 0{,}6°\text{C}$$

Lösung 2.6

a) Berechnung der Eingangsspannung: Hexadezimalcode: *0x7D0* = 2000 (dezimal)

$$U_{LSB} = \frac{U_{ref}}{2^{12}-1} = \frac{3{,}3\text{ V}}{4095} = 0{,}80586\text{ mV}$$

$$U_{ein} = 2000 \cdot U_{LSB} = 1{,}6117\text{ V}$$

b) Bestimmung des Ausgangscodes für $U_{ein} = 2\ \text{V}$

$$\text{Code} = \left\lfloor \frac{U_{ein}}{U_{LSB}} \right\rfloor = \left\lfloor \frac{2\ \text{V}}{0{,}80586\ \text{mV}} \right\rfloor \approx \lfloor 2481{,}7 \rfloor = 2481 = 0\text{x}9\text{B}1$$

a) Spannungsbereich für Code *0x00F* (dezimal = 15)

$$U_{ein} = 15 \cdot 0{,}80586\ \text{mV} = 12{,}0879\ \text{mV}$$

$$\Rightarrow U_{ein} \in (12{,}0879 \pm 0{,}40293)\ \text{mV} = (11{,}68497\ \text{mV}, 12{,}49083\ \text{mV})$$

Lösung 2.7

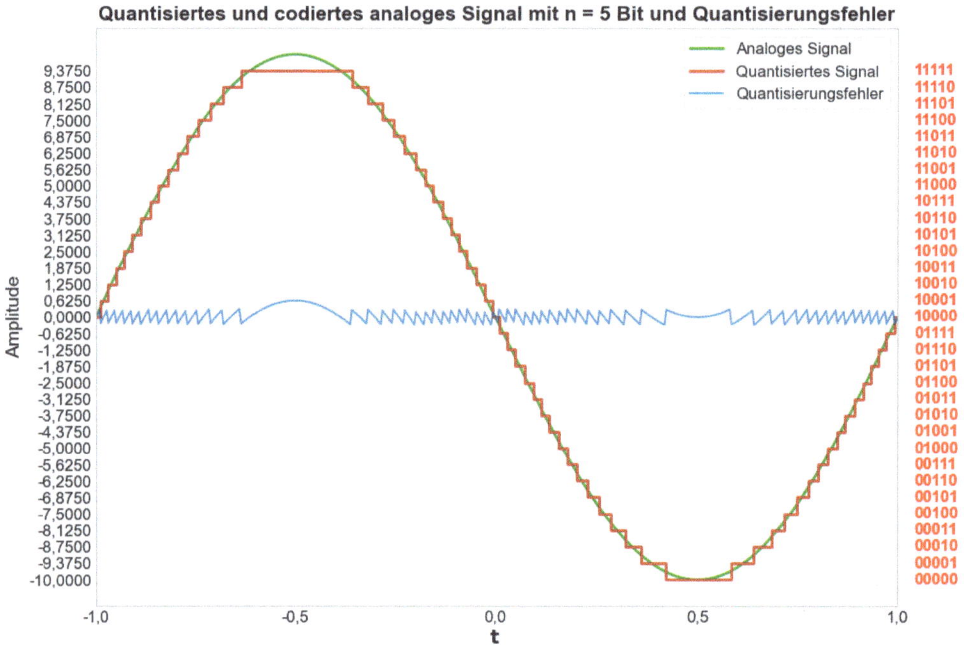

Bild 2.25 Quantisierung eines 5-Bit-ADCs bei sinusförmigem Eingangssignal

3 Digital-Analog-Umsetzer

Ein Digital-Analog-Umsetzer (DAU), auch Digital-Analog-Wandler oder Digital-Analog-Converter (DAC) genannt, wandelt eine Zahl in eine Ausgangsspannung um.

3.1 Grundbegriffe und Kennlinie

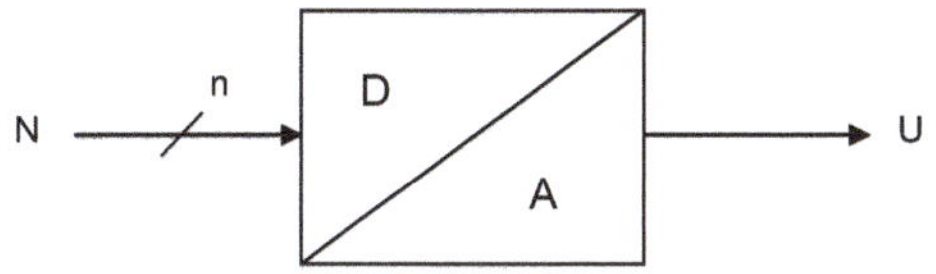

Bild 3.1
Blockbild DA-Umsetzer

Bild 3.1 zeigt das Blockbild für einen DA-Umsetzer. Die Zahl N als Eingangsgröße ist dabei meist als Dualzahl mit n Bits gegeben. Der Bereich der Ausgangsspannung U wird über eine Referenzspannung U_{ref} festgelegt.

Folgende Gleichung, die **Wandlungsfunktion**, beschreibt das Übertragungsverhalten:

$$U = U_{LSB} \cdot N \tag{3.1}$$

mit

$$U_{LSB} = \frac{U_{ref}}{2^n}$$

U_{ref} = Referenzspannung, legt den Spannungsbereich für U fest

U_{LSB} = Spannungsstufung in der Ausgangsspannung U

im Englischen sind folgende Bezeichnungen üblich:

U_{ref} = *FS* (full scale)

U_{LSB} = *LSB*

LSB bezieht sich dabei auf „Least Significant Bit“, d.h. die Ausgangsspannung *U* entspricht der Spannungsstufe U_{LSB} für die Eingangszahl $N = 1$ (*LSB* gesetzt).

Die grafische Darstellung der Wandlungsfunktion ergibt die **Kennlinie eines DAU**.

Beispiel 3.1

Für einen 3-Bit-DAU ($n = 3$) mit der Referenzspannung $U_{ref} = 2{,}4\ \mathrm{V}$ ist die Kennlinie zu zeichnen.

Lösung

$$U = U_{LSB} \cdot N$$

mit

$$U_{LSB} = \frac{2{,}4\ \mathrm{V}}{2^3} = 0{,}3\ \mathrm{V}$$

Bei 3 Bit ergibt sich der maximale Wert für *N* zu

$$N_{max} = 2^n - 1 = 2^3 - 1 = 7$$

Die sich daraus ergebende Kennlinie (Punktfolge) ist in Bild 3.2 dargestellt.

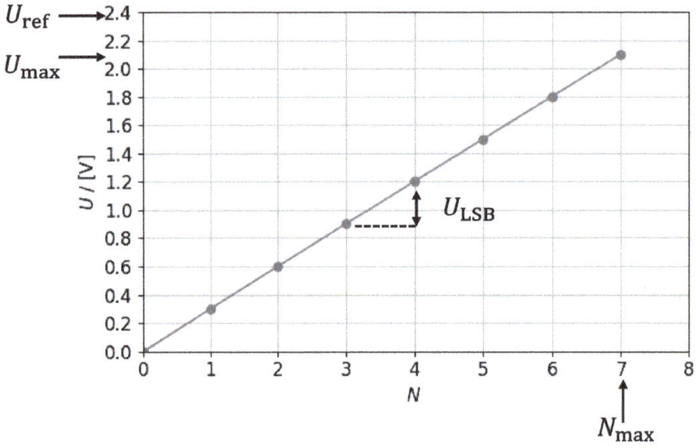

Bild 3.2 DAU-Kennlinie

Die maximale Ausgangsspannung ergibt sich zu:

$$U_{max} = N_{max} \cdot U_{LSB} = 7 \cdot 0{,}3\ \mathrm{V} = 2{,}1\ \mathrm{V} = U_{ref} - U_{LSB}$$

Beispiel 3.2

Simulation eines 4-Bit-DAU mit einem LabVIEW-Programm.

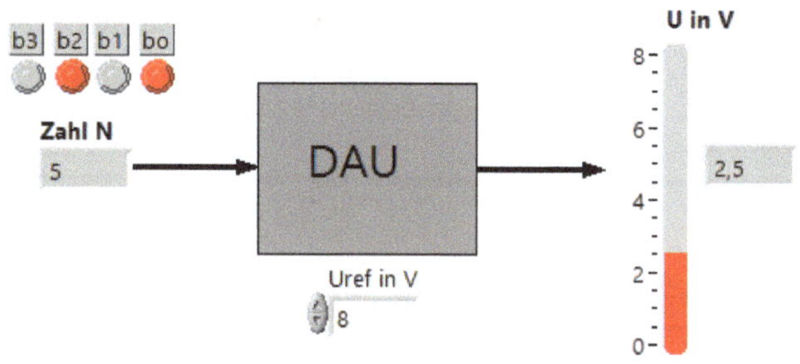

Bild 3.3 Schematische Darstellung im Panel

Die Darstellung im Panel (Bild 3.3) erfolgt mit Objekten aus der LabVIEW-Controls-Palette. Es ist die Eingabe einer 4-Bit-Dualzahl und einer Referenzspannung möglich.

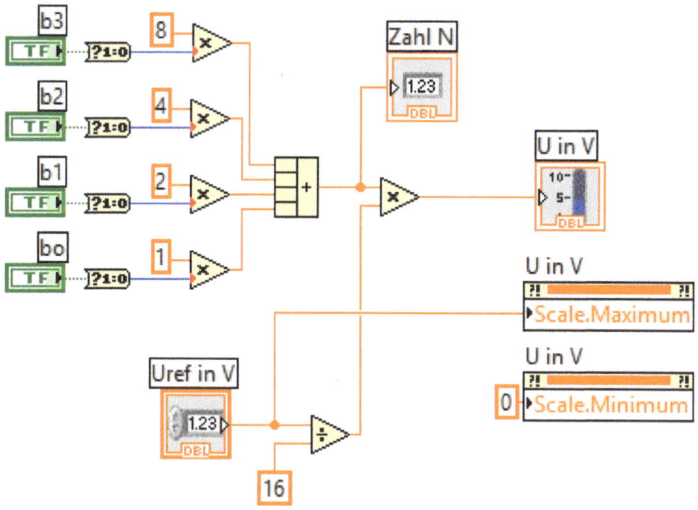

Bild 3.4 LabVIEW-Programm

Die Programmierung (Bild 3.4) erfolgt mit entsprechenden Elementen aus der LabVIEW-Funktions-Palette.

3.2 Verfahren zur DA-Umsetzung

Zur Realisierung von DA-Wandlern werden unterschiedliche Schaltungen eingesetzt. Sie unterscheiden sich in den Eigenschaften wie Umsetzungsgeschwindigkeit, Auflösung, Genauigkeit, Linearität. Beispielhaft soll hier die Funktionsweise einer häufig eingesetzten Schaltung, dem R-2R-Leiternetzwerk (Bild 3.5), genauer betrachtet werden.

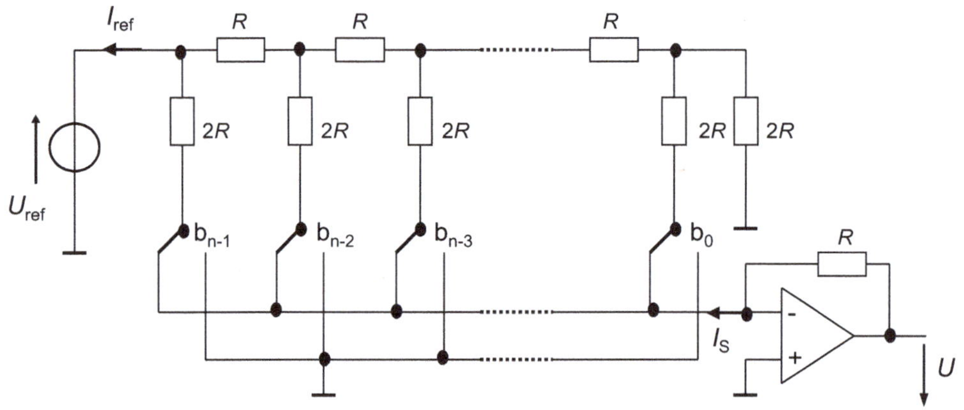

Bild 3.5 DAU mit R-2R-Leiternetz

Das Widerstandsnetzwerk bewirkt für die Spannungsquelle U_{ref} einen Gesamtwiderstand von R mit dem Gesamtstrom $I_{ref} = {}^{U_{ref}}/_{R}$ und an den Stromknoten jeweils die Halbierung des Stromes. Je nach Schalterstellung fließen die so binär gewichteten Ströme durch die Widerstände $2R$ nach Masse oder zum Summationspunkt am Operationsverstärker (OPV).

Den Schaltern in Bild 3.5 werden die binären Variablen b_0 bis b_{n-1} zugeordnet, wobei

$b_i = 0$ gilt, wenn der Schalter an Masse liegt

und

$b_i = 1$, wenn der Schalter am Summationspunkt des OPV liegt (gezeichnete Schalterstellung),

dann lässt sich die Stromsumme I_S am Summationspunkt des OPV in folgender Weise ausdrücken:

$$I_S = b_{n-1} \cdot \frac{I_{ref}}{2} + b_{n-2} \cdot \frac{I_{ref}}{4} + \ldots + b_0 \frac{I_{ref}}{2^n}$$

mit

$$I_{ref} = \frac{U_{ref}}{R}$$

oder

$$I_S = \frac{I_{ref}}{2^n} \cdot (b_{n-1} \cdot 2^{n-1} + b_{n-2} \cdot 2^{n-2} + \ldots + b_0 \cdot 2^0)$$

Der Ausdruck in der Klammer stellt eine Dualzahl N mit n Bits dar, also folgt:

$$I_S = \frac{I_{ref}}{2^n} \cdot N$$

Der Strom I_S führt über den Rückkopplungswiderstand R am OPV zur Ausgangsspannung U:

$$U = R \cdot I_S = R \cdot \frac{I_{ref}}{2^n} \cdot N = R \cdot \frac{U_{ref}}{R \cdot 2^n} \cdot N = \frac{U_{ref}}{2^n} \cdot N$$

und somit zur Funktionsgleichung eines DAU.

DAU-Verfahren in der Übersicht

In Tabelle 3.1 sind häufig angewendete Verfahren zur DA-Umsetzung zusammengefasst.

Tabelle 3.1 DAU-Verfahren

Verfahren	Eigenschaften	Einsatzbeispiele
R-2R-DA-Umsetzer	gute Genauigkeit, da nur zwei Widerstandswerte niederohmige Widerstandswerte für schnelle Anwendungen möglich	Mikrocontroller, Messkarten
stromgewichtete DA-Umsetzer	einfacher Aufbau bei hoher Auflösung großer Widerstandsbereich erforderlich	Messtechnik, Mikrocontroller
Sigma-Delta-DA-Umsetzer	hohe Auflösung bis 24 Bit gute Linearität	Audiotechnik

3.3 Fehlerbetrachtung

Bei realen DA-Wandlern weicht die Kennlinie vom idealen Verlauf ab. In Bild 3.6 ist dies stark übertrieben dargestellt. Die Abweichungen sind entsprechend als Fehler definiert. (Diese allgemein üblichen Fehlerdefinitionen sind in analoger Weise auch für andere Elektronik-Bausteine festgelegt.)

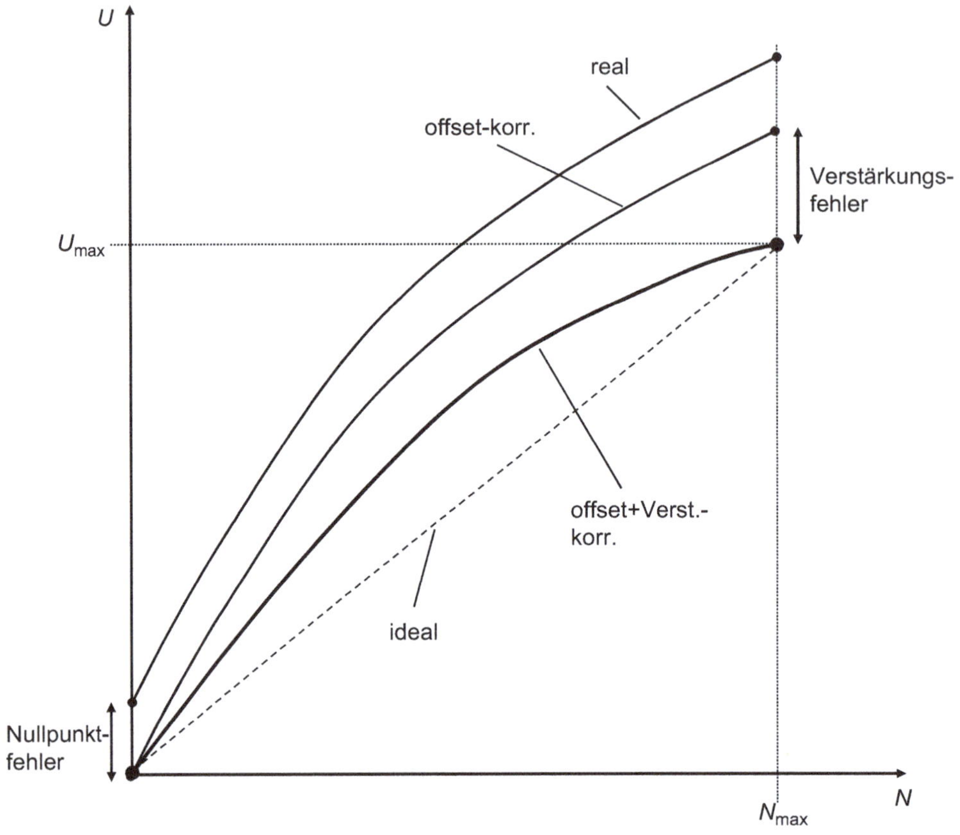

Bild 3.6 Reale DAU-Kennlinie

Nullpunktfehler (engl. offset error)

Der Nullpunktfehler ist die Spannungsabweichung zwischen dem realen und idealen Nullpunkt (siehe Bild 3.6).

$$F_{\text{offset}} = U(N = 0) - U_{\text{LSB}} \cdot 0 = U(N = 0) \tag{3.2}$$

Er wird in der Regel abgeglichen (Verschiebung der realen Kennlinie über ein offset-Potentiometer in den idealen Nullpunkt).

Verstärkungsfehler (engl. gain error, full scale error)

Nach Abgleich des Nullpunktfehlers verbleibt ein Verstärkungsfehler. Er gibt die Abweichung der maximalen Ausgangsspannung vom idealen Wert für U_{max} an (siehe Bild 3.6).

$$F_{\text{FS}} = U(N = N_{\text{max}}) - U_{\text{LSB}} \cdot N_{\text{max}} \tag{3.3}$$

Er wird z. B. in Prozent vom Endwert (engl. full scale) oder als Vielfaches von U_{LSB} angegeben.

Auch der Verstärkungsfehler wird üblicherweise abgeglichen (Drehung der offset-korrigierten Kennlinie über ein Verstärkungs-Potentiometer in den idealen Endpunkt).

Nach Abgleich von Nullpunkt- und Verstärkungsfehler werden die verbleibenden Nichtlinearitäten in der Kennlinie wie folgt angegeben:

Integrale Nichtlinearität INL (engl. integral non linearity)

Sie ist die Differenz zwischen der tatsächlichen Spannung U und der idealen Spannung, die durch $U_{LSB} \cdot N$ bestimmt ist.

$$INL(N) = U(N) - U_{LSB} \cdot N \tag{3.4}$$

Differentielle Nichtlinearität DNL (engl. differential non linearity)

Es werden zwei benachbarte Punkte der Kennlinie betrachtet und die Abweichung zwischen der tatsächlichen Spannungsdifferenz und der idealen Spannungsdifferenz U_{LSB} ermittelt.

$$DNL(N, N+1) = U((N+1) - U(N)) - U_{LSB} \tag{3.5}$$

Beispiel 3.3

Bei der Messung an einem 3-Bit-DAU mit $U_{ref} = 10\,V$ wurden folgende Werte (Tabelle 3.2) ermittelt:

Tabelle 3.2 DAU-Messwerte

N	0	1	2	3	4	5	6	7
U/V	0,30	1,85	3,40	5,45	6,00	8,05	9,60	11,15

a. Berechnen Sie U_{LSB}.
b. Wie groß ist die maximale Spannung U_{max}, die der DAU liefern müsste?
c. Korrigieren Sie den Nullpunktfehler.
d. Korrigieren Sie den Verstärkungsfehler.
e. Ermitteln Sie die maximale integrale Nichtlinearität INL_{max} des DAU.
f. Ermitteln Sie die maximale differentielle Nichtlinearität DNL_{max} des DAU.
g. Stellen Sie in einem Diagramm die ideale Kennlinie und die reale (offset- und verstärkungskorrigierte) Kennlinie dar.

Lösung

a. $U_{LSB} = \frac{10\,V}{2^3} = 1{,}25\,V$

b. $U_{max} = U_{LSB} \cdot N_{max} = 1{,}25\,V \cdot 7 = 8{,}75\,V$

c. Zur Korrektur des Nullpunktfehlers muss von allen Punkten der gemessenen Kennlinie der Nullpunktfehler von 0,3 V subtrahiert werden. Das Ergebnis ist aus der Zeile zwei (U/V offset-korrigiert) von Tabelle 3.3 zu entnehmen.

d. Nach der Offset-Korrektur beträgt die max. Spannung 10,85 V. Der ideale Spannungswert ist 8,75 V. Zur Korrektur des Verstärkungsfehlers ist die offsetkorrigierte Kennlinie mit dem Faktor 8,75 V/10,85 V = 0,8065 in den idealen Endpunkt zu „drehen". Das Ergebnis zeigt Zeile drei (U/V verstärkungskorrigiert) von Tabelle 3.3.

Tabelle 3.3 Lösungen zu Beispiel 3.3 d)

N	0	1	2	3	4	5	6	7
***U*/V offset-korrigiert**	0,00	1,55	3,10	5,15	5,70	7,75	9,30	10,85
***U*/V verstärkungs-korrigiert**	0,00	1,25	2,50	4,15	4,60	6,25	7,50	8,75
***U*/V ideal**	0,00	1,25	2,50	3,75	5,00	6,25	7,50	8,75
***INL*/V**	0,00	0,00	0,00	0,40	−0,40	0,00	0,00	0,00
***DNL*/V**	–	0,00	0,00	0,40	−0,81	0,40	0,00	0,00

e. Die integrale Nichtlinearität INL ergibt sich nach Formel 3.4 aus der Differenz der Spannungswerte der Zeilen drei (U/V verstärkungskorrigiert) und vier (U/V ideal). Sie ist der fünften Zeile (INL/V) zu entnehmen. Der Maximalwert INL_{max} beträgt 0,40 V.

f. Die differentielle Nichtlinearität DNL ergibt sich nach Formel 3.5 aus der Differenz zweier aufeinanderfolgender Spannungswerte der Zeile drei (U/V verstärkungskorrigiert) im Vergleich zum idealen Wert U_{LSB}. Das Ergebnis zeigt die Zeile sechs (DNL/V). Der betragsmäßig maximale Wert liegt bei $DNL_{max} = 0{,}81\ \mathrm{V}$.

g. In Bild 3.7 sind ideale und reale Kennlinie dargestellt.

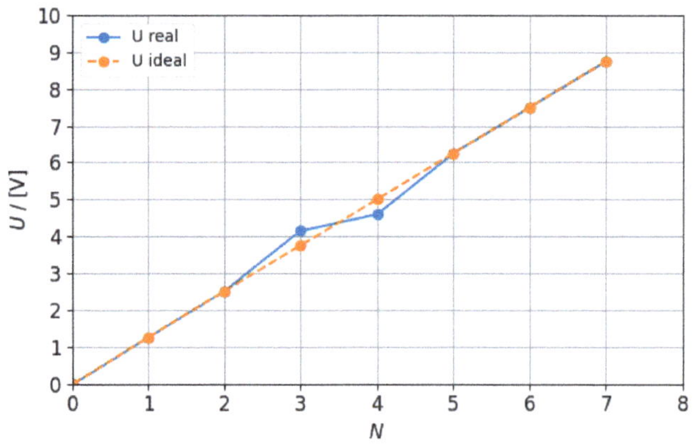

Bild 3.7 DAU-Kennlinien zu Beispiel 3.3 g)

3.4 Übungen

Aufgabe 3.1

An einen 4-Bit-DAU werden die Eingangswerte $N = 10$, 3 und 7 angelegt und dabei die Ausgangsspannungen $U = 1$ V, 0,3 V und 0,7 V gemessen.

Welche maximale Ausgangsspannung U_{max} hat der DAU?

Aufgabe 3.2

Ein DAU mit dem Ausgangsspannungsbereich $0 \leq U \leq 2{,}5\ \text{V}$ soll eine Auflösung $U_{LSB} \leq 10\ \text{mV}$ haben.

Wie viele Bits muss der DAU mindestens haben?

Aufgabe 3.3

Welche Fehlerarten lassen sich bei üblichen DA-Umsetzern extern abgleichen und wie wird der Abgleich prinzipiell durchgeführt?

Aufgabe 3.4

Ein 5-Bit-DAU hat eine maximale Ausgangsspannung von 4,65 V.

Welche Ausgangsspannung ergibt sich bei einer Eingangsgröße von $N = 9$?

Aufgabe 3.5

Bei einem 3-Bit-DAU mit $U_{ref} = 2\ \text{V}$ werden nacheinander die Ausgangsspannungen 0 V; 0,3 V; 0,4 V; 0,75 V; 1,0 V; 1,2 V; 1,5 V; 1,75 V gemessen.

Bestimmen Sie die maximalen Linearitätsfehler (Betrag) INL_{max} und DNL_{max}.

Aufgabe 3.6

Skizzieren Sie die Kennlinie eines DAU mit den Daten: $FS = 4\ \text{V}$; $n = 4$

3.5 Lösungen

Lösung 3.1

$$U = U_{LSB} \cdot N \Rightarrow U_{LSB} = \frac{U}{N} = \frac{1\ \text{V}}{10} = 0{,}1\ \text{V}$$

$$U_{max} = U_{LSB} \cdot N_{max} = U_{LSB} \cdot (2^4 - 1) = 1{,}5\ \text{V}$$

Lösung 3.2

$$U_{LSB} = \frac{U_{ref}}{2^n} \leq 10\ \text{mV} \Rightarrow 2^n \geq \frac{2{,}5\ \text{V}}{10\ \text{mV}} = 250$$

$$n \geq \text{ld}(250) = 7{,}97$$

d.h. $n \geq 8$

Lösung 3.3

Nullpunktfehler: Eingangsgröße $N = 0$ anlegen und über das Offset-Potentiometer auf $U = 0$ V abgleichen.

Verstärkungsfehler: Eingangsgröße $N = N_{max}$ anlegen und über das Verstärkungs-Potentiometer auf $U = U_{max}$ abgleichen.

Lösung 3.4

$$U_{LSB} = \frac{U_{max}}{N_{max}} = \frac{4{,}65\ \text{V}}{2^5 - 1} = 0{,}15\ \text{V}$$

$$U = U_{LSB} \cdot N = 0{,}15\ \text{V} \cdot 9 = 1{,}35\ \text{V}$$

Lösung 3.5

Nullpunkt- und Verstärkungsfehler sind nicht vorhanden bzw. abgeglichen.

Für die Linearitätsfehler ergeben sich nach Definition die Werte in Tabelle 3.4 mit $INL_{max} = 0{,}1$ V und $DNL_{max} = 0{,}15$ V (Betragswerte).

Tabelle 3.4 Linearitätsfehler

N	0	1	2	3	4	5	6	7
***U*/V Messwerte**	0,0	0,3	0,4	0,75	1,0	1,2	1,5	1,75
***U*/V ideal**	0	0,25	0,5	0,75	1,0	1,25	1,5	1,75
***INL*/V**	0	0,05	-0,1	0	0	-0,05	0	0
***DNL*/V**	-	0,05	-0,15	0,1	0	-0,05	0,05	0

Lösung 3.6

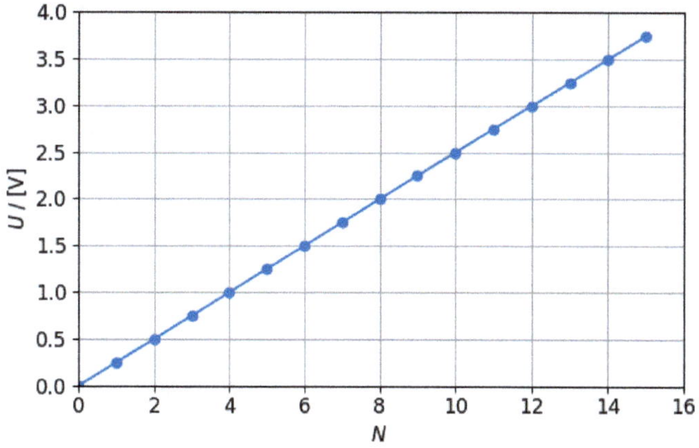

Bild 3.8 Kennlinie zu Aufgabe 3.6

4 Signalabtastung und Signalrekonstruktion

In den Kapiteln zwei und drei wurden die notwendigen Hardware-Komponenten zur digitalen Messdatenverarbeitung behandelt. Im vierten Kapitel werden nun die theoretischen Voraussetzungen zur Signalverarbeitung untersucht.

4.1 Abtastung und Abtast-Theorem

Durch die Signalabtastung erhält man von einer kontinuierlichen Funktion $u(t)$ eine Folge von Augenblickswerten, die Abtastwerte u_k. Erfolgt die Abtastung mit der Abtastfrequenz f_a, dann beträgt der zeitliche Abstand zwischen den einzelnen Abtastwerten $\Delta t = T_a = 1/f_a$ (Bild 4.1).

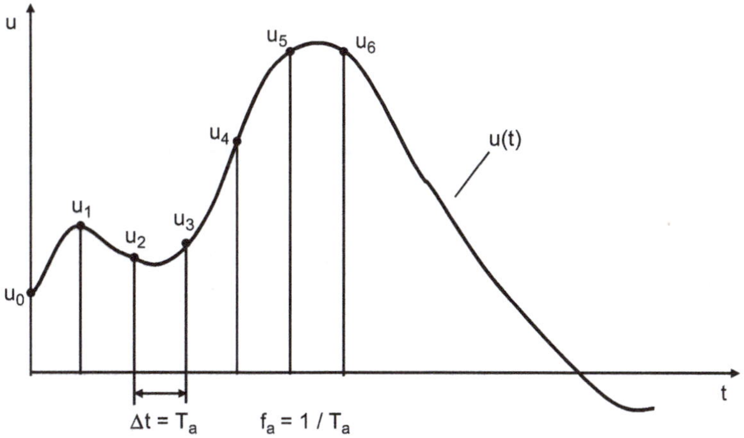

Bild 4.1 Signalabtastung

Bezüglich der zu wählenden Abtastfrequenz ist zu fragen:

Mit welcher Abtastfrequenz f_a muss man ein gegebenes Signal $u(t)$ abtasten, damit man aus den Abtastwerten u_k den Verlauf von u_t wieder rekonstruieren kann?

Die Antwort auf diese Frage erhält man mithilfe der Fourier-Transformation durch eine Betrachtung im Frequenzbereich. Sie ist als sogenanntes Abtast-Theorem formuliert.

Abtast-Theorem (Nyquist-Theorem)

Aus den Abtastwerten u_k lässt sich das ursprüngliche Signal $u(t)$ wieder rekonstruieren, wenn die Abtastfrequenz f_a größer als das Zweifache der im Signal enthaltenen maximalen Frequenz f_{max} ist.

$$f_a > 2 \cdot f_{max} \tag{4.1}$$

Die Existenz des Abtast-Theorems soll hier nicht mit aufwendiger Mathematik, sondern anschaulich mit einem LabVIEW-Programm gezeigt werden.

Im Panel des Programms können die Parameter Signalamplitude und Signalfrequenz für eine Sinusfunktion, sowie die Abtastfrequenz und die Anzahl der gewünschten Abtastwerte eingegeben werden. Als Ergebnis wird das mit einer LabVIEW-Funktion ermittelte Frequenzspektrum des Signals dargestellt (Bild 4.2 und Bild 4.3).

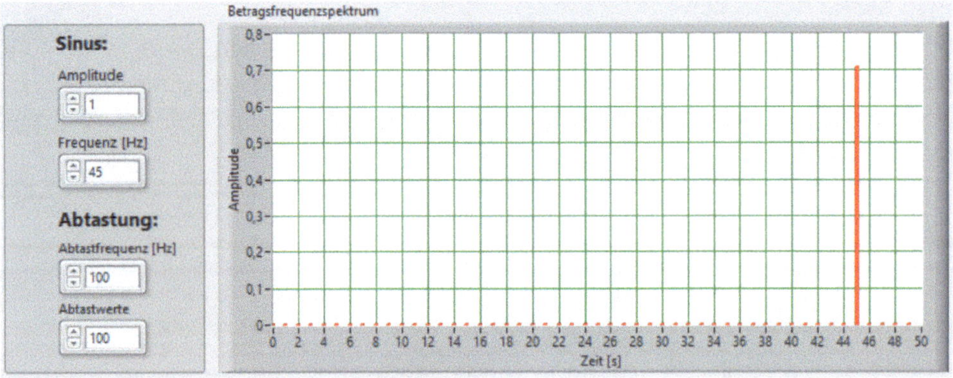

Bild 4.2 Spektrum für 45-Hz-Signalfrequenz

In Bild 4.2 wird durch die Fourieranalyse die Signalfrequenz korrekt wiedergegeben, da das Abtast-Theorem erfüllt ist ($100\ \text{Hz} > 2 \cdot 45\ \text{Hz}$).

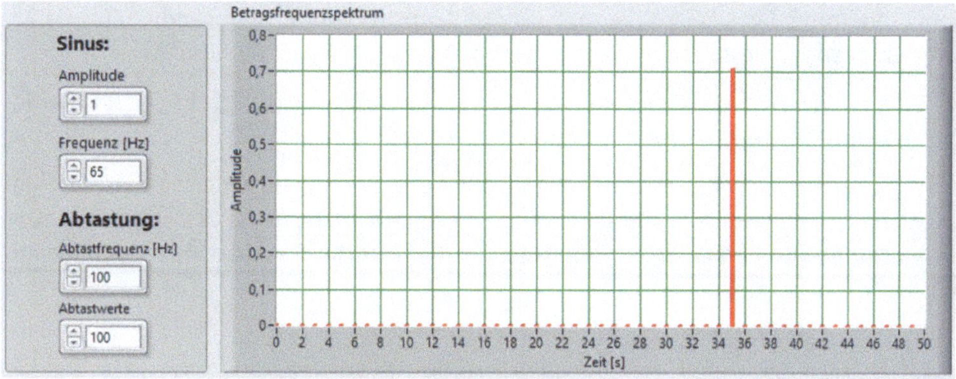

Bild 4.3 Spektrum für 65-Hz-Signalfrequenz

In Bild 4.3 ist das Abtast-Theorem nicht erfüllt ($100\ \text{Hz} < 2 \cdot 65\ \text{Hz}$) und die Analyse ergibt eine falsche Signalfrequenz von 35 Hz. (Formal ergibt sich durch die Fourieranalyse eine Spiegelung an der Abtastfrequenz: $f_a \pm f$)

Hinweis

Wird bei einer Signalabtastung das Abtast-Theorem nicht eingehalten, dann entsteht der sogenannte „Aliasing-Effekt", d. h. bei der Fourieranalyse oder der Rekonstruktion des Signals aus den Abtastwerten ergeben sich falsche Frequenzen, also Frequenzen, die im ursprünglichen Signal nicht vorhanden waren.

Bild 4.4 zeigt das entsprechende LabVIEW-Programm. Das SubVI (Unterprogramm) „Sinus.vi" erzeugt die Abtastwerte gemäß den eingegebenen Parametern; die Funktion „Amplitude and Phase Spectrum.vi" ermittelt das zugehörige Frequenzspektrum.

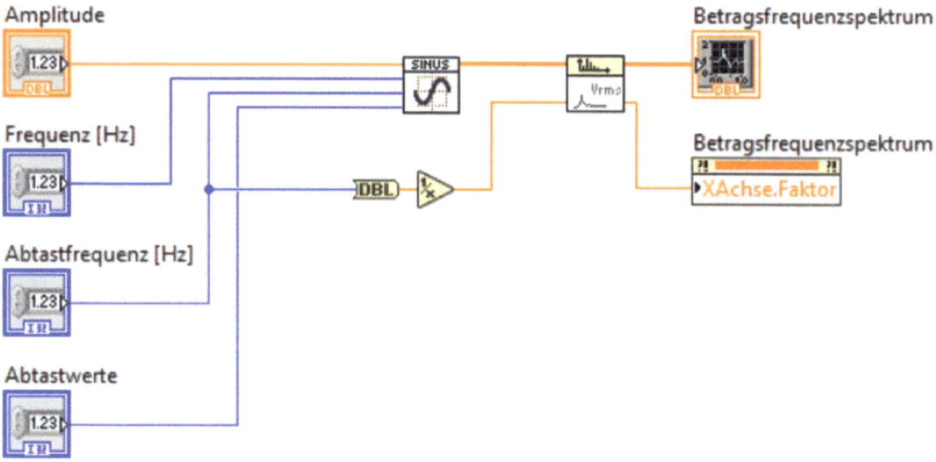

Bild 4.4 LabVIEW-Programm zur Signalanalyse

Zur Einhaltung des Abtast-Theorems ist die Kenntnis von f_{max} notwendig. Für die Ermittlung von f_{max} bestehen im Wesentlichen folgende Möglichkeiten:

- Analyse des Signals mit einem Spektrumanalysator (z. B. digitales Speicheroszilloskop mit der Möglichkeit der Frequenzanalyse),
- Abschätzung von f_{max} aus dem Signalverlauf (z. B. aufgenommen mit Oszilloskop oder Datenlogger). Mit Bild 4.5 wird dies verdeutlicht. Ist Δt der zeitlich minimalste Abstand zwischen zwei Extremwerten im Signalverlauf, so lässt sich f_{max} in folgender Weise abschätzen:

$$f_{\max} \approx \frac{1}{2 \cdot \Delta t} \tag{4.2}$$

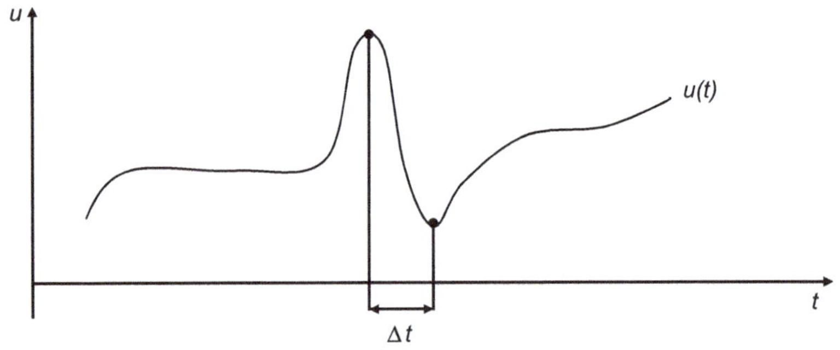

Bild 4.5 Abschätzung für f_{max} aus dem Signalverlauf

- Erzwingen einer maximalen Frequenz f_{max} durch Vorschalten eines Tiefpasses (Bild 4.6). Der Tiefpass wird als **Anti-Aliasing-Filter (AAF)** bezeichnet, da mit Festlegung von f_{max} die Abtastfrequenz gemäß dem Abtasttheorem gewählt werden kann und ein „Aliasing-Effekt" vermieden wird. Durch den Einsatz des Anti-Aliasing-Filters darf natürlich die zu erfassende Signalinformation nicht beeinträchtigt werden (z. B. kann bei der Digitalisierung eines Audiosignals ein AAF mit 20 kHz eingesetzt werden, da der hörbare Frequenzbereich nicht beschnitten wird).

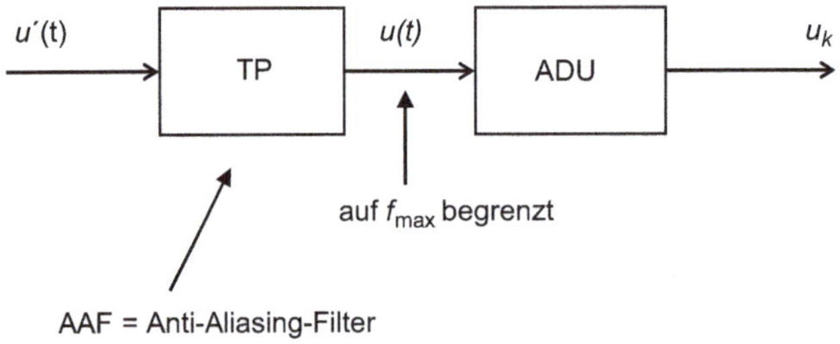

Bild 4.6 Frequenzbegrenzung mit Tiefpass

4.2 Rekonstruktion des analogen Signals

Zur Rekonstruktion des analogen Signals aus den Abtastwerten wird ein DA-Wandler mit nachgeschaltetem **Glättungs-Tiefpass** eingesetzt. In Bild 4.7 ist die Kette der möglichen Funktionseinheiten für Abtastung und Rekonstruktion eines Signals wiedergegeben.

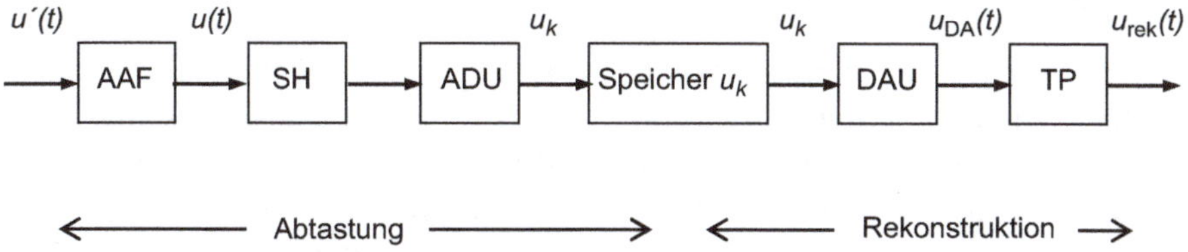

Bild 4.7 Abtastung und Rekonstruktion

Der Signalverlauf entlang dieser Kette ist in Bild 4.8 schematisch dargestellt.

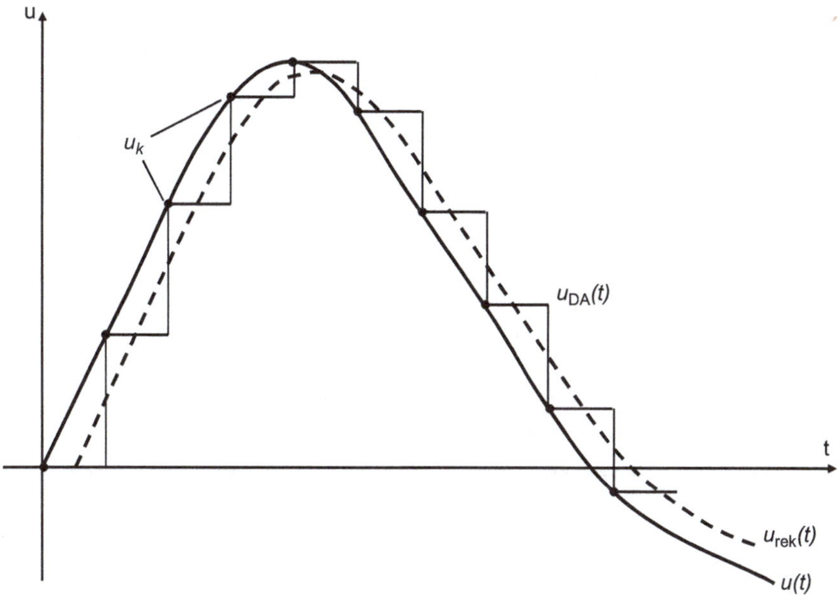

Bild 4.8 Signalverlauf bei Abtastung und Rekonstruktion

Das durch den AAF bandbegrenzte Signal $u(t)$ wird über die SH-Schaltung und den ADU abgetastet und in die Folge der Abtastwerte u_k umgeformt. Der DAU erzeugt aus den Abtastwerten an seinem Ausgang die treppenförmige Spannung $u_{DA}(t)$. Diese wird durch den nachgeschalteten Tiefpass geglättet, sodass das rekonstruierte Signal

$u_{rek}(t)$ entsteht. An der schematischen Darstellung lässt sich „anschaulich" erkennen, dass das rekonstruierte Signal $u_{rek}(t)$ gegenüber dem Originalsignal $u(t)$ zeitlich verschoben und in der Amplitude gedämpft ist. Eine genaue mathematische Betrachtung der Verhältnisse mithilfe der Fourier-Transformation, auf die hier verzichtet wird, liefert für die Amplitudendämpfung die sog. **Gewichtsfunktion *G*** mit

$$G = \frac{\sin\left(\pi \cdot \frac{f}{f_a}\right)}{\pi \cdot \frac{f}{f_a}} \tag{4.3}$$

Da in der Beschreibung der Dämpfung nach Formel 4.3 die Signalfrequenz f enthalten ist, erfolgt für Signale mit unterschiedlichen Frequenzanteilen eine unterschiedliche Dämpfung der einzelnen Teilfrequenzen. Aus Bild 4.9 ist zu entnehmen, dass tiefe Signalfrequenzen kaum gedämpft werden ($G < 1$) und Signalfrequenzen in der Nähe der halben Abtastfrequenz deutlich gedämpft werden ($G < 0{,}63$). Dieser Sachverhalt ist zu beachten, um bei der Signalwiedergabe Signalverzerrungen zu vermeiden.

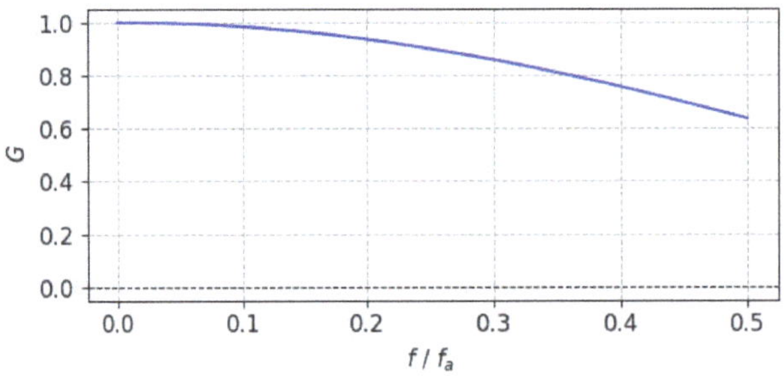

Bild 4.9
Frequenzabhängigkeit der Amplitudendämpfung *G*

Häufig wird die Amplitudendämpfung bei der Rekonstruktion entsprechend der Fehlerdefinition in der Messtechnik durch den Amplitudenfehler ausgedrückt.

Mit U_S = Amplitude des ursprünglichen Signals

und $U_{rekS} = G \cdot U_S$ = Amplitude des rekonstruierten Signals

folgt für den **relativen Amplitudenfehler** F_{rel}:

$$F_{rel} = \frac{U_{rekS} - U_S}{U_S} \cdot 100\,\% = \frac{G \cdot U_S - U_S}{U_S} \cdot 100\,\% = (G - 1) \cdot 100\,\%$$

oder mit Einsetzen für G

$$F_{rel} = \left(\frac{\sin\left(\pi \cdot \frac{f}{f_a}\right)}{\pi \cdot \frac{f}{f_a}} - 1 \right) \cdot 100\,\% \tag{4.4}$$

Beispiel 4.1

Ermitteln Sie den relativen Amplitudenfehler bei der Signalrekonstruktion für den Fall, dass die Abtastfrequenz 2-mal, 5-mal bzw. 10-mal so groß ist wie die Signalfrequenz.

Lösung

Nach Formel 4.4 ergibt sich für den Amplitudenfehler –36 %; –6,5 % bzw. –1,6 %.

Beispiel 4.2

Ein Signal $u(t) = 3\,\text{V} \cdot \sin(2\pi \cdot 200\,\text{Hz} \cdot t) + 5\,\text{V} \cdot \sin(2\pi \cdot 50\,\text{Hz} \cdot t)$ wird mit 1 kHz abgetastet. Geben Sie das aus den Abtastwerten rekonstruierte Signal $u_{rek}(t)$ an.

Lösung

Mit Formel 4.3 berechnet man die Amplituden des rekonstruierten Signals und erhält:

$$u_{\text{rek}}(t) = 2{,}8\,\text{V} \cdot \sin(2\pi \cdot 200\,\text{Hz} \cdot (t + T_\text{a})) + 4{,}98\,\text{V} \cdot \sin(2\pi \cdot 50\,\text{Hz} \cdot (t + T_\text{a}))$$

Die Signalkomponente mit 200 Hz wird demnach um –6,7 % gedämpft, die 50-Hz-Signalkomponente nur um –0,4 %. Zusätzlich muss eine Phasenverschiebung berücksichtigt werden. In der Lösung wurde ein Abtastschritt $T_\text{a} = 1/f_\text{a}$ angenommen.

Möglichkeiten zur Reduzierung des Amplitudenfehlers

- Erhöhung der Abtastfrequenz f_a. In der Praxis wird häufig mit einer Abtastfrequenz $f_\text{a} = 5$ bis $20 \cdot f_{\text{max}}$ gearbeitet.
- Verstärkung des rekonstruierten Signals mit frequenzabhängiger Verstärkung $V(f)$, um den Einfluss der Gewichtsfunktion $G(f)$ auszugleichen (Bild 4.10).

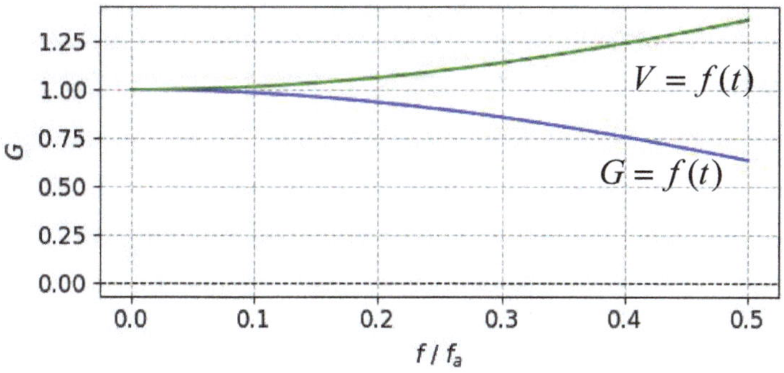

Bild 4.10 Frequenzabhängige Verstärkung

- Interpolation von Zwischenwerten, sodass für die Rekonstruktion mittels DAU die Abtastfrequenz „künstlich" erhöht wird (engl. oversampling). Dies erfordert einen entsprechenden Aufwand und bleibt Anwendungen wie z. B. beim CD-Player vorbehalten.

4.3 Übungen

Aufgabe 4.1

a) Was versteht man unter dem Aliasing-Effekt?

b) Was ist ein Anti-Aliasing-Filter und wozu wird es eingesetzt?

Aufgabe 4.2

Ein Signal $u(t) = 1{,}5\,\text{V} \cdot \sin(2\pi \cdot 500\,\text{Hz} \cdot t) + 3\,\text{V} \cdot \sin(2\pi \cdot 3\,\text{kHz} \cdot t)$ wurde mit 8 kHz abgetastet und die Abtastwerte u_k zwischengespeichert.

a) Skizzieren Sie das Blockschaltbild für die Rekonstruktion des analogen Signals aus den Abtastwerten und erläutern Sie die Funktion der einzelnen Einheiten.

b) Geben Sie die Gleichung für das rekonstruierte Signal $u_{\text{rek}}(t)$ an.

Aufgabe 4.3

Das analoge Signal $u(t)$ in Bild 4.11 soll durch einen ADU (8 Bit, bipolar, $FS = 10\,\text{V}$) mit einer Abtastfrequenz $f_a = 1\,\text{MHz}$ digitalisiert werden.

a) Überprüfen Sie, ob das Abtasttheorem erfüllt ist.

b) Welche Wandlungszeit t_c muss der ADU haben?

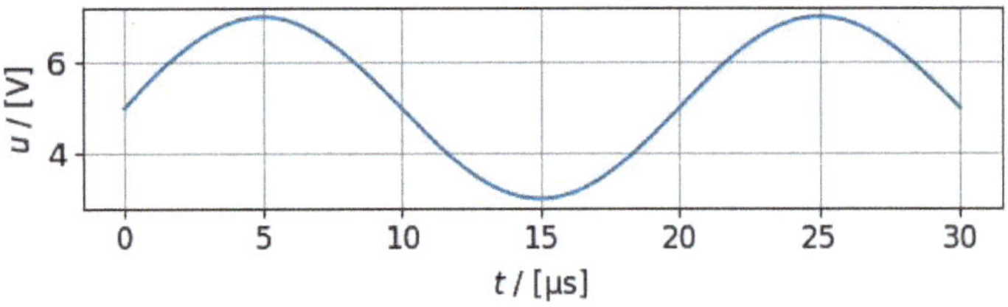

Bild 4.11 Signal zu Aufgabe 4.3

Aufgabe 4.4

Ein Fernsprechsignal im Amplitudenbereich ±5 V und im Frequenzbereich f = 0,3 kHz bis 3 kHz soll digital übertragen werden.

a) Wie groß ist die Abtastfrequenz zu wählen, wenn der Amplitudenfehler bei der Rekonstruktion des Signals höchstens 5 % betragen darf?

b) Welche Bedingung ist an die Wandlungszeit t_C des bipolaren 8-Bit-ADU mit FS = 5 V zu stellen?

4.4 Lösungen

Lösung 4.1

a) Wird bei der Signalabtastung das Abtasttheorem nicht eingehalten, so ergeben sich bei der Signalrekonstruktion „falsche“ Signalfrequenzen.

b) Das Anti-Aliasing-Filter (AAF) ist ein Tiefpass, der das abzutastende Signal auf eine maximale Frequenz f_{max} hin begrenzt. Mit Kenntnis von f_{max} kann die Abtastfrequenz dann gemäß dem Abtasttheorem gewählt werden.

Lösung 4.2

a) DAU und Glättungsfilter

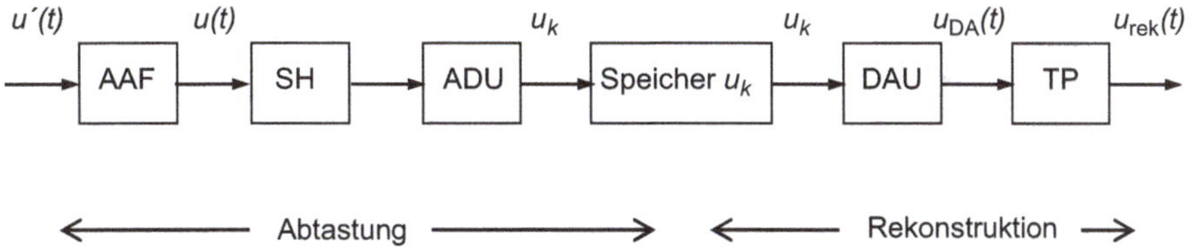

Bild 4.12

DAU: Umsetzen der Abtastwerte in analoge Spannung

Glättungsfilter: Tiefpassfilter zum Herausfiltern der ursprünglichen Signalfrequenz bzw. zum Unterdrücken der höheren Frequenzanteile in der stufenförmigen Ausgangsspannung des DAU

b) $u(t) = 1{,}49\ \text{V} \cdot \sin(2\pi \cdot 500\ \text{Hz} \cdot t) + 2{,}35\ \text{V} \cdot \sin(2\pi \cdot 3\ \text{kHz} \cdot t)$

Lösung 4.3

a) Aus Bild 4.3 lässt sich ablesen: $\Delta t = 10\ \mu s$

$$f_{max} = \frac{1}{2 \cdot \Delta t} = 50\ \text{kHz} \tag{4.5}$$

$f_a = 1\ \text{MHz} > 2 \cdot 50\ \text{kHz}$, d. h. das Abtasttheorem ist erfüllt.

b) Forderung aus Eingangsfrequenz:

$$f \leq \frac{U_{LSB}}{4 \cdot \pi \cdot U_S \cdot t_C} \rightarrow t_C \leq \frac{U_{LSB}}{4 \cdot \pi \cdot U_S \cdot f} = \frac{78{,}125\ \text{mV}}{4 \cdot \pi \cdot 2\ \text{V} \cdot 50\ \text{kHz}} = 62\ \text{ns}$$

Forderung aus der Abtastfrequenz:

$$f_a \leq \frac{1}{t_C} \rightarrow t_C \leq \frac{1}{f_a} = 1\ \mu s$$

damit gilt: $t_C \leq 62\ \text{ns}$

Lösung 4.4

a) $$F_{rel} = \left(\frac{\sin\left(\pi \cdot \frac{f}{f_a}\right)}{\pi \cdot \frac{f}{f_a}} - 1 \right) \cdot 100\ \% = -5\ \% \rightarrow \frac{\sin\left(\pi \cdot \frac{f}{f_a}\right)}{\pi \cdot \frac{f}{f_a}} = 0{,}95$$

Die Funktion $\frac{\sin x}{x}$ hat bei $x = 0{,}55$ den Wert 0,95
damit folgt mit $x = \frac{\pi \cdot f}{f_a}$

$$\frac{\pi \cdot f}{f_a} = 0{,}55 \rightarrow f_a = \frac{\pi \cdot f}{0{,}55} = \frac{\pi \cdot 3\ \text{kHz}}{0{,}55} = 17\ \text{kHz}$$

b) Forderung aufgrund der Eingangsfrequenz von 3 kHz:

$$t_C \leq \frac{U_{LSB}}{4 \cdot \pi \cdot U_S \cdot f} = \frac{39{,}06\ \text{mV}}{4 \cdot \pi \cdot 5\ \text{V} \cdot 3\ \text{kHz}} = 207\ \text{ns}$$

Forderung aus der Abtastfrequenz von 17 kHz:

$$t_C \leq \frac{1}{f_a} = \frac{1}{17\ \text{kHz}} = 59\ \mu s$$

damit folgt $t_C \leq 207\ \text{ns}$.

5 Messwerterfassungssysteme

Messwerterfassungssysteme unterscheiden sich teilweise deutlich im Preis. Die Frage stellt sich, worin unterscheiden sich diese Systeme? Um diese Frage zu beantworten, sollen im Folgenden einige grundsätzliche Systeme näher betrachtet werden. In Bild 5.1 ist eine sehr einfache Struktur dargestellt.

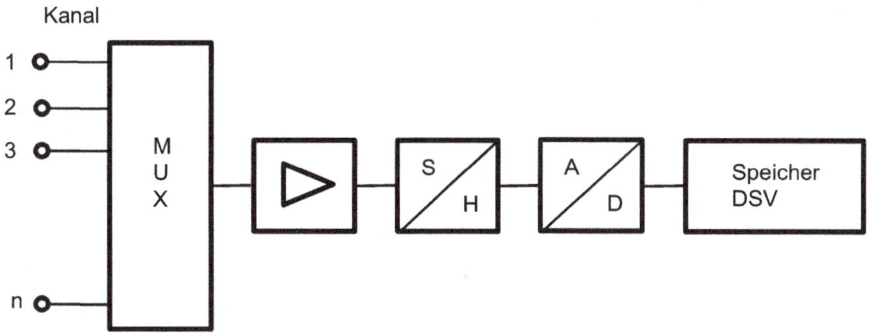

Bild 5.1 Einfache Messwerterfassung

5.1 Grundstrukturen von Messwerterfassungssystemen

Die Messwerterfassung (Bild 5.1) besteht aus einigen Grundkomponenten, die zu jeder Messwerterfassung gehören. Mit dem MUX (Multiplexer) ist ein Bauteil gemeint, das die analogen Eingangs-Messsignale, in einer bestimmten Taktsequenz, dem gemeinsamen Verstärker zuführt. In der Regel wird dieser MUX mit Halbleiterschaltern realisiert. Die Abtaststufe (Sample and Hold) entnimmt aus dem analogen Messsignal einen Momentanwert und hält diesen Wert für die Umsetzzeit konstant. Die momentan, konstante Eingangsspannung wird durch den Analog-Digital-Umsetzer (ADU) in eine digitale Zahl umgesetzt. Die Integerfolge wird dann in einen Speicher abgelegt oder mit der digitalen Signalverarbeitung (DSV) weiterverarbeitet. Die einzelnen Komponenten müssen durch eine geeignete Steuerung zeitlich richtig abgestimmt sein. Diese Messwerterfassungsstruktur (Bild 5.1) ist in der Regel sehr preiswert, weist aber einige grundsätzliche Nachteile auf. Ein wesentlicher Nachteil der einfachen Messwerterfassung ist, dass alle Kanäle mit der gleichen Verstärkung angepasst werden und dass kein Anti-Aliasing-Filter vorhanden ist. Dies ist in der Regel notwendig, um das Abtasttheorem einzuhalten. Diese Nachteile werden durch die zweite Struktur behoben. Der gemeinsame ADU reduziert auch in dieser Struktur die Umwandlungszeit auf die Anzahl der Kanäle.

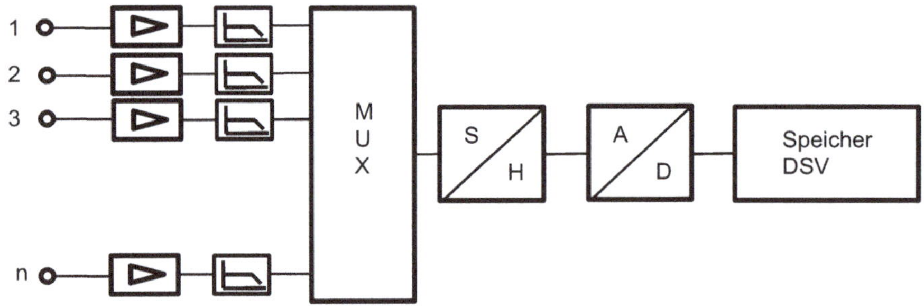

Bild 5.2 Messwerterfassung mit Filter und getrennter Anpassung

Oftmals werden zu einer Messaufgabe mehrere unterschiedliche Signale erfasst und in Beziehung zueinander gesetzt, sei es, dass sie im einfachsten Fall multipliziert werden oder durch komplexe Algorithmen miteinander verarbeitet werden. Dann ist es wichtig, dass die Signale genau zum gleichen Zeitpunkt erfasst wurden und kein zeitlicher Versatz der einzelnen Messwerte vorhanden ist. Um dies zu gewährleisten, muss die Struktur die Abtastung der einzelnen Kanäle zur gleichen Zeit sicherstellen (Bild 5.3).

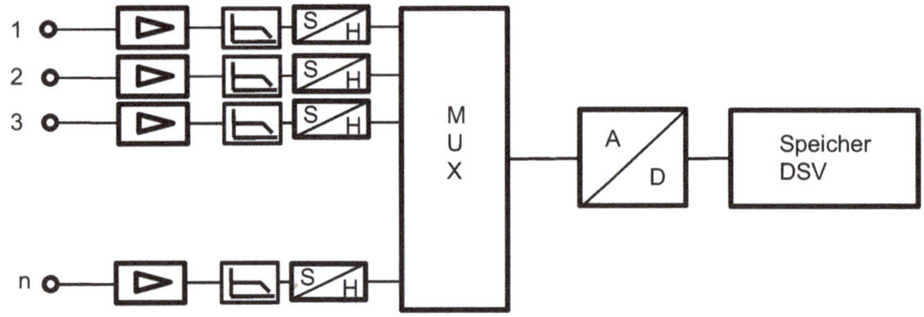

Bild 5.3 Struktur mit gleichzeitiger Messwerterfassung

Eine Erweiterung der Struktur in Bild 5.1 stellt die Struktur in Bild 5.4 dar. Die Abtastung wird pro Kanal durchgeführt, sodass jeder Kanal die volle Umsetzungszeit nutzen kann und diese nicht auf die Kanäle aufgeteilt wird. Allerdings sind bei dieser Struktur die Kosten deutlich höher als bei der einfachen Struktur.

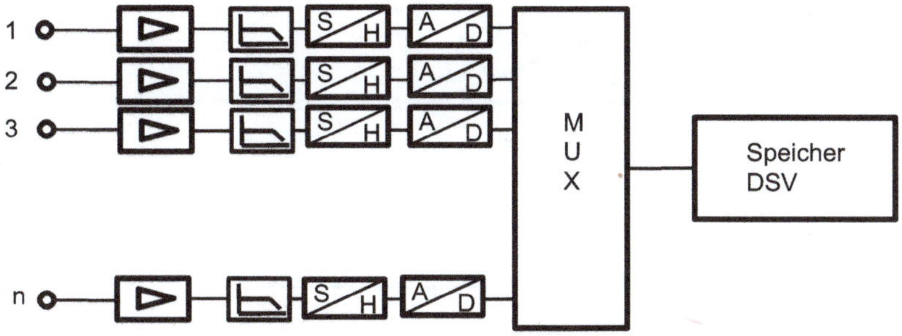

Bild 5.4 Komplexe Messwerterfassungsstruktur

Werden die verschiedenen Strukturen geordnet, ergibt sich folgende Aufteilung gemäß Bild 5.5.

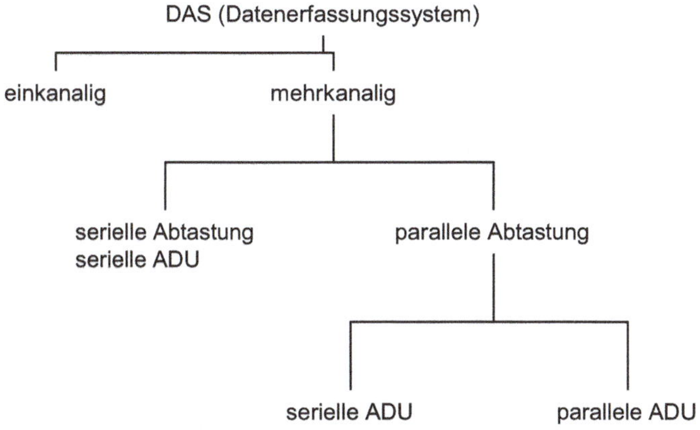

Bild 5.5 Klassifizierung von Messwerterfassungssystemen

Bei Messwerterfassungssystemen werden Systeme mit serieller und paralleler Abtastung und Umwandlung unterschieden. In der Regel werden Messwertsysteme immer mehrkanalig angeboten.

Die Erfassung der Signalquellen kann massebezogen (z. B. Funktionsgenerator, elektrische Geräte) oder massefrei (z. B. Thermoelement, Isolationsverstärker) sein. Um dies entsprechend richtig zu erfassen, können unterschiedliche Betriebsarten in den Datenerfassungssystemen eingestellt werden:

- RSE (engl. referenced single ended): Alle Messsignale haben den gleichen Bezugspunkt, der mit der Masse des Erfassungssystems verbunden ist.

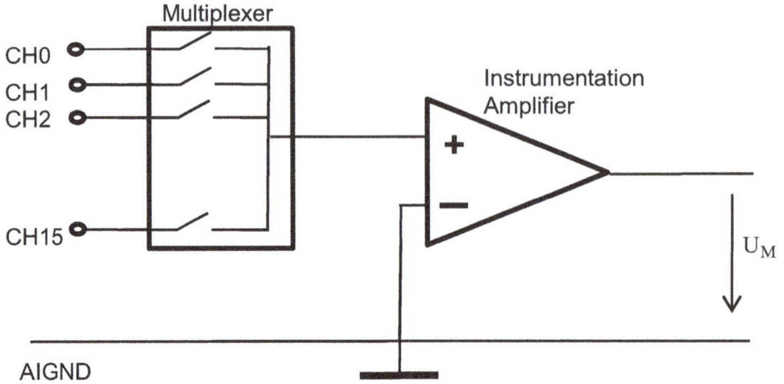

Bild 5.6 RSE-Betriebsart

- NRSE (engl. nonreferenced single ended): Alle Messsignale haben einen gemeinsamen Bezugspunkt. Dieser ist aber nicht mit der Masse des Erfassungssystems verbunden.

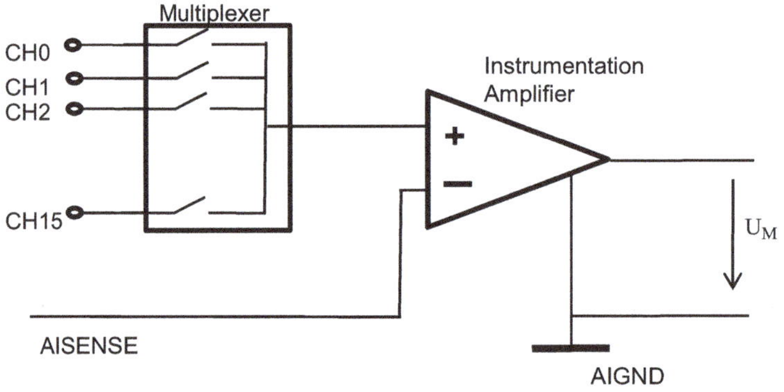

Bild 5.7 NRSE-Betriebsart

- DIFF (Differential): Ein Messsignal wird jeweils als Differenzsignal über zwei Eingangskanäle zugeführt. Es besteht kein Bezug zu der Masse des Erfassungssystems.

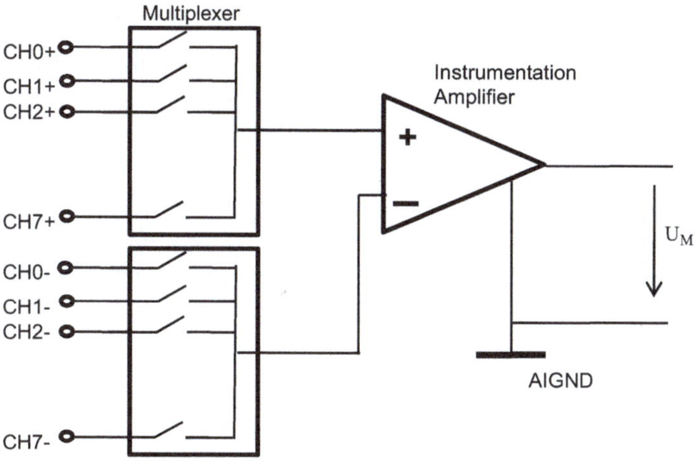

Bild 5.8
DIFF-Betriebsart

Messung massebezogener Signale

Zur Vermeidung von Erdschleifen sollte in der Betriebsart DIFF oder NRSE gemessen werden. Bei großen Signalamplituden ist der Störeinfluss in der Betriebsart RSE vernachlässigbar.

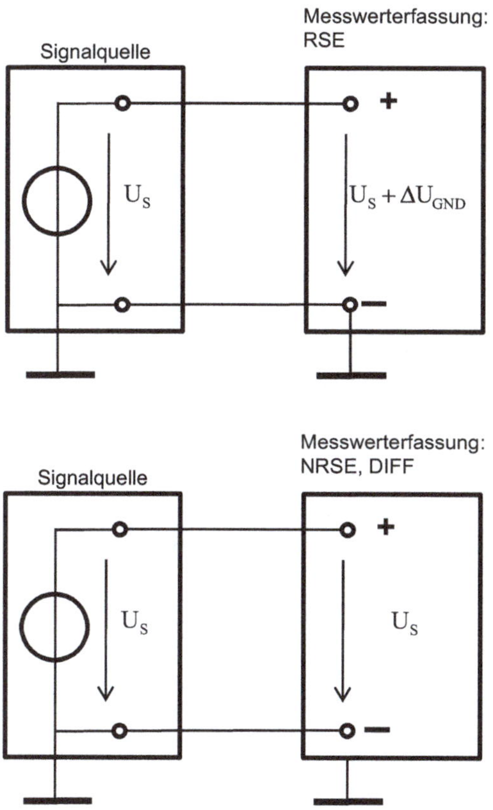

Bild 5.9
Messung massebezogener Signale

Messung massefreier (floating) Signale

Massefreie Signale können mit allen drei Betriebsarten RSE, NRES und DIFF gemessen werden. Bei DIFF- oder NRSE-Messungen sind Widerstände zur Ableitung der Ruheströme des Verstärkers nach Masse vorzusehen.

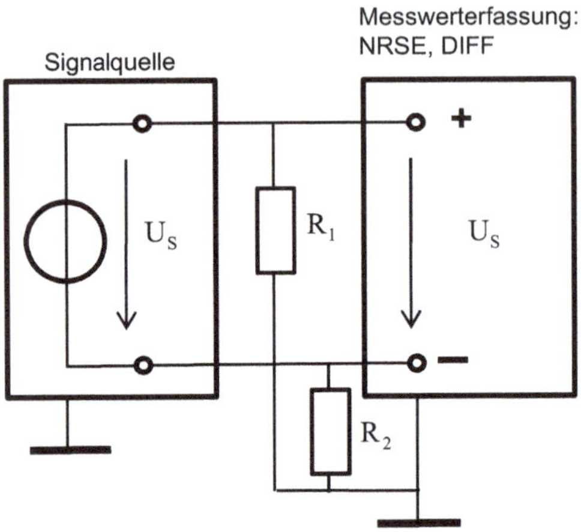

Bild 5.10
Messung massefreier Signale

Der Ruhestrom in Bild 5.10 wird vom Verstärker in die Schaltung gespeist. Die Widerstände R_1, R_2 (10...100 kΩ) stellen einen Gleichstrompfad für den Ruhestrom des Instrumentenverstärkers nach Masse zur Verfügung. Bei Gleichspannungsquellen ist nur der Widerstand R_2 erforderlich, bei Wechselspannungsquellen ist $R_1 = R_2$ zu wählen.

Mehrkanalige Datenerfassung

Für die mehrkanalige Erfassung von Messwerten gibt es drei Möglichkeiten:

- Continuous-Scanning:

  Die einzelnen Kanäle werden mit der eingestellten Abtastrate (Scanrate) nacheinander abgetastet (z. B. bei einer Scanrate von 100 kS/s und 10 Kanälen schaltet der Multiplexer alle 10 µs auf den nächsten Kanal um. Pro Kanal ergibt sich eine Abtastrate von 10 kS/s).

- Simultaneous-Scanning:

  Alle Kanäle werden zum gleichen Zeitpunkt erfasst. Dazu wird durch eine Sampling-und-Hold-Schaltung in allen Kanälen der Messwert zum gleichen Zeitpunkt festgehalten und dann nacheinander vom Multiplexer abgeholt.

- Interval-Scanning:

  Mit diesem Verfahren ist es möglich, viele Kanäle mit geringer Abtastrate zu erfassen und den zeitlichen Abstand zwischen den Kanälen klein zu halten (z. B. Erfassung von 10 Kanälen jede Sekunde mit zeitlichem Versatz von 10 µs zwischen den Kanälen).

Triggerung

Für die Triggerung gibt es folgende Möglichkeiten:

- Digital-Hardware-Triggerung:

  Die Flanke eines TTL-Signals dient zur Auslösung (z. B. über die Leitung EXTTRIG an dem Erfassungssystem).

- Analog-Hardware-Triggerung:

  Das gemessene Signal wird von einer Hardware auf die Triggerbedingung hin geprüft. (Diese Möglichkeit bieten viele Messboxen nicht.)

- Software-Triggerung:

  Die Software muss laufend die gemessenen Werte überprüfen und bei Erreichen der Triggerbedingung die Übertragung an den Rechner starten.

5.2 Ausgewählte Sensoren

Die unterschiedlichen Signal- und Sensorarten erfordern eine Vielzahl von Schaltungen zur Signalkonditionierung. Typische Aufgaben der Signalkonditionierung sind z. B.

- Umformung des Sensorausgangssignals in eine elektrische Spannung,
- Verstärkung (Instrumentierungs-Verstärker, Trennverstärker),
- Filterung (analoge und digitale Filter).

In den folgenden Abschnitten sollen einige ausgewählte Sensoren vorgestellt werden. Viele Sensoren sind passiv, d. h. sie benötigen eine Anregung, also eine Erregerspannung oder einen Erregerstrom. Sensoren, die eine Anregung brauchen, sind z. B.

- RTD (Resistance Temperature Detector, Widerstandstemperaturmesser),
- LVDT (Linear Variabler Differential Transformator) zur Längenmessung,
- DMS (Dehnungsmessstreifen) in einer Brückenschaltung.

5.2.1 Dehnungsmessstreifen (DMS)

Mit einem DMS-Messaufnehmer können physikalische Größen wie Kraft, Druck, Dehnung, Schwingung und Beschleunigung gemessen werden. Dies geschieht durch die Einwirkung einer Kraft auf einen Körper. Anhand eines zylindrischen Widerstandes soll dies erläutert werden. Der Widerstand eines metallischen Zylinders (Bild 5.11) kann in Abhängigkeit von seiner Geometrie und einer Materialkonstanten nach Formel 5.1 berechnet werden.

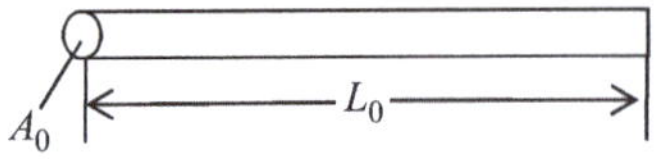

Bild 5.11
Metallwiderstand

$$R_0 = \rho_0 \cdot \frac{L_0}{A_0} \tag{5.1}$$

mit ρ = spezifischer Widerstand

Wird durch eine Kraft in Längsrichtung der Zylinder gedehnt oder gestaucht, ändert sich der Widerstand.

Bild 5.12
Dehnungsmessstreifen (DMS)

Durch die Krafteinwirkung F ändert sich aber nicht nur die Länge L, sondern auch der Durchmesser A und der spezifische Widerstand ρ (Formel 5.2).

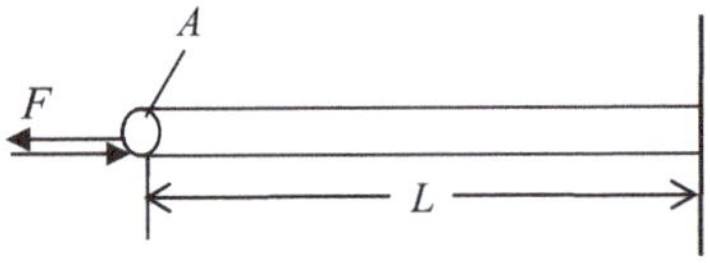

Bild 5.13
Metallwiderstand mit Krafteinwirkung

$$R = \rho \cdot \frac{L}{A} \tag{5.2}$$

mit $R = R_0 + \Delta R$, $L = RL_0 + \Delta L$, $A = A_0 + \Delta A$ und $\rho = \rho_0 + \Delta\rho$

Werden die absoluten Änderungen in ein Verhältnis zu den ursprünglichen Größen gesetzt, ergeben sich die relativen Größen:

$$r = \frac{\Delta R}{R_0} \tag{5.3}$$

Relative Widerstandsänderung

$$\varepsilon = \frac{\Delta L}{L_0} \tag{5.4}$$

Relative Längenänderung

Werden alle Änderungen, die zu einer Widerstandsänderung führen, zusammengefasst, ergibt sich ein k-Faktor (Proportionalitätsfaktor). Dieser Faktor berücksichtigt auch die Änderung des spezifischen Widerstandes, der bei metallischen Leitern nicht besonders groß ist im Gegensatz zu Halbleitermaterialien. Der Einfluss der relativen

Längenänderung auf die relative Änderung des Widerstandes wird allgemein über den k-Faktor ausgedrückt.

$$r = k \cdot \varepsilon \tag{5.5}$$

Für metallische Leiter nimmt der k-Faktor ungefähr den Wert 2 an. Für Halbleitermaterialien kann der k-Faktor Werte bis ca. 200 annehmen. Das Verhältnis der Längenänderung zur Radiusänderung wird über die sogenannte Poisson-Zahl beschrieben:

$$\mu = \frac{\Delta r / r_0}{\Delta L / L_0} \tag{5.6}$$

mit

$$r_0 = \sqrt{\frac{A_0}{\pi}}$$

Für metallische Leiter ergibt sich ein ungefährer Wert von $\mu = 0{,}3$.

Zur Messung wird der DMS auf das Messobjekt aufgeklebt. Die Verformung des Messkörpers wird durch den Kleber (Spezialkleber!) auf den DMS übertragen.

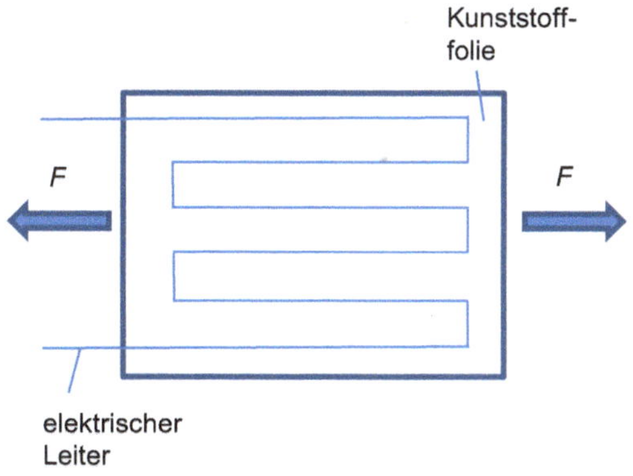

Bild 5.14
Aufbau DMS

5.2.2 Kapazitive Messfühler

Kapazitive Messfühler haben einen weiten Einsatzbereich. Sie können zur Dickenmessung, Abstandsmessung oder Füllstandsmessung eingesetzt werden. Kapazitive Messfühler formen eine eingangsseitige Messgröße in eine Kapazitätsänderung um.

Bild 5.15
Kapazitiver Messsensor

Das Messverfahren beruht auf dem Prinzip der allgemeinen Kondensatoranordnung. Für einen einfachen Plattenkondensator (Bild 5.16) gilt der Zusammenhang nach Formel 5.7.

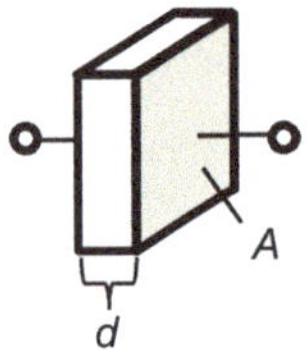

Bild 5.16
Plattenkondensator

$$C = \varepsilon_0 \cdot \varepsilon_r \cdot \frac{A}{d} \tag{5.7}$$

In der Formel 5.7 gibt es drei Größen, die bei einem Plattenkondensator verändert werden können. Die Dielektrizitätskonstante ε_r, die Fläche des Plattenkondensators A und der Abstand d. Alle drei Größen können für unterschiedliche Anwendungen genutzt werden.

Kapazitätsänderung durch Abstandsänderung

Die Kapazitätsänderung durch eine Abstandsänderung kann genutzt werden zum Scannen von Oberflächen, wenn die zu scannende Oberfläche die Gegenplatte darstellt oder die Kapazitätsänderung kann durch eine einwirkende Kraft auf die Platten, also auf den Abstand der Platten, verursacht werden.

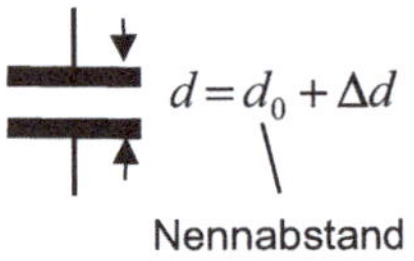

Bild 5.17
Kapazitätsänderung durch eine Abstandsänderung

Die Herleitung einer anschaulichen Formel für die Abschätzung des Einflusses der Messgröße (z. B. Abstand) auf die Kapazität läuft immer darauf hinaus, eine Multiplikation einer Nenngröße (z. B. Nennkapazität) mit der Messgröße zu erzwingen.

Die Kapazität für die Kapazitätsänderung durch eine Abstandsänderung lässt sich nach der Formel 5.7 leicht aufstellen.

$$C = \varepsilon_0 \cdot \varepsilon_r \cdot \frac{A}{d_0 + \Delta d}$$

$$C = \varepsilon_0 \cdot \varepsilon_r \cdot \frac{A}{d_0\left(1 + \frac{\Delta d}{d_0}\right)} = \varepsilon_0 \cdot \varepsilon_r \cdot \frac{A}{d_0} \cdot \frac{1}{1 + \frac{\Delta d}{d_0}}$$

$$C = C_0 \cdot \frac{1}{1 + \frac{\Delta d}{d_0}} \tag{5.8}$$

Beispiel 5.1: Simulation der Kapazitätsänderung durch eine Abstandsänderung

Mit einer Simulation durch LabVIEW lässt sich der Zusammenhang zwischen der Messgröße Abstand und der Kapazität leicht anschaulich darstellen. Für die Simulation wurde ein Array mit einstellbaren Werten erzeugt und die Formel wurde im Formelknoten realisiert. Die Ausgabe wird dann grafisch mit der xy-Darstellung erzeugt.

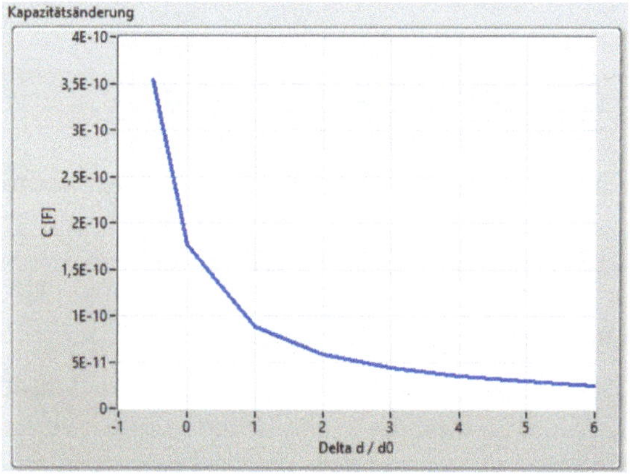

Bild 5.18 Simulation: Kapazitätsänderung durch Abstandsänderung

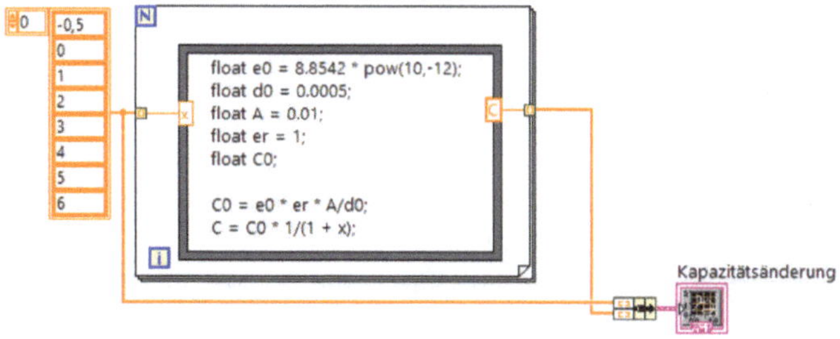

Bild 5.19 LabVIEW-Blockdiagramm der Simulation zur Kapazitätsänderung

Wird der Bereich $\pm\frac{\Delta d}{d_0} = 0{,}5$ betrachtet, ergibt sich eine sehr kleine Änderung im nF-Bereich.

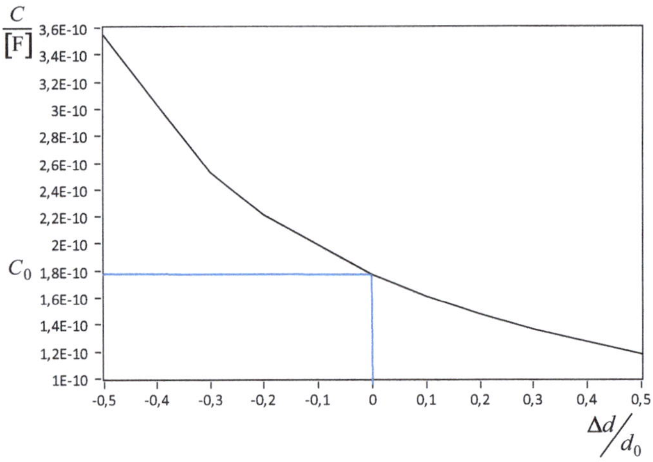

Bild 5.20 Kleine Abstandsänderung der Kondensatorplatten

Der Zusammenhang zwischen der Kapazitätsänderung und der Abstandsänderung ist nichtlinear.

Kapazitätsänderung durch Veränderung der aktiven Flächen

Die Einstellung der aktiven Flächen zueinander ist ein oft benutztes Mittel zur Einstellung von Resonanzkreisen. Mit Drehkondensatoren ist dies einfach zu realisieren. Vereinfacht soll der Zusammenhang mit einem Plattenkondensator gezeigt werden.

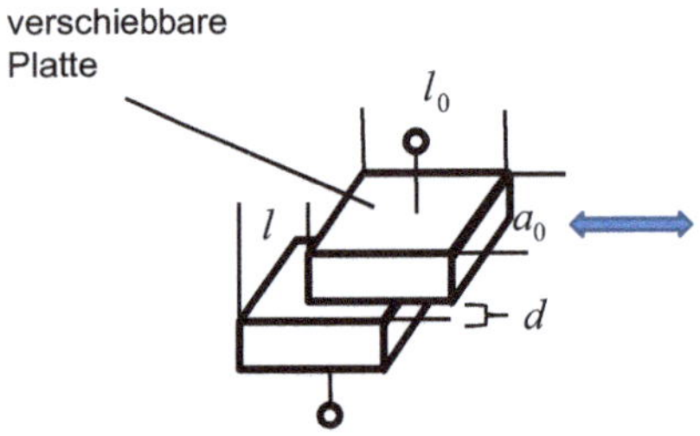

Bild 5.21 Kondensator mit aktiver Flächenänderung

Die Herleitung der Formel 5.9 zeigt einen linearen Zusammenhang zwischen dem Bezugswert C_{max} und der relativen Änderung der aktiven Fläche.

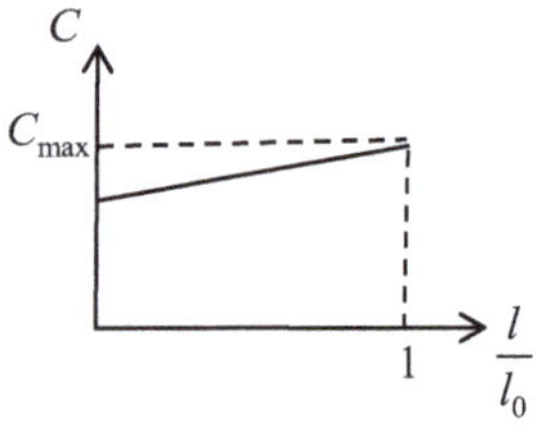

Bild 5.22 Lineare Abhängigkeit zwischen der Kapazität und der Fläche

$$C = \varepsilon_0 \varepsilon_r \cdot \frac{a_0 \cdot l}{d}$$

$$C = \varepsilon_0 \varepsilon_r \cdot \frac{a_0 \cdot l}{d} \quad \Big| \cdot \frac{l_0}{l_0}$$

$$C \cdot \frac{l_0}{l_0} = C = \varepsilon_0 \varepsilon_r \cdot \frac{a_0 \cdot l_0}{d} \cdot \frac{l}{l_0}$$

$$C = C_{\max} \cdot \frac{l}{l_0} \tag{5.9}$$

Die Schlussfolgerung, dass bei einer Änderung der aktiven Fläche die Kapazitätsänderung sich linear zur Flächen- bzw. zur Längenänderung verhält, lässt sich auch auf einen zylindrischen Kondensator zur Messung einer Füllstandshöhe anwenden.

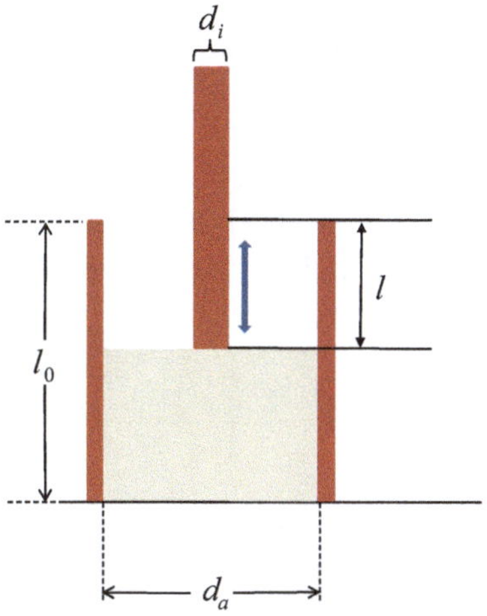

Bild 5.23
Zylinderkondensator mit aktiver Flächenänderung

$$C = C_{\max} \cdot \frac{l}{l_0} \tag{5.10}$$

mit

$$C_{\max} = \varepsilon_0 \varepsilon_r \cdot \frac{2 \cdot \pi \cdot l_0}{\ln \frac{d_0}{d_1}}$$

Kapazitätsänderung durch Verschiebung des Dielektrikums

Wird ein Plattenkondensator mit einer verschiebbaren Platte als Dielektrikum eingesetzt (Bild 5.24), kann der Zusammenhang zwischen der Einschiebtiefe und der Kapazität wie folgt berechnet werden.

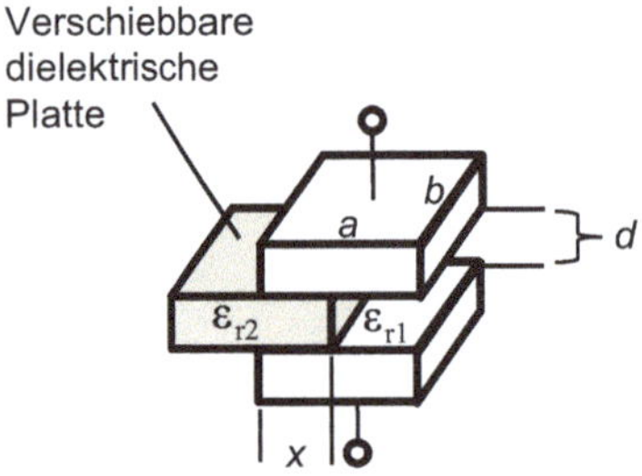

Bild 5.24 Plattenkondensator mit verschiebbarem Dielektrikum

Für die Konstruktion in Bild 5.24 muss zuerst ein passendes Ersatzschaltbild gefunden werden. Die beiden Teile des Kondensators verhalten sich wie zwei parallel geschaltete Kondensatoren.

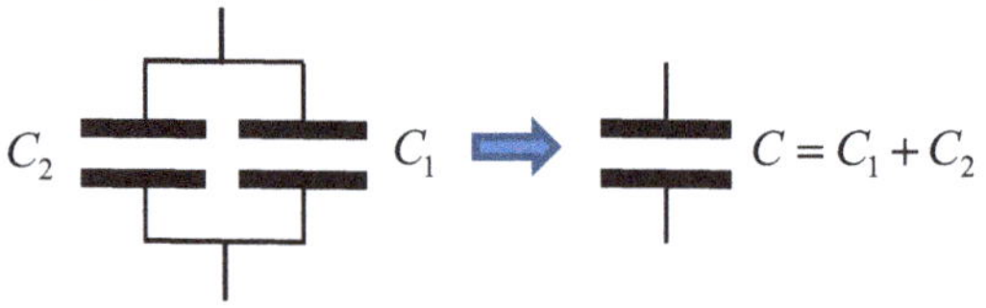

Bild 5.25 Parallelschaltung von zwei Kondensatoren

Das Ziel der Herleitung ist, einen Ausdruck zu erhalten, der den Zusammenhang zwischen der Einschiebtiefe und Kapazität sehr einfach und übersichtlich beschreibt. In den meisten Fällen wird bei einer solchen Herleitung ein multiplikativer Zusammenhang entwickelt. Die grundsätzliche Vorgehensweise ist immer die gleiche.

$$C_1 = \varepsilon_0 \varepsilon_{r1} \cdot \frac{(a-x) \cdot b}{d} \tag{5.11}$$

$$C_2 = \varepsilon_0 \varepsilon_{r2} \cdot \frac{x \cdot b}{d}$$

In Formel 5.11 wird die allgemeine Formel 5.7 für den Plattenkondensator als Ausgangsbeschreibung benutzt. Ausgehend von diesen Beschreibungen werden die beiden Kondensatoren wegen der Parallelschaltung addiert.

$$\mathrm{C} = C_1 + C_2$$

$$C = \varepsilon_0 \varepsilon_{r1} \cdot \frac{(a-x) \cdot b}{d} + \varepsilon_0 \varepsilon_{r2} \cdot \frac{x \cdot b}{d}$$

$$C = \varepsilon_0 \varepsilon_{r1} \cdot \frac{a \cdot b}{d} - \varepsilon_0 \varepsilon_{r1} \cdot \frac{x \cdot b}{d} + \varepsilon_0 \varepsilon_{r2} \cdot \frac{x \cdot b}{d}$$

$$C = \varepsilon_0 \varepsilon_{r1} \cdot \frac{a \cdot b}{d} + \varepsilon_0 \frac{x \cdot b}{d} \cdot (\varepsilon_{r2} - \varepsilon_{r1})$$

$$C = \varepsilon_0 \varepsilon_{r1} \cdot \frac{a \cdot b}{d} \cdot \left[1 + \frac{(\varepsilon_{r2} - \varepsilon_{r1}) \cdot x}{\varepsilon_{r1} \cdot a}\right]$$

$$C = C_0 \cdot \left[1 + \frac{(\varepsilon_{r2} - \varepsilon_{r1}) \cdot x}{\varepsilon_{r1} \cdot a}\right] \qquad (5.12)$$

mit

$$C_0 = \varepsilon_0 \varepsilon_{r1} \cdot \frac{a \cdot b}{d}$$

C_0 steht für die Anfangskapazität ohne eingeschobene Platte. Zwischen der Einschiebtiefe und der Kapazität besteht ein linearer Zusammenhang.

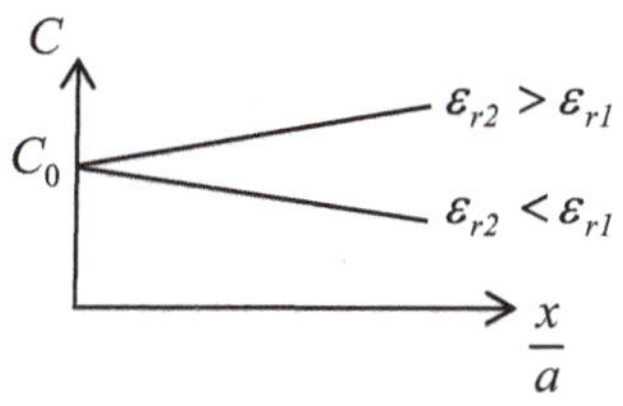

Bild 5.26
Linearer Zusammenhang zwischen x und C

Statt der eingeschobenen Platte kann bei einem senkrechten Aufbau auch eine Flüssigkeit den Abstand zwischen den Kondensatorplatten füllen. In diesem Fall könnte der kapazitive Messfühler als Füllstandsmesser eingesetzt werden. Für eine Füllstandsmessung würde aber anstelle eines Plattenkondensators ein Zylinderkondensator zum Einsatz kommen.

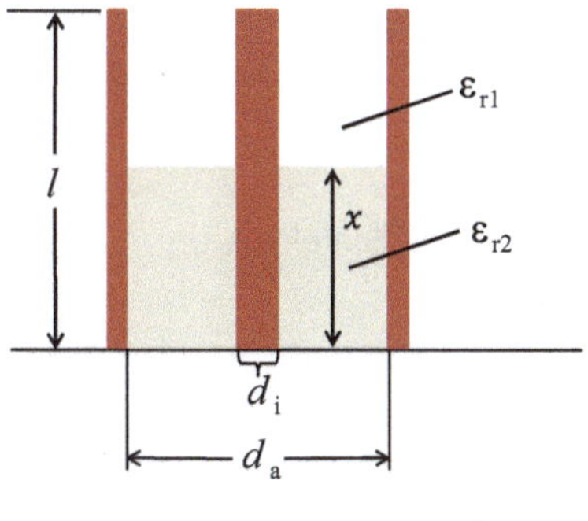

Bild 5.27
Zylinderkondensator

Die Kapazität eines Zylinderkondensators wird allgemein mit der Formel 5.13 beschrieben.

$$C = \varepsilon_0 \varepsilon_1 \cdot \frac{2 \cdot \pi \cdot l}{\ln\left(\frac{d_a}{d_i}\right)} \qquad (5.13)$$

Mit der oben durchgeführten mathematischen Herleitung für einen Plattenkondensator ergibt sich für einen Zylinderkondensator nach Formel 5.13 folgender Zusammenhang:

$$C = C_0 \cdot \left[1 + \frac{(\varepsilon_{r2} - \varepsilon_{r1}) \cdot x}{\varepsilon_{r1} \cdot l}\right] \tag{5.14}$$

mit

$$C_0 = \varepsilon_0 \cdot \varepsilon_{r1} \cdot \frac{2 \cdot \pi \cdot l}{\ln\left(\frac{d_0}{d_1}\right)}$$

C_0 steht für die Anfangskapazität des leeren Behälters.

Kapazitätsänderung durch Dickenänderung des Dielektrikums

Die Möglichkeit der Messung einer Dickenänderung wird in der Qualitätsprüfung zur Herstellung von Folien und Klebebändern eingesetzt.

Der Aufbau ist recht einfach. Die Folien werden durch einen Plattenkondensator geführt und die Folie dient als Dielektrikum. Die Frage, ob es eine Rolle spielt, in welcher Höhe die Folie durch die Platten geführt, wird kann durch die folgende Herleitung beantwortet werden. Als Erstes muss ein entsprechendes Ersatzschaltbild eingeführt werden. Für den Aufbau in Bild 5.28 kann eine Reihenschaltung angenommen werden.

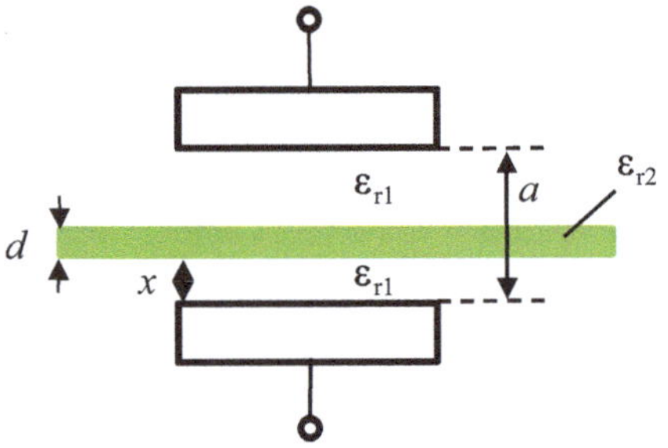

Bild 5.28
Plattenkondensator mit Dielektrikum

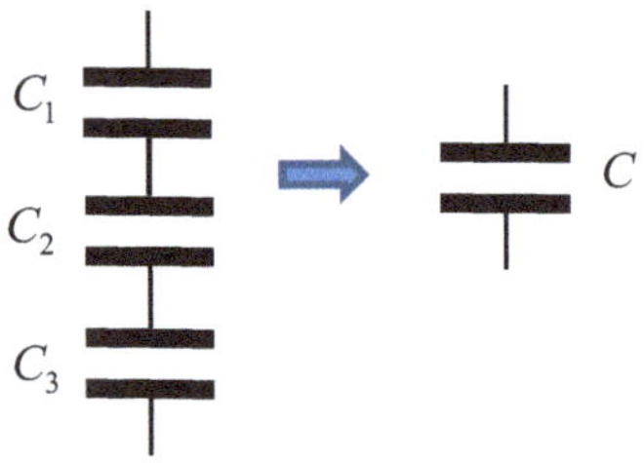

Bild 5.29
Ersatzschaltbild des Plattenkondensators mit Dielektrikum

Die einzelnen Kondensatoren können mit dem entsprechenden Dielektrikum und den geometrischen und elektrischen Größen nach Formel 5.15 bestimmt werden.

$$C_1 = \varepsilon_0 \cdot \varepsilon_{r1} \cdot \frac{A}{a-(d+x)} \tag{5.15}$$

$$C_2 = \varepsilon_0 \cdot \varepsilon_{r2} \cdot \frac{A}{d}$$

$$C_3 = \varepsilon_0 \cdot \varepsilon_{r1} \cdot \frac{A}{x}$$

Die Reihenschaltung von Kondensatoren wird über den Kehrwert der Kapazitäten berechnet.

$$\frac{1}{C} = \frac{1}{C_1} + \frac{1}{C_2} + \frac{1}{C_3}$$

$$\frac{1}{C} = \frac{a-(d+x)}{\varepsilon_0 \cdot \varepsilon_{r1} \cdot A} + \frac{d}{\varepsilon_0 \cdot \varepsilon_{r2} \cdot A} + \frac{x}{\varepsilon_0 \cdot \varepsilon_{r1} \cdot A}$$

$$\frac{1}{C} = \frac{1}{\varepsilon_0 \cdot A}\left[\frac{a}{\varepsilon_{r1}} - \frac{d}{\varepsilon_{r1}} - \frac{x}{\varepsilon_{r1}} + \frac{d}{\varepsilon_{r2}} + \frac{x}{\varepsilon_{r1}}\right]$$

$$\frac{1}{C} = \frac{a}{\varepsilon_0 \cdot \varepsilon_{r1} \cdot A}\left[1 - \frac{d}{\mathrm{a}} + \frac{d \cdot \varepsilon_{r1}}{a \cdot \varepsilon_{r2}}\right]$$

$$\frac{1}{C} = \frac{a}{\varepsilon_0 \cdot \varepsilon_{r1} \cdot A}\left[1 + \frac{d}{\mathrm{a}}\left(\frac{\varepsilon_{r1}}{\varepsilon_{r2}} - 1\right)\right]$$

$$C = \frac{\varepsilon_0 \cdot \varepsilon_{r1} \cdot A}{a} \cdot \frac{1}{1 + \frac{d}{a}\left(\frac{\varepsilon_{r1}}{\varepsilon_{r2}} - 1\right)}$$

$$C = C_0 \cdot \frac{1}{1 + \frac{d}{a}\left(\frac{\varepsilon_{r1}}{\varepsilon_{r2}} - 1\right)} \tag{5.16}$$

C_0 ist die Anfangskapazität des Plattenkondensators ohne Folie. Die Höhe x der Folie im Plattenkondensator hat sich herausgekürzt, d. h. sie spielt für die Dickenmessung keine Rolle.

5.2.3 Induktive Messfühler

Für die Messung kleiner Abstände und Wege können auch induktive Verfahren zum Einsatz kommen. Mit einer Luftdrossel und einem verschiebbaren Kern, dem sogenannten Tauchanker lässt sich die Induktivität in Abhängigkeit von dem Eintauchen des Kerns verändern. Durch das Eintauchen des Weicheisenkerns erhöht sich die Induktivität der Spule.

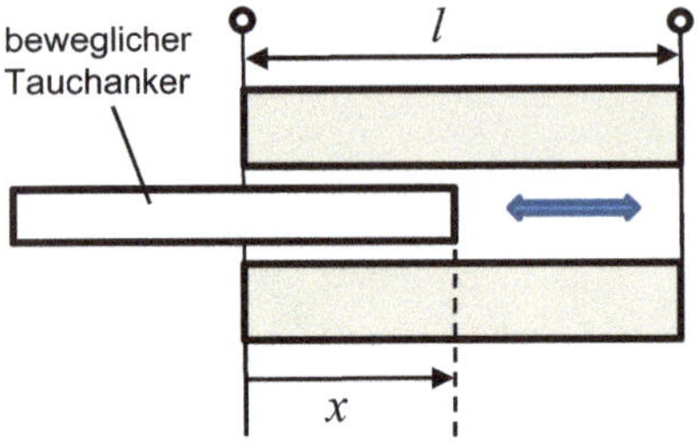

Bild 5.30
Tauchanker-Aufnehmer

Die Induktivität berechnet sich ausgehend von der Formel für eine Spule:

$$L = \frac{N^2 \cdot \mu_0 \cdot \mu_r \cdot A}{l} \tag{5.17}$$

mit N = Windungszahl

A = innere Fläche der Spule

μ_0 = Permeabilität

μ_r = relative Permeabilität

zu

$$L = N^2 \cdot \mu_0 \cdot A \cdot \frac{1}{\frac{x}{\mu_r} + (l - x)} \tag{5.18}$$

Unter der Annahme, dass die relative Permeabilität μ_r sehr groß ist, kann die Formel 5.18 vereinfacht werden:

$$L = N^2 \cdot \mu_0 \cdot A \cdot \frac{1}{(l - x)}$$

$$L = \frac{N^2 \cdot \mu_0 \cdot A}{l} \cdot \frac{1}{(1 - \frac{x}{l})}$$

$$L = L_0 \cdot \frac{1}{(1 - \frac{x}{l})} \tag{5.19}$$

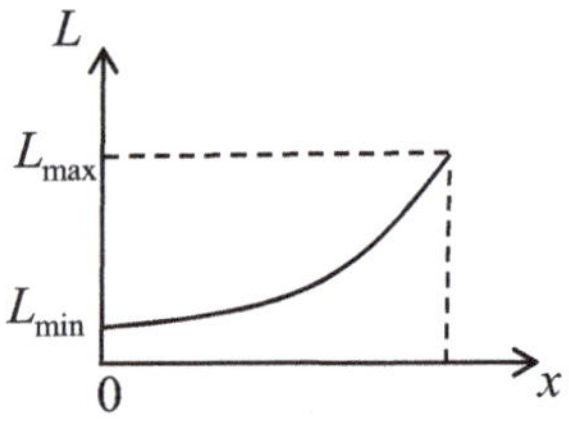

Bild 5.31
Nichtlinearer Zusammenhang des Tauchanker-Aufnehmers

Der Verlauf in Bild 5.31 ist nichtlinear. Durch ein Differentialprinzip und Verwendung einer Messbrücke lässt sich der Verlauf linearisieren und die Empfindlichkeit erhöhen.

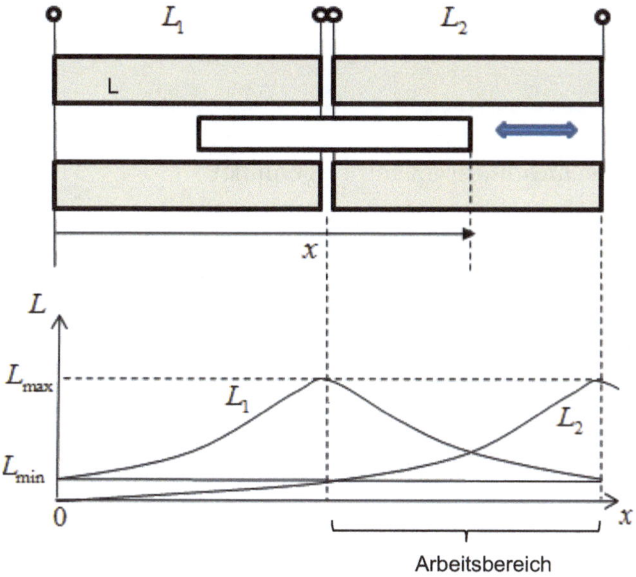

Bild 5.32 Differential-Tauchanker-Aufnehmer

Die beiden Spulen L_1 und L_2 bilden den Differential-Tauchanker-Aufnehmer. Die Spulen verhalten sich in Abhängigkeit von dem Tauchanker invers. Wird der Tauchanker nach rechts bewegt, wird die Induktivität L_1 kleiner und die Induktivität L_2 größer.

5.3 Signalkonditionierung

Unter Signalkonditionierung wird die Anpassung des Sensorsignals an die Messwerterfassung verstanden. Die unterschiedlichen Signal- und Sensorarten erfordern verschiedene Signalkonditionierungseigenschaften. Es ist zu entscheiden, welche Signalkonditionierung für die jeweilige Anwendung benötigt wird. Anforderungen, die sich aus der Messaufgabe ergeben, sind z. B.

- hohe Kanalanzahl,
- schwache Signale,
- Rauschreduzierung,

- Schutz des Systems (Überspannung, Überstrom, Verpolung),
- zusätzliche Funktionen (z. B. Einspeisung, Linearisierung).

In Bezug auf diese Anforderungen ergeben sich für die Signalkonditionierung folgende Aufgaben:

- Schalten und Multiplexen,
- Verstärken,
- Filtern,
- Linearisieren (Umformung bei nichtlinearer Sensor-Kennlinie),
- Auswerten durch spezielle Schaltungen und Anregungen,
- Isolation.

5.4 Schaltungen zur Signalkonditionierung

Sensorsignale sind in der Regel in der Amplitude sehr klein und müssen verstärkt werden, um eine Vergrößerung des Signal-Rausch-Abstandes zu erreichen. Die Frage stellt sich, wo die Verstärkung am besten stattfinden soll, unmittelbar an der Signalquelle oder direkt vor der Digitalisierung der Messwerte. Dies soll ein Beispiel verdeutlichen.

Beispiel 5.2: Signal-Rausch-Abstand

In diesem Beispiel wird das Kleinsignal insgesamt um den Faktor 100 verstärkt. Es werden drei Fälle angenommen: eine Verstärkung in dem Messwerterfassungssystem, eine Verstärkung direkt am erzeugten Kleinsignal und eine Verstärkung in beiden Verstärkern. Tabelle 5.1 zeigt die Ergebnisse.

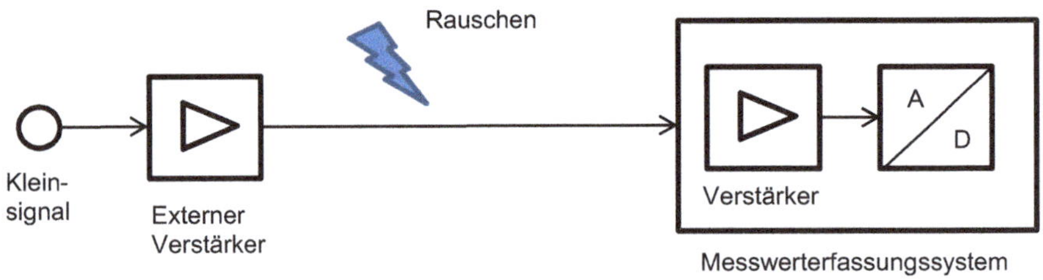

Bild 5.33 Signalübertragung, Signal-Rausch-Abstand

Tabelle 5.1 Signal-Rausch-Abstand

	Kleinsignal-spannung	Externer Verstärker	Rauschen	Interner Verstärker	Digitalisierte Spannung	SNR
Nur interne Verstärkung	0,01 V	keine	0,001 V	x 100	1,1 V	10
Externe und interne Verstärkung	0,01 V	x 10	0,001 V	x 10	1,01 V	100
Nur externe Verstärkung	0,01 V	x 100	0,001 V	keine	1,001 V	1000

Tabelle 5.1 zeigt sehr schön, dass eine Signalverstärkung unmittelbar nach der Signalerzeugung stattfinden muss, um einen hohen Signal-Rausch-Abstand zu erhalten.

5.4.1 Messverstärker

Messverstärker haben die Aufgabe der Impedanz- und Pegelanpassung zwischen den verschiedenen Stufen einer Messkette. Sie stellen meist das Verbindungsglied zwischen Sensor und den weiteren Verarbeitungseinheiten dar. Die an sie gestellten Anforderungen umfassen

- hohen Eingangswiderstand,
- kleinen Ausgangswiderstand,
- hohe Unterdrückung von Gleichtaktsignalen,
- geringe Temperaturdrift von Nullpunkt und Verstärkung,
- gute Linearität.

Grundschaltungen mit Operationsverstärkern (OpAmp)

Für die unterschiedlichen Anforderungen gibt es eine Reihe von Grundschaltungen, die einfach aufgebaut werden können. Einige dieser Grundschaltungen sollen kurz vorgestellt werden.

Invertierende Operationsverstärkerschaltung

Die invertierende Operationsverstärkerschaltung verstärkt ein Eingangssignal über das Widerstandsverhältnis $\frac{R_f}{R_e}$. Der Eingangswiderstand der Schaltung wird durch den Widerstand R_e bestimmt. Die Schaltung invertiert das Eingangssignal.

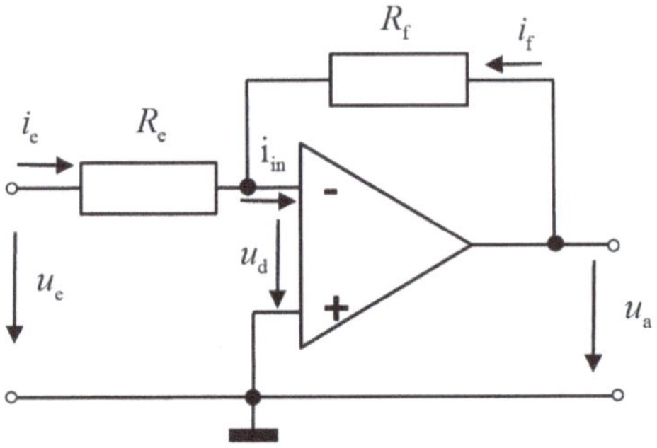

Bild 5.34
Invertierender Operationsverstärker

$$u_a = -\frac{R_f}{R_e} \cdot u_e$$

Die Gleichung für den invertierenden Operationsverstärker lässt sich über einen einfachen Ansatz herleiten. Der Operationsverstärker wird als ideal angenommen, mit den Parametern in Tabelle 5.2.

Tabelle 5.2 Idealer Operationsverstärker

$R_e = \infty$	Eingangswiderstand
$R_a = 0$	Ausgangswiderstand
$V = \infty$	Verstärkung des OP
$u_d = 0$	Differenzeingangsspannung
$u_a = V \cdot u_d$	Ausgangsspannung

Ausgehend von dem idealen Eingangswiderstand $R_e = \infty$ kann gefolgert werden, dass dann der Eingangsstrom i_{in} null sein muss. Wenn kein Strom durch R_e fließt, dann fällt auch keine Spannung an dem Eingangswiderstand ab. Das bedeutet, dass dann der Stromknoten auf dem gleichen Potenzial liegt wie der Massepunkt, also eine virtuelle Masse darstellt.

Der Stromknoten ergibt mit $i_{in} = 0$ die Knotengleichung:

$$i_e = -i_f \tag{5.20}$$

Zusätzlich lassen sich die Ströme i_e und i_f wegen der virtuellen Masse über das ohmsche Gesetz berechnen.

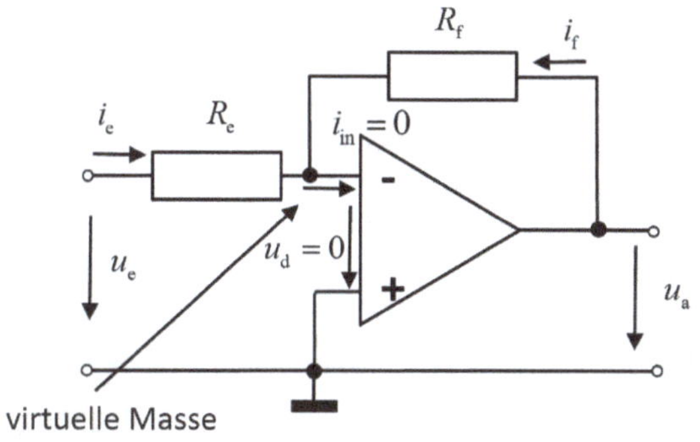

Bild 5.35
Idealer Operationsverstärker

$$i_e = \frac{u_e}{R_e}$$

$$i_f = \frac{u_a}{R_f} \tag{5.21}$$

Eingesetzt in die Knotengleichung (Formel 5.20) ergibt sich die oben genannte Gleichung für den invertierenden Operationsverstärker. In dieser Vorgehensweise lassen sich die meisten Operationsverstärkerschaltungen berechnen.

Strom-Spannungs-Wandler

Sensorsignale werden häufig als Stromsignal übertragen. Diese werden dann im Messwerterfassungssystem in ein Spannungssignal umgewandelt und weiterverarbeitet.

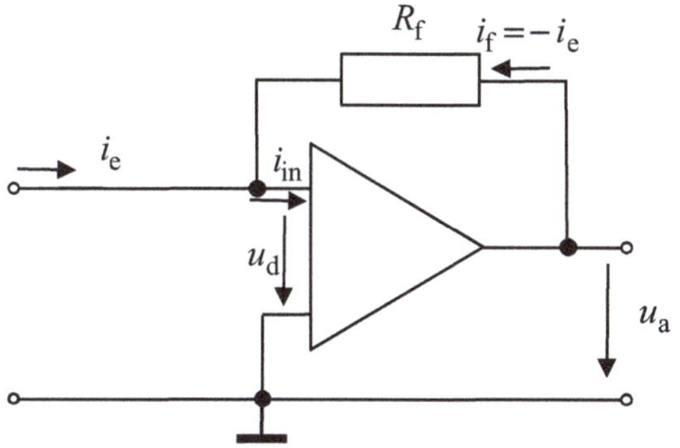

Bild 5.36
Strom-Spannungs-Wandler

$$u_a = -R_f \cdot i_e$$

Nichtinvertierender Operationsverstärker (Elektrometerverstärker)

Für die Forderung eines hohen Eingangswiderstandes eignet sich die nichtinvertierende Operationsverstärkerschaltung (Elektrometerschaltung). Hier wird der Eingangswiderstand der Schaltung durch den Eingangswiderstand des Operationsverstärkers bestimmt.

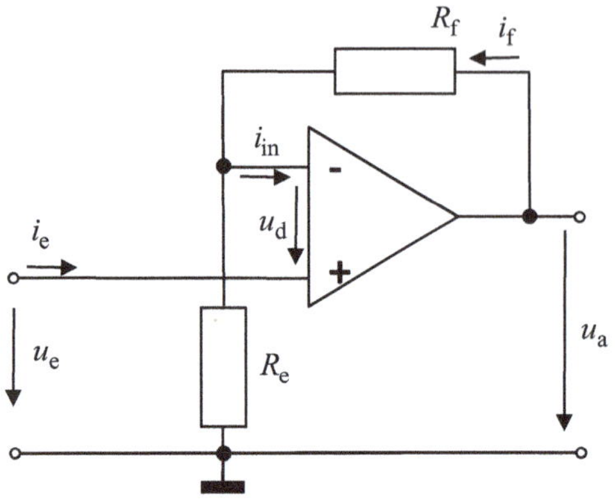

Bild 5.37
Nichtinvertierender Operationsverstärker

$$u_a = \left(1 + \frac{R_f}{R_e}\right) \cdot u_e$$

Impedanzwandlung

Eine Impedanzwandlung, also ein hoher Eingangswiderstand und ein niedriger Ausgangswiderstand, wird zur Spannungsanpassung mehrerer Schaltstufen verwendet.

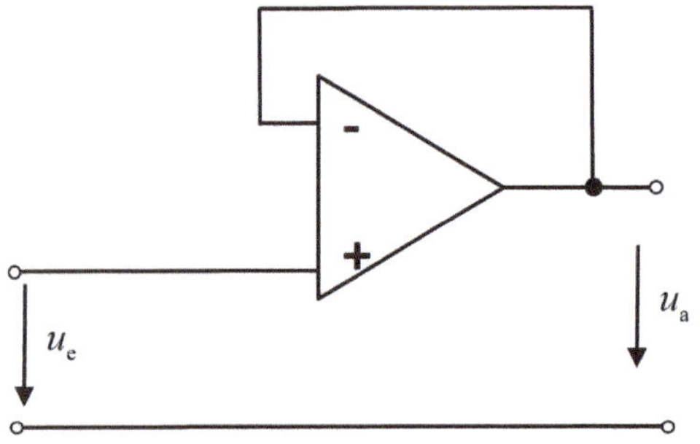

Bild 5.38
Impedanzwandler

$$u_a = u_e$$

Summier-Verstärker

Um Spannungen zu summieren oder zu subtrahieren, können ebenfalls Operationsverstärkerschaltungen benutzt werden.

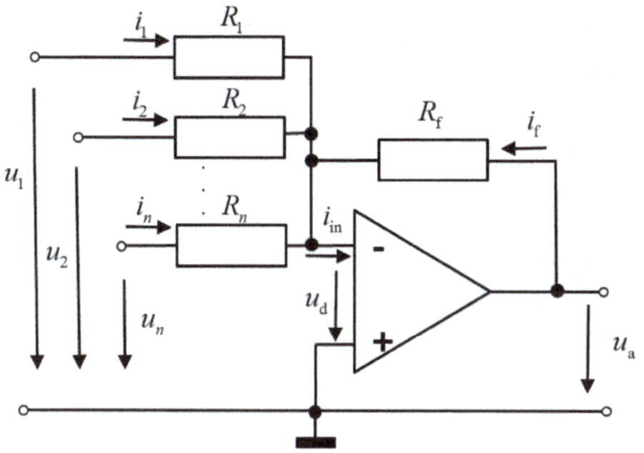

Bild 5.39
Summierschaltung

$$u_a = -\left(\frac{R_f}{R_1} \cdot u_1 + \cdots + \frac{R_f}{R_n} \cdot u_n\right)$$

Subtrahier-Verstärker

Die Subtrahierschaltung wird an dieser Stelle etwas genauer betrachtet werden. Mit den Grundlagen der Elektrotechnik soll die Subtrahiergleichung hergeleitet werden.

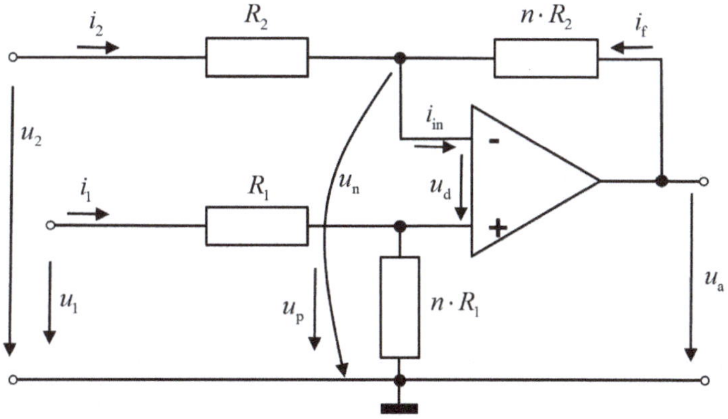

Bild 5.40
Subtrahierschaltung

$$u_a = n \cdot (u_1 - u_2)$$

Es muss als Erstes das Überlagerungsprinzip angewendet werden, d.h. die Eingangsspannungen werden getrennt berechnet und zum Schluss addiert.

1. Schritt: Berechnung mit $u_1 = 0$

$u_1 = 0$ ergibt mit der Annahme $i_{in} = 0$ und $d_u = 0$, dass $u_p = 0$ und $u_n = 0$ sind; aus der Stromsummenregel folgt

$$u_{a2} = \frac{n \cdot R_2}{R_2} \cdot u_2 = n \cdot u_2$$

2. Schritt: Berechnung mit $u_2 = 0$

Spannungsteilerregel, um u_p zu berechnen

$$u_p = \frac{n \cdot R_1}{R_1 + n \cdot R_1} \cdot u_1$$

wegen $d_u = 0$ ist $u_p = u_n$

Spannungsteilerregel, um u_{a1} zu berechnen

$$u_{a1} = \frac{R_2 + n \cdot R_2}{R_2} \cdot u_p$$

$$u_{a1} = \frac{R_2 + n \cdot R_2}{R_2} \cdot \frac{n \cdot R_1}{R_1 + n \cdot R_1} \cdot u_1$$

mit $R_1 = R_2$ folgt

$$u_{a1} = \frac{(1+n)}{1} \cdot \frac{n}{(1+n)} \cdot u_1 = n \cdot u_1$$

3. Schritt: Zusammenfassen der Spannungen

$$u_a = u_{a1} + u_{a2}$$

$$u_a = n \cdot u_1 - n \cdot u_2$$

$$u_a = n \cdot (u_1 - u_2)$$

Instrumentenverstärker

Ein Instrumentenverstärker (engl. instrumentation amplifier) ist ein Präzisionsverstärker, der speziell entwickelt wurde, um kleine Differenzsignale in Gegenwart von großen Gleichtaktspannungen zu verstärken. Er wird häufig in Anwendungen wie medizinischen Geräten, Sensoren und Messtechnik eingesetzt, wo eine hohe Genauigkeit und Stabilität erforderlich sind

Der Instrumentenverstärker vereint die Vorteile der oben genannten Grundschaltungen. Er nutzt den hochohmigen Eingangswiderstand von Operationsverstärkern und die Eigenschaft als Differenzverstärker und führt so zu einem universell einsetzbaren Messverstärker. Ein typischer Instrumentenverstärker besteht aus drei Operationsverstärkern und mehreren Widerständen. Der bekannteste Aufbau ist der 3-Op-Amp-Instrumentenverstärker, der sich durch seine hohe Gleichtaktunterdrückung und Verstärkungsstabilität auszeichnet.

- OpAmp1 und OpAmp2 sind die Eingangsverstärker, die die Eingangssignale u_{e1} und u_{e2} puffern und verstärken.
- OpAmp3 ist der Differenzverstärker, der die Differenz der Signale von OpAmp1 und OpAmp2 verstärkt.

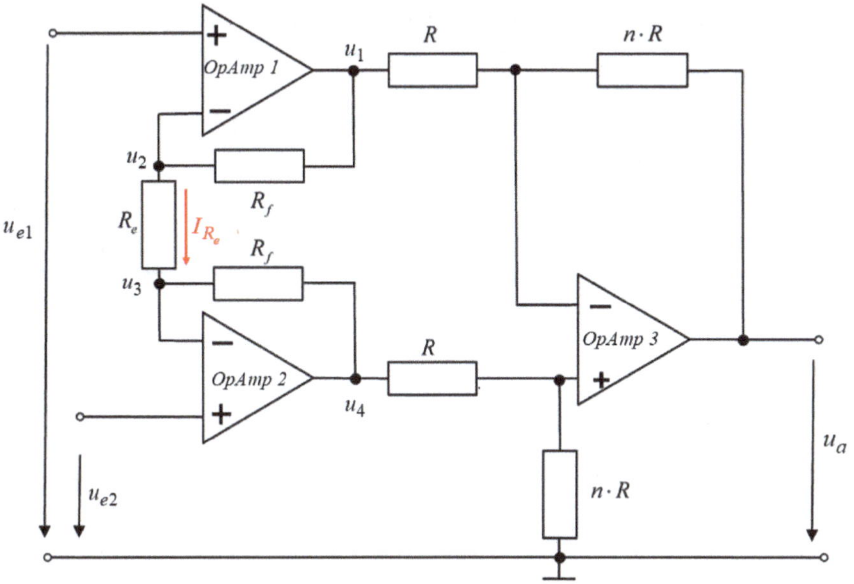

Bild 5.41 Instrumentenverstärker

$$u_a = n \cdot \left(1 + 2 \cdot \frac{R_f}{R_e}\right) \cdot (u_{e2} - u_{e1})$$

Herleitung der Gleichung

$$u_+ = u_- \Rightarrow u_2 = u_{e1}, u_3 = u_{e2}$$

$$I_{R_e} = \frac{u_2 - u_3}{R_e} = \frac{u_{e1} - u_{e2}}{R_e}$$

$$i_+ = i_- = 0 \Rightarrow I_{R_e} = \frac{u_1 - u_4}{R_f + R_e + R_f} = \frac{u_1 - u_4}{R_e + 2R_f}$$

$$\Rightarrow u_1 - u_4 = (R_e + 2R_f) \cdot I_{R_e} = (R_e + 2R_f) \cdot \frac{u_{e1} - u_{e2}}{R_e} = \left(\frac{R_e + 2R_f}{R_e}\right) \cdot (u_{e1} - u_{e2})$$

$$\Rightarrow u_4 - u_1 = -(u_1 - u_4) = -\left(\frac{R_e + 2R_f}{R_e}\right) \cdot (u_{e1} - u_{e2}) = \left(1 + 2 \cdot \frac{R_f}{R_e}\right) \cdot (u_{e2} - u_{e1})$$

Die Verstärkung des Differenzverstärkers OpAmp3 beträgt:

$$u_a = \frac{n \cdot R}{R} \cdot (u_4 - u_1) = n \cdot \left(1 + 2 \cdot \frac{R_f}{R_e}\right) \cdot (u_{e2} - u_{e1})$$

Der Verstärkungsfaktor des Instrumentenverstärkers (G) beträgt:

$$G = \frac{u_a}{(u_{e2} - u_{e1})} = n \cdot \left(1 + 2 \cdot \frac{R_f}{R_e}\right) \tag{5.22}$$

Ein Beispiel für einen hochpräzisen Instrumentenverstärker ist der INA128 von Texas Instruments. Dieser Verstärker ist besonders geeignet für Anwendungen, die eine exakte Differenzverstärkung und eine hohe Gleichtaktunterdrückung erfordern, wie zum Beispiel in der medizinischen Messtechnik, industriellen Messtechnik und anderen präzisen Signalverarbeitungsanwendungen.

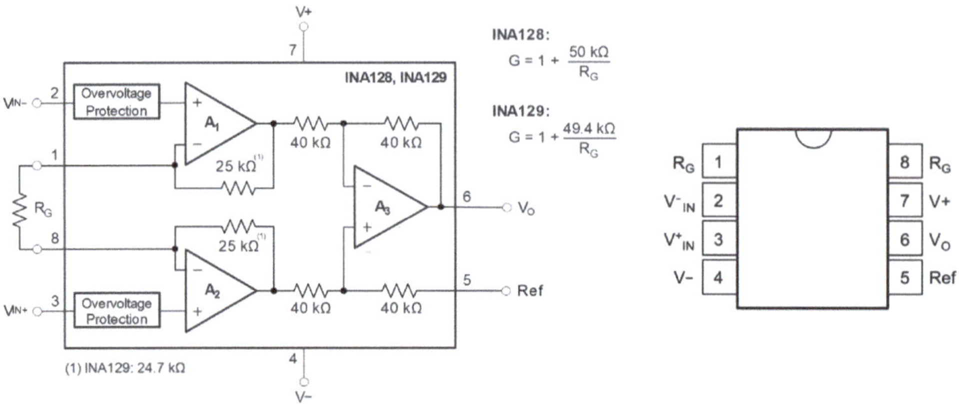

Bild 5.42 Instrumentenverstärker INA128, INA129 von Texas Instruments

Der Verstärkungsfaktor kann durch die Auswahl eines externen Widerstands (R_G) eingestellt werden, wodurch eine große Flexibilität in der Anwendung ermöglicht wird. Beim INA 128 betragen $n = 1$, $R_e = R_G$ und $R_f = 25\ \mathrm{k\Omega}$

$$G = \frac{u_a}{(u_{e2} - u_{e1})} = n \cdot \left(1 + 2 \cdot \frac{R_f}{R_e}\right)$$

$$\Rightarrow G = 1 \cdot \left(1 + 2 \cdot \frac{25\ \mathrm{k\Omega}}{R_G}\right) = 1 + \frac{50\ \mathrm{k\Omega}}{R_G} \tag{5.23}$$

Externe Widerstände können leicht von verschiedenen Herstellern beschafft werden und weisen oft höhere Toleranzen auf (z. B. ±1 % oder ±5 %). Wenn die Widerstände, die die Verstärkung festlegen, extern wären und höhere Toleranzen hätten, würde dies zu einer ungenauen Verstärkung führen. Kleine Abweichungen in den Widerstandswerten könnten große Abweichungen in der Verstärkung verursachen, was die Präzision des Verstärkers beeinträchtigen würde. Die internen Widerstände des INA128 sind extrem präzise gefertigt, um eine hohe Genauigkeit und niedrige Drift zu gewährleisten. Diese internen Widerstände haben eine sehr geringe Toleranz, was für die Funktion des Verstärkers entscheidend ist.

Die folgende Tabelle stellt den Verstärkungsfaktor (G) des INA128 in Abhängigkeit von verschiedenen Werten des externen Widerstands (R_G) dar.

R_G	G
∞	1
100 kΩ	1,5
50 kΩ	2
10 kΩ	6
5 kΩ	11
1 kΩ	51
500 kΩ	101
100 kΩ	501
50 kΩ	1001

Funktionen des Referenzsignals beim INA128:

- Festlegen des Ausgangs-Offset-Niveaus:

  Das Referenzsignal (REF) bestimmt das Gleichspannungsniveau (Offset) der Ausgangsspannung des Instrumentenverstärkers. Durch Anlegen einer Spannung an den REF-Pin kann der Ausgang auf ein gewünschtes Niveau verschoben werden. Dies ist besonders nützlich, wenn der Ausgang des Verstärkers in einem bestimmten Bereich liegen muss.

- Anpassung der Ausgangsspannung an den AD-Wandler:

  In Systemen, in denen die Ausgangsspannung des Verstärkers an einen Analog-Digital-Wandler (AD-Wandler) weitergegeben wird, kann das Referenzsignal verwendet werden, um die Ausgangsspannung innerhalb des Eingangsbereichs des AD-Wandlers zu positionieren. Dies sorgt dafür, dass das Signal optimal erfasst und quantisiert werden kann.

- Unterdrückung von Gleichspannungs-Offsetfehlern:

  Durch Anlegen eines geeigneten Referenzsignals können Gleichspannungs-Offsetfehler, die durch andere Komponenten oder durch den Verstärker selbst eingeführt werden, kompensiert oder eliminiert werden. Dies verbessert die Genauigkeit und Stabilität der Ausgangsspannung.

Gleichtaktunterdrückung (CMRR)

Die Gleichtaktunterdrückung (engl. **C**ommon-**M**ode **R**ejection **R**atio (**CMRR**)) ist ein Maß für die Fähigkeit eines Verstärkers, Gleichtaktsignale (als Signale, die an beiden Eingängen des Verstärkers gleich sind) zu unterdrücken. Ein hoher CMRR ist besonders wichtig in Anwendungen, bei denen das Signal in Gegenwart von Großem Gleichtakt-Rauschen verstärkt werden muss.

CMRR wird in Dezibel (dB) gemessen und ist definiert als:

$$CMRR = 20 \log \frac{V_{\text{Ud}}}{V_{\text{Gl}}} \tag{5.24}$$

Dabei ist V_{Ud} die Verstärkung des Differenzsignals und V_{Gl} die Verstärkung des Gleichtaktsignals. Ein höherer CMRR-Wert bedeutet eine bessere Unterdrückung des Gleichtaktsignals.

Beispiel 5.3

Ein Instrumentenverstärker wird verwendet, um ein Sensorsignal zu verstärken. Das Sensorsignal ist durch ein starkes Gleichtaktrauschen beeinträchtigt und der Verstärker muss eine hohe Gleichtaktunterdrückung aufweisen. Die Verstärkung des Differenzsignals soll 1000 betragen und der Verstärker hat eine CMRR von 120 dB. Bestimmen Sie die Verstärkung des Gleichtaktsignals.

Lösung

Die Verstärkung des Differenzsignals (V_{Ud}) ist 1000 und die CMRR ist 120 dB.

Um die Verstärkung des Gleichtaktsignals (V_{Gl}) zu bestimmen, verwenden wir die CMRR-Formel:

$$CMRR = 20 \log \frac{V_{\text{Ud}}}{V_{\text{Gl}}} \Rightarrow 120\ \text{dB} = 20 \log \frac{1000}{V_{\text{Gl}}} \Bigg| : 20\ \text{dB} \Rightarrow \log \frac{1000}{V_{\text{Gl}}} = 6$$

$$\Rightarrow \frac{1000}{V_{\text{Gl}}} = 10^6 \Rightarrow V_{\text{Gl}} = \frac{1000}{10^6} = 10^{-3} \tag{5.25}$$

Die Verstärkung des Gleichtaktsignals beträgt also 0.001. Dies bedeutet, dass das Gleichtaktsignal stark unterdrückt wird, was eine hohe Genauigkeit und Zuverlässigkeit des verstärkten Differenzsignals gewährleistet.

Das Bild 5.44 zeigt sehr deutlich, dass die Gleichtaktunterdrückung eines Instrumentenverstärkers wesentlich besser ist als bei einem Operationsverstärker.

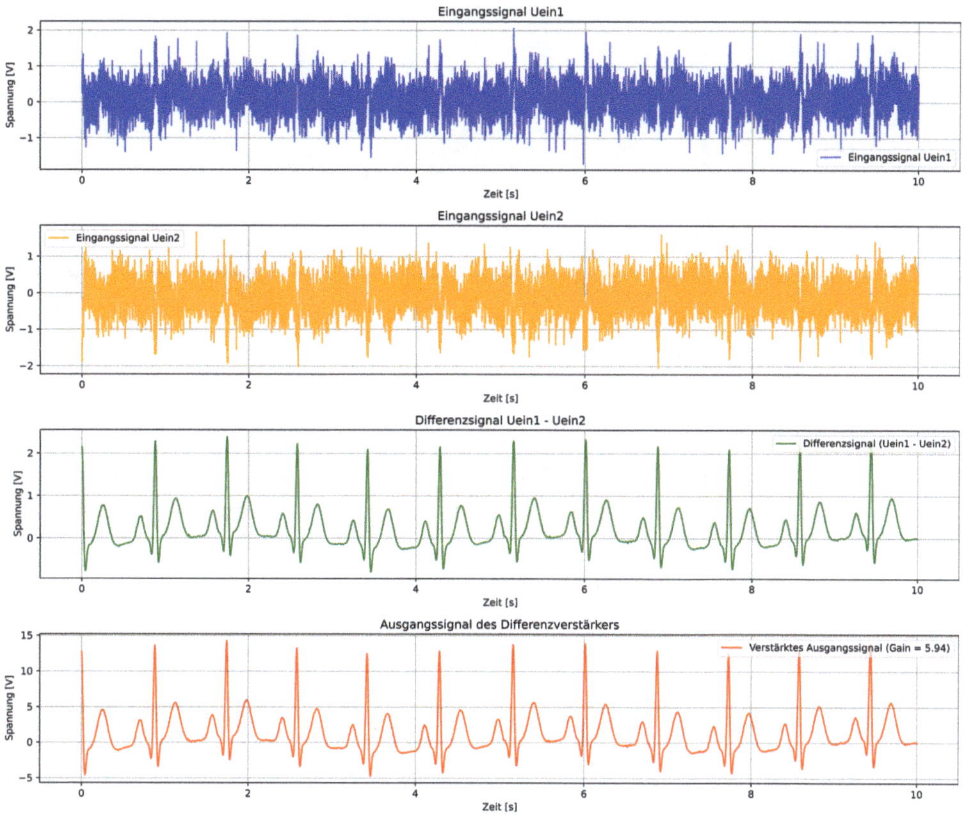

Bild 5.43 Anwendungsbeispiel des Instrumentenverstärkers

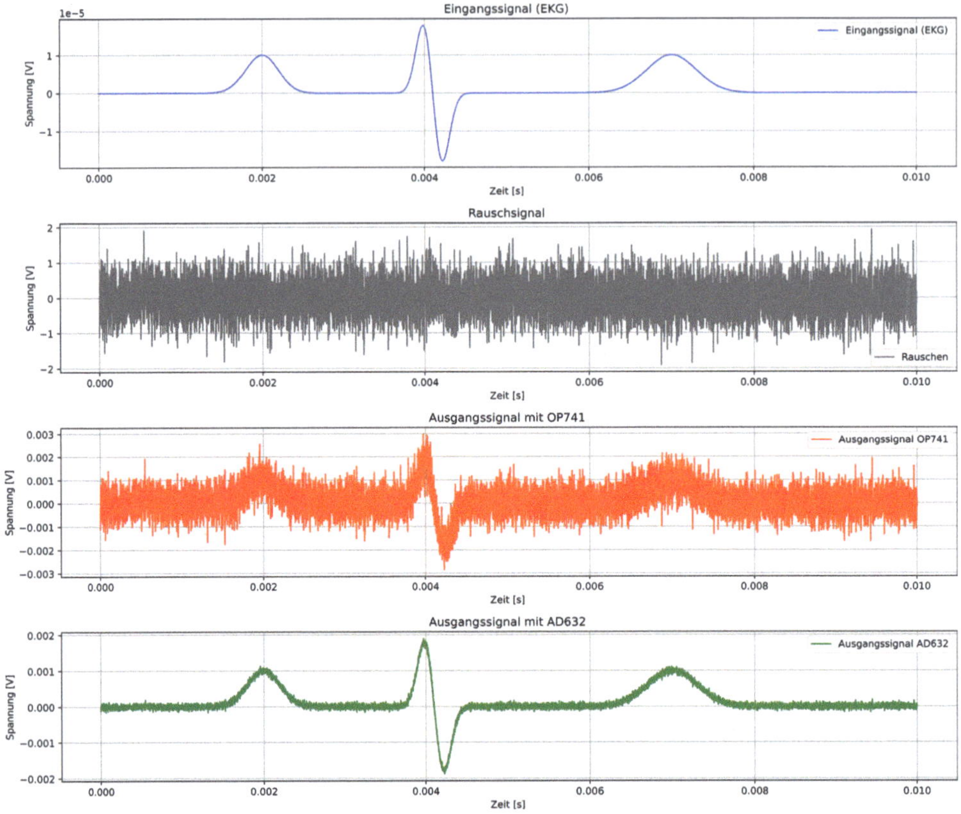

Bild 5.44 Vergleich zwischen OP741 und AD632 als Instrumentenverstärker

Logarithmierer

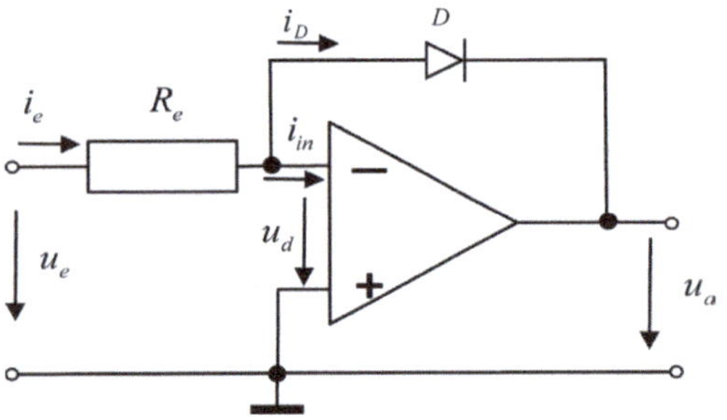

Bild 5.45 Logarithmierer

In vielen elektronischen Anwendungen ist es notwendig, logarithmische Verstärkungen zu realisieren. Diese werden häufig in Audioverarbeitungen, analogen Computern und Sensoranwendungen eingesetzt. Ein logarithmischer Verstärker konvertiert einen Eingangsstrom in eine Ausgangsspannung, die proportional zum Logarithmus des Eingangsstroms ist. Dies kann effizient mit einem Operationsverstärker und einer Diode realisiert werden.

Es wird eine Diode (z. B. 1N4148) in der Rückkopplung und einen geeigneten Widerstand zur Einstellung des Sättigungsstroms der Diode I_S verwendet.

Die Beziehung zwischen Strom (I_D) und Spannung (U_D) in einer Diode wird durch die Shockley-Gleichung beschrieben:

$$I_D = I_S \cdot \left(e^{\left(\frac{U_D}{n \cdot U_T}\right)} - 1 \right) \tag{5.26}$$

mit

I_S = Sättigungssperrstrom der Diod

U_D = Spannung über der Diode

n = Emissionskoeffizient, der zwischen 1 und 2 liegt

U_T = Temperaturspannung, gegeben durch $\frac{K_B \cdot T}{e}$

wobei die Boltzmann-Konstante $K_B = 1{,}380649 \cdot 10^{-23}$ J/K, die Elementarladung $e = 1{,}602176634 \cdot 10^{-19}$ C und T die absolute Temperatur in Kelvin sind. U_T beträgt ca. 25,16 mV bei 22 °C bzw. 292 Kelvin.

Wenn eine Diode in Sperrrichtung betrieben wird, fließt durch sie ein geringer Sperrstrom. Der Sättigungssperrstrom für die Diode 1N4148 in PSpice-Model beträgt $I_S = 2{,}68$ nA und der Emissionskoeffizient $n = 1{,}836$.

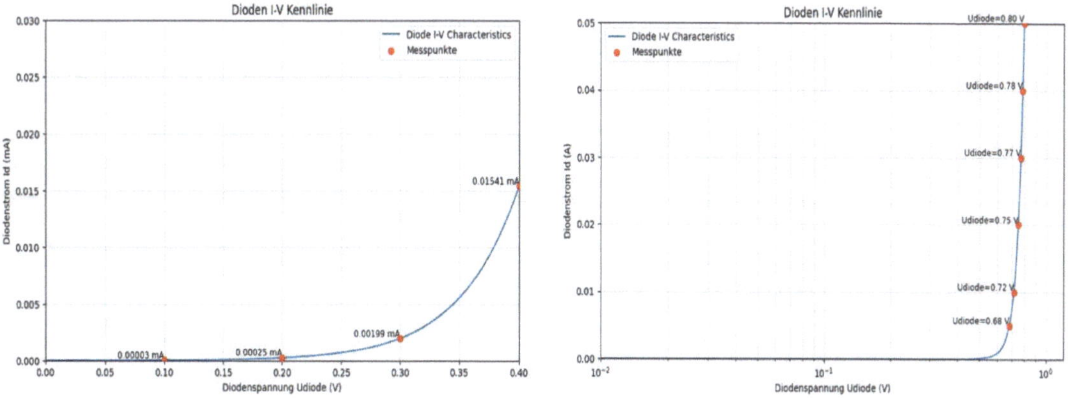

Bild 5.46 Dioden I-V-Kennlinie

Die Spannung am Ausgang des OPs kann den virtuellen Kurzschluss an dessen Eingang nur erreichen, wenn

$$u_a = u_d - U_D = 0 - U_D = -U_D$$

$$I_D = I_S \cdot \left(e^{\left(\frac{U_D}{n \cdot U_T}\right)} - 1\right) \quad \Big| \quad : I_S$$

$$\frac{I_D}{I_S} = e^{\left(\frac{U_D}{n \cdot U_T}\right)} - 1 \Rightarrow \frac{I_D}{I_S} + 1 = e^{\left(\frac{U_D}{n \cdot U_T}\right)}$$

$$\frac{I_D}{I_S} + 1 = e^{\left(\frac{U_D}{n \cdot U_T}\right)} \quad \Big| \quad \ln(\ldots)$$

$$\ln\left(\frac{I_D}{I_S} + 1\right) = \frac{U_D}{n \cdot U_T}$$

$$\Rightarrow U_D = n \cdot U_T \cdot \ln\left(\frac{I_D}{I_S} + 1\right) \Rightarrow u_a = -U_D = -n \cdot U_T \cdot \ln\left(\frac{u_e}{R_e . I_S} + 1\right)$$

$$\approx -n \cdot U_T \cdot \ln\left(\frac{u_e}{R_e . I_S}\right)$$

Beispiel 5.4

Gegeben ist ein Logarithmierer mit $u_e = 3\,\text{V}$, $R_e = 10\,\text{k}\Omega$, $n = 1{,}836$, $I_S = 2{,}68\,\text{nA}$ und $T = 28\,°\text{C} = 298\,\text{K}$. Bestimmen Sie u_a.

$$U_T = \frac{K_B \cdot T}{e} \approx \frac{(1{,}38 \cdot 10^{-23}\,\text{J/K}) \cdot 298\,\text{K}}{1{,}6 \cdot 10^{-19}\,\text{C}} \approx 25{,}6\,\text{mV}$$

$$u_a \approx -n \cdot U_T \cdot \ln\left(\frac{u_e}{R_e . I_S}\right)$$

$$= 1{,}836 \cdot 25{,}68 \cdot 10^{-3}\,\text{V} \cdot \ln\left(\frac{3\,\text{V}}{10^4\,\Omega \cdot 2{,}68 \cdot 10^{-9}\,\text{A}}\right) = -548{,}135\,\text{mV}$$

Delogarithmierer

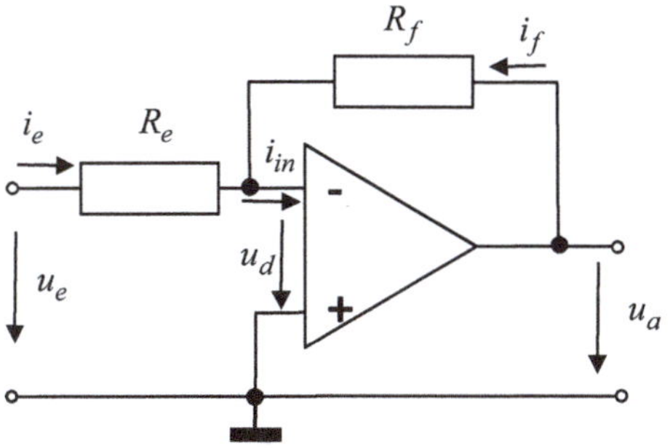

Bild 5.47
Delogarithmierer

$$u_e = U_D + u_d = U_D + 0 = U_D$$

$$I_D = i_e = I_S \cdot \left(e^{\left(\frac{U_D}{n \cdot U_T}\right)} - 1\right) = I_S \cdot \left(e^{\left(\frac{u_e}{n \cdot U_T}\right)} - 1\right)$$

$$u_a = u_d - i_f \cdot R_f = 0 - i_f \cdot R_f = -I_D \cdot R_f \Rightarrow u_a = I_S \cdot R_f \cdot \left(e^{\left(\frac{u_e}{n \cdot U_T}\right)} - 1\right)$$

$$u_a = I_S \cdot R_f \cdot \left(e^{\left(\frac{u_e}{n \cdot U_T}\right)} - 1\right) \approx I_S \cdot R_f \cdot \left(e^{\left(\frac{u_e}{n \cdot U_T}\right)}\right)$$

Analoger Multiplizierer

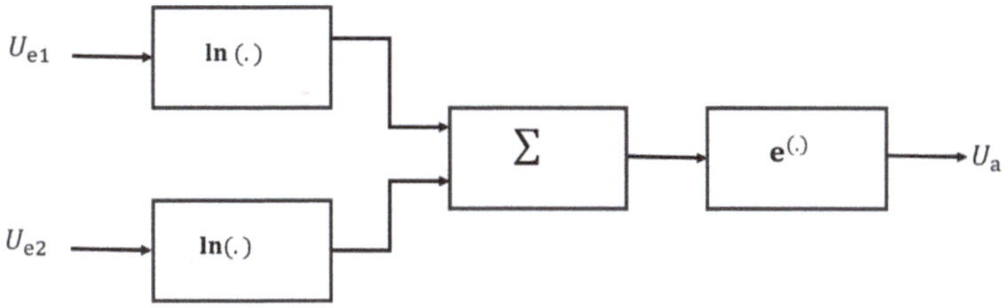

Bild 5.48 Analoger Multiplizierer

Ein analoger Multiplizierer ist ein Schaltungselement, das zwei analoge Signale multipliziert. Eine elegante Methode zur Implementierung eines analogen Multiplizierers besteht darin, logarithmische und exponentielle Funktionen zu verwenden. Durch die Verwendung eines Logarithmierers zur Konvertierung der Signale in ihre logarithmischen Werte und eines Potenzierers zur Rückkonvertierung kann die Multiplikation realisiert werden.

$$U_a = e^{(\ln(U_{e1})+\ln(U_{e2}))} = e^{\ln(U_{e1}.U_{e2})} = U_{e1}.U_{e2} \tag{5.27}$$

Beispiel 5.5

Gegeben ist die folgende Schaltung. Bestimmen Sie U_a.

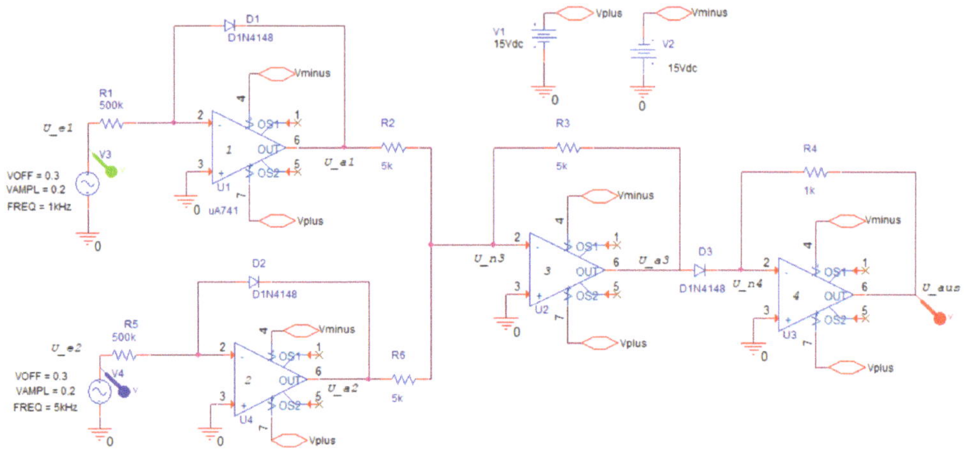

Bild 5.49 Analoger Multiplizierer

$$u_{a1} = -n \cdot U_T \cdot \ln\left(\frac{u_{e1}}{R_1 . I_S}\right)$$

$$u_{a2} = -n \cdot U_T \cdot \ln\left(\frac{u_{e2}}{R_5 . I_S}\right)$$

Die Spannung u_{a3} ergibt sich aus der Summation von u_{a2} und u_{a1}.

$$u_{a3} = -\left(\frac{R_3}{R_2} \cdot u_{a1} + \frac{R_3}{R_6} \cdot u_{a2}\right)$$

$$\Rightarrow u_{a3} = n \cdot U_T \cdot \left(\ln\left(\frac{u_{e1}}{R_1 . I_S}\right) + \ln\left(\frac{u_{e2}}{R_5 . I_S}\right)\right) = n \cdot U_T \cdot \left(\ln\left(\frac{u_{e1}}{R_1 . I_S} \cdot \frac{u_{e2}}{R_5 . I_S}\right)\right)$$

$$\Rightarrow u_{a3} = n \cdot U_T \cdot \ln\left(\frac{u_{e1} \cdot u_{e2}}{R_1 . R_5 . {I_S}^2}\right) = n \cdot U_T \cdot \ln\left(\frac{u_{e1} \cdot u_{e2}}{{R_1}^2 {I_S}^2}\right)$$

$$u_{aus} = -I_S \cdot R_4 \cdot e^{\left(\frac{u_{a3}}{n \cdot U_T}\right)} = -I_S \cdot R_4 \cdot e^{\left(\frac{n \cdot U_T \cdot \ln\left(\frac{u_{e1} \cdot u_{e2}}{{R_1}^2 {I_S}^2}\right)}{n \cdot U_T}\right)} = -I_S \cdot R_4 \cdot e^{\left(\ln\left(\frac{u_{e1} \cdot u_{e2}}{{R_1}^2 {I_S}^2}\right)\right)}$$

$$u_{aus} = -I_S \cdot R_4 \cdot \frac{u_{e1} \cdot u_{e2}}{{R_1}^2 {I_S}^2} = k \cdot u_{e1} \cdot u_{e2}$$

mit

$$k = -\frac{R_4}{{R_1}^2 I_S}$$

wenn $I_S = 2{,}68 \cdot 10^{-9}$ A, $R_1 = 5 \cdot 10^3\ \Omega$, $R_4 = 10^3\ \Omega$

$$k = -\frac{R_4}{{R_1}^2 I_S} = -\frac{10^3\ \Omega}{25 \cdot 10^6\ \Omega^2 \cdot 2{,}68 \cdot 10^{-9}\ \text{A}} \approx -1{,}49\ \text{V}^{-1}$$

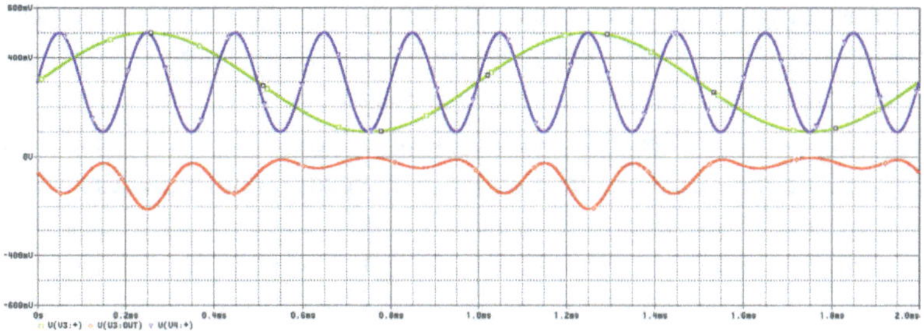

Bild 5.50 Analoger Multiplizierer

Der AD633 ist ein analoger Multiplizierer von Analog Devices, der für präzise Multiplikation und Division von analogen Signalen entwickelt wurde. Er ermöglicht eine breite Palette von Anwendungen, wie z.B. Signalverarbeitung, Modulation und dem Lösen von Gleichungen, die eine Multiplikation erfordern.

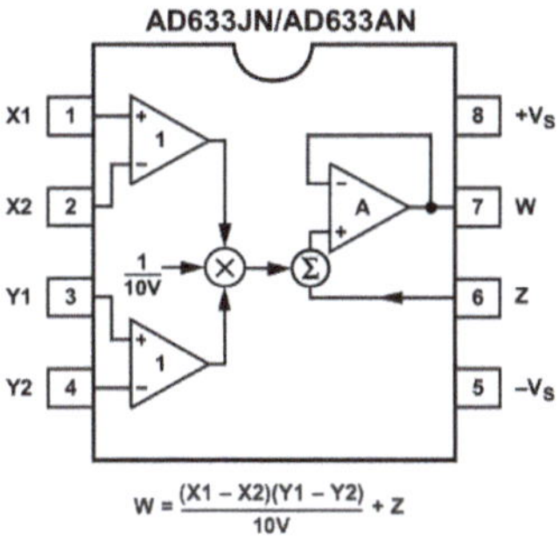

Bild 5.51
AD633 Vier-Quadranten-Analog-Multiplizierer

Trennverstärker

Trennverstärker (engl. isolation amplifier) haben die Aufgabe, die Signalwege galvanisch zu trennen. Der Einsatz kann ausfolgenden Gründen notwendig sein:

- Einhaltung schutztechnischer Bestimmungen, z.B. in der Medizintechnik,
- Messpunkte sind auf unterschiedlich hohen Potenzialen,
- Schutz gegen elektromagnetische Störungen und hohe Gleichtaktspannungen.

Als Kopplungsarten zwischen den Ein- und Ausgangskreis sind üblich:

- optoelektronische Kopplung,
- Übertragerkopplung (Transformatorprinzip),
- kapazitive Kopplung.

5.4.2 Filter

Die Filterung wird hauptsächlich zur Eliminierung von Rauschen in bestimmten Frequenzbereichen eingesetzt (Hochpass-, Tiefpass-, Bandpassfilter). So können z.B. Stromleitungen in Gebäuden ein Rauschen von 50/60 Hz erzeugen. Werden beispielsweise nur langsam veränderliche Signale gemessen, so kann das von der Stromleitung erzeugte Rauschen mit einem Tiefpass herausgefiltert werden. Solche Filter können in Software oder Hardware implementiert werden. Um den Aliasing-Effekt zu vermeiden, müssen Frequenzen, die größer als die halbe Abtastfrequenz sind, herausgefiltert werden. Das Anti-Aliasing Filter muss in Hardware implementiert werden. Hardware-Filterschaltungen werden in der Regel mit Operationsverstärkern aufgebaut. Filter werden ausführlicher in Kapitel sieben behandelt.

Aktive Filter

Aktive Filter sind elektronische Schaltungen, die mithilfe von aktiven Bauelementen wie Operationsverstärkern Signale verarbeiten und filtern. Sie werden in einer Vielzahl von Anwendungen eingesetzt, z.B. in der Audioverarbeitung, Telekommunikation oder Messdatenerfassung. Im Vergleich zu passiven Filtern bieten aktive Filter Vorteile wie:

- Verstärkung des Signals,
- präzisere Kontrolle der Filterparameter (Frequenz und Güte),
- geringere Abhängigkeit von passiven Bauteiltoleranzen.

Ein besonders beliebter Ansatz für die Konstruktion von aktiven Filtern ist die Sallen-Key-Methode, da sie einfach, flexibel und effizient ist.

5.4.2.1 Aktive Filter erste Ordnung

Aktive Filter erster Ordnung bestehen aus einem Operationsverstärker, Widerständen und Kondensatoren.

Tiefpassfilter

Der Tiefpassfilter lässt nur Frequenzen unterhalb einer bestimmten Grenzfrequenz f_g passieren und dämpft höhere Frequenzen.

Bild 5.52 zeigt zwei verschiedene aktive Tiefpassfilter mit Operationsverstärkern.

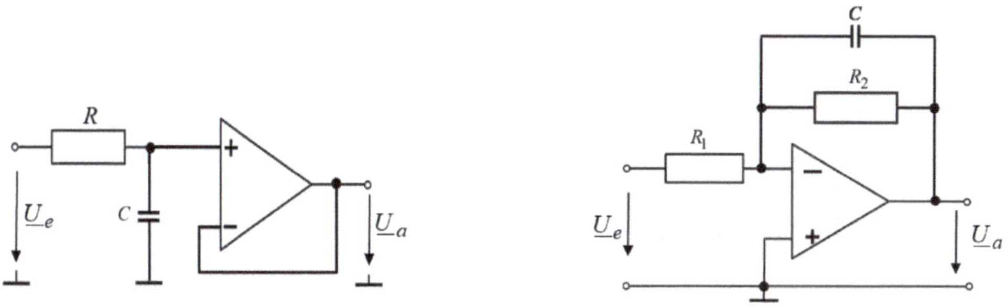

Bild 5.52 Aktive Tiefpassfilter 1.Ordnung

Einfacher aktiver Tiefpassfilter (links)

Besteht aus einem Widerstand R und einem Kondensator C, die ein RC-Tiefpassfilter bilden.

Der Operationsverstärker ist als Impedanzwandler (Spannungsfolger) geschaltet, sodass die Ausgangsspannung U_a der Spannung über dem Kondensator folgt.

Die Übertragungsfunktion eines aktiven Tiefpassfilters erster Ordnung ist gegeben durch:

$$\underline{H}(j\omega) = \frac{\underline{U}_a}{\underline{U}_e} = \frac{\frac{1}{j\omega C}}{\frac{1}{j\omega C} + R} = \frac{1}{1 + j\omega RC}$$

Der Betrag der Übertragungsfunktion lautet:

$$|\underline{H}(j\omega)| = \left|\frac{1}{1 + j\omega RC}\right| = \frac{1}{|1 + j\omega RC|} = \frac{1}{\sqrt{1 + (\omega RC)^2}}$$

Durch Einsetzen der Beziehung

$$RC = \frac{1}{\omega_g}$$

Ergibt sich:

$$|\underline{H}(j\omega)| = \frac{1}{\sqrt{1 + \left(\frac{\omega}{\omega_g}\right)^2}} = \frac{1}{\sqrt{1 + \left(\frac{2\pi \cdot f}{2\pi \cdot f_g}\right)^2}} = \frac{1}{\sqrt{1 + \left(\frac{f}{f_g}\right)^2}}$$

Aktiver Tiefpassfilter mit Verstärkungsfaktor (rechts)

Durch die Hinzufügung eines zusätzlichen Widerstands R_2, der zusammen mit R_1 die Verstärkung des Operationsverstärkers bestimmt, wird die Übertragungsfunktion eines aktiven Tiefpassfilters erster Ordnung mit Verstärkungsfaktor wie folgt angegeben:

$$\underline{H}(j\omega) = \frac{\underline{U}_a}{\underline{U}_e} = -\frac{R_2 \| \frac{1}{j\omega C}}{R_1} = -\frac{\frac{R_2 \cdot \frac{1}{j\omega C}}{R_2 + \frac{1}{j\omega C}}}{R_1} = -\frac{\frac{\left(R_2 \cdot \frac{1}{j\omega C}\right) . j\omega C}{\left(R_2 + \frac{1}{j\omega C}\right) . j\omega C}}{R_1} = -\frac{\frac{R_2}{1 + j\omega R_2 C}}{R_1}$$

$$= -\frac{R_2}{R_1} \cdot \left(\frac{1}{1 + j\omega R_2 C}\right) = -\frac{R_2}{R_1} \cdot \left(\frac{1}{1 + j\frac{\omega}{\omega_g}}\right)$$

wobei

$$\omega_g = \frac{1}{R_2 \cdot C}$$

ist.

Der Betrag der Übertragungsfunktion lautet:

$$\left|\underline{H}(j\omega)\right| = \frac{R_2}{R_1} \cdot \frac{1}{\sqrt{1 + \left(\frac{\omega}{\omega_g}\right)^2}} = \frac{R_2}{R_1} \cdot \frac{1}{\sqrt{1 + \left(\frac{f}{f_g}\right)^2}}$$

Die Verstärkung des Filters ist durch das Verhältnis R_2/R_1 einstellbar.

Dieses Filter kann Signale verstärken und gleichzeitig tiefe Frequenzen durchlassen, während höhere Frequenzen gedämpft werden.

Hochpassfilter

Jede dieser Schaltungen hat spezifische Anwendungen, je nach Anforderungen an Dämpfung, Verstärkung und Grenzfrequenz.

Schaltung des aktiven Hochpassfilters

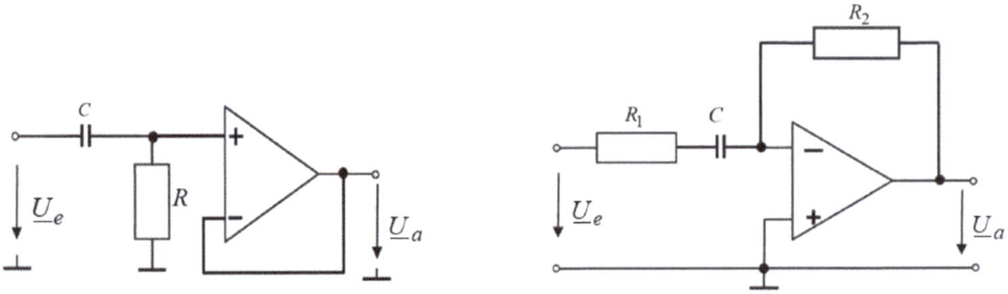

Bild 5.53 Aktive Hochpassfilter 1.Ordnung

Das Bild 5.53 zeigt zwei verschiedene aktive Hochpassfilter mit Operationsverstärkern.

Einfacher aktiver Hochpassfilter (links)

Die Übertragungsfunktion eines aktiven Hochpassfilters erster Ordnung ist gegeben durch:

$$\underline{H}(j\omega) = \frac{\underline{U}_a}{\underline{U}_e} = \frac{R}{\frac{1}{j\omega C} + R} = \frac{j\omega RC}{1 + j\omega RC}$$

Der Betrag der Übertragungsfunktion lautet:

$$|\underline{H}(j\omega)| = \left|\frac{j\omega RC}{1 + j\omega RC}\right| = \frac{\omega RC}{|1 + j\omega RC|} = \frac{\omega RC}{\sqrt{1 + (\omega RC)^2}}$$

Unter Verwendung der Beziehung

$$RC = \frac{1}{\omega_g}$$

ergibt sich die folgende Gleichung:

$$|\underline{H}(j\omega)| = \frac{\frac{\omega}{\omega_g}}{\sqrt{1 + \left(\frac{\omega}{\omega_g}\right)^2}} = \frac{\frac{2\pi \cdot f}{2\pi \cdot f_g}}{\sqrt{1 + \left(\frac{2\pi \cdot f}{2\pi \cdot f_g}\right)^2}} = \frac{\frac{f}{f_g}}{\sqrt{1 + \left(\frac{f}{f_g}\right)^2}}$$

Aktiver Hochpassfilter mit Verstärkungsfaktor (rechts)

Eine Erweiterung des zweiten Filters mit einem zusätzlichen Widerstand R_2, der zusammen mit R_1 die Verstärkung des Operationsverstärkers beeinflusst.

Die Übertragungsfunktion eines aktiven Hochpassfilters erster Ordnung mit Verstärkungsfaktor ist gegeben durch:

$$\underline{H}(j\omega) = \frac{\underline{U}_a}{\underline{U}_e} = -\frac{R_2}{R_1 + \frac{1}{j\omega C}} = -\frac{R_2}{\frac{1 + j\omega R_1 C}{j\omega C}} = -\frac{j\omega R_2 C}{1 + j\omega R_1 C}$$

$$= -\frac{R_1}{R_1} \cdot \frac{j\omega R_2 C}{1 + j\omega R_1 C} = -\frac{R_2}{R_1} \cdot \left(\frac{j\omega R_1 C}{1 + j\omega R_1 C}\right)$$

Der Betrag der Übertragungsfunktion lautet:

$$|\underline{H}(j\omega)| = \frac{R_2}{R_1} \cdot \frac{\frac{\omega}{\omega_g}}{\sqrt{1 + \left(\frac{\omega}{\omega_g}\right)^2}} = \frac{R_2}{R_1} \cdot \frac{\frac{f}{f_g}}{\sqrt{1 + \left(\frac{f}{f_g}\right)^2}}$$

wobei

$$\omega_g = \frac{1}{R_1 \cdot C}$$

ist.

Bandpassfilter

Schaltung des aktiven Bandpassfilters

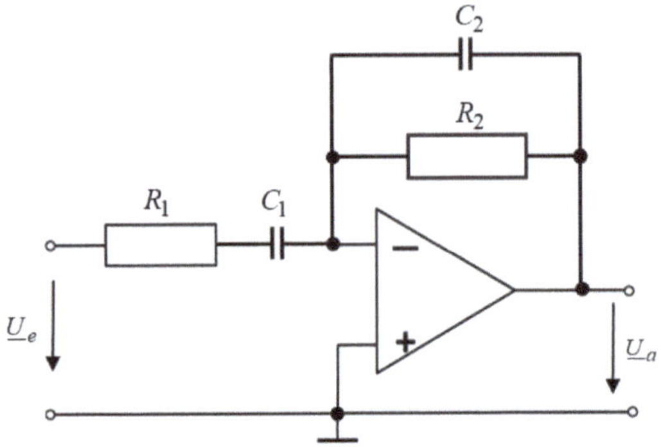

Bild 5.54
Aktive Bandpassfilter 1.Ordnung

Übertragung des Bandpassfilters

Die Übertragungsfunktion des Bandpassfilters wird durch die folgende Gleichung definiert:

$$\underline{H}(j\omega) = \frac{\underline{U}_a}{\underline{U}_e} = -\frac{\underline{Z}_2}{\underline{Z}_1}$$

Mit den gegebenen Impedanzen:

$$\underline{Z}_2 = \frac{1}{\frac{1}{R_2} + j\omega C_2} = \frac{R_2}{1 + j\omega R_2 C_2}$$

$$\underline{Z}_1 = R_1 + \frac{1}{j\omega C_1} = \frac{1 + j\omega R_1 C_1}{j\omega C_1}$$

Einsetzen in die Übertragungsfunktion ergibt:

$$\underline{H}(j\omega) = -\frac{\underline{Z}_2}{\underline{Z}_1} = -\frac{\frac{R_2}{1+j\omega R_2 C_2}}{\frac{1+j\omega R_1 C_1}{j\omega C_1}} = \frac{R_2}{(1 + j\omega R_2 C_2)\left(\frac{1+j\omega R_1 C_1}{j\omega C_1}\right)} \cdot \frac{\frac{1}{R_1}}{\frac{1}{R_1}}$$

Vereinfachung:

$$\underline{H}(j\omega) = -\frac{\underline{Z}_2}{\underline{Z}_1} = -\frac{\frac{R_2}{R_1}}{(1 + j\omega R_2 C_2)\left(\frac{1+j\omega R_1 C_1}{j\omega R_1 C_1}\right)}$$

Nun definieren wir die Eckfrequenzen:

$$\omega_1 = \frac{1}{R_1 C_1}$$

und

$$\omega_2 = \frac{1}{R_2 C_2}$$

Einsetzen dieser Ausdrücke führt zu:

$$\underline{H}(j\omega) = -\frac{\frac{R_2}{R_1}}{\left(1 + j\frac{\omega}{\omega_2}\right)\left(\frac{1+j\frac{\omega}{\omega_1}}{j\frac{\omega}{\omega_1}}\right)}$$

Dies ist die endgültige Übertragungsfunktion in normierter Form.

Der Betrag der Übertragungsfunktion wird durch die absolute Größe der komplexen Funktion gegeben.

Um den Betrag zu berechnen, betrachten wir den Betrag jeder der Terme in der Übertragungsfunktion:

$$\left|\underline{H}(j\omega)\right| = \left|-\frac{\frac{R_2}{R_1}}{\left(1 + j\frac{\omega}{\omega_2}\right)\left(\frac{1+j\frac{\omega}{\omega_1}}{j\frac{\omega}{\omega_1}}\right)}\right| = \frac{\frac{R_2}{R_1}}{\left|1 + j\frac{\omega}{\omega_2}\right| \cdot \left|\frac{1+j\frac{\omega}{\omega_1}}{j\frac{\omega}{\omega_1}}\right|}$$

$$\left|\underline{H}(j\omega)\right| = \frac{\frac{R_2}{R_1}}{\sqrt{1 + \left(\frac{\omega}{\omega_2}\right)^2} \cdot \frac{\sqrt{1+\left(\frac{\omega}{\omega_1}\right)^2}}{\frac{\omega}{\omega_1}}} = \frac{\frac{R_2}{R_1} \cdot \frac{\omega}{\omega_1}}{\sqrt{1 + \left(\frac{\omega}{\omega_2}\right)^2} \cdot \sqrt{1 + \left(\frac{\omega}{\omega_1}\right)^2}}$$

$$\left|\underline{H}(j\omega)\right| \text{ in dB} = 20 \cdot \log \frac{R_2}{R_1} \cdot \frac{\frac{\omega}{\omega_1}}{\sqrt{1 + \left(\frac{\omega}{\omega_1}\right)^2}} \cdot \frac{1}{\sqrt{1 + \left(\frac{\omega}{\omega_2}\right)^2}}$$

$$\left|\underline{H}(j\omega)\right| \text{ in dB} = 20 \cdot \log \frac{R_2}{R_1} \cdot \frac{\frac{2\pi f}{2\pi f_1}}{\sqrt{1 + \left(\frac{2\pi f}{2\pi f_1}\right)^2}} \cdot \frac{1}{\sqrt{1 + \left(\frac{2\pi f}{2\pi f_2}\right)^2}}$$

Der Betrag der Übertragungsfunktion in dB für ein Bandpassfilter lässt sich als folgende Gleichung ausdrücken:

$$\left|\underline{H}(j\omega)\right| \text{ in dB} = 20 \cdot \log \frac{R_2}{R_1} \cdot \frac{\frac{f}{f_1}}{\sqrt{1 + \left(\frac{f}{f_1}\right)^2}} \cdot \frac{1}{\sqrt{1 + \left(\frac{f}{f_2}\right)^2}}$$

Wo:

- f die Frequenz ist,
- f_1 die untere Eckfrequenz

- f_2 die untere Eckfrequenz
- R_2 und R_1 die Widerstände des Filters sind.

Wenn f_1 und f_2 weit voneinander entfernt sind, dann gilt für $f = f_1$:

$$\left|\underline{H}(j\omega)\right| \text{ in dB} \approx 20 \cdot \log\left(\frac{R_2}{R_1} \cdot \frac{1}{\sqrt{1+(1)^2}}\right) = 20 \cdot \log\left(\frac{R_2}{R_1}\right) + 20 \cdot \log\left(\frac{1}{\sqrt{2}}\right)$$

$$\approx 20 \cdot \log\left(\frac{R_2}{R_1}\right) - 3 \text{ dB}$$

Wenn

$$f = f_2$$

dann ergibt sich der Betrag der Übertragungsfunktion in dB zu

$$\left|\underline{H}(j\omega)\right| \text{ in dB} \approx 20 \cdot \log\left(\frac{R_2}{R_1} \cdot \frac{1}{\sqrt{1+(1)^2}}\right) = 20 \cdot \log\left(\frac{R_2}{R_1}\right) + 20 \cdot \log\left(\frac{1}{\sqrt{2}}\right)$$

$$\approx 20 \cdot \log\left(\frac{R_2}{R_1}\right) - 3 \text{ dB}$$

Wenn

$$f = 0{,}1 \cdot f_1$$

dann ergibt sich der Betrag der Übertragungsfunktion in dB zu

$$\left|\underline{H}(j\omega)\right| \text{ in dB} \approx 20 \cdot \log\left(\frac{R_2}{R_1} \cdot \frac{0{,}1}{\sqrt{1+(0{,}1)^2}}\right)$$

$$= 20 \cdot \log\left(\frac{R_2}{R_1}\right) + 20 \cdot \log\left(\frac{0{,}1}{\sqrt{1+(0{,}1)^2}}\right) \approx 20 \cdot \log\left(\frac{R_2}{R_1}\right) - 20 \text{ dB}$$

Das bedeutet, bei $f = 0{,}1 \cdot f_2$ liegt der Betrag der Übertragungsfunktion etwa 20 dB unter dem maximalen Wert.

Wenn

$$f = 10 \cdot f_2$$

dann ergibt sich der Betrag der Übertragungsfunktion in dB zu

$$\left|\underline{H}(j\omega)\right| \text{ in dB} \approx 20 \cdot \log\left(\frac{R_2}{R_1} \cdot \frac{1}{\sqrt{1+(10)^2}}\right) = 20 \cdot \log\left(\frac{R_2}{R_1}\right) + 20 \cdot \log\left(\frac{1}{\sqrt{101}}\right)$$

$$\approx 20 \cdot \log\left(\frac{R_2}{R_1}\right) - 20 \text{ dB}$$

Das bedeutet, bei $f = 10 \cdot f_2$ liegt der Betrag der Übertragungsfunktion etwa 20 dB unter dem maximalen Wert.

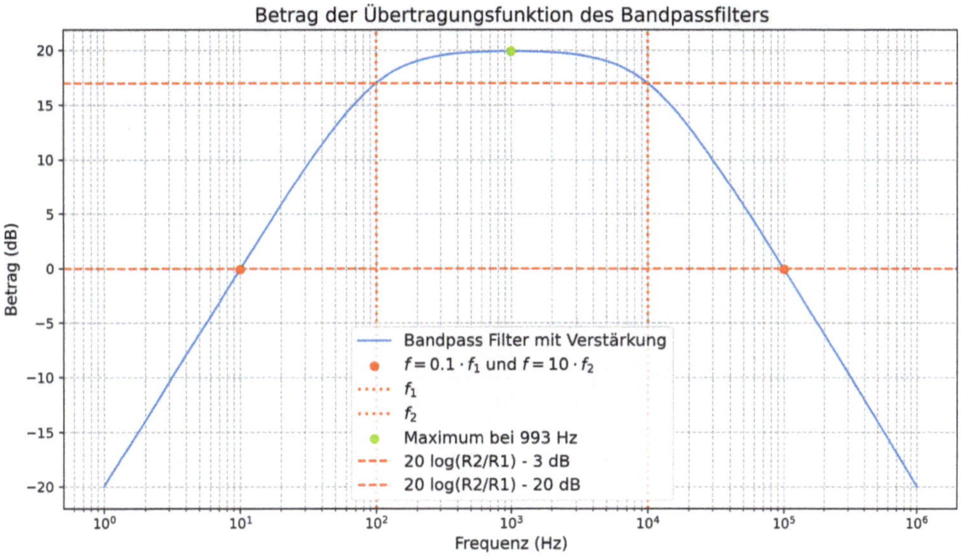

Bild 5.55 Betrag der Übertragungsfunktion des Bandpassfilters 1. Ordnung mit Verstärkung

5.4.2.2 Butterworth-Filter

Der Butterworth-Filter ist bekannt für seine maximale Flachheit in der Durchlassbandfrequenz. Er hat keine Welligkeit im Durchlassbereich und eignet sich daher ideal für Anwendungen, bei denen ein glatter Frequenzgang erforderlich ist.

Vorteile:

- Glatter Frequenzgang im Durchlassbereich
- Keine Welligkeit

Nachteil:

- Weniger steiler Abfall im Übergangsbereich im Vergleich zu anderen Filtern

5.4.2.3 Tschebyscheff-Filter

Tschebyscheff-Filter bieten eine steilere Flankensteilheit als Butterworth-Filter, weisen jedoch Welligkeiten im Durchlassbereich auf. Die Filterordnung bestimmt die Anzahl der Welligkeiten und die Flankensteilheit.

Vorteile:

- Steiler Abfall im Übergangsbereich
- Effizienter bei der Unterdrückung unerwünschter Frequenzen

Nachteil:

- Welligkeit im Durchlassbereich kann unerwünscht sein

5.4.2.4 Bessel-Filter

Bessel-Filter sind ideal für Anwendungen, bei denen ein linearer Phasengang erforderlich ist. Sie werden häufig in Audio- und Kommunikationssystemen eingesetzt.

Vorteile:

- Beste Phasentreue unter den Filtertypen
- Minimale Verzerrung von Wellenformen

Nachteile:

- Flacherer Abfall im Übergangsbereich
- Geringere Selektivität im Vergleich zu Butterworth- und Tschebyscheff-Filtern

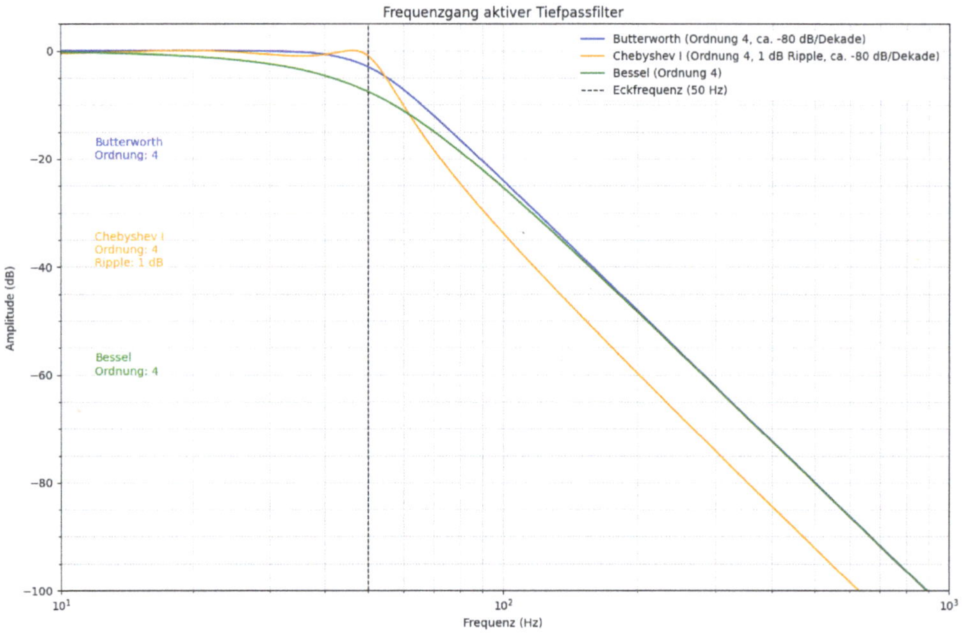

Bild 5.56 Butterworth-, Tschebyscheff- und Bessel-Filter 4.Ordnung

5.4.2.5 Sallen-Key-Schaltung

Die Sallen-Key-Schaltung ist eine weit verbreitete Filterkonfiguration, die auf einem Operationsverstärker basiert und sich insbesondere für die Realisierung von Filtern zweiter Ordnung eignet. Sie ist auch als VCVS-Filter (spannungssteuerte Spannungsquelle) bekannt. Durch die Kaskadierung mehrerer Sallen-Key-Filter können Filter höherer Ordnung implementiert werden, wobei Tiefpass-, Hochpass- und Bandpassfilter als gängige Typen verwendet werden. Bei der Kaskadierung wird die Gesamtordnung des Filters durch die Summe der Ordnungen der einzelnen Filterstufen bestimmt.

Tiefpassfilter 2. Ordnung mit der Sallen-Key-Methode

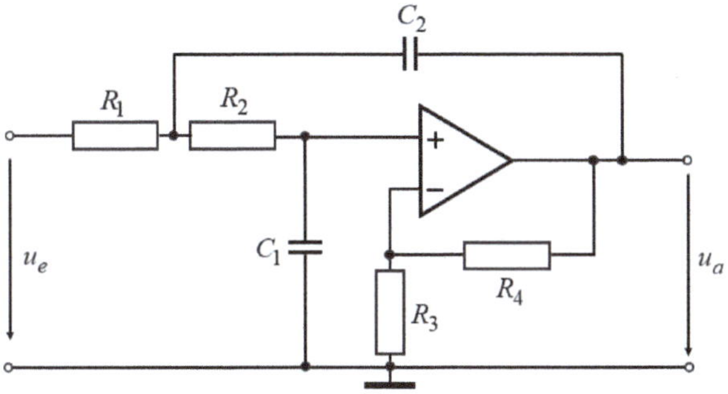

Bild 5.57
Allgemeiner Sallen-Key-Tiefpassfilter

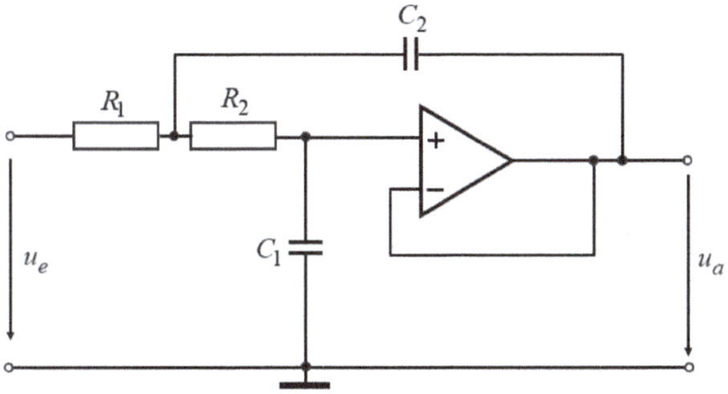

Bild 5.58
Sallen-Key-Tiefpassfilter mit Verstärkungsfaktor 1

Die allgemeine Sallen-Key-Topologie in Bild 5.57 ermöglicht eine separate Einstellung der Verstärkung über $V_0 = 1 + R_4 / R_3$. Die Sallen-Key-Tiefpassfilter ohne Verstärkung in Bild 5.58 wird jedoch in der Regel in Filterdesigns verwendet, die eine hohe Verstärkungsgenauigkeit, Einheitsverstärkung und einen niedrigen Gütefaktor Q ($Q < 3$) erfordern.

Die Übertragungsfunktion des Sallen-Key-Tiefpassfilters ohne Verstärkung lautet:

$$\underline{H}(j\omega) = \frac{1}{1 + j\omega \cdot \omega_g \cdot C_1 \cdot (R_1 + R_2) + (j\omega)^2 \cdot {\omega_g}^2 \cdot R_1 \cdot R_2 \cdot C_1 \cdot C_2}$$

a_1 und b_1 sind definiert als:

$$a_1 = \omega_g \cdot C_1 \cdot (R_1 + R_2)$$

$$b_1 = {\omega_g}^2 \cdot R_1 \cdot R_2 \cdot C_1 \cdot C_2$$

Angenommen C_1 und C_2 sind gegeben, werden die Widerstandswerte für R_1 und R_2 durch folgende Gleichungen berechnet:

$$R_{1,2} = \frac{a_1 \cdot C_2 \mp \sqrt{(a_1 \cdot C_2)^2 - 4b_1 \cdot C_1 \cdot C_2}}{4\pi \cdot f_g \cdot C_1 \cdot C_2}$$

Um reelle Werte unter der Quadratwurzel zu erhalten, muss C_2 die folgende Bedingung erfüllen:

$$C_2 \geq C_1 \cdot \frac{4b_1}{{a_1}^2}$$

Als zweite Methode wählt man $R_1 = R_2$. Wenn R_1 gleich R_2 ist, muss gelten:

$$\sqrt{(a_1 \cdot C_2)^2 - 4b_1 \cdot C_1 \cdot C_2} = 0$$

Das bedeutet:

$${a_1}^2 \cdot {C_2}^2 = 4b_1 \cdot C_1 \cdot C_2 \Rightarrow {a_1}^2 \cdot C_2 = 4b_1 \cdot C_1 \Rightarrow C_2 = \left(\frac{4b_1}{{a_1}^2}\right) \cdot C_1$$

Daraus folgt:

$$R_1 = R_2 = \frac{a_1 \cdot C_2}{4\pi \cdot f_g \cdot C_1 \cdot C_2} = \frac{a_1}{4\pi \cdot f_g \cdot C_1}$$

Für jeden Filtertyp – Butterworth, Tschebyscheff und Bessel – gibt es Tabellen mit den Werten für a_i und b_1, wobei der Index i von der Ordnung des Filters abhängt.

Beispiel 5.6

Entwerfen Sie ein Sallen-Key-Tiefpassfilter für ein Tschebyscheff-Filter mit 3-dB-Ripple, wobei die Filterkoeffizienten $a_1 = 1{,}0650$ und $b_1 = 1{,}9305$ gegeben sind und die gewünschte Grenzfrequenz $f_g = 3$ kHz beträgt.

Wird C_1 mit 22 nF festgelegt, ergibt sich für C_2:

$$C_2 \geq C_1 \cdot \frac{4b_1}{{a_1}^2} = 22 \cdot 10^{-9}\mathrm{F} \cdot \frac{4 \cdot 1{,}9350}{1{,}065^2} \cong 150\ \mathrm{nF}$$

Durch Einsetzen von a_1 und b_1 in die Widerstandsformel für R_1 und R_2 ergibt sich:

$$R_1 = \frac{1{,}065 \cdot 150 \cdot 10^{-9} - \sqrt{(1{,}065 \cdot 150 \cdot 10^{-9}\mathrm{F})^2 - 4 \cdot 1{,}9305 \cdot 22 \cdot 10^{-9}\mathrm{F} \cdot 150 \cdot 10^{-9}\mathrm{F}}}{4\pi \cdot 3 \cdot 10^3\ \mathrm{Hz} \cdot 22 \cdot 10^{-9}\mathrm{F} \cdot 150 \cdot 10^{-9}\mathrm{F}}$$
$$= 1{,}26\ \mathrm{k\Omega}$$

$$R_2 = \frac{1{,}065 \cdot 150 \cdot 10^{-9}\mathrm{F} + \sqrt{(1{,}065 \cdot 150 \cdot 10^{-9}\mathrm{F})^2 - 4 \cdot 1{,}9305 \cdot 22 \cdot 10^{-9}\mathrm{F} \cdot 150 \cdot 10^{-9}\mathrm{F}}}{4\pi \cdot 3 \cdot 10^3\ \mathrm{Hz} \cdot 22 \cdot 10^{-9}\mathrm{F} \cdot 150 \cdot 10^{-9}\mathrm{F}}$$
$$= 1{,}30\ \mathrm{k\Omega}$$

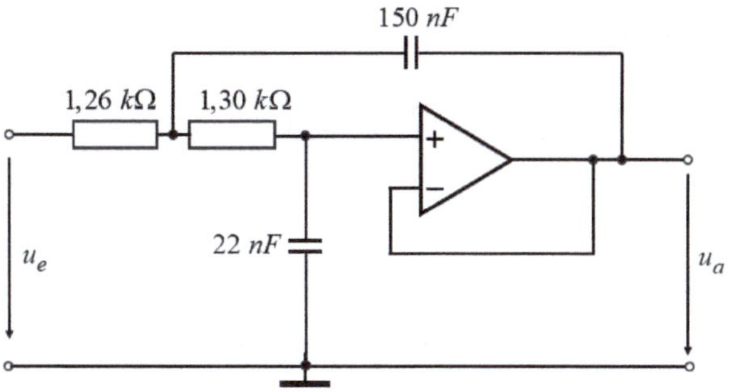

Bild 5.59 Tschebyscheff-Tiefpass zweiter Ordnung mit 3-dB-Welligkeit

Hochpasspassfilter mit der Sallen-Key-Methode

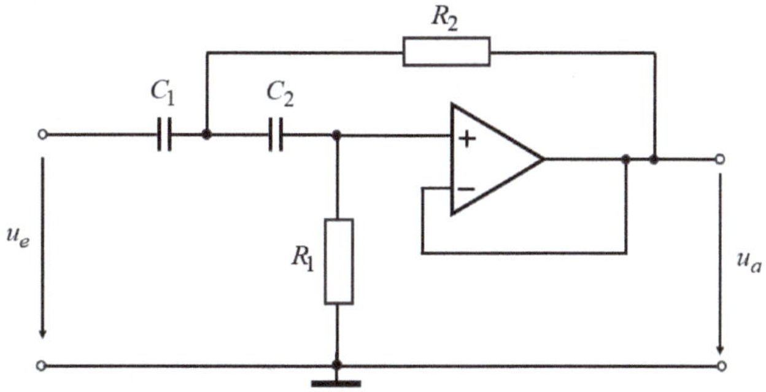

Bild 5.60 Sallen-Key-Hochpassfilter mit Verstärkungsfaktor 1

Für das Sallen-Key-Hochpassfilter wählt man $C_1 = C_2$ und bestimmt R_1 und R_2 anhand der folgenden Gleichungen:

$$R_1 = \frac{1}{\pi \cdot f_g \cdot C_1 \cdot a_1}$$

$$R_2 = \frac{a_1}{4\pi \cdot f_g \cdot C_1 \cdot b_1}$$

Beispiel 5.7

Entwerfen Sie ein Sallen-Key-Hochpassfilter für ein Butterworth-Filter, wobei die Filterkoeffizienten $a_1 = 1{,}4142$ und $b_1 = 1$ gegeben sind und die gewünschte Grenzfrequenz $f_g = 3$ kHz beträgt.

Wenn man $C_1 = C_2 = 10\,\text{nF}$ wählt, ergibt sich:

$$R_1 = \frac{1}{\pi \cdot f_g \cdot C_1 \cdot a_1} = \frac{1}{\pi \cdot 3 \cdot 10^3\,\text{Hz} \cdot 10 \cdot 10^{-9}\text{F} \cdot 1{,}4142} = 7{,}502\,\text{k}\Omega$$

und

$$R_2 = \frac{a_1}{4\pi \cdot f_g \cdot C_1 \cdot b_1} = \frac{1{,}4142}{4\pi \cdot 3 \cdot 10^3\,\text{Hz} \cdot 10\,\text{nF} \cdot 1{,}0} = 3{,}751\,\text{k}\Omega$$

Bandpasspassfilter mit der Sallen-Key-Methode

Ein Sallen-Key-Bandpassfilter kann durch die Kaskadierung eines Tiefpassfilters und eines Hochpassfilters realisiert werden. Dabei wird das Signal zunächst durch ein Tiefpassfilter geführt, das hohe Frequenzen dämpft, während es die niedrigeren Frequenzen passieren lässt. Anschließend wird das gefilterte Signal durch ein Hochpassfilter geleitet, das tiefere Frequenzen unterdrückt und nur die mittleren Frequenzen, die innerhalb des gewünschten Bandes liegen, weitergibt.

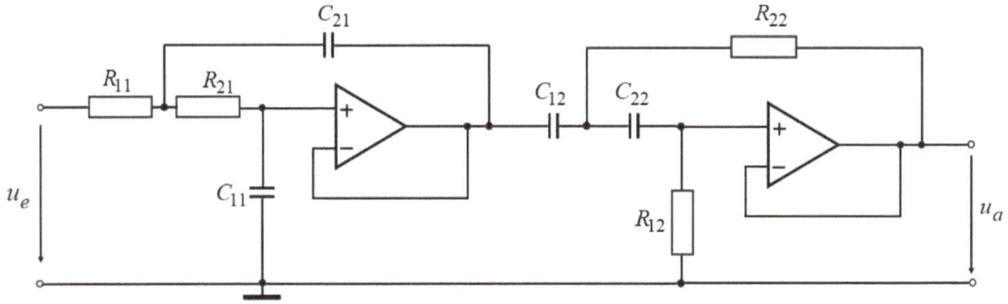

Bild 5.61 Sallen-Key-Bandpassfilter mit Verstärkungsfaktor 1

5.4.2.6 Kaskadierung von aktiven Filtern

Die Gestaltung aktiver Filter höherer Ordnung erfordert oft die Kaskadierung von Filtern niedrigerer Ordnung, wie Sallen-Key-Topologien. Diese Methode ermöglicht die Implementierung von Butterworth-, Tschebyscheff- und Bessel-Filtern, die jeweils unterschiedliche Eigenschaften in Bezug auf Flankensteilheit, Phasengang und Gruppenlaufzeit aufweisen.

Das Bild 5.62 zeigt die Kaskadierung von Filterstufen bis zur sechsten Ordnung. Ein Filter mit einer geraden Ordnungszahl besteht nur aus zweiten Ordnungsstufen, während Filter mit einer ungeraden Ordnungszahl zu Beginn eine zusätzliche erste Ordnungsstufe enthalten.

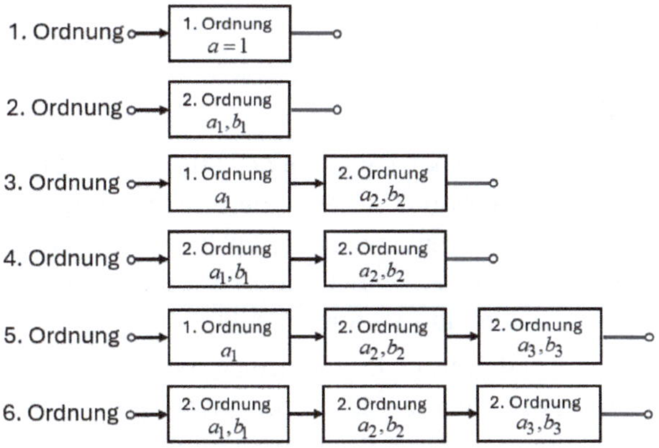

Bild 5.62 Kaskadierende Filterstufen für Filter höherer Ordnung

Tabelle 5.3 Butterworth-Koeffizienten

n	i	a_i	b_i	k_i	Q_i
1	1	1,0000	0,0000	1,000	–
2	1	1,4142	1,0000	1,00	0,71
3	1	1,0000	0,0000	1,000	–
	2	1,0000	1,0000	1,272	1,00
4	1	1,8478	1,0000	0,719	0,54
	2	0,7654	1,0000	1,390	1,31
5	1	1,0000	0,0000	1,000	–
	2	1,6180	1,0000	0,859	0,62
	3	0,6180	1,0000	1,448	1,62
6	1	1,9319	1,0000	0,676	0,52
	2	1,4142	1,0000	1,000	0,71
	3	0,5176	1,0000	1,479	1,93

Erklärung:

n bezeichnet die Ordnung des Filters, i die jeweilige Stufe, z. B. für das erste Filter wäre $i = 1$, für das zweite Filter $i = 2$, und so weiter.

Die Koeffizienten a_i und b_i sind die spezifischen Parameter des Filters. Zum Beispiel, für ein Filter der 5. Ordnung, das aus drei kaskadierten Filtern besteht, sind $i = 1$, 2 und 3 die Indizes der Stufen.

Für die erste Stufe (i = 1) gelten: a_1 = 1,0 und b_1 = 0,0.

Für die zweite Stufe (i = 2) gelten: a_2 = 1,618 und b_2 = 1,0.

Für die dritte Stufe (i = 3) gelten: a_3 = 0,618 und b_3 = 1,0.

$k_i = f_{gi} / f_g$ gibt das Verhältnis der berechneten Grenzfrequenz jeder Stufe (f_{gi}) zur tatsächlichen Grenzfrequenz (f_g) des gesamten Filters an. Die berechneten Grenzfrequenzen jeder Stufe (f_{gi}) sind die theoretischen Grenzfrequenzen, die für jede kaskadierte Stufe des Filters erwartet werden, während die tatsächliche Grenzfrequenz des gesamten Filters (f_g) das Resultat der kaskadierten Filterstufen darstellt.

Q_i ist der Gütefaktor (Qualitätsfaktor) jeder Filterstufe. Er beschreibt, wie scharf oder selektiv das Filter in Bezug auf die Resonanzfrequenz arbeitet. Der Gütefaktor Q_i gibt an, wie stark die Bandbreite der Resonanz um die Grenzfrequenz ist:

- Ein hoher Q_i-Wert ($Q_i > 1$) bedeutet, dass das Filter eine schmale Bandbreite hat, also eine scharfe Resonanz um die Grenzfrequenz zeigt und besser in der Lage ist, eine bestimmte Frequenz herauszufiltern,
- in niedriger Q_i-Wert ($Q_i < 1$) zeigt eine breitere Bandbreite und eine weniger ausgeprägte Resonanz, was bedeutet, dass das Filter weniger selektiv ist und mehr Frequenzen durchlässt.

Tabelle 5.4 Tschebyscheff-Koeffizienten für 3-dB Durchlassbandwelligkeit

n	i	a_i	b_i	k_i	Q_i
1	1	1,0000	0,0000	1,000	-
2	1	1,065	1,9305	1,00	1,30
3	1	3,3496	0,0000	0,299	-
	2	0,3550	1,1923	1,396	3,07
4	1	2,1853	5,5339	0,557	1,08
	2	0,1964	1,2009	1,410	5,58
5	1	5,6334	0,0000	0,178	-
	2	0,7620	2,6530	0,917	2,14
	3	0,1172	1,0686	1,500	8,82
6	1	3,2721	11,6773	0,379	1,04
	2	0,4077	1,9873	1,086	3,46
	3	0,0815	1,0861	1,489	12,78

Es gibt auch Tabellen für die Tschebyscheff-Filterkoeffizienten mit unterschiedlichen Welligkeiten, wie z. B. 0,5 dB Ripple, 1 dB Ripple und 2 dB Ripple.

Tabelle 5.5 Bessel-Koeffizienten

n	i	a_i	b_i	k_i	Q_i
1	1	1,0000	0,0000	1,000	-
2	1	1,3617	0,6180	1,00	0,58
3	1	0,7560	0,0000	1,323	-
	2	0,9996	0,4772	1,414	0,69
4	1	1,3397	0,4889	0,978	0,52
	2	0,7743	0,3890	1,797	0,81
5	1	0,6656	0,0000	1.502	-
	2	1,1402	0,4128	1,184	0,56
	3	0,6216	0,3245	2,138	0,92
6	1	1,2217	0,3887	1,063	0,51
	2	0,9686	0,3505	1,431	0,61
	3	0,5131	0,2756	2,447	1,02

Beispiel 5.8

Entwerfen Sie ein Butterworth-Tiefpassfilter fünfter Ordnung mit einer Eckfrequenz von $f_g = 5$ kHz.

Zunächst werden die Koeffizienten für ein Butterworth-Filter fünfter Ordnung aus Tabelle 5.3 entnommen. Die Koeffizienten für die einzelnen Filterstufen des Butterworth-Tiefpassfilters fünfter Ordnung lauten wie folgt:

- Filter 1: $a_1 = 1$, $b_1 = 0$
- Filter 2: $a_2 = 1{,}618$, $b_2 = 1$
- Filter 3: $a_3 = 0{,}618$, $b_3 = 1$

Filterstufe 1:

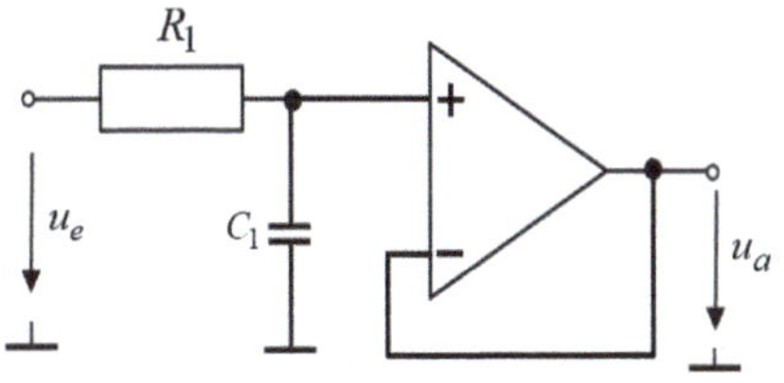

Bild 5.63

$$f_g = \frac{a_1}{2\pi \cdot R_1 \cdot C_1} \Rightarrow R_1 = \frac{a_1}{2\pi \cdot f_g \cdot C_1}$$

Wenn man $C_1 = 10\,\text{nF}$ wählt

$$R_1 = \frac{1}{2\pi \cdot 5 \cdot 10^3\,\text{Hz} \cdot 10 \cdot 10^{-9} F} = 3{,}183\,\text{k}\Omega$$

Filterstufe 2:

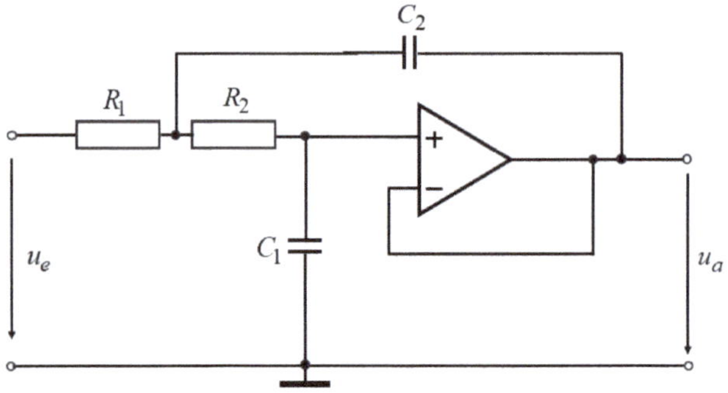

Bild 5.64

Wird C_1 mit 10 nF festgelegt, ergibt sich für C_2:

$$C_2 \geq C_1 \cdot \frac{4b_2}{a_2{}^2} = 10 \cdot 10^{-9}\text{F} \cdot \frac{4 \cdot 1}{1{,}618^2} \cong 15{,}28\,\text{nF} \Rightarrow C_2 = 22\,\text{nF}$$

$$R_1 = \frac{a_2 \cdot C_2 - \sqrt{(a_2 \cdot C_2)^2 - 4b_2 \cdot C_1 \cdot C_2}}{4\pi \cdot f_g \cdot C_1 \cdot C_2}$$

und

$$R_2 = \frac{a_2 \cdot C_2 + \sqrt{(a_2 \cdot C_2)^2 - 4b_2 \cdot C_1 \cdot C_2}}{4\pi \cdot f_g \cdot C_1 \cdot C_2}$$

Durch Einsetzen von a_2 und b_2 in die Widerstandsformel für R_1 und R_2 ergibt sich:

$$R_1 = \frac{1{,}618 \cdot 22 \cdot 10^{-9} - \sqrt{(1{,}618 \cdot 22 \cdot 10^{-9}\text{F})^2 - 4 \cdot 1{,}0 \cdot 10 \cdot 10^{-9}\text{F} \cdot 22 \cdot 10^{-9}\text{F}}}{4\pi \cdot 5 \cdot 10^3\,\text{Hz} \cdot 10 \cdot 10^{-9}\text{F} \cdot 22 \cdot 10^{-9}\text{F}}$$

$$= 1{,}152\,\text{k}\Omega$$

$$R_2 = \frac{1{,}618 \cdot 22 \cdot 10^{-9} + \sqrt{(1{,}618 \cdot 22 \cdot 10^{-9}\text{F})^2 - 4 \cdot 1{,}0 \cdot 10 \cdot 10^{-9}\text{F} \cdot 22 \cdot 10^{-9}\text{F}}}{4\pi \cdot 5 \cdot 10^3\,\text{Hz} \cdot 10 \cdot 10^{-9}\text{F} \cdot 22 \cdot 10^{-9}\text{F}}$$

$$= 3{,}998\,\text{k}\Omega$$

Filterstufe 3:

Wird C_1 mit 1 nF festgelegt, ergibt sich für C_2:

$$C_2 \geq C_1 \cdot \frac{4b_3}{a_3{}^2} = 1 \cdot 10^{-9}\text{F} \cdot \frac{4 \cdot 1}{0{,}618^2} \cong 10{,}47\,\text{nF} \Rightarrow C_2 = 12\,\text{nF}$$

$$R_1 = \frac{a_3 \cdot C_2 - \sqrt{(a_3 \cdot C_2)^2 - 4b_3 \cdot C_1 \cdot C_2}}{4\pi \cdot f_g \cdot C_1 \cdot C_2}$$

$$\Rightarrow R_1 = \frac{0{,}618 \cdot 12 \cdot 10^{-9}\text{F} - \sqrt{(0{,}618 \cdot 12 \cdot 10^{-9}\text{F})^2 - 4 \cdot 1 \cdot 10^{-9}\text{F} \cdot 12 \cdot 10^{-9}\text{F}}}{4\pi \cdot 5 \cdot 10^3\,\text{Hz} \cdot 1 \cdot 10^{-9}\text{F} \cdot 12 \cdot 10^{-9}\text{F}}$$

$$= 6{,}327\ \text{k}\Omega$$

$$R_2 = \frac{a_3 \cdot C_2 + \sqrt{(a_3 \cdot C_2)^2 - 4b_3 \cdot C_1 \cdot C_2}}{4\pi \cdot f_g \cdot C_1 \cdot C_2}$$

$$\Rightarrow R_2 = \frac{0{,}618 \cdot 12 \cdot 10^{-9}\text{F} + \sqrt{(0{,}618 \cdot 12 \cdot 10^{-9}\text{F})^2 - 4 \cdot 1 \cdot 10^{-9}\text{F} \cdot 12 \cdot 10^{-9}\text{F}}}{4\pi \cdot 5 \cdot 10^3\,\text{Hz} \cdot 1 \cdot 10^{-9}\text{F} \cdot 12 \cdot 10^{-9}\text{F}}$$

$$= 13{,}344\ \text{k}\Omega$$

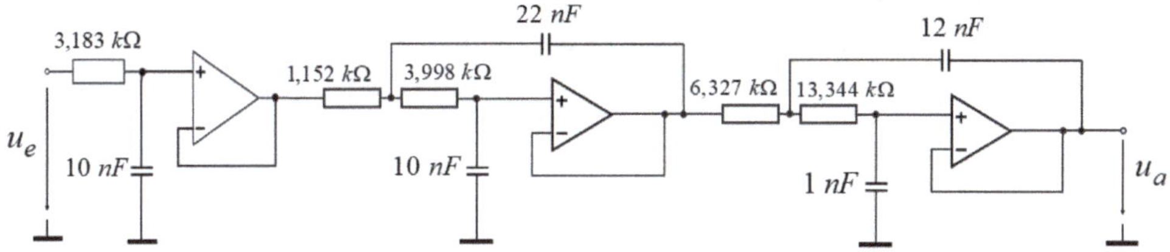

Bild 5.65 Butterworth-Tiefpassfilter fünfter Ordnung mit $f_g = 5$ kHz

5.4.3 Messbrücken

Zur Signalverarbeitung von Sensorsignalen werden in vielen Fällen Messbrücken eingesetzt. Die Sensorsignale können zum einen verstärkt und zum anderen können die Signale mit der Ausschlagmethode sehr gut weiterverarbeitet werden. Mit der Messbrücke lässt sich ein Sensorsignal auf einen bestimmten Arbeitspunkt so einstellen, dass nur Abweichungen zu diesem Arbeitspunkt eine Spannung hervorrufen. Eine Messbrücke besteht im Prinzip aus zwei parallel geschalteten Reihenschaltungen von jeweils zwei Widerständen. Der Spannungsabgriff u_d für die weitere Signalverarbeitung liegt genau in der Mitte der vier Widerstände.

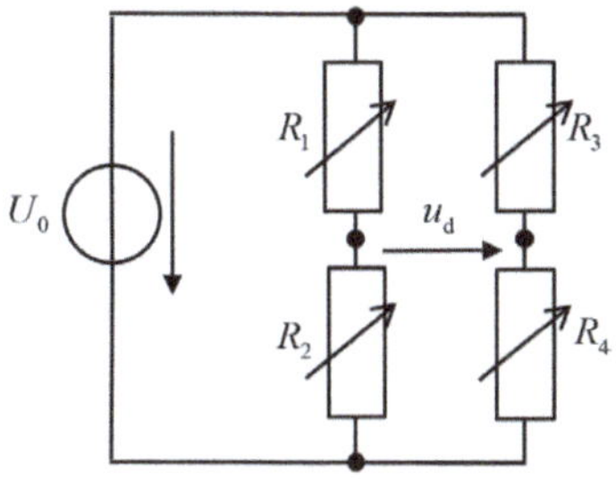

Bild 5.66 Messbrücke

Unter der Voraussetzung, dass der Spannungsabgriff u_d einen hochohmigen Eingangswiderstand besitzt, kann die Diagonalspannung über die Spannungsteilerregel ermittelt werden.

$$u_d = \left(\frac{R_2}{R_1 + R_2} - \frac{R_4}{R_3 + R_4}\right) \cdot U_d \tag{5.28}$$

Der Ausschlag der Brücke wird zu null, wenn alle vier Widerstände gleich groß sind. Die Diagonalspannung u_d ist dann null. Bei einer Vollbrücke, d.h. alle vier Widerstände können durch eine Änderung die Brücke verstimmen, müssen die Widerstände R_1 und R_4 kleiner und die Widerstände R_2 und R_3 größer werden, um eine positive Spannung u_d zu erzeugen. Die Diagonalspannung u_d kann also positive und negative Werte annehmen.

Je nachdem, wie viele Widerstände sich ändern können, werden die Brückenschaltungen als Voll-, Halb- oder Viertelbrücke bezeichnet. Für eine Vollbrücke mit z.B. vier Dehnungsmessstreifen gilt:

$$u_d = (-r_1 + r_2 + r_3 - r_4) \cdot \frac{U_0}{4} \tag{5.29}$$

mit

$$r_i = \frac{\Delta R}{R_0}$$

Die relativen Widerstandsänderungen ergeben bei einer Dehnung $r > 0$ und bei einer Stauchung $r < 0$. Werden die Widerstände R_2 und R_3 in gleicher Weise gedehnt, wie R_1 und R_4 gestaucht werden, so gilt:

$$u_d = 4 \cdot r \cdot \frac{U_0}{4} = r \cdot U_0 \tag{5.30}$$

Wird nur ein Dehnungsmessstreifen an die Stelle R_2 in die Brückenschaltung (Bild 5.66) geschaltet, ergibt sich die folgende Formel 5.31 einer Viertelbrücke:

$$u_d = r_2 \cdot \frac{U_0}{4} \tag{5.31}$$

mit

$$r_3 = r_4 = r_1 = 0$$

Bei einer Halbbrücke ergeben sich zusätzlich zu der Verstärkung die Vorteile einer Gleichtaktunterdrückung. Dies kann zur Temperaturkompensation genutzt werden.

$$u_d = (-r_1 + r_2) \cdot \frac{U_0}{4} \tag{5.32}$$

mit

$$r_3 = r_4 = 0$$

Eine Gleichtaktunterdrückung bedeutet, dass die beiden relativen Änderungen $r_1 = r_2 = r$ eine Diagonalspannung $u_d = 0$ erzeugen. Sind die Änderungen im Betrag gleich groß, aber im Vorzeichen gegensätzlich, ergibt sich der typische Wert für eine Halbbrücke:

$$u_\mathrm{d} = r \cdot \frac{U_0}{2} \tag{5.33}$$

mit

$$r_3 = r_4 = 0$$

Für kapazitive und induktive Fühler muss die Brückenschaltung mit einer Wechselspannung gespeist werden.

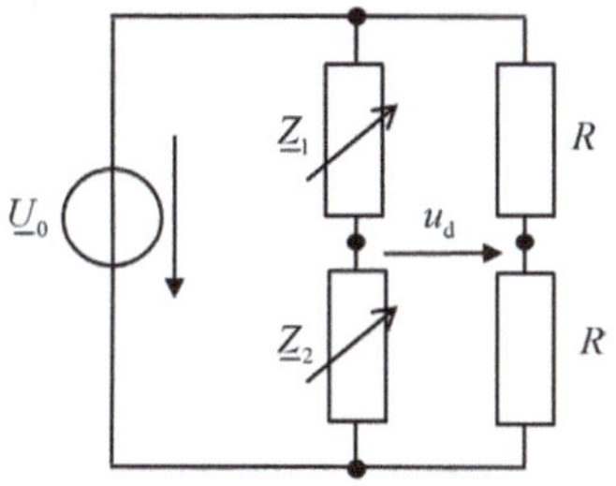

Bild 5.67
Messbrücke mit Wechselspannungsspeisung

Ausgehend von der Formel 5.28 ergibt sich für die Halbbrücke folgende Beziehung:

$$\underline{U}_\mathrm{d} = \left(\frac{\underline{Z}_2}{\underline{Z}_1 + \underline{Z}_2} - \frac{R}{R+R} \right) \cdot \underline{U}_0$$

$$\underline{U}_\mathrm{d} = \left(\frac{\underline{Z}_2}{\underline{Z}_1 + \underline{Z}_2} - \frac{1}{2} \right) \cdot \underline{U}_0$$

$$\underline{U}_\mathrm{d} = \left(\frac{2 \cdot \underline{Z}_2 - \underline{Z}_1 - \underline{Z}_2}{2 \cdot (\underline{Z}_1 + \underline{Z}_2)} \right) \cdot \underline{U}_0$$

$$\underline{U}_\mathrm{d} = \frac{1}{2} \left(\frac{\underline{Z}_2 - \underline{Z}_1}{\underline{Z}_1 + \underline{Z}_2} \right) \cdot \underline{U}_0 \tag{5.34}$$

5.4.4 Trägerfrequenz-Messverfahren

Das Ausgangssignal von Messfühlern ist im Allgemeinen zur direkten Weiterverwendung als Eingangssignal von z. B. Anzeigeeinrichtungen oder Reglern nicht geeignet. Es muss vielmehr durch eine entsprechende Signalverarbeitung in eine dazu geeignete Form umgewandelt werden. Eine dabei häufig angewendete Methode ist das Trägerfrequenz-Messverfahren.

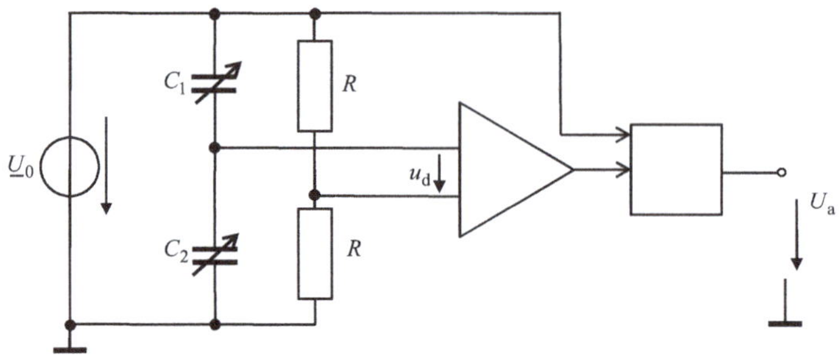

Bild 5.68 Trägerfrequenz-Messverfahren

In Bild 5.68 werden die Messfühler C_1 und C_2 als Teile einer Wechselstrombrücke verschaltet. Das Ausgangssignal u_d der verstimmten Brückenschaltung wird mit der Versorgungsspannung u_0 an eine phasenempfindliche Gleichrichtung (pG) geschaltet. Die Ausgangsspannung der pG-Schaltung wird gefiltert und liefert eine vorzeichenbehaftete Gleichspannung U_a.

Dabei wird die Eigenschaft einer phasenempfindlichen Gleichrichtung (Bild 5.69) ausgenutzt, zwei frequenzgleiche, jedoch gegeneinander phasenverschobene Sinussignale u_1 und u_2 zu einem von dieser Phasenverschiebung abhängigen Ausgangssignal U_a umzuformen.

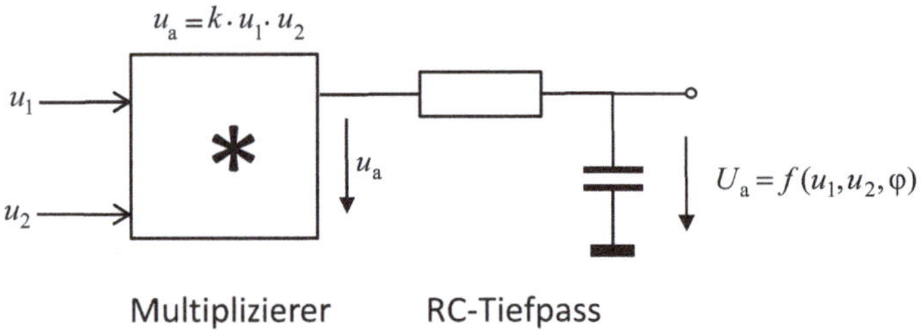

Bild 5.69 Realisierung einer phasenempfindlichen Gleichrichtung
k = Proportionalitätsfaktor

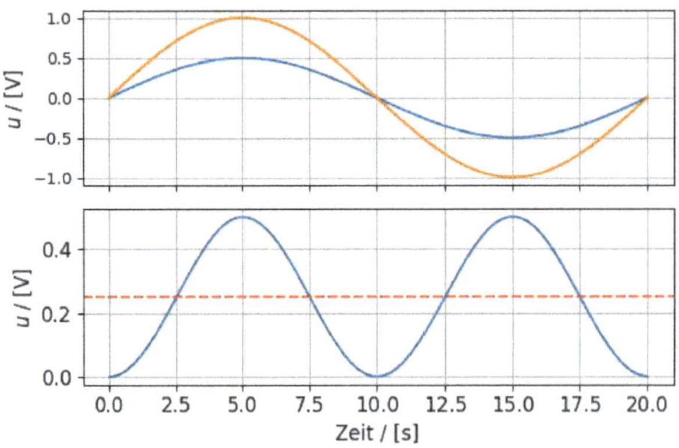

Bild 5.70 Trägerfrequenz-Messverfahren: gleichphasig

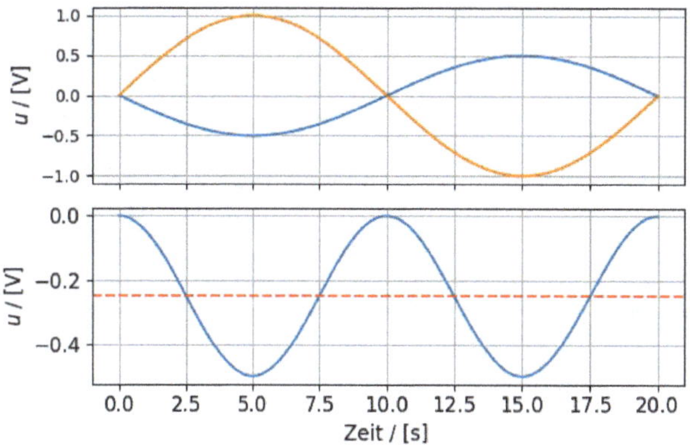

Bild 5.71 Trägerfrequenz-Messverfahren: gegenphasig

Die Herleitung

$$u_1 = \hat{U}_1 \cdot \sin(\omega t)$$

$$u_2 = \hat{U}_2 \cdot \sin(\omega t + \varphi)$$

$$u_a = k \cdot u_1 \cdot u_2 = k \cdot \hat{U}_1 \cdot \sin(\omega t) \cdot \hat{U}_2 \cdot \sin(\omega t + \varphi)$$

$$u_a = k \cdot \hat{U}_1 \cdot \hat{U}_2 \cdot \sin(\omega t) \cdot \sin(\omega t + \varphi)$$

$$\mathrm{sinx} \cdot \mathrm{siny} = \frac{1}{2}[\cos(x - y) - \cos(x + y)]$$

mit

$$\mathrm{x} = \omega\mathrm{t} + \varphi$$

und

$$\mathrm{y} = \omega\mathrm{t}$$

$$u_a = k \cdot \hat{U}_1 \cdot \hat{U}_2 \cdot \sin(\omega t) \cdot \sin(\omega t + \varphi)$$

$$= \frac{k}{2} \cdot \hat{U}_1 \cdot \hat{U}_2 \cdot [\cos(\omega t + \varphi - \omega t) - \cos(\omega t + \varphi + \omega t)]$$

$$u_a = \frac{k}{2} \cdot \hat{U}_1 \cdot \hat{U}_2 \cdot [\cos(\varphi) - \cos(2 \cdot \omega t + \varphi)]$$

Der Tiefpassfilter filtert das Signal mit der Frequenz von $2f$

$$U_a = \frac{k}{2} \cdot \hat{U}_1 \cdot \hat{U}_2 \cdot \cos(\varphi)$$

$$\varphi = 0^\circ \Rightarrow U_a = \frac{k}{2} \cdot \hat{U}_1 \cdot \hat{U}_2 > 0$$

$$\varphi = 180^\circ \Rightarrow U_a = -\frac{k}{2} \cdot \hat{U}_1 \cdot \hat{U}_2 < 0$$

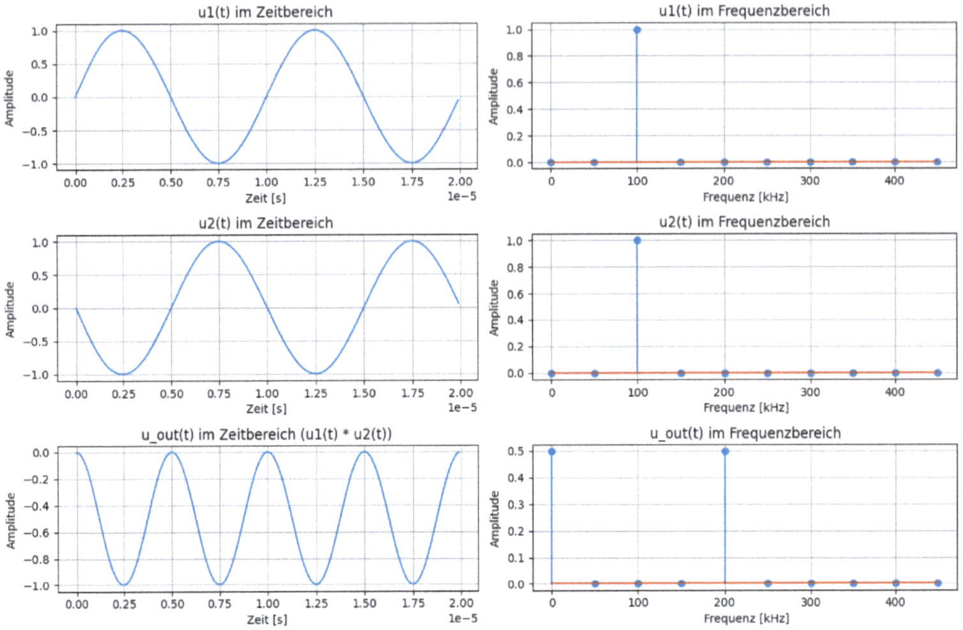

Bild 5.72 $u_a = u_1 \cdot u_2$ im Zeitbereich und im Frequenzbereich

Für die kapazitiven Sensoren in der dargestellten Messbrücke (Bild 5.68) ergibt sich folgende Beziehung:

Die komplexen Widerstände $\underline{Z}_1 = \frac{1}{j\omega C_1}$ und $\underline{Z}_2 = \frac{1}{j\omega C_2}$ der Kapazitäten werden in die Formel 5.34 für die Halbbrücke eingesetzt.

$$\underline{U}_d = \frac{1}{2} \cdot \frac{\frac{1}{j\omega C_2} - \frac{1}{j\omega C_1}}{\frac{1}{j\omega C_2} + \frac{1}{j\omega C_1}} \cdot \underline{U}_0$$

$$\underline{U}_d = \frac{1}{2} \cdot \frac{\frac{1}{C_2} - \frac{1}{C_1}}{\frac{1}{C_2} + \frac{1}{C_1}} \cdot \underline{U}_0 \qquad \Bigg| \cdot \frac{C_1.C_2}{C_1.C_2}$$

$$\underline{U}_d = \frac{1}{2} \cdot \frac{C_1 - C_2}{C_1 + C_2} \cdot \underline{U}_0 \qquad (5.35)$$

Aus der Formel 5.35 ergibt sich folgende Schlussfolgerung:

Für $C_1 = C_2$ ist die Ausgangsspannung U_a gleich null. Für den Fall, dass der Kondensator C_1 größer ist als C_2, ist die Ausgangsspannung u_d der Messbrücke in Phase mit der Speisespannung und es ergibt sich eine positive Ausgangsspannung U_a. Für den Fall, dass der Kondensator C_2 größer als C_1 ist, ist die Ausgangsspannung U_a negativ. Der Betrag der Gleichspannung hängt jeweils von der Differenz der Kondensatorwerte Formel 5.35 ab.

Werden in Bild 5.68 die Kondensatoren durch Induktivitäten ersetzt, ergeben sich ähnliche Verhältnisse.

$$\underline{U}_\mathrm{d} = \frac{1}{2} \cdot \frac{j\omega L_2 - j\omega L_1}{j\omega L_2 + j\omega L_1} \cdot \underline{U}_0$$

$$\underline{U}_\mathrm{d} = \frac{1}{2} \cdot \frac{L_2 - L_1}{L_2 + L_1} \cdot \underline{U}_0 \qquad (5.36)$$

mit $L_1 = L_2 \Rightarrow \underline{U}_\mathrm{d} = 0$

$L_1 > L_2 \Rightarrow \underline{U}_\mathrm{d}$ in Phase mit $\underline{U}_0$

$L_1 < L_2 \Rightarrow \underline{U}_\mathrm{d}$ in Gegenphase mit $\underline{U}_0$

Für die Berechnung der Ausgangsspannung U_a muss die gesamte Messkette berücksichtigt werden. Die Multiplikation der sinusförmigen Spannungen (Bild 5.69) ergibt eine sinusförmige Spannung mit der doppelten Frequenz. Aus diesem Signal wird der Gleichanteil herausgefiltert. Es ergibt sich folgende Beziehung:

$$U_\mathrm{a} = \pm\frac{1}{2} \cdot k \cdot \hat{U}_1 \cdot \hat{U}_2 \qquad (5.37)$$

Für das Trägerfrequenz-Messverfahren mit Widerständen, Kondensatoren oder Induktivitäten ergeben sich aus den Vorüberlegungen direkt auswertbare Beziehungen:

Halbbrücke mit Induktivitäten

$$U_\mathrm{a} = \frac{1}{4} \cdot k \cdot V \cdot \hat{U}_0^2 \cdot \frac{L_2 - L_1}{L_2 + L_1}$$

$$U_\mathrm{a} = \frac{1}{2} \cdot k \cdot V \cdot U_0^2 \cdot \frac{L_2 - L_1}{L_2 + L_1} \qquad (5.38)$$

mit $U_0 = \frac{\hat{U}_0}{\sqrt{2}}$

$$U_\mathrm{a} = \frac{1}{2} \cdot k \cdot V \cdot U_0^2 \cdot \frac{L_2 - L_1}{L_2 + L_1} \qquad (5.39)$$

mit $U_0 = \frac{\hat{U}_0}{\sqrt{2}}$

Halbbrücke mit Kondensatoren

$$U_\mathrm{a} = \frac{1}{2} \cdot k \cdot V \cdot U_0^2 \cdot \frac{C_1 - C_2}{C_1 + C_2} \qquad (5.40)$$

Halbbrücke mit Widerständen

$$U_\mathrm{a} = \frac{1}{2} \cdot k \cdot V \cdot U_0^2 \cdot \frac{R_2 - R_1}{R_2 + R_1} \qquad (5.41)$$

5.5 Übungen

Aufgabe 5.1: Messung der Schichtdicke von Kunststofffolien

Zur Messung der Schichtdicke einer Kunststofffolie (Permittivitätszahl 4,5) mit einer Dicke von 0,5 mm ± 50 µm soll ein kapazitiver Messfühler mit den Abmessungen a = 1 mm; A = 100 cm² eingesetzt werden.

Dimensionieren Sie hierzu die erforderliche Schaltung für die Signalaufbereitung und legen Sie die Kalibrierung des Anzeigeinstrumentes so fest, dass hieran die Abweichung der Schichtdicke vom Nennwert mit einer Auflösung von 10 µm unmittelbar ablesbar ist.

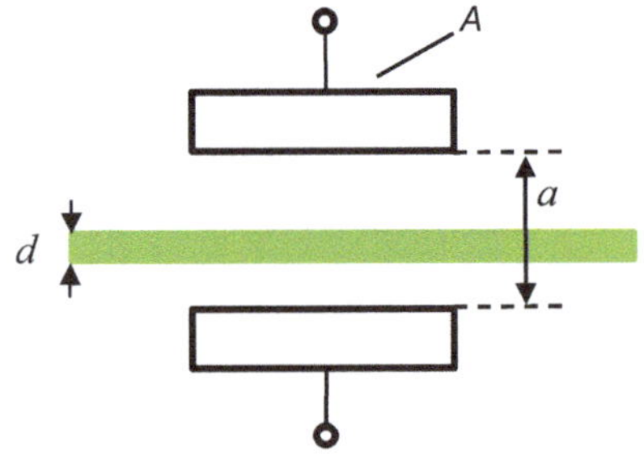

Bild 5.73 Messwertaufnehmer

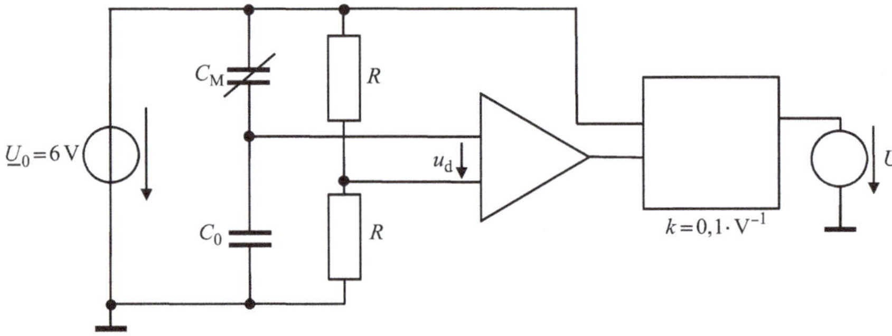

Bild 5.74 Signalaufbereitung

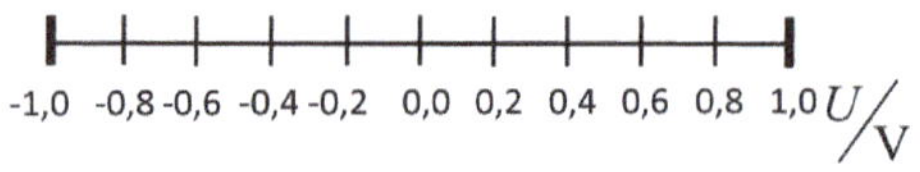

Bild 5.75 Kalibrierung

Aufgabe 5.2: Digitale Feuchtemessung

Zur Messung der relativen Luftfeuchte wird ein kapazitiver Feuchtesensor mit nebenstehender Kennlinie eingesetzt. Die Signalaufbereitung und Signalverarbeitung wird durch die skizzierte Schaltung vorgenommen, wobei der Feuchtesensor die Kapazität C_s in der Brückenschaltung bildet.

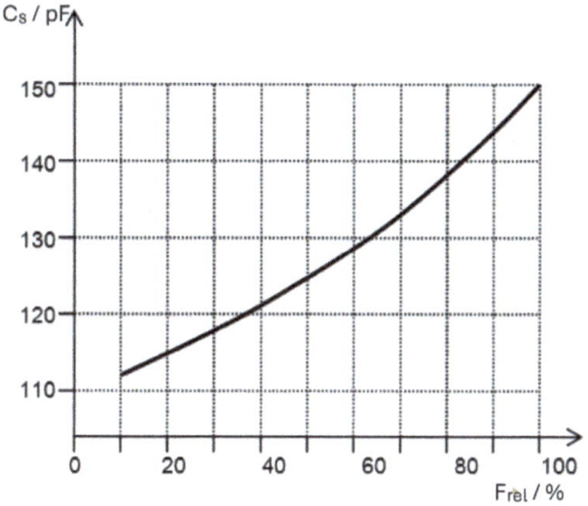

Bild 5.76 Feuchtekennlinie

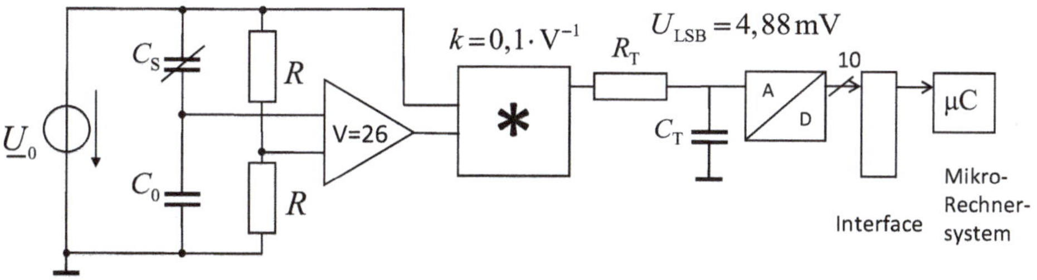

Bild 5.77 Signalaufbereitung

mit

$$\underline{U}_0 = 5\,\text{V} \cdot \sin(2\pi \cdot 100\,\text{kHz} \cdot t)$$

Tabelle 5.6 Feuchtetabelle

Feuchte in %	C_s in pF	U_a in V	N
10			
20			
30			
...			

a) Bestimmen Sie für diese Schaltung den Zusammenhang zwischen der digitalen Ausgangsgröße N des ADU und der Feuchte im Bereich 10...100 %.

b) Dimensionieren Sie das RC-Tiefpassfilter so, dass die überlagerte Wechselgröße am Eingang des ADU einen Spitze-Spitze-Wert von 1/2 U_{LSB} nicht überschreitet.

5.6 Lösungen

Lösung 5.1: Messung der Schichtdicke von Kunststofffolien

Für den Messwertaufnehmer ergibt sich die Formel 5.16:

$$C = C_0 \cdot \frac{1}{1 + \frac{d}{a}\left(\frac{\varepsilon_{r1}}{\varepsilon_{r2}} - 1\right)}$$

mit

$$C_0 = \varepsilon_0 \cdot \varepsilon_{r1} \cdot \frac{A}{a} = 88{,}54\ \text{pF}$$

$$\varepsilon_{r1} = 1$$

$$\varepsilon_{r2} = 4{,}5$$

$$\varepsilon_0 = 8{,}854 \cdot 10^{-12}\,\text{F/m}$$

Damit $U_a = 0\ \text{V}$ wird für $d = d_{Nenn} = 0{,}5\ \text{mm}$, muss die Kapazität $C_{\text{Nenn}} = C_M(d = d_{\text{Nenn}}) = 144{,}88\ \text{pF}$ gewählt werden. Die Änderung der Foliendicke von dem Nennwert wird zu einem Spannungswert größer oder kleiner $u_d = 0\ \text{V}$ führen. Für eine maximale positive Abweichung soll eine maximale Spannung von 1 V anfallen. Die Verstärkung ergibt sich zu:

$$U_a = \frac{1}{2} \cdot k \cdot V \cdot U_0^2 \cdot \frac{C_M - C_{\text{Nenn}}}{C_M + C_{\text{Nenn}}}$$

umstellen nach V und Einsetzen der Werte

$$V = \frac{154{,}73\ \text{pF} + 144{,}88\ \text{pF}}{154{,}73\ \text{pF} - 144{,}88\ \text{pF}} \cdot \frac{2 \cdot 1\ \text{V}}{0{,}1\frac{1}{\text{V}} \cdot (6\ \text{V})^2} = 16{,}89$$

Tabelle 5.7 Werte der Kalibrierung

d	C_M	U_a
0,5 mm + 50 µm	154.73 pF	1 V
⋮	⋮	⋮
0,5 mm + 0 µm	144.88 pF	0 V
⋮	⋮	⋮
0,5 mm – 50 µm	136.22 pF	–0.937 V

Durch die leichte Nichtlinearität ergibt sich für eine maximale schmalere Folie nicht genau der Wert $U_a = -1$ V.

Lösung 5.2: Digitale Feuchtemessung

a) Tabelle 5.8

Tabelle 5.8 Kondensatorwerte aus Bild 5.76 abgelesen

Feuchte in %	C_S in pF	U_a in V	N
10	112	0,146	29
20	115	0,360	73
30	118	0,570	116
40	122	0,840	172
50	125	1,024	209
60	128	1,229	251
70	133	1,538	315
80	138	1,834	375
90	144	2,175	445
100	150	2,5	512

Die Spannung U_{amax} berechnet sich aus dem maximalen Kondensatorwert bezogen auf einen Minimalwert:

$$U_a = \frac{1}{2} \cdot \frac{1}{2} \cdot k \cdot V \cdot \hat{U}_0^2 \cdot \frac{C_S - C_0}{C_S + C_0}$$

$$U_{amax} = \frac{1}{2} \cdot \frac{1}{2} \cdot 0{,}1\ \mathrm{V}^{-1} \cdot 26 \cdot (5\ \mathrm{V})^2 \cdot \frac{150\ \mathrm{pF} - 110\ \mathrm{pF}}{150\ \mathrm{pF} + 110\ \mathrm{pF}} = 2{,}5\ \mathrm{V}$$

Der Integerwert wird nach Formel 3.1 berechnet:

$$N = \left\langle \frac{U_a}{U_{LSB}} \right\rangle$$

b) $A = \frac{\hat{U}_2}{\hat{U}_1} = \frac{1}{\sqrt{1+\left(\frac{f}{f_g}\right)^2}}$

mit

$$f_g = \frac{1}{2\pi RC}$$

$$U_1 = U_{amax} = 2{,}5\ \mathrm{V}$$

$$U_2 = \frac{1}{4} U_{LSB} = 1{,}22\ \mathrm{mV}$$

folgt

$$\frac{\hat{U}_2}{\hat{U}_1} = \frac{\frac{1{,}22\ \mathrm{mV}}{\sqrt{2}}}{\frac{2500\ \mathrm{mV}}{\sqrt{2}}} = \frac{1{,}22\ \mathrm{mV}}{2500\ \mathrm{mV}} = \frac{1}{\sqrt{1+\left(\frac{f}{f_g}\right)^2}}$$

$$\Rightarrow 1 + \left(\frac{f}{f_g}\right)^2 = \left(\frac{2500}{1{,}22}\right)^2 \Rightarrow \frac{f}{f_g} = \sqrt{\left(\frac{2500}{1{,}22}\right)^2 - 1} = 2049{,}18$$

$$\Rightarrow f_g = \frac{f}{2049{,}18}$$

$$f = 2 \cdot 100\ \mathrm{kHz}$$

$$\Rightarrow f_g = \frac{200\ \mathrm{kHz}}{2049{,}18} = 97{,}6\ \mathrm{Hz}$$

Gewählt:

$$C_T = 1\ \mu\mathrm{F} \Rightarrow R_T = \frac{1}{2\pi \cdot C_T} = 1{,}63\ \mathrm{k\Omega}$$

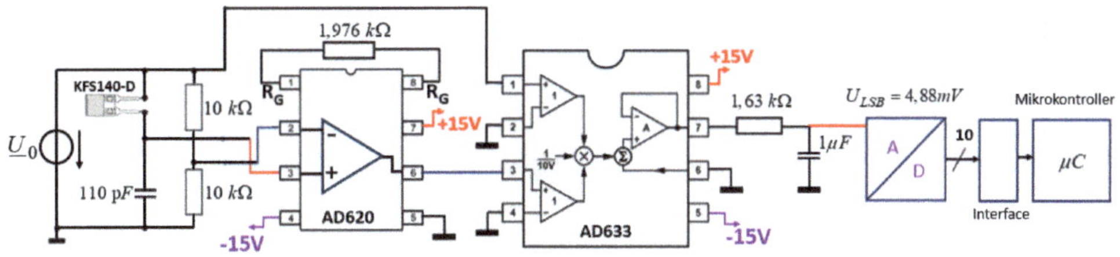

Bild 5.78 Blockschaltbild der Feuchtemessungsschaltung mit KFS140-D, AD620 und AD633

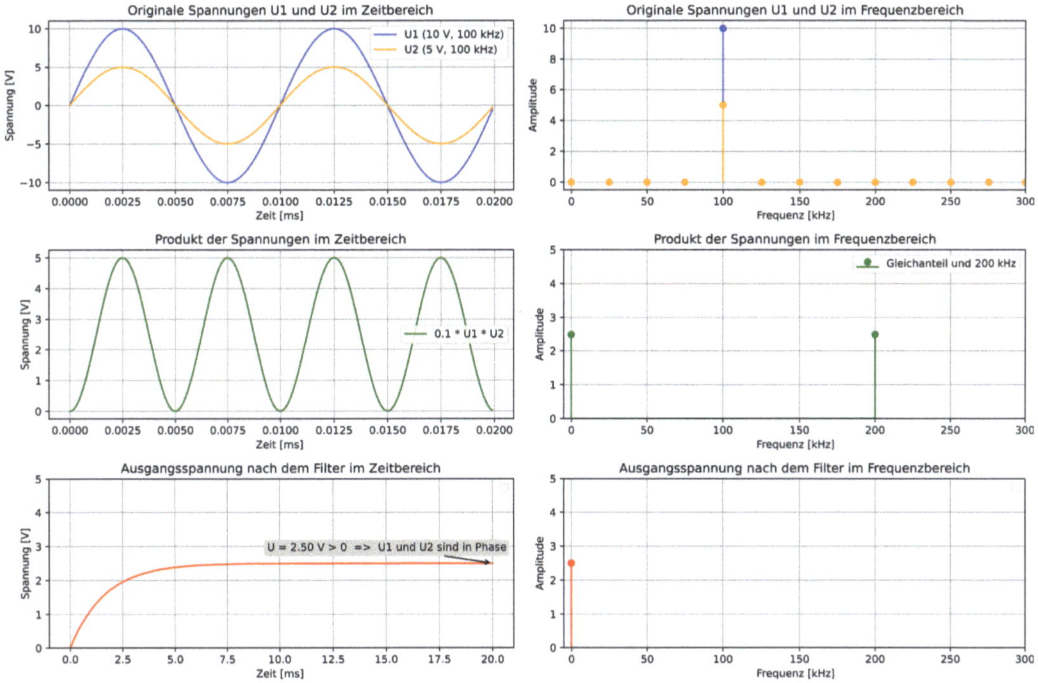

Bild 5.79 Signale in Zeit- und Frequenzbereich

6 Grundlagen zur digitalen Signalverarbeitung

Durch die weite Verbreitung leistungsstarker Prozessoren hat die digitale Signalverarbeitung stark an Bedeutung gewonnen. In diesem Kapitel werden die grundsätzlichen Zusammenhänge erläutert.

6.1 Einführung

Vor der Einführung leistungsfähiger Prozessoren wurden Signale hauptsächlich mittels analoger Schaltungen verarbeitet. Eine analoge Schaltung verarbeitet analoge Eingangssignale $x(t)$ zu einem analogen Ausgangssignal $y(t)$. Eine solche Signalverarbeitung wird deshalb analoge Signalverarbeitung genannt.

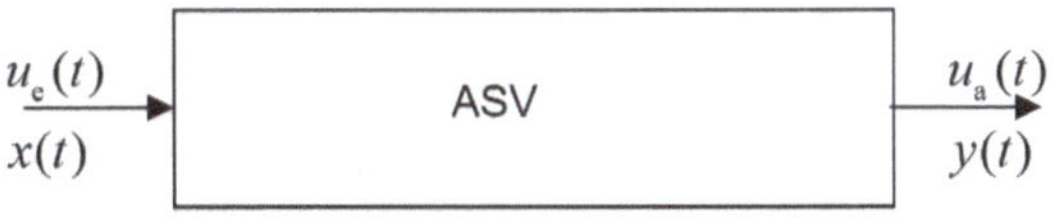

Bild 6.1 Analoge Signalverarbeitung

Mit dem Aufkommen leistungsstarker und preisgünstiger Prozessoren wurde immer mehr dazu übergegangen, Signale digital zu verarbeiten. Das Verarbeiten digitaler Signale wird als digitale Signalverarbeitung bezeichnet. Für ein Echtzeitsystem mit digitaler Signalverarbeitung sind im Allgemeinen die in Bild 6.2 gezeigten Komponenten notwendig. Für die digitale Signalverarbeitung müssen die analogen Signale abgetastet und quantisiert werden. Dies soll mit dem ADU angedeutet werden. Soll wieder ein analoges Signal entstehen, wird eine Umwandlung mittels DAU notwendig.

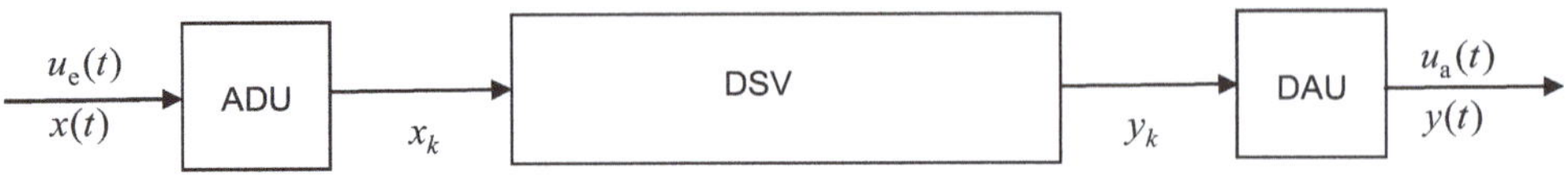

Bild 6.2 Digitale Signalverarbeitung

Der Digitalrechner hat die Aufgabe, eine Folge von Eingangszahlen (digitales Eingangssignal x_k) zu einer Folge von Ausgangszahlen (digitales Ausgangssignal y_k) zu verarbeiten. Übliche Mikroprozessoren mit einer Neumann-Struktur sind für die DSV zwar einsetzbar, die Programmierung ist aber aufwendig und die Ausführung ist langsam. Ein Mikroprozessor, der sich für DSV-Aufgaben besser eignet, ist in einer Harvard-Architektur ausgeführt und wird als Digitaler-Signal-Prozessor (DSP) bezeichnet.

Für die digitale Signalverarbeitung sprechen einige klassische Vorteile der Digitaltechnik:

- Langzeit und Temperaturstabilität,
- hohe Genauigkeit bei großer Wortbreite,
- kein Trimmen (Abgleichen),
- hohe Zuverlässigkeit,
- geringe Störempfindlichkeit,
- hohe Flexibilität durch einfaches Ändern der Software.

Es gibt aber auch einige Nachteile, die nicht unerwähnt bleiben sollen:

- zusätzlicher Schaltungsaufwand,
- Probleme bei hohen Frequenzen, wegen begrenzter Zykluszeiten der Prozessoren,
- komplizierte und anspruchsvolle Theorie.

Die Anwendungen der DSV sind sehr vielseitig und reichen von der Mess- und Regelungstechnik über die Datenübertragung bis hin zur Sprach- und Bildverarbeitung. Die Konsumelektronik, aber auch die Medizintechnik ist ohne digitale Signalverarbeitung heute kaum vorstellbar. EKG-Analysatoren und Hautkrebserkennung über eine Bildverarbeitungssoftware sind nur zwei Beispiele aus der Medizintechnik.

In der analogen wie in der digitalen Messdatenverarbeitung werden Eingangssignale verarbeitet. Die Art der Signale unterscheidet sich aber deutlich. In der analogen Messdatenverarbeitung werden kontinuierliche Signale verarbeitet. Kontinuierliche Signale (Bild 6.3) sind als stetige Funktionen über ein Zeitintervall darstellbar. Zu jedem Zeitpunkt gibt es einen zugeordneten Wert.

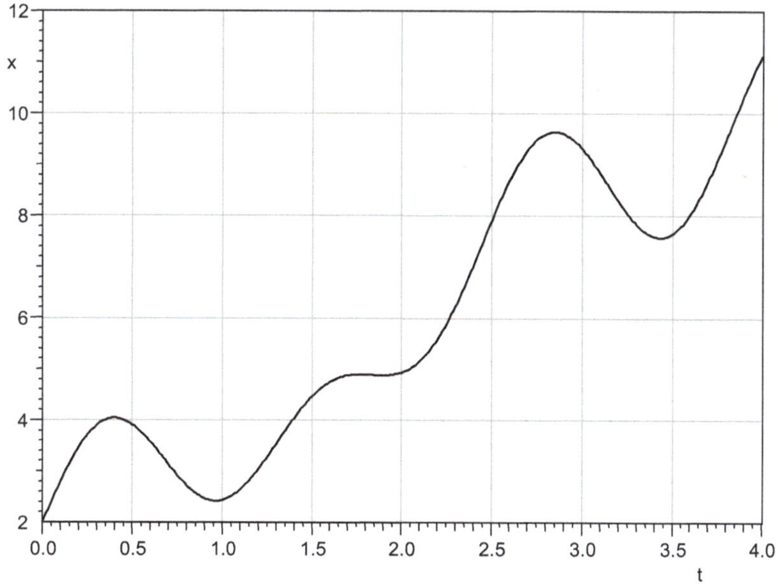

Bild 6.3 Kontinuierliches Signal

In der digitalen Messdatenverarbeitung werden zeit- und wertediskrete, also digitale Signale verarbeitet. Unter einem digitalen Signal wird ein Signal verstanden, das nur zu diskreten Zeitpunkten vorliegt und in der Amplitude quantisiert ist. Oftmals werden die Signale auch als Folgen bezeichnet. In Bild 6.4 sollen die Kreuze das digitalisierte Signal darstellen. Wird das digitalisierte Signal über einen DAU ausgegeben, entsteht ein kontinuierliches, wertediskretes Signal.

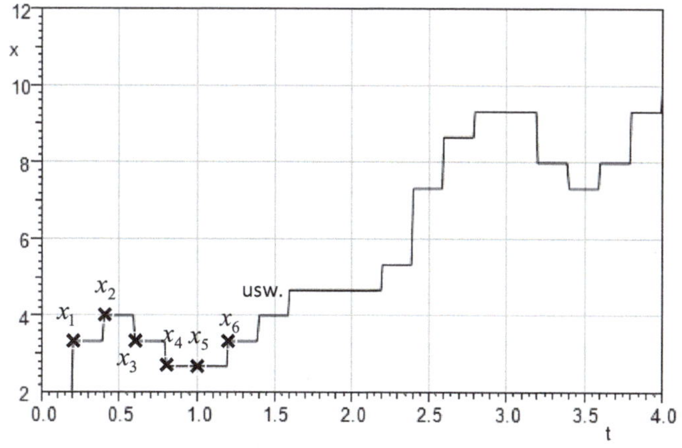

Bild 6.4 Diskretes Signal

Die analoge Signalverarbeitung verwendet passive und aktive Bauteile der Elektrotechnik. Das folgende Beispiel 6.1 soll dies verdeutlichen.

Beispiel 6.1: Analoges Filter erster Ordnung

Für dieses *RC*-Glied soll die Differentialgleichung aufgestellt werden.

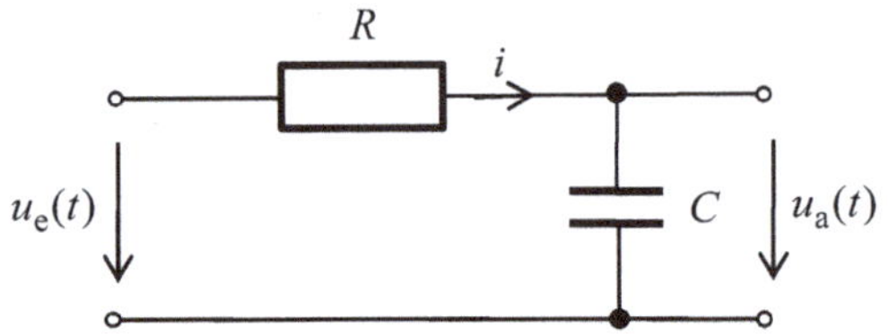

Bild 6.5
RC-Glied

1. Schritt: Maschengleichung aufstellen

$$u_\mathrm{e} = u_\mathrm{R} + u_\mathrm{a} \tag{6.1}$$

mit $u_\mathrm{a} = u_\mathrm{C}$

2. Schritt: ohmsches Gesetz für den Widerstand aufstellen

$$u_\mathrm{R} = i \cdot R \tag{6.2}$$

3. Schritt: ohmsches Gesetz für den Kondensator aufstellen

Am Kondensator verursacht eine zeitliche Änderung der Spannung einen Stromfluss.

$$i = C \cdot \frac{\mathrm{d}u_\mathrm{C}}{\mathrm{d}t} \tag{6.3}$$

Einsetzen von Formel 6.3 in Formel 6.2 und Formel 6.2 in Formel 6.1. Das Ergebnis stellt eine Differenzialgleichung erster Ordnung dar.

$$u_\mathrm{e} = R \cdot C \cdot \frac{\mathrm{d}u_\mathrm{a}}{\mathrm{d}t} + u_\mathrm{a} \tag{6.4}$$

Oder allgemein formuliert:

$$x = T \cdot \frac{\mathrm{d}y}{\mathrm{d}t} + y \tag{6.5}$$

mit $x = u_\mathrm{e}$; $y = u_\mathrm{a}$ und der Zeitkonstanten $T = RC$

Beispiel 6.2: Übergang zu einer Differenzengleichung

Das Beispiel 6.1 soll in eine Differenzengleichung überführt werden. Differenzengleichungen arbeiten mit Folgen, also digitalen Signalen und stellen quasi die abgetastete Differentialgleichung dar. Diese Gleichung erfordert eine Abtastfrequenz.

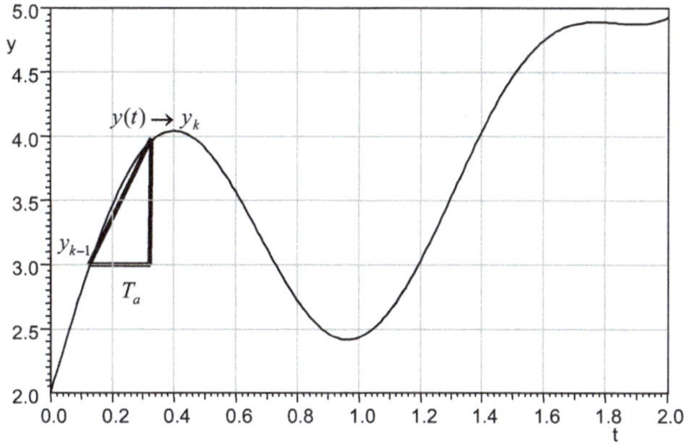

Bild 6.6 Annäherung der Ableitung durch eine Steigungsgerade

Ausgehend von einer vereinfachten Annährung der Ableitung durch eine Steigungsgerade Bild 6.6, kann folgender Zusammenhang geschrieben werden:

$$\frac{\mathrm{d}y}{\mathrm{d}t} \approx \frac{\Delta y}{\Delta t} = \frac{y_k - y_{k-1}}{T_\mathrm{a}} \tag{6.6}$$

Werden die kontinuierlichen Zeitsignale $x(t)$ und $y(t)$ durch die Mittelwerte zweier Abtastwerte $\frac{x_k+x_{k-1}}{2}$ und $\frac{y_k+y_{k-1}}{2}$ ersetzt, lässt sich Formel 6.5 als Differenzengleichung schreiben:

$$\frac{x_k + x_{k-1}}{2} = T \cdot \frac{y_k - y_{k-1}}{T_\mathrm{a}} + \frac{y_k + y_{k-1}}{2} \tag{6.7}$$

umgeformt nach y_k ergibt sich die Differenzengleichung

$$\frac{x_k + x_{k-1}}{2} = T \cdot \frac{y_k - y_{k-1}}{T_\mathrm{a}} + \frac{y_k + y_{k-1}}{2}$$

$$\frac{1}{2} \cdot x_k + \frac{1}{2} \cdot x_{k-1} = \frac{T}{T_\mathrm{a}} \cdot y_k - \frac{T}{T_\mathrm{a}} \cdot y_{k-1} + \frac{1}{2} \cdot y_k + \frac{1}{2} \cdot y_{k-1}$$

$$\left(\frac{T}{T_\mathrm{a}} + \frac{1}{2}\right) \cdot y_k = \frac{1}{2} \cdot x_k + \frac{1}{2} \cdot x_{k-1} + \left(\frac{T}{T_\mathrm{a}} - \frac{1}{2}\right) \cdot y_{k-1}$$

$$y_k = \frac{1}{2} \cdot \frac{1}{\left(\frac{T}{T_\mathrm{a}} + \frac{1}{2}\right)} \cdot x_k + \frac{1}{2} \cdot \frac{1}{\left(\frac{T}{T_\mathrm{a}} + \frac{1}{2}\right)} \cdot x_{k-1} + \frac{\left(\frac{T}{T_\mathrm{a}} - \frac{1}{2}\right)}{\left(\frac{T}{T_\mathrm{a}} + \frac{1}{2}\right)} \cdot y_{k-1}$$

$$y_k = a_0 \cdot x_k + a_1 \cdot x_{k-1} + b_1 \cdot y_{k-1} \tag{6.8}$$

Mit den Koeffizienten

$$a_0 = \frac{1}{2} \frac{1}{\left(\frac{T}{T_\mathrm{a}} + \frac{1}{2}\right)}$$

$$a_1 = a_0$$

und

$$b_1 = \frac{\left(\frac{T}{T_\mathrm{a}} - \frac{1}{2}\right)}{\left(\frac{T}{T_\mathrm{a}} + \frac{1}{2}\right)}$$

Beispiel 6.3

Programmieren Sie die Differenzengleichung Formel 6.8 als Algorithmus mit LabVIEW. Die Parameter a_0 und b_1 sollen in Abhängigkeit von der Zeitkonstanten T automatisch berechnet werden.

Lösung

Berechnung der Koeffizienten mit einem Formelknoten.

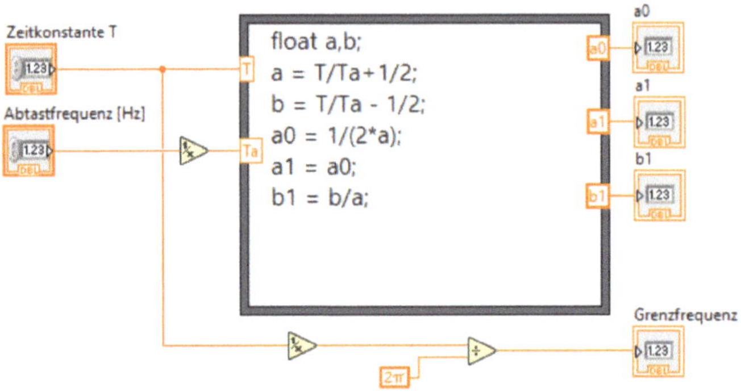

Bild 6.7 Koeffizienten für einen Tiefpass erster Ordnung

Die Differenzengleichung lässt sich in LabVIEW mit einer FOR-Schleife einfach umsetzen. Mit den Shift-Registern wird die Verschiebung von y_k zu y_{k-1} und von x_k zu x_{k-1} innerhalb der Schleife realisiert. Die Verschiebung von x_{k-1} zu x_{k-2} ist mit dem zweiten Shift-Register schon vorbereitet, aber noch nicht verbunden.

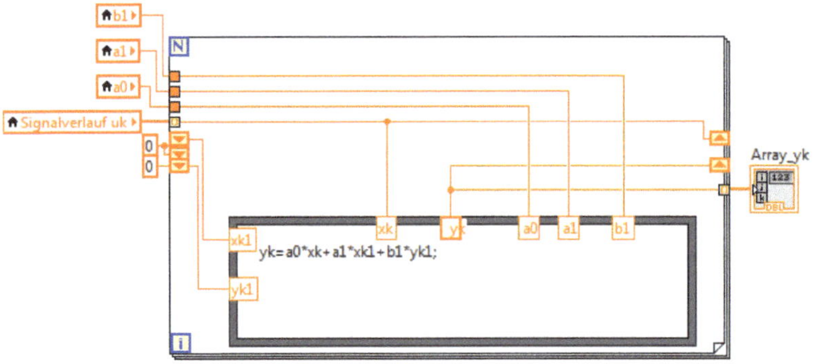

Bild 6.8 Differenzengleichung TP erster Ordnung

Analoge Signalverarbeitung

Die analoge Signalverarbeitung kann im Zeitbereich und im Frequenzbereich betrachtet werden. Die Berechnungen im Frequenzbereich werden in der Elektrotechnik mit der komplexen Rechnung durchgeführt. Als Eingangssignal wird von einem sinusförmigen Signal ausgegangen. Dieses Signal wird durch den Frequenzgang für jede Frequenz in Betrag und in der Phase unterschiedlich beeinflusst. Schaltungstechnisch kommen die Bauteile der Elektrotechnik zum Einsatz.

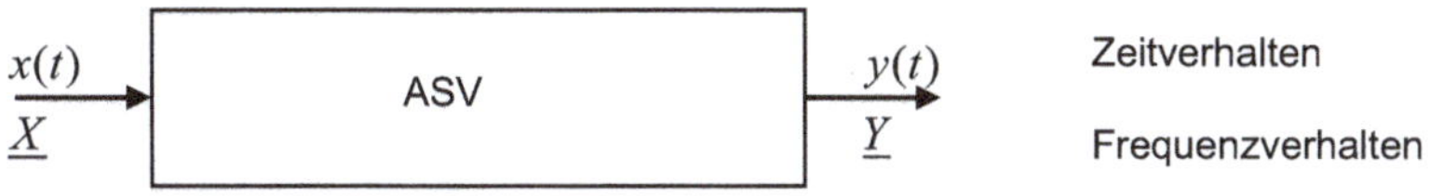

Bild 6.9 Analoge Signalverarbeitung

Das Eingangssignal $x(t) = \hat{x} \cdot \sin(\omega t + \varphi_x)$ und das Ausgangssignal $y(t) = \hat{y} \cdot \sin(\omega t + \varphi_y)$ können in einer komplexen Schreibweise (Formel 6.9 und Formel6.10) formuliert werden.

$$\underline{X} = X \cdot e^{j\varphi_x} \cdot e^{j\omega t} \tag{6.9}$$

$$\underline{Y} = Y \cdot e^{j\varphi_y} \cdot e^{j\omega t} \tag{6.10}$$

Daraus ergeben sich der Frequenz-, Amplituden-, Phasengang und die Ortskurve.

$$\frac{\underline{Y}}{\underline{X}} = \underline{H}(j\omega) \tag{6.11}$$

Frequenzgang, Ortskurve

$$\left|\frac{\underline{Y}}{\underline{X}}\right| = H(j\omega)$$

Amplitudengang

$$\frac{\angle Y}{\angle X} = \varphi(j\omega)$$

Phasengang

Hier wird vorausgesetzt, dass die Eingangssignale mit einer linearen Signalverarbeitung verarbeitet werden, also ein sinusförmiges Eingangssignal ergibt ein sinusförmiges Ausgangssignal mit der gleichen Frequenz. Das Eingangssignal wird nur in dem Betrag und der Phase beeinflusst.

Für die grafische Darstellung gibt es die Ortskurve mit der Darstellung von $\underline{H}(j\omega)$ nach Real- und Imaginärteil und die Darstellung mit dem Bodediagramm als Amplituden- und Phasengang.

Beispiel 6.4

Die TP-Schaltung aus dem Beispiel 6.1 soll mit den folgenden gegebenen Parametern als Ortskurve, Amplituden- und Phasengang dargestellt werden.

$f_g = 300\ \text{Hz};\ C = 1\ \mu\text{F};\ R = 530\ \Omega$

Es ergibt sich folgender Frequenzgang:

$$\underline{H}(\mathrm{j}\omega) = \frac{1}{1 + (\mathrm{j}\omega) \cdot T} \tag{6.12}$$

mit der Zeitkonstanten

$$T = \frac{1}{\omega_g} = \frac{1}{2\pi f} = 0{,}53\ \text{ms}$$

Aus dem Frequenzgang lässt sich der Verlauf der Ortskurve nicht so einfach abschätzen. Besser ist es, die Formel 6.12 in Real- und Imaginärteil aufzusplitten. Dies wird mit der konjugiert komplexen Erweiterung erreicht.

$$\underline{H}(\mathrm{j}\omega) = \frac{1}{1 + \mathrm{j}\omega \cdot T} \left| \frac{1 - \mathrm{j}\omega \cdot T}{1 - \mathrm{j}\omega \cdot T} \right. \tag{6.13}$$

$$\underline{H}(\mathrm{j}\omega) = \frac{1}{1 + (\omega \cdot T)^2} - \mathrm{j}\frac{\omega \cdot T}{1 + (\omega \cdot T)^2}$$

Mit der Formel 6.13 lassen sich ein paar Eckpunkte abstecken. Für $\omega = 0$ wird Formel 6.13 $H(0) = 1$, für $H(\infty) = 0$. Der Imaginärteil ist negativ. Mit diesen Informationen lässt sich die Ortskurve skizzieren. Die Ortskurve ergibt einen Halbkreis mit negativ imaginärem Anteil. Sie beginnt bei einem Realteil mit dem Wert eins und endet im Nullpunkt. Die Phasenverschiebung kann maximal $\varphi = -90°$ betragen, da sich der Halbkreis im unteren rechten Quadranten befindet.

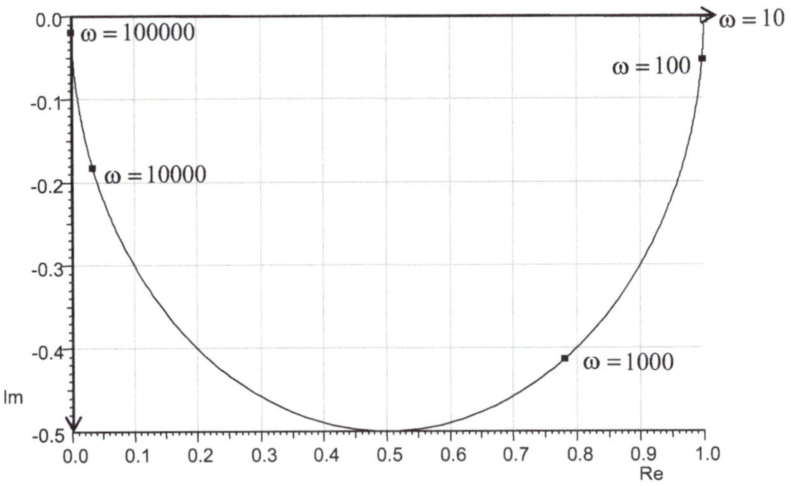

Bild 6.10 Ortskurve RC-Glied

Das Bodediagramm, bestehend aus dem Amplituden- und Phasengang, wird ebenfalls aus dem Frequenzgang (Formel 6.11) gebildet. Für den Amplitudengang ergibt sich:

$$H(\mathrm{j}\omega) = \frac{1}{\sqrt{1 + (\omega T)^2}} \tag{6.14}$$

Für den Phasengang wird die arctan-Funktion aus Imaginär- und Realteil (Formel 6.13) berechnet. Für die Phase ergibt sich:

$$\varphi = \arctan\left(\frac{Im}{Re}\right) \tag{6.15}$$

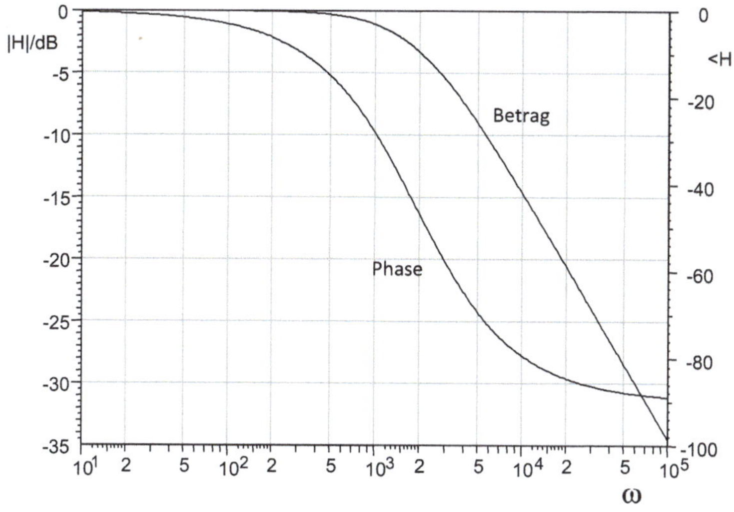

Bild 6.11 Bodediagramm RC-Tiefpass erster Ordnung

Das Bild 6.11 zeigt den Amplituden- und Phasengang. Die grundsätzlichen Informationen müssen mit der Ortskurve übereinstimmen. Die Phase kann maximal den Wert −90° annehmen und der Betrag wird mit zunehmender Frequenz immer kleiner.

Beispiel 6.5

Berechnen Sie den Betrag und die Phase aus dem Beispiel 6.4 für die Frequenz $f = 300\ \mathrm{Hz}$.

Lösung

1. Schritt: Berechnung des Betrages

$$H(\mathrm{j}\omega) = \frac{1}{\sqrt{1 + (\omega T)^2}}$$

mit $T = 53$ ms folgt

$$H(\mathrm{j}\omega)\frac{1}{\sqrt{1 + (2 \cdot \pi \cdot 300\ \mathrm{Hz} \cdot 53\ \mathrm{ms})^2}} = \frac{1}{\sqrt{2}}$$

$$H(\mathrm{j}\omega)_{\mathrm{dB}} = 20 \cdot \log\left(\frac{1}{\sqrt{2}}\right) = -3\ \mathrm{dB}$$

2. Schritt: Berechnung der Phase

$$\underline{H}(\mathrm{j}\omega) = \frac{1}{1 + (\omega \cdot T)^2} - \mathrm{j}\frac{\omega \cdot T}{1 + (\omega \cdot T)^2}$$

$$\varphi = \arctan\left(\frac{-\omega \cdot T}{1}\right)$$

Hz ms45°

Digitale Signalverarbeitung

Die digitale Signalverarbeitung kann ebenfalls im Zeit- und Frequenzbereich betrachtet werden. Wie für die analoge Signalverarbeitung wird mithilfe der komplexen Rechnung das Frequenzverhalten untersucht.

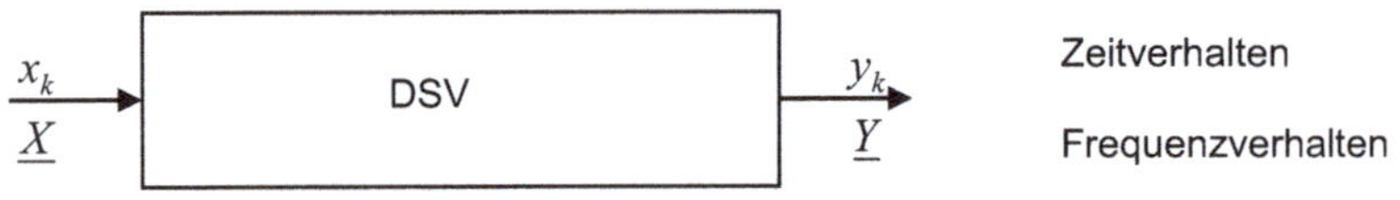

Bild 6.12 Digitale Signalverarbeitung

Die Berechnung des Frequenzganges für digitale Systeme gestaltet sich etwas aufwendiger, da sich für die komplexe Schreibweise durch die Diskretisierung des Signals im Zeitbereich ein zusätzlicher exponentieller Anteil ergibt. Wie dieser entsteht, soll auf den folgenden Seiten gezeigt werden.

$$\frac{\underline{Y}}{\underline{X}} = \underline{H}(z) \tag{6.16}$$

Frequenzgang

$$\left|\frac{\underline{Y}}{\underline{X}}\right| = H(\mathrm{e}^{\mathrm{j}\omega T_{\mathrm{a}}})$$

Amplitudengang

und

$$\frac{\angle Y}{\angle X} = \varphi(\mathrm{e}^{\mathrm{j}\omega T_\mathrm{a}})$$

Phasengang

mit

$$z = \mathrm{e}^{\mathrm{j}\omega T_\mathrm{a}}$$

Die Berechnung der Differenzengleichung im Zeitbereich erfolgt im Rechner mit den Grundelementen der digitalen Signalverarbeitung. Diese können mit einer speziellen Hardware (DSP) realisiert oder mit den genannten Einschränkungen auf jeden Rechner mit jeder beliebigen Programmiersprache programmiert werden. Die Formeln sehen im Prinzip alle wie Formel 6.17 aus. Die Anzahl der Koeffizienten und Abtastwerte kann je nach Filter variieren. Bei einigen Filtertypen fehlen die b_i-Koeffizienten vollständig.

$$y_k = a_0 \cdot x_k + a_1 \cdot x_{k-1} + \ldots + a_n \cdot x_{k-n} + b_1 \cdot y_{k-1} + b_2 \cdot y_{k-2} + \ldots + b_m \cdot y_{k-m} \qquad (6.17)$$

6.2 Grundelemente der digitalen Signalverarbeitung

Für die digitale Signalverarbeitung werden nur drei Elemente benötigt:

- Addierer,
- Multiplizierer,
- Verzögerungselement.

Der Addierer addiert zwei Zahlenwerte und wird wie in der Reglungstechnik und Signalverarbeitung als Kreissymbol dargestellt.

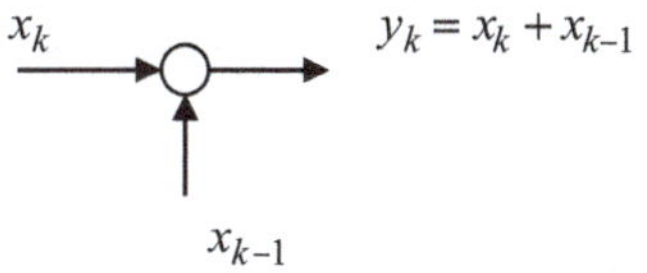

Bild 6.13
Addierer

Weiterhin wird ein Multiplizierer benötigt, um die Abtastwerte mit einem Verstärkungsfaktor zu bewerten. Dies wird im Allgemeinen als Verstärkersymbol dargestellt.

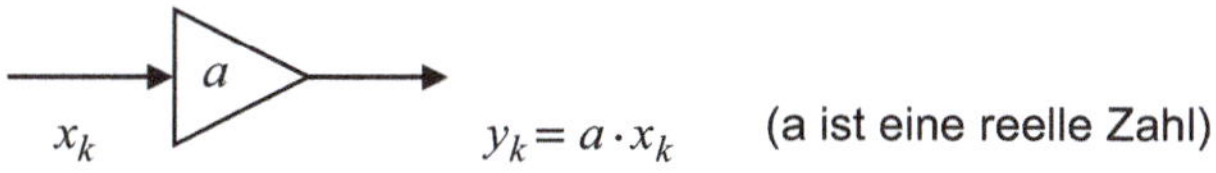

Bild 6.14
Multiplizierer

Das dritte Element stellt den wesentlichen Kern der digitalen Signalverarbeitung dar. Es wird als Verzögerungselement bezeichnet. Hervorgerufen durch die Abtastung und den zeitlichen Versatz der abgetasteten Eingangssignalwerte. Aus den Eingangssignalwerten werden die verzögerten Ausgangssignalwerte berechnet. Die Eingangssignalwerte werden also innerhalb einer Abtastzeit im Rechner verarbeitet. Die Verzögerungszeit entspricht der Abtastzeit.

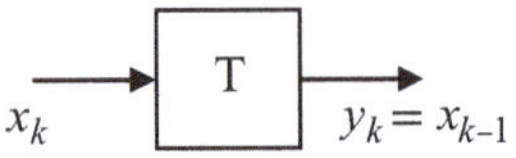

Bild 6.15 Verzögerungselement

Beispiel 6.6: Verzögerungselement

Wird eine Eingangsfolge x_k nach Bild 6.15 auf das Verzögerungselement gegeben, ist die Ausgangsfolge y_k gleich der um ein Abtastintervall verzögerten Eingangsfolge x_k.

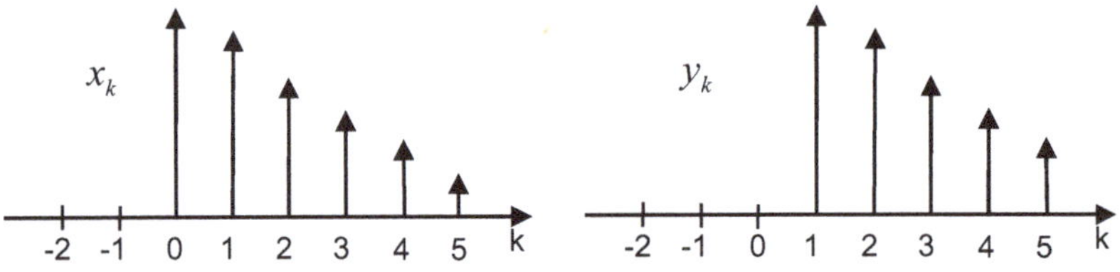

Bild 6.16 Signalfolge eines Verzögerungselements

Lineare digitale Signalverarbeitung

Eine digitale Signalverarbeitung hat ein lineares Verhalten, wenn für beliebige Eingangsfolgen folgende Bedingungen erfüllt sind:

a) Die Verarbeitung eines Vielfachen einer Eingangsfolge liefert das gleiche Ergebnis wie eine Vervielfachung der Ausgangsfolge.

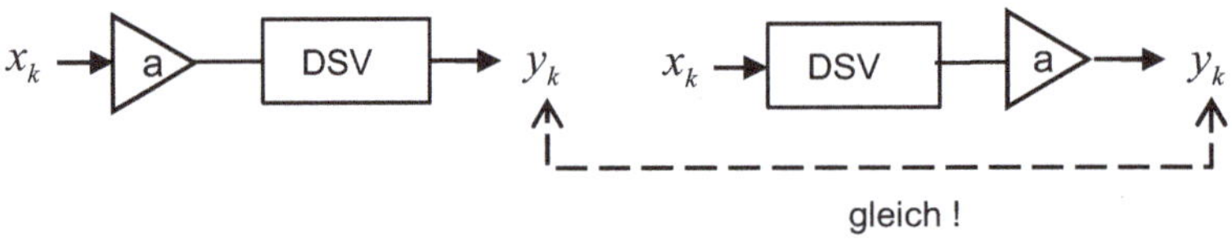

Bild 6.17 Multiplikation einer Folge

b) Die Verarbeitung der Summenfolge liefert das gleiche Ergebnis wie die Summation der einzelnen Ausgangsfolgen.

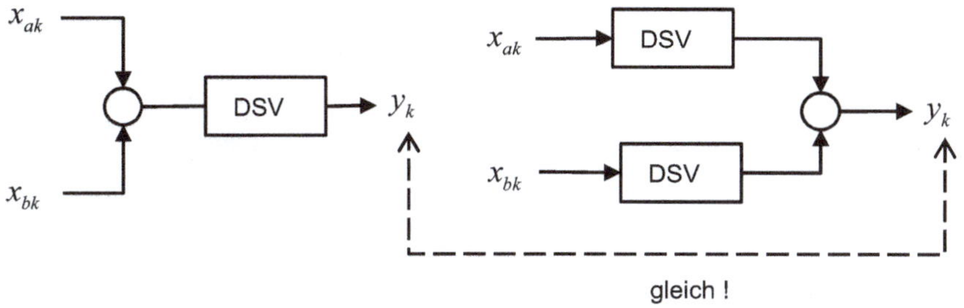

Bild 6.18 Summation einer Folge

Hinweis

Jede nur aus Verzögerungselementen, Multiplizierern und Addierern aufgebaute digitale Signalverarbeitung zeigt ein lineares Verhalten.

Übertragungsverhalten des Verzögerungselements

Für das Verzögerungselement in Bild 6.15 soll das Übertragungsverhalten ermittelt werden. Für die Herleitung soll die komplexe Schreibweise genutzt werden.

Eine Sinusfolge als Eingangssignal kann wie folgt geschrieben werden:

$$\underline{X} = X \cdot \mathrm{e}^{\mathrm{j}(\omega \cdot k \cdot T_\mathrm{a} + \varphi_x)} = X \cdot \mathrm{e}^{\mathrm{j}(\omega \cdot k \cdot T_\mathrm{a})} \cdot \mathrm{e}^{\mathrm{j}\varphi_x} \tag{6.18}$$

Die Ausgangsfolge muss wegen der Linearität wieder eine Sinusfolge mit Betrag und Phase sein. Durch das Verzögerungselement wird nur die Phase beeinflusst. Der Betrag bleibt unverändert. Es ergibt sich folgende Schreibweise für die Ausgangsfolge in der komplexen Schreibweise:

$$\underline{Y} = X \cdot \mathrm{e}^{\mathrm{j}(\omega \cdot (k-1) \cdot T_\mathrm{a} + \varphi_x)} = X \cdot \mathrm{e}^{\mathrm{j}(\omega \cdot k \cdot T_\mathrm{a})} \cdot \mathrm{e}^{-\mathrm{j}(\omega \cdot T_\mathrm{a})} \cdot \mathrm{e}^{\mathrm{j}\varphi_x} \tag{6.19}$$

Wird das Verhältnis der Ausgangsgröße zur Eingangsgröße gebildet, ergibt sich folgender Ausdruck:

$$\frac{\underline{Y}}{\underline{X}} = \frac{X \cdot \mathrm{e}^{\mathrm{j}(\omega \cdot k \cdot T_\mathrm{a})} \cdot \mathrm{e}^{\mathrm{j}\varphi_x}}{X \cdot \mathrm{e}^{\mathrm{j}(\omega \cdot k \cdot T_\mathrm{a})} \cdot \mathrm{e}^{\mathrm{j}\varphi_x} \cdot \mathrm{e}^{\mathrm{j}\omega T_\mathrm{a}}} = \mathrm{e}^{-\mathrm{j}\omega T_\mathrm{a}} = z^{-1} \tag{6.20}$$

Mit der Substitution $\mathrm{e}^{-\mathrm{j}\omega \cdot T_\mathrm{a}} = z^{-1}$ wird eine einfache übersichtliche Schreibweise des Verzögerungselements mit z^{-1} eingeführt. Diese Substitution wird als z-Transformation bezeichnet. Der Zusammenhang zwischen Zeit und z-Bereich ist in Bild 6.19 noch einmal deutlich dargestellt.

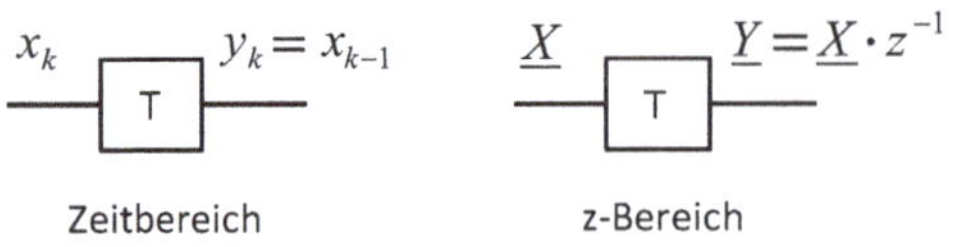

Bild 6.19
Verzögerungselement im Zeit- und z-Bereich

Beispiel 6.7

Eine Eingangsfolge wird wie in dem Bild 6.20 mehrfach verzögert.

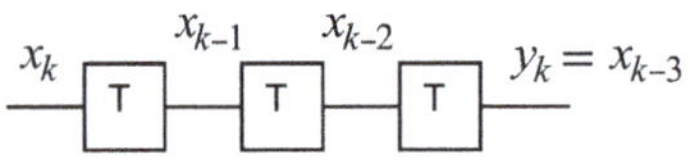

Bild 6.20
Verzögerungselemente in Reihe

Ermitteln Sie die Übertragungsfunktion.

Lösung

$$y_k = x_{k-3} \Rightarrow \underline{Y} = \underline{X} \cdot z^{-3}$$

$$x_k = \underline{X}$$

$$\frac{\underline{Y}}{\underline{X}} = \frac{\underline{X} \cdot z^{-3}}{\underline{X}} = z^{-3}$$

Ortskurve des Verzögerungselements

Aus der zeitlichen Verzögerung durch die Abtastung ergibt sich eine z-Übertragungsfunktion für das Verzögerungselement. Für eine Frequenzbetrachtung muss wieder die e-Funktion herangezogen werden.

$$H(z) = z^{-1} = \mathrm{e}^{-\mathrm{j}\omega T_\mathrm{a}} = \mathrm{e}^{-\mathrm{j}\cdot 2\pi \cdot \frac{f}{f_\mathrm{a}}} \tag{6.21}$$

Mit dem Frequenzgang lässt sich relativ leicht eine Ortskurve abschätzen. Der Betrag bleibt unabhängig von der Frequenz eins. Die maximale Frequenz darf die halbe Abtastfrequenz wegen des Abtasttheorems nicht überschreiten. Werden drei markante Frequenzwerte angenommen, z. B.

$$f = 0$$

$$f = \frac{1}{4} \cdot f_\mathrm{a}$$

$$f = \frac{1}{2} \cdot f_\mathrm{a}$$

so ergeben sich drei Punkte in der Ortskurve aus der dann ein Halbkreis abgeleitet werden kann.

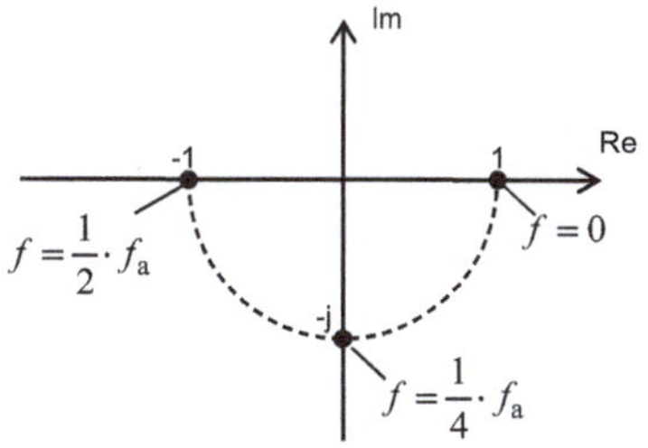

Bild 6.21
Ortskurve Verzögerungselemente

Frequenzverhalten des Verzögerungselements

Aus dem Frequenzgang und der Ortskurve wird deutlich, dass sich der Betrag für das Verzögerungselement nicht verändert.

$$H(z) = H \cdot \mathrm{e}^{-\mathrm{j}2\pi \cdot \frac{f}{f_a}} = H \cdot \mathrm{e}^{\mathrm{j}\varphi_T} \quad (6.22)$$

H ist der Betrag und φ_T der Winkel

mit

$$H(z) = 1$$

$$\varphi_T = -2 \cdot \pi \cdot \frac{f}{f_a}$$

Der Betrag des Verzögerungselements ergibt, wegen der Unabhängigkeit von der Frequenz im Amplitudengang, eine waagerechte Linie.

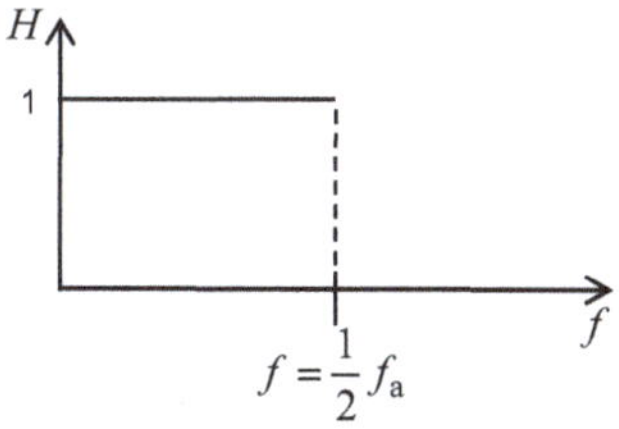

Bild 6.22
Amplitudengang des Verzögerungselements

Die Phase ist linear von der Frequenz abhängig und endet bei der halben Abtastfrequenz mit einer Phasenverschiebung von –180°.

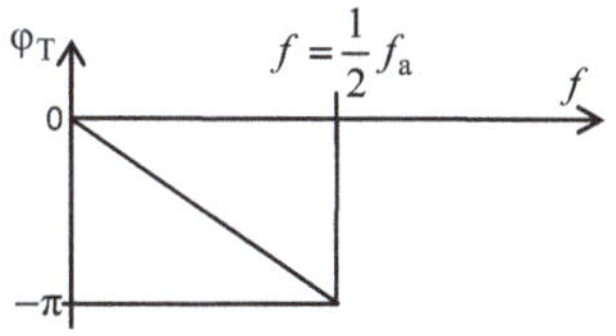

Bild 6.23
Phasengang des Verzögerungselements

Beispiel 6.8

Berechnen Sie für die gegebene Übertragungsfunktion die Phasenverschiebung bei einer Abtastfrequenz $f_a = 10\ \text{kHz}$ und einer Sinusfunktion mit einer Eingangsfrequenz von $f = 500\ \text{Hz}$:

$$\underline{H}(z) = z^{-3}$$

Lösung

$$\varphi = -3 \cdot 2\pi \cdot \frac{f}{f_a} = -3 \cdot 2\pi \cdot \frac{500\ \text{Hz}}{10\ \text{kHz}} = -54^\circ$$

Hinweis

Das Verzögerungselement beeinflusst nur die Phase und nicht den Betrag.

Beschreibungsmöglichkeiten einer DSV

Zusammenfassend kann festgestellt werden, dass es vier verschiedene Möglichkeiten gibt, digitale Signalverarbeitungen zu beschreiben:

- DSV-Struktur (Blockdiagramm),
- Differenzengleichung (Zeitverhalten),
- Übertragungsfunktion (Polynomdarstellung),
- Frequenzgang (komplexe Darstellung).

Beispiel 6.9

Erstellen Sie aus der DSV-Struktur in Bild 6.24.

a. eine Differenzengleichung,
b. eine Übertragungsfunktion,
c. einen Frequenzgang.

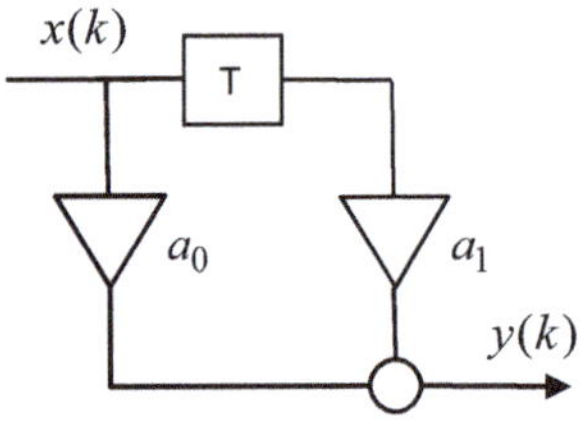

Bild 6.24
DSV-Struktur

Lösung

a. $y_k = a_0 \cdot x_k + a_1 \cdot x_{k-1}$
b. $y_k = a_0 \cdot x_k + a_1 \cdot x_{k-1}$
c. $\underline{Y} = a_0 \cdot \underline{X} + a_1 \cdot \underline{X} \cdot z^{-1}$

$$\frac{\underline{Y}}{\underline{X}} = a_0 + a_1 \cdot z^{-1}$$

$$\frac{\underline{Y}}{\underline{X}} = a_0 + a_1 \cdot z^{-1}$$

$$\frac{\underline{Y}}{\underline{X}} = a_0 + a_1 \cdot \mathrm{e}^{-\mathrm{j}\omega T_\mathrm{a}}$$

Beispiel 6.10

Erstellen Sie aus der DSV-Struktur in Bild 6.25

a. eine Differenzengleichung,
b. eine Übertragungsfunktion.

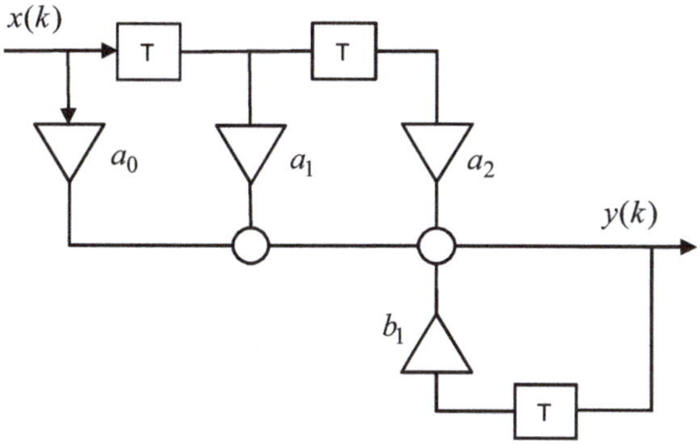

Bild 6.25 DSV-Struktur

Lösung

a. $y_k = a_0 \cdot x_k + a_1 \cdot x_{k-1} + a_2 \cdot x_{k-2} + b_1 \cdot y_{k-1}$
b. $y_k = a_0 \cdot x_k + a_1 \cdot x_{k-1} + a_2 \cdot x_{k-2} + b_1 \cdot y_{k-1}$

$$\underline{Y} = a_0 \cdot \underline{X} + a_1 \cdot \underline{X} \cdot z^{-1} + a_2 \cdot \underline{X} \cdot z^{-2} + b_1 \cdot \underline{Y} \cdot z^{-1}$$

$$\frac{\underline{Y}}{\underline{X}} = \frac{a_0 \cdot + a_1 \cdot z^{-1} + a_2 \cdot z^{-2}}{1 - b_1 \cdot z^{-1}}$$

6.3 Testsignale

Für die Untersuchung und Analyse von digitalen Schaltungen und Algorithmen werden im Prinzip drei Testsignale verwendet. Wie bei den analogen Systemen werden Standardsignalformen benutzt:

- Sinusfolge,
- Sprungfolge,
- Deltafolge.

Im Unterschied zu der analogen Signalverarbeitung wird allerdings nicht von Funktionen, sondern von Folgen gesprochen. Dies soll deutlich machen, dass die Signale als digitalisierte Zahlenwerte vorliegen. Mit der Sinusfolge lässt sich das Frequenzverhalten von digitalen Algorithmen leicht untersuchen. Diese können als Folge leicht in die entsprechenden Algorithmen eingespeist werden. Aus der kontinuierlichen Sinusfunktion wird mit der Abtastperiode eine Sinusfolge.

$$x(t) = \hat{x} \cdot \sin(\omega \cdot t) \tag{6.23}$$

$$x(k) = \hat{x} \cdot \sin(\omega \cdot T_a \cdot k)$$

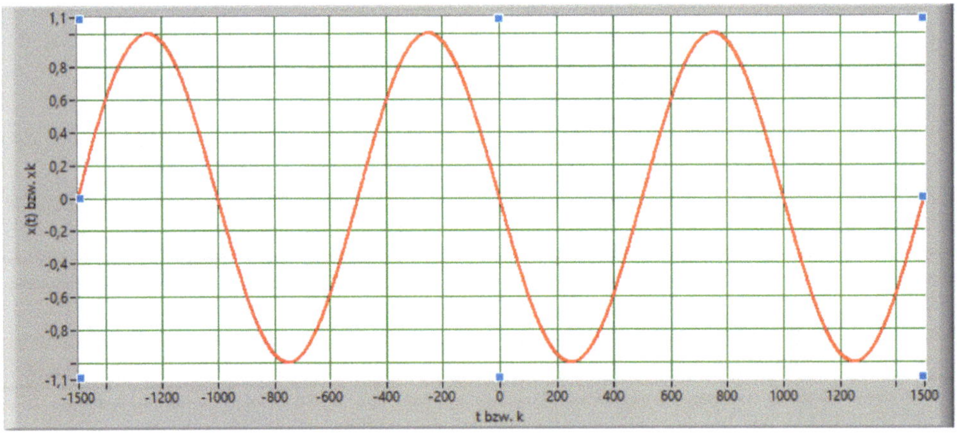

Bild 6.26 Sinusfunktion $x(t)$ bzw. Sinusfolge $x(k)$

Die Sprungfunktion wird in der Regelungstechnik ebenfalls zur Untersuchung von analogen Systemen benutzt. Sie wird z. B. durch ein Einschalten einer Eingangsgröße realisiert. Für die digitale Signalverarbeitung wird ein Signal erzeugt, das erst zum Zeitpunkt null einen abweichenden Wert von null bekommt. In der Regel wird der Wert auf eins gesetzt, sie wird dann als Einheitssprung bezeichnet. Mathematisch ist dies wie folgt definiert.

$$\sigma(k) = \begin{cases} 1 \text{ für } k \geq 0 \\ 0 \text{ sonst} \end{cases} \tag{6.24}$$

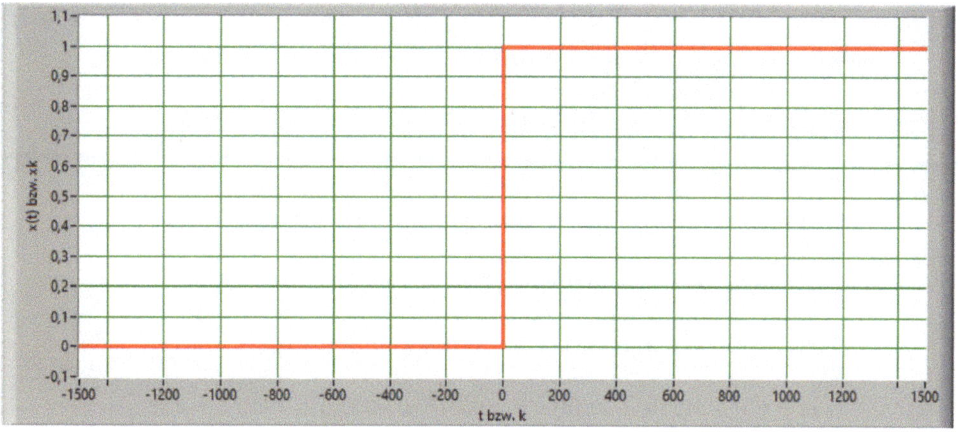

Bild 6.27 Sprungfunktion $\sigma(t)$ bzw. Sprungfolge $\sigma(k)$

Eine sehr spezielle Funktion oder Folge stellt der Einheitsimpuls Formel 6.25 dar. Technisch kaum zu realisieren, ist er mathematisch nur zum Zeitpunkt null mit dem Amplitudenwert eins definiert.

$$\delta(k) = \begin{cases} 1 \text{ für } k = 0 \\ 0 \text{ sonst} \end{cases} \tag{6.25}$$

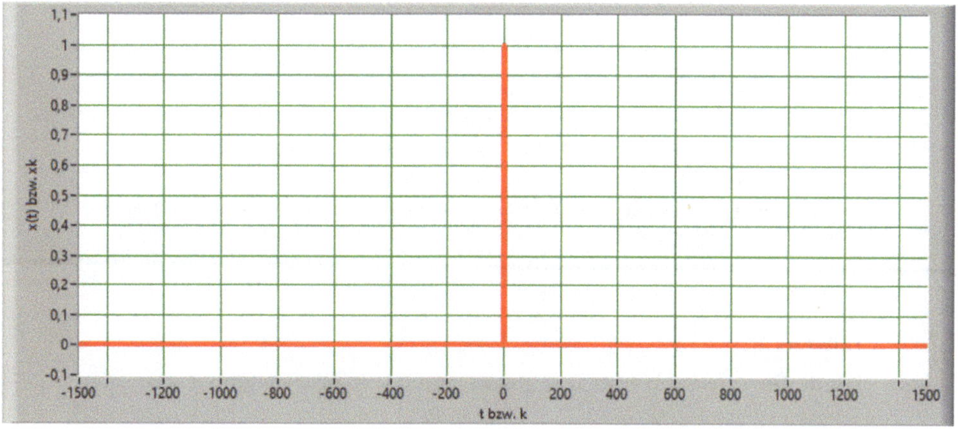

Bild 6.28 Stoßfunktion, Deltafunktion $\delta(t)$ bzw. Deltafolge $\delta(k)$

Beispiel 6.11

Bestimmen Sie die Ausgangsfolge *y*(*k*) der folgenden Differenzengleichung:

$$y(k) = x(k) + 0{,}5 \cdot x(k-1) + 0{,}5 \cdot y(k-1)$$

a. für die Eingangsfolge $x(k) = \sigma(k)$
b. für die Eingangsfolge $x(k) = \delta(k)$

Lösung

a. $x(k) = \sigma(k)$

$$Y(0) = a_0 \cdot x(0) + a_1 \cdot x(-1) + b_1 \cdot y(-1) = 1 + 0{,}5 \cdot 0 + 0{,}5 \cdot 0 = 1$$

$$y(1) = a_0 \cdot x(1) + a_1 \cdot x(0) + b_1 \cdot y(0) = 1 + 0{,}5 \cdot 1 + 0{,}5 \cdot 1 = 2$$

$$y(2) = a_0 \cdot x(2) + a_1 \cdot x(1) + b_1 \cdot y(1) = 1 + 0{,}5 \cdot 1 + 0{,}5 \cdot 2 = 2{,}5$$

$$y(3) = a_0 \cdot x(3) + a_1 \cdot x(2) + b_1 \cdot y(2) = 1 + 0{,}5 \cdot 1 + 0{,}5 \cdot 2{,}5 = 2{,}75$$

$$y(4) = a_0 \cdot x(4) + a_1 \cdot x(3) + b_1 \cdot y(3) = 1 + 0{,}5 \cdot 1 + 0{,}5 \cdot 2{,}75 = 2{,}875$$

$$y(5) = a_0 \cdot x(5) + a_1 \cdot x(4) + b_1 \cdot y(4) = 1 + 0{,}5 \cdot 1 + 0{,}5 \cdot 2{,}875 = 2{,}9375$$

b. für $x(k) = \delta(k)$

$$y(0) = a_0 \cdot x(0) + a_1 \cdot x(-1) + b_1 \cdot y(-1) = 1 + 0{,}5 \cdot 0 + 0{,}5 \cdot 0 = 1$$

$$y(1) = a_0 \cdot x(1) + a_1 \cdot x(0) + b_1 \cdot y(0) = 0 + 0{,}5 \cdot 1 + 0{,}5 \cdot 1 = 1$$

$$y(2) = a_0 \cdot x(2) + a_1 \cdot x(1) + b_1 \cdot y(1) = 0 + 0{,}5 \cdot 0 + 0{,}5 \cdot 1 = 0{,}5$$

$$y(3) = a_0 \cdot x(3) + a_1 \cdot x(2) + b_1 \cdot y(2) = 0 + 0{,}5 \cdot 0 + 0{,}5 \cdot 0{,}5 = 0{,}25$$

$$y(4) = a_0 \cdot x(4) + a_1 \cdot x(3) + b_1 \cdot y(3) = 0 + 0{,}5 \cdot 0 + 0{,}5 \cdot 0{,}25 = 0{,}125$$

$$y(5) = a_0 \cdot x(5) + a_1 \cdot x(4) + b_1 \cdot y(4) = 0 + 0{,}5 \cdot 0 + 0{,}5 \cdot 0{,}125 = 0{,}0625$$

Hinweis

Für die Beschreibung einer DSV gibt es folgende Möglichkeiten:

- DSV-Struktur,
- Differenzengleichung,
- Übertragungsfunktion,
- Frequenzgang.

6.4 Übungen

Aufgabe 6.1

Stellen Sie die folgende Formel so um, dass Sie als Differenzengleichung programmiert werden kann. Geben Sie auch die Koeffizienten an.

$$x_k = T \cdot \frac{y_k - y_{k-1}}{T_\text{a}} + y_k$$

Aufgabe 6.2

Programmieren Sie die Formel aus Aufgabe 6.1 mit einer FOR-Schleife und testen Sie den Algorithmus mit dem selbst programmierten Sinus-vi. Als Parameter sind die Werte aus dem Beispiel 6.4, T = 0,53 ms zu nehmen. Die Abtastfrequenz f_a soll 10 kHz betragen.

Aufgabe 6.3

Erstellen Sie mit der Vorgabe aus dem Beispiel 6.2, Formel 6.8, ein LabVIEW-Programm, um den Amplitudengang und Phasengang grafisch darzustellen.

Aufgabe 6.4

Berechnen Sie für das Beispiel 6.4 für die Frequenzen f = 100 Hz, 300 Hz und 1000 Hz

a) den Betrag,

b) die Phase.

Aufgabe 6.5

Bestimmen Sie die Ausgangsfolge $y(k)$ der folgenden DSV-Struktur bei einer σ-Eingangsfolge für k = 0, 1, 2 , 3, 4.

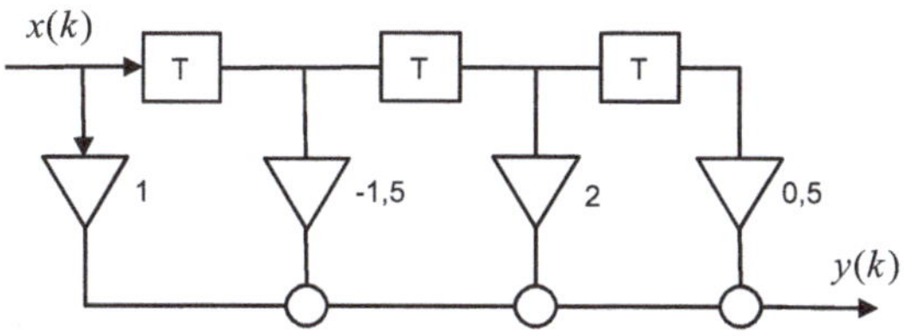

Bild 6.29
DSV-Struktur

Aufgabe 6.6

Erstellen Sie aus der Übertragungsfunktion

$$\underline{H}(z) = \frac{a_0 + a_1 \cdot z^{-1} + a_2 \cdot z^{-2}}{1 - (b_1 \cdot z^{-1} + b_2 \cdot z^{-2})}$$

die Differenzengleichung.

6.5 Lösungen

Lösung 6.1

1. Schritt: Auflösen in einzelne Terme und zusammenfassen

$$x_k = T \cdot \frac{y_k - y_{k-1}}{T_a} + y_k$$

$$x_k = \frac{T}{T_a} \cdot y_k - \frac{T}{T_a} \cdot y_{k-1} + y_k$$

$$x_k = -\frac{T}{T_a} \cdot y_{k-1} + (1 + \frac{T}{T_a}) \cdot y_k$$

2. Schritt: Umstellen nach y_k

$$y_k = \frac{1}{\left(1 + \frac{T}{T_a}\right)} \cdot x_k + \frac{\frac{T}{T_a}}{\left(1 + \frac{T}{T_a}\right)} \cdot y_{k-1}$$

3. Schritt: Koeffizienten bestimmen

$$y_k = \frac{1}{\frac{T}{T_a} + 1} \cdot x_k + \frac{\frac{T}{T_a}}{\frac{T}{T_a} + 1} \cdot y_{k-1}$$

$$y_k = a_0 \cdot x_k + b_1 \cdot y_{k-1}$$

Lösung 6.2

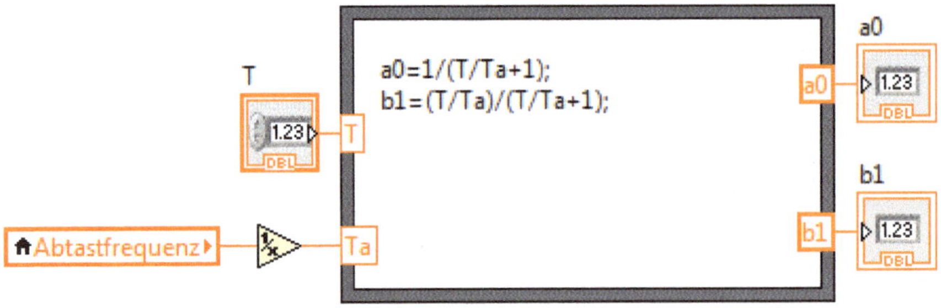

Bild 6.30 Berechnung der Koeffizienten

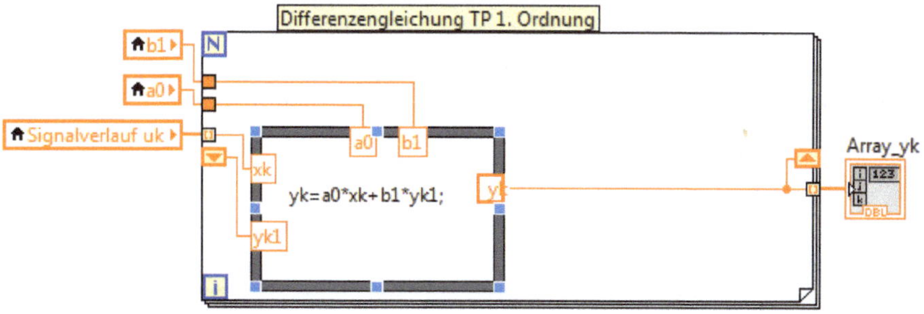

Bild 6.31 Algorithmus TP erster Ordnung aus Aufgabe 6.1

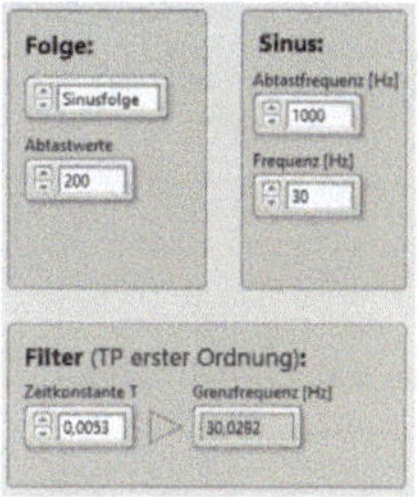

Bild 6.32 Testdaten

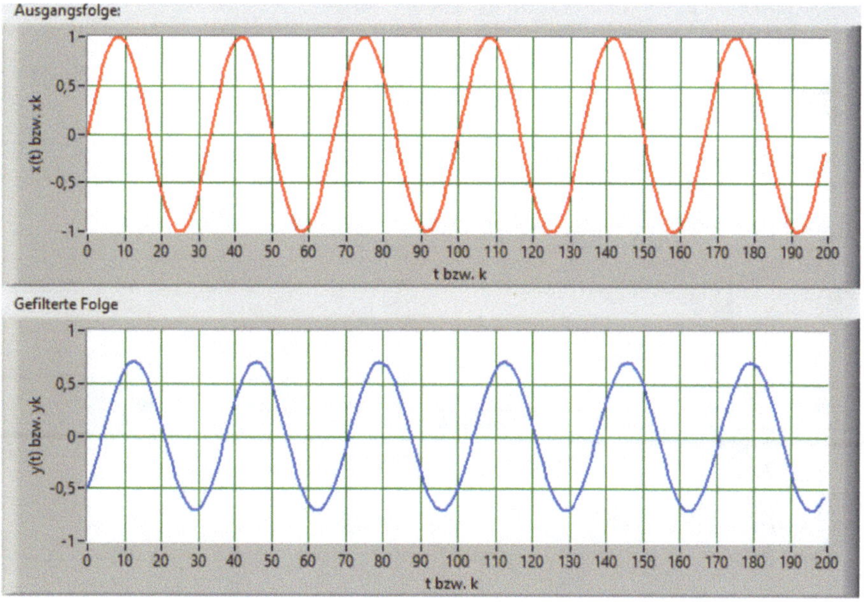

Bild 6.33 Filterergebnis

Die Frequenz $f = 300$ Hz entspricht der Grenzfrequenz des Filters, d. h. die Amplitude ist auf 0,707 $\hat{U}_{ke}$ gedämpft.

Lösung 6.3

Die Frequenzen werden mit einer FOR-Schleife erzeugt und in einem Array abgelegt. Dies passiert im Blockdiagramm oben links des Gesamtprogramms.

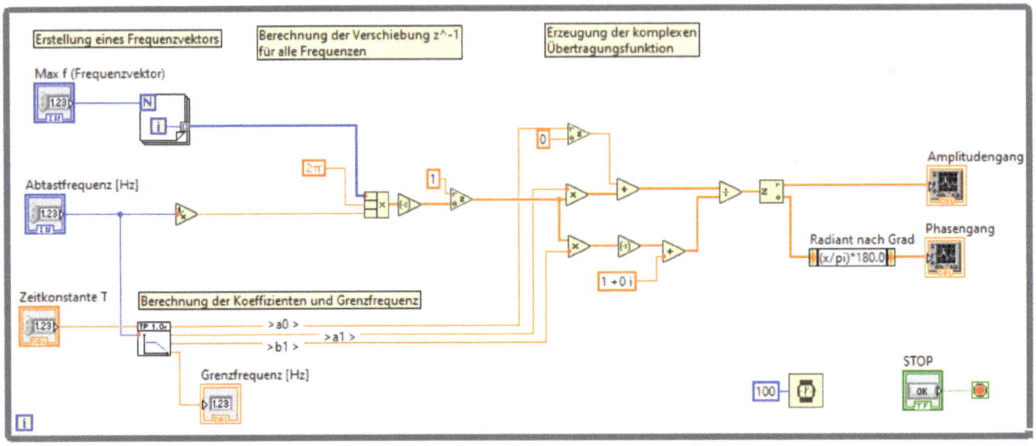

Bild 6.34 Gesamtes Blockdiagramm

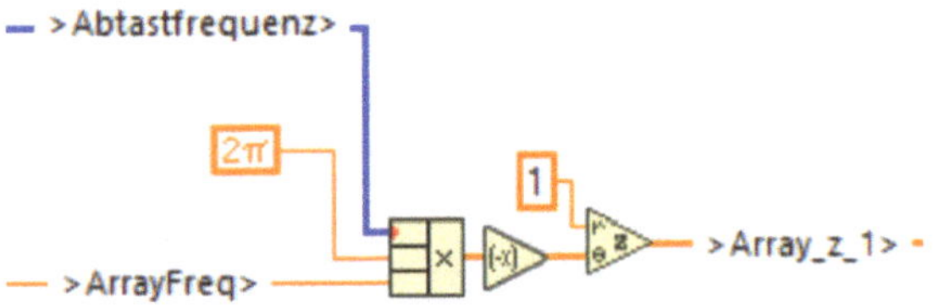

Bild 6.35 Berechnen der Verschiebung z^{-1} für alle Frequenzen

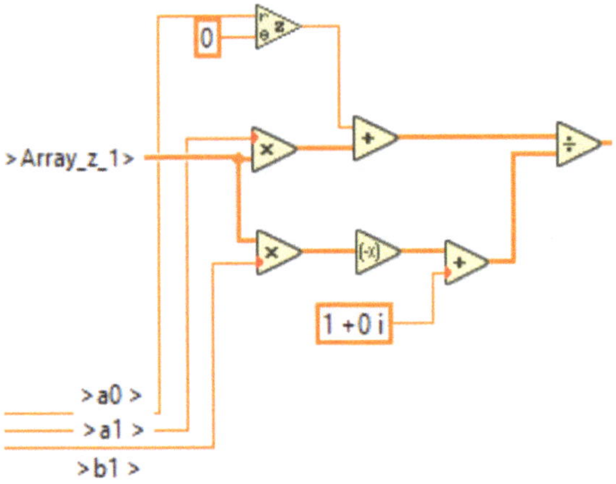

Bild 6.36 Erzeugen der komplexen Übertragungsfunktion

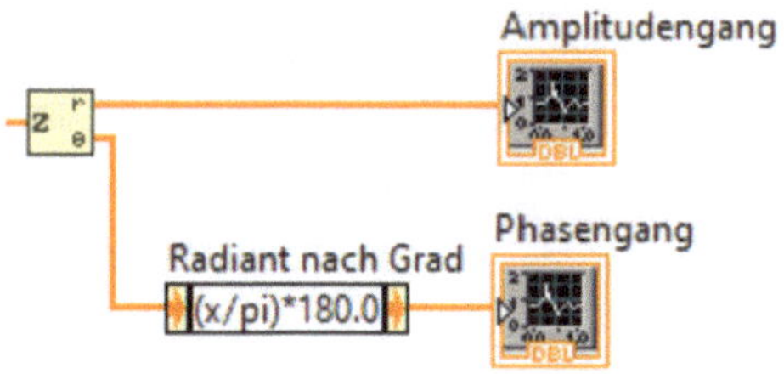

Bild 6.37 Erzeugen und grafische Ausgabe des Phasen- und Amplitudengangs

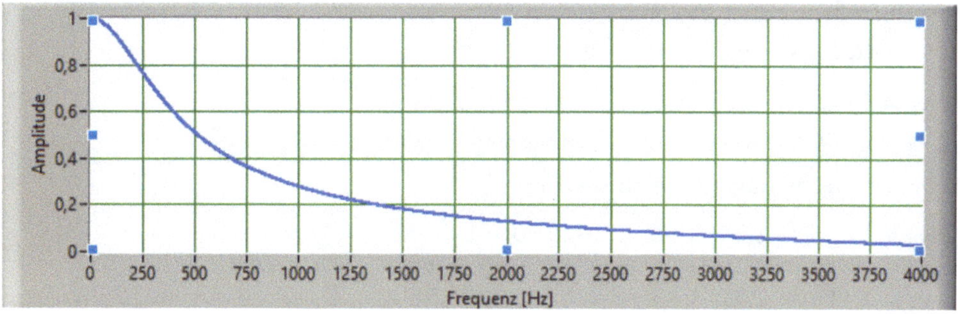

Bild 6.38 Amplitudengang

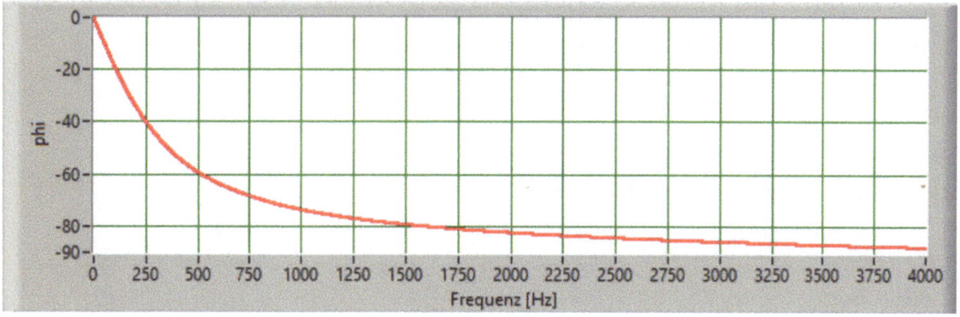

Bild 6.39 Phasengang

Lösung 6.4

a) $H(\mathrm{j}\omega) = \frac{1}{\sqrt{1+(\omega \cdot T)^2}}$

$$H(\mathrm{j}\omega) = \frac{1}{\sqrt{1+(2\pi \cdot 100\ \mathrm{Hz} \cdot 0{,}53\ \mathrm{ms})^2}} = 0{,}949$$

$$H(\mathrm{j}\omega) = \frac{1}{\sqrt{1+(2\pi \cdot 300\mathrm{Hz} \cdot 0{,}53\ \mathrm{ms})^2}} = 0{,}707$$

$$H(\mathrm{j}\omega) = \frac{1}{\sqrt{1+(2\pi \cdot 1000\mathrm{Hz} \cdot 0{,}53\ \mathrm{ms})^2}} = 0{,}288$$

b) $\varphi = \arctan(-\omega \cdot T)$

$$\varphi = \arctan(-2 \cdot \pi \cdot 100\ \text{Hz} \cdot 53\ \text{ms}) = -18{,}418°$$

$$\varphi = \arctan(-2 \cdot \pi \cdot 300\ \text{Hz} \cdot 53\ \text{ms}) = -45°$$

$$\varphi = \arctan(-2 \cdot \pi \cdot 1000\ \text{Hz} \cdot 53\ \text{ms}) = -73{,}285°$$

Lösung 6.5

1. Schritt: Differenzengleichung aufstellen

$$y_k = 1 \cdot x_k + (-1{,}5) \cdot x_{k-1} + 2 \cdot x_{k-2} + 0{,}5 \cdot x_{k-3}$$
$$y_k = 1 \cdot x_k + (-1{,}5) \cdot x_{k-1} + 1 \cdot x_{k-2} + 0{,}5 \cdot x_{k-3}$$

2. Schritt: σ-Eingangsfolge einsetzen

$$y_0 = 1 \cdot 1 + (-1{,}5) \cdot 0 + 2 \cdot 0 + 0{,}5 \cdot 0 = 1$$

$$y_1 = 1 \cdot 1 + (-1{,}5) \cdot 1 + 2 \cdot 0 + 0{,}5 \cdot 0 = -0{,}5$$

$$y_2 = 1 \cdot 1 + (-1{,}5) \cdot 1 + 2 \cdot 1 + 0{,}5 \cdot 0 = 1{,}5$$

$$y_3 = 1 \cdot 1 + (-1{,}5) \cdot 1 + 2 \cdot 1 + 0{,}5 \cdot 1 = 2{,}0$$

$$y_4 = 1 \cdot 1 + (-1{,}5) \cdot 1 + 2 \cdot 1 + 0{,}5 \cdot 1 = 2{,}0$$

Lösung 6.6

1. Schritt: Auflösen in einzelne Terme

$$\underline{H}(z) = \frac{a_0 + a_1 \cdot z^{-1} + a_2 \cdot z^{-2}}{1 - (b_1 \cdot z^{-1} + b_2 \cdot z^{-2})}$$

$$\underline{H}(z) = \frac{\underline{Y}}{\underline{X}} = \frac{a_0 + a_1 \cdot z^{-1} + a_2 \cdot z^{-2}}{1 - (b_1 \cdot z^{-1} + b_2 \cdot z^{-2})}$$

$$\underline{Y} \cdot (1 - (b_1 \cdot z^{-1} + b_2 \cdot z^{-2})) = (a_0 + a_1 \cdot z^{-1} + a_2 \cdot z^{-2}) \cdot \underline{X}$$

$$\underline{Y} - b_1 \cdot z^{-1} \cdot \underline{Y} - b_2 \cdot z^{-2} \cdot \underline{Y} = a_0 \cdot \underline{X} + a_1 \cdot z^{-1} \cdot \underline{X} + a_2 \cdot z^{-2} \cdot \underline{X}$$

2. Schritt: Transformation in den Zeitbereich

$$y_k - b_1 \cdot y_{k-1} - b_2 \cdot y_{k-2} = a_0 \cdot x_k + a_1 \cdot x_{k-1} + a_2 \cdot x_{k-2}$$

3. Schritt: Auflösen nach y_k

$$y_k = a_0 \cdot x_k + a_1 \cdot x_{k-1} + a_2 \cdot x_{k-2} + b_1 \cdot y_{k-1} + b_2 \cdot y_{k-2}$$

7 Digitale Filter

Digitale Filter sind das klassische Anwendungsgebiet der digitalen Signalverarbeitung. Für die Realisierung ist zunächst zu klären, ob das Filter online (in Echtzeit) oder offline betrieben werden soll. Im offline-Betrieb wird das Signal erfasst, abgespeichert, bearbeitet und das Ergebnis dargestellt. Dieser Betrieb, bei dem in der Regel ein PC als Hardware dient, kommt vor allem für Mess- und Simulationsaufgaben in Betracht. Im online Betrieb werden die Ein- und Ausgangssignale im gleichen Takt eingelesen und ausgegeben. In diesem Betrieb werden hohe Anforderungen an die Verarbeitungsgeschwindigkeit der Hardware gestellt. In Frage kommen deshalb Signalprozessoren, spezielle Digital-ICs oder schnelle Rechnerbausteine.

Für digitale Filter muss grundsätzlich eine Abtastfrequenz gewählt werden. Die Wahl der Abtastfrequenz ist ein Kompromiss. Wird die Abtastfrequenz f_a zu niedrig gewählt, dann steigen die Anforderungen an die Genauigkeit und Flankensteilheit des Anti-Aliasing-Filters. Wird die Abtastfrequenz f_a hingegen zu hoch gewählt, dann steigen die Anforderungen an die Verarbeitungsgeschwindigkeit und Genauigkeit des Digitalfilters. Üblich sind Abtastfrequenzen, die um einen Faktor 2,5 bis 20 über der Sperrfrequenz des Digitalfilters liegen. Bezüglich des Amplitudenganges können analoge und digitale Filter in vier verschiedene Filterarten unterschieden werden:

- Tiefpassfilter,
- Hochpassfilter,
- Bandpassfilter,
- Bandsperrfilter.

Durch eine reale Schaltung lässt sich der rechteckige Verlauf eines idealen Filters nur mehr oder weniger gut annähern. In der Praxis gibt man deshalb zur Filterdimensionierung ein Toleranzschema vor, innerhalb dessen dann der Amplitudengang $H(f)$ des Filters verlaufen darf. Die eigentliche Filterdimensionierung (Filterapproximation) besteht dann darin, das vorgegebene Toleranzschema durch eine realisierbare Filterfunktion *H(f)* anzunähern. Für digitale Filter lässt sich die Annäherung prinzipiell mit zwei Grundstrukturen realisieren:

- nichtrekursive Filter (FIR),
- rekursive Filter (IIR).

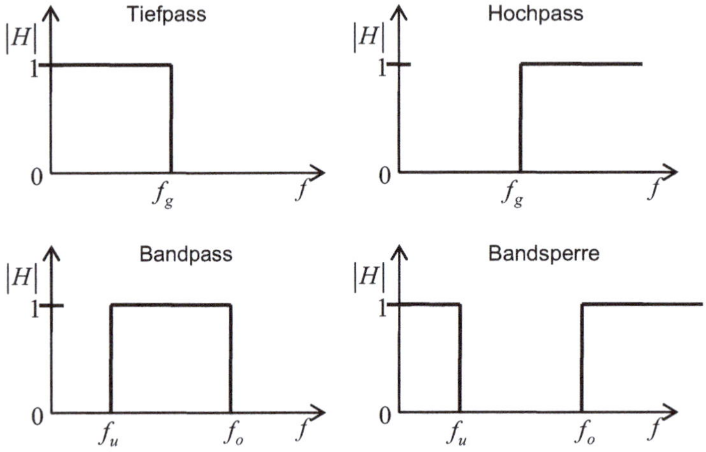

Bild 7.1 Filterarten

Nichtrekursive Filter (FIR)

Nichtrekursive Filter (Transversalfilter) haben keinen Rückkopplungsanteil. Die Impulsantwort (Finite Impulse Response) ist endlich und deshalb werden sie auch FIR-Filter genannt. Für diesen Filtertyp können folgende Eigenschaften festgehalten werden:

Hinweis

- FIR-Filter haben eine endliche Impulsantwort.
- FIR-Filter sind wegen der fehlenden Rückkopplung immer stabil.
- FIR-Filter reagieren auf Rundungen der Koeffizienten toleranter als IIR-Filter.
- FIR-Filter besitzen einen linearen Phasengang.
- FIR-Filter benötigen für eine bestimmte Flankensteilheit eine größere Ordnung.
- FIR-Filter antworten auf einen Impuls mit ihren Koeffizienten.

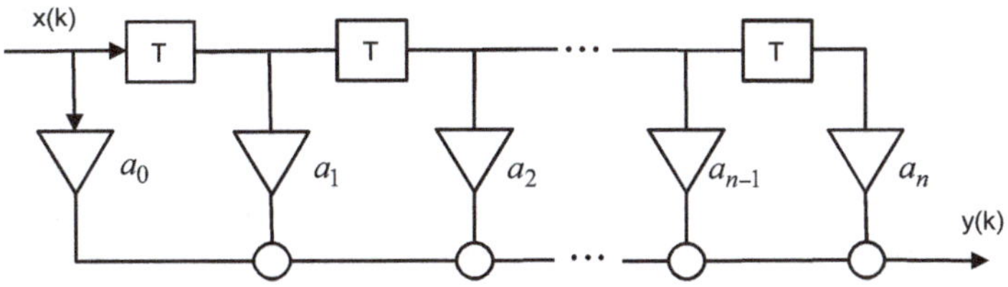

Bild 7.2 Nichtrekursives Filter

$$H(z) = a_0 + a_1 \cdot z^{-1} + a_2 \cdot z^{-2} + \ldots a_n \cdot z^{-n}$$

FIR-Filter werden vor allem dort eingesetzt, wo ein linearer Phasengang im Durchlassbereich erwünscht ist.

Rekursive Filter (IIR)

Rekursive Filter haben eine unendlich lange Impulsantwort (Infinite Impulse Response) und werden deshalb auch IIR-Filter genannt. Für diesen Filtertyp können ebenfalls einige Merkmale notiert werden:

Hinweis

- IIR-Filter haben eine unendliche Impulsantwort.
- IIR-Filter können wegen der Rückkopplung instabil werden.
- IIR-Filter können bezüglich ungenauer Koeffizienten sehr sensibel sein (Abweichung vom gewünschten Amplitudengang, unerwünschte Schwingungen).
- IIR-Filter besitzen einen nichtlinearen Phasengang.
- IIR-Filter können mit vertretbaren Aufwand eine große Flankensteilheit besitzen

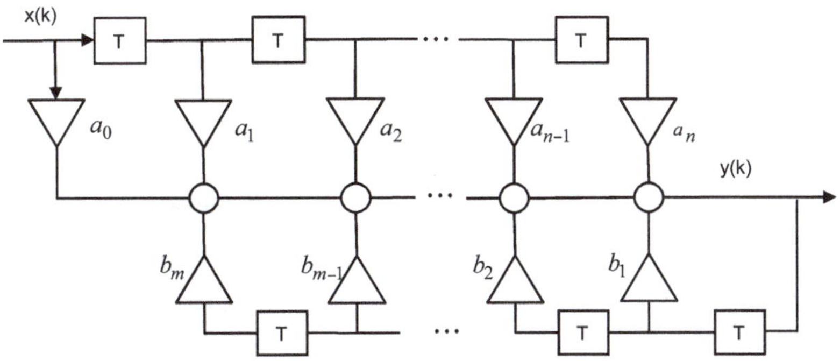

Bild 7.3 Rekursives Filter

n = Anzahl der Verzögerungselemente in Vorwärtsrichtung

m = Anzahl der Verzögerungselemente in Rückwärtsrichtung

$$H(z) = \frac{a_0 + a_1 \cdot z^{-1} + a_2 \cdot z^{-2} + \ldots a_n \cdot z^{-n}}{1 - b_1 \cdot z^{-1} + b_2 \cdot z^{-2} + \ldots b_m \cdot z^{-m}}$$

7.1 Filterentwurf

Beim Filterentwurf geht es darum, wie aus einer gewünschten Filtercharakteristik die zugehörige Übertragungsfunktion $H(z)$ gefunden werden kann. In der Filtertechnik wird diese Aufgabe als Approximationsproblem bezeichnet. Zu bestimmen sind also die Ordnung n und die Werte der Koeffizienten der Übertragungsfunktion. FIR-Filter werden vor allem dort eingesetzt, wo ein linearer Phasengang im Durchlassbereich erwünscht ist. Drei Methoden stehen zur Synthese von FIR-Filtern im Vordergrund:

- Fenstermethode (Zeitbereich): Mit der Fenstermethode wird die Impulsantwort einem gewünschten Vorbild angenähert.
- Frequenz-Abtastverfahren (Frequenzbereich), Annäherung des Amplitudenganges
- Approximationsmethode (z-Bereich): Die Koeffizienten werden iterativ mit einem Optimierungsverfahren bestimmt.

Bei dem rekursiven Filterentwurf wird von einem bekannten analogen Filter ausgegangen. Das analoge Filter liegt in seiner Beschreibungsform als Übertragungsfunktion vor. Es muss also nur eine Transformation aus dem kontinuierlichen Bildbereich (p-Bereich) in den zeitdiskreten Bildbereich (z-Bereich) durchgeführt werden. Der Vorteil dieser Entwurfsmethode ist, dass schon sehr lange Erfahrungen für diese Entwurfsverfahren im Analogbereich vorliegen. Für diesen Weg stehen im Wesentlichen zwei Verfahren zur Verfügung:

- Entwurf nach der impulsinvarianten z-Transformation,
- Entwurf mit der bilinearen Transformation.

Tabelle 7.1 FIR-Filter und IIR-Filter im Vergleich

	FIR-Filter	IIR-Filter
Stabilität	immer stabil	Instabilität möglich
Phasengang	linear	nichtlinear
Gruppenlaufzeit	groß, aber konstant	klein, aber nichtlinear
Ordnung und Realisierungsaufwand	hoch	niedrig
Störungen bei ungenauer Zahlendarstellung	klein	groß

7.2 Filterentwurf mit einem Toleranzschema

Durch eine reale Schaltung lässt sich der rechteckige Verlauf eines idealen Filters nur mehr oder weniger gut annähern. In der Praxis wird deshalb zur Filterdimensionierung ein Toleranzschema vorgegeben, innerhalb dessen dann der Amplitudengang $H(f)$ des Filters verlaufen darf.

Die eigentliche Filterdimensionierung (Filterapproximation) besteht dann darin, das vorgegebene Toleranzschema durch eine realisierbare Filterfunktion $H(f)$ anzunähern.

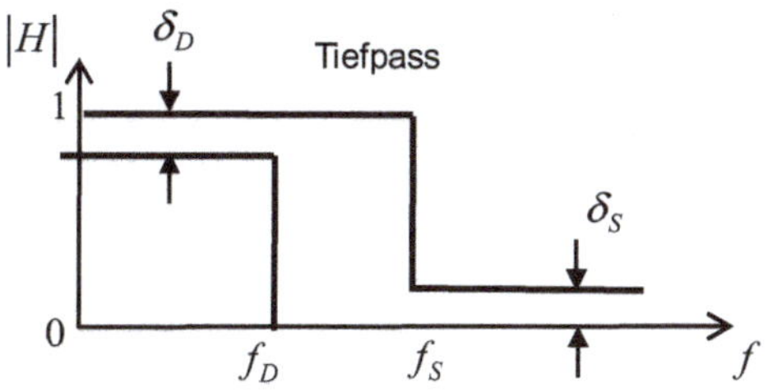

Bild 7.4 Toleranzschema

δ_D = Durchlassdämpfung

δ_S = Sperrdämpfung

f_D = Durchlassfrequenz

f_S = Sperrfrequenz

Zur Approximation des rechteckförmigen Verlaufes eines Tiefpassfilters, innerhalb des vorgegebenen Toleranzschemas, sind verschiedene Ansätze bekannt. Ein Ansatz beruht auf der Approximation durch die Betragsfunktion der komplexen Butterworth-Polynome $\underline{B}_n(p)$. Butterworth-Tiefpassfilter besitzen einen Amplitudengang, der sehr lang horizontal im Durchlassbereich verläuft und erst kurz vor der Grenzfrequenz scharf abknickt. Tschebyscheff-Tiefpassfilter besitzen oberhalb der Grenzfrequenz einen steileren Abfall der Verstärkung. Im Durchlassbereich verläuft die Verstärkung wellig mit einer konstanten Amplitude. Der Abfall oberhalb der Grenzfrequenz ist umso steiler, je größer die Welligkeit ist. Bei Bessel-Tiefpassfiltern knickt der Amplitudengang nicht so scharf ab, dafür besitzen sie ein optimales Rechteck-Übertragungsverhalten, wegen der konstanten Gruppenlaufzeit.

Analoges Butterworth-Tiefpassfilter

Für die Approximation des rechteckförmigen Verlaufs eines idealen Tiefpassfilters mit Butterworth-Tiefpassfilter-Charakteristik werden folgende Butterworth-Polynome verwendet:

Tabelle 7.2 Polynome bis zur sechsten Ordnung

Ordnung n	Butterworth-Polynome $B_n(p)$
1	$\Omega + 1$
2	$\Omega^2 + \sqrt{2} \cdot \Omega + 1$
3	$(\Omega^2 + \Omega + 1) \cdot (\Omega + 1)$
4	$(\Omega^2 + 0{,}7653 \cdot \Omega + 1) \cdot (\Omega^2 + 1{,}84776 \cdot \Omega + 1)$
5	$(\Omega^2 + 0{,}618 \cdot \Omega + 1) \cdot (\Omega^2 + 1{,}618 \cdot \Omega + 1) \cdot (\Omega + 1)$
6	$(\Omega^2 + 0{,}5176 \cdot \Omega + 1) \cdot (\Omega^2 + \sqrt{2} \cdot \Omega + 1) \cdot (\Omega^2 + 1{,}9318 \cdot \Omega + 1)$

mit

$$\Omega = \frac{p}{\omega_c} = j\frac{2\pi f}{2\pi f_c} = j\frac{f}{f_c}$$

$f_c = f_g$ Grenzfrequenz (Corner Frequency)

Mit diesen komplexen Polynomen ergibt sich die Übertragungsfunktion $H(p)$ eines Butterworth-Tiefpassfilters zu:

$$H(p) = \frac{1}{B_n(p)} \tag{7.1}$$

Aus einer Butterworth-Übertragungsfunktion folgt für den zugehörigen Amplitudengang:

$$H(f) = \frac{1}{\sqrt{1 + \left(\frac{f}{f_c}\right)^{2n}}} \Rightarrow H(f = f_c) = \frac{1}{\sqrt{2}} \tag{7.2}$$

Mit zunehmender Ordnungszahl n nähert sich der Amplitudengang dem idealen rechteckförmigen Verlauf. Durch das Toleranzschema ist die Dimensionierung des Tiefpassfilters vorgegeben.

Aus Formel 7.2 und dem Toleranzschema folgt:

$$H(f_D) = 1 - \delta_D = \frac{1}{\sqrt{1 + \left(\frac{f_D}{f_c}\right)^{2n}}} \tag{7.3}$$

und

$$H(f_S) = \delta_S = \frac{1}{\sqrt{1 + \left(\frac{f_S}{f_c}\right)^{2n}}} \tag{7.4}$$

Aus Formel 7.3 und Formel 7.4 folgt:

$$n = \frac{\log\left(\frac{1-\delta_D}{\delta_S} \cdot \sqrt{\frac{1-\delta_S^2}{2\cdot\delta_D-\delta_D^2}}\right)}{\log\frac{f_S}{f_D}} \tag{7.5}$$

und

$$f_c = f_D \cdot \sqrt[2n]{\frac{(1-\delta_D)^2}{2\cdot\delta_D-\delta_D^2}} \tag{7.6}$$

Beispiel 7.1: Entwurf eines analogen Filters

Für das Tiefpassfilter ist nach dem Toleranzschema folgende Vorgabe gegeben:

Im Durchlassbereich bis zur Frequenz $f_D = 1$ kHz darf der Amplitudengang maximal um -2 dB gedämpft werden und ab der Sperrfrequenz $f_S = 3$ kHz im Sperrbereich muss eine Dämpfung von -20 dB vorliegen. Entwerfen Sie ein analoges Tiefpassfilter.

Lösung

1. Schritt: Umrechnung der dB-Werte in Faktoren und Festlegen der Dämpfungs- und Sperrparameter

$$\delta_D = 1 - 10^{\frac{-2\,\text{dB}}{20\,\text{dB}}} = 1 - 0{,}794 = 0{,}206$$

$$\delta_S = 10^{\frac{-20\,\text{dB}}{20\text{dB}}} = 0{,}1$$

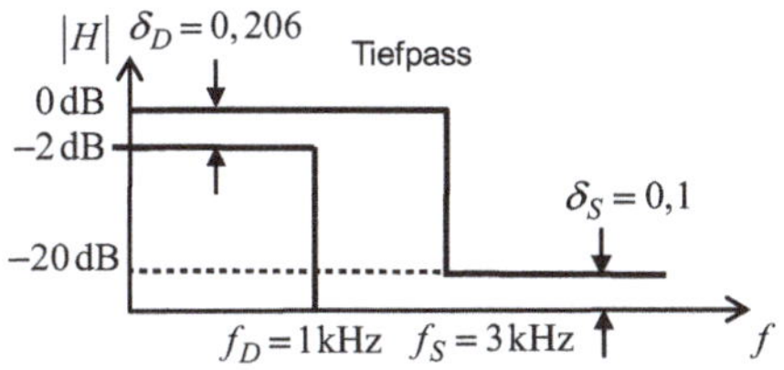

Bild 7.5 Toleranzschema

2. Schritt: Berechnung der Ordnung nach Formel 7.5

$$n = \frac{\log\left(\frac{1-0{,}206}{0{,}1} \cdot \sqrt{\frac{1-0{,}1^2}{2\cdot 0{,}206-0{,}206^2}}\right)}{\log\frac{3\,\text{kHz}}{1\,\text{kHz}}} = 2{,}33 \Rightarrow 3$$

Die Ordnung wird nur nächsten ganzen Zahl aufgerundet.

3. Schritt: Berechnung der Grenzfrequenz nach Formel 7.6

$$f_c = 1\,\text{kHz} \cdot \sqrt[(2\cdot 3)]{\frac{(1-0{,}206)^2}{2\cdot 0{,}206-0{,}206^2}} = 1093{,}1\,\text{Hz}$$

4. Schritt: Vorgabe einer technischen Realisierung mit Operationsverstärkern

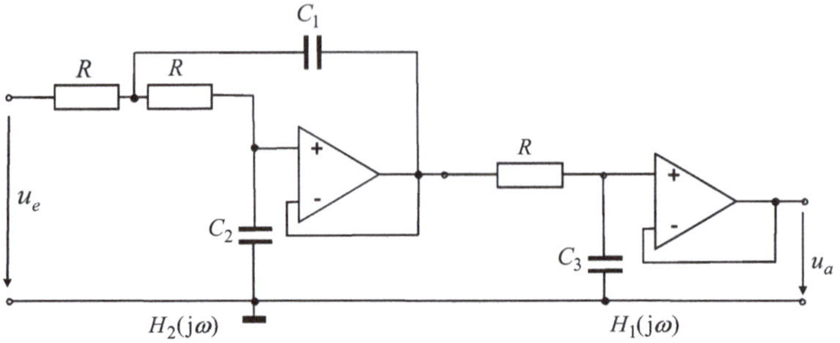

Bild 7.6 OP-Tiefpassschaltung dritter Ordnung

mit den Frequenzgängen

$$H_2(j\omega) = \frac{1}{1 + \omega_c \cdot 2RC_2 \cdot \frac{j\omega}{\omega_c} + \omega_c^2 \cdot R^2 C_1 C_2 \cdot \left(\frac{j\omega}{\omega_c}\right)^2}$$

$$H_2(j\omega) = \frac{1}{\alpha_0 + \alpha_1 \cdot \frac{j\omega}{\omega_c} + \alpha_2 \cdot \left(\frac{j\omega}{\omega_c}\right)^2} \tag{7.7}$$

und

$$H_1(j\omega) = \frac{1}{1 + \omega_c \cdot RC_3 \cdot \frac{j\omega}{\omega_c}}$$

$$H_1(j\omega) = \frac{1}{\alpha_0 + \alpha_1 \cdot \frac{j\omega}{\omega_c}} \tag{7.8}$$

5. Schritt: Koeffizientenvergleich OP-Tiefpassschaltung mit dem Butterworth-Polynom dritter Ordnung

$$H_{B3}(p) = \frac{1}{(1 + \Omega + \Omega^2) \cdot (1 + \Omega)} \tag{7.9}$$

mit $\Omega = \frac{j\omega}{\omega_c}$

Koeffizient α_1 aus $H_2(j\omega)$

$$1 = \alpha_1 = \omega_c \cdot 2RC_2$$

$$C_2 = \frac{1}{2 \cdot \omega_c R} \tag{7.10}$$

Koeffizient α_2 aus $H_2(j\omega)$

$$1 = \alpha_2 = \omega_c^2 \cdot R^2 C_1 C_2 \tag{7.11}$$

mit C_2 eingesetzt

ergibt sich

$$C_1 = \frac{2}{\omega_c \cdot R}$$

Koeffizient α_1 aus $H_2(j\omega)$

$$1 = \alpha_1 = \omega_c \cdot RC_3 \tag{7.12}$$

ergibt sich

$$C_3 = \frac{1}{\omega_c \cdot R}$$

Der Widerstand $R = 10\,\mathrm{k\Omega}$ wird vorgegeben und die Kreisfrequenz errechnet sich aus der Grenzfrequenz zu:

$$\omega_c = 2 \cdot \pi \cdot f_c = 6867{,}5\frac{1}{s}$$

Aus der obigen Formel ergeben sich die Werte für die Kondensatoren zu: $C_1 = 29{,}2\,\mathrm{nF}$, $C_2 = 7{,}3\,\mathrm{nF}$ und $C_3 = 14{,}6\,\mathrm{nF}$.

Damit kann ein analoges Tiefpassfilter dritter Ordnung aufgebaut werden.

7.3 IIR-Filterentwurf mit der impulsinvarianten z-Transformation

Bei der impulsinvarianten Filterentwurfsmethode wird davon ausgegangen, dass die abgetastete Impulsantwort des digitalen Filters mit der Impulsantwort des kontinuierlichen Filters übereinstimmen muss. Unter dieser Voraussetzung wird dann die z-Transformation realisiert.

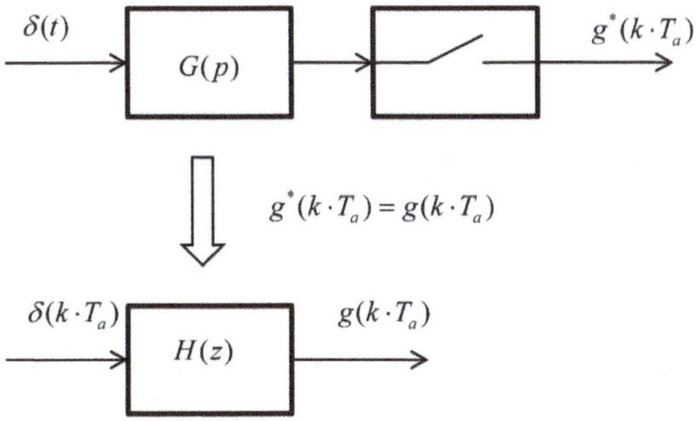

Bild 7.7
Impulsinvariante z-Transformation

Für die Transformation in den z-Bereich werden im Wesentlichen vier Grundstrukturen benutzt.

Tabelle 7.3 IIR impulsinvariante z-Transformation für Butterworth

Grundglied	G(p)	H(z)
Glied 0. Ordnung	1	1
Integrator	$\frac{1}{p \cdot T_\mathrm{I}}$	$\frac{a_0}{1 - b_1 \cdot z^{-1}}$ $a_0 = \frac{T_\mathrm{a}}{T_\mathrm{I}};\ b_1 = 1$
Glied 1. Ordnung	$\frac{1}{1 + \Omega}$ mit $\Omega = \frac{p}{\omega_\mathrm{g}}$	$\frac{a_0}{1 - b_1 \cdot z^{-1}}$ $a_0 = \omega_\mathrm{g} \cdot T_\mathrm{a};\ b_1 = \mathrm{e}^{-\omega_\mathrm{g} \cdot T_\mathrm{a}}$
Glied 2. Ordnung	$\frac{1}{1 + \alpha \cdot \Omega + \Omega^2}$ mit $\Omega = \frac{p}{\omega_\mathrm{g}}$	$\frac{a_1 \cdot z^{-1}}{1 - b_1 \cdot z^{-1} + b_2 \cdot z^{-2}}$ $a_1 = \cdot \frac{\omega_\mathrm{g} T_\mathrm{a}}{\sqrt{1 - \left(\frac{\alpha}{2}\right)^2}} \cdot \mathrm{e}^{-\left(\frac{\alpha}{2}\right) \cdot \omega_\mathrm{g} T_\mathrm{a}} \cdot \sin\left(\omega_\mathrm{g} T_\mathrm{a} \cdot \sqrt{1 - \left(\frac{\alpha}{2}\right)^2}\right)$ $b_1 = 2 \cdot \mathrm{e}^{-\left(\frac{\alpha}{2}\right) \omega_\mathrm{g} T_\mathrm{a}} \cdot \cos\left(\omega_\mathrm{g} T_\mathrm{a} \cdot \sqrt{1 - \left(\frac{\alpha}{2}\right)^2}\right)$ $b_2 = \mathrm{e}^{-\alpha \cdot \omega_\mathrm{g} T_\mathrm{a}}$
Glied 2. Ordnung	$\frac{B \cdot \Omega}{1 + \alpha \cdot \Omega + \Omega^2}$ mit $\Omega = \frac{p}{\omega_\mathrm{g}}$	$\frac{a_0 - a_1 \cdot z^{-1}}{1 - b_1 \cdot z^{-1} + b_2 \cdot z^{-2}}$ $a_0 = B \cdot \omega_\mathrm{g} T_\mathrm{a}$ $a_1 = B \cdot \omega_\mathrm{g} T_\mathrm{a} \cdot \mathrm{e}^{-\left(\frac{\alpha}{2}\right) \cdot \omega_\mathrm{g} T_\mathrm{a}} \cdot$ $\left(\cos\left(\omega_\mathrm{g} T_\mathrm{a} \cdot \sqrt{1 - \left(\frac{\alpha}{2}\right)^2}\right) + \frac{\left(\frac{\alpha}{2}\right)}{\sqrt{1 - \left(\frac{\alpha}{2}\right)^2}} \sin\left(\omega_\mathrm{g} T_\mathrm{a} \cdot \sqrt{1 - \left(\frac{\alpha}{2}\right)^2}\right)\right)$ $b_1 = 2 \cdot \mathrm{e}^{-\left(\frac{\alpha}{2}\right) \omega_\mathrm{g} T_\mathrm{a}} \cdot \cos\left(\omega_\mathrm{g} T_\mathrm{a} \cdot \sqrt{1 - \left(\frac{\alpha}{2}\right)^2}\right)$ $b_2 = \mathrm{e}^{-\alpha \cdot \omega_\mathrm{g} T_\mathrm{a}}$

Grund-glied	G(p)	H(z)
Glied 2. Ordnung	$\frac{A+B\cdot\Omega}{1+\alpha\cdot\Omega+\Omega^2}$ mit $\Omega=\frac{p}{\omega_g}$	$\frac{a_0-a_1\cdot z^{-1}}{1-b_1\cdot z^{-1}+b_2\cdot z^{-2}}$ $a_0=B\cdot\omega_g T_a$ $a_1=B\cdot\omega_g T_a\cdot e^{-\left(\frac{\alpha}{2}\right)\cdot\omega_g T_a}\cdot$ $\left(\cos\omega_g\left(T_a\cdot\sqrt{1-\left(\frac{\alpha}{2}\right)^2}\right)+\frac{\left(\frac{\alpha}{2}\right)-\frac{A}{B}}{\sqrt{1-\left(\frac{\alpha}{2}\right)^2}}\sin\left(\omega_g T_a\cdot\sqrt{1-\left(\frac{\alpha}{2}\right)^2}\right)\right)$ $b_1=2\cdot e^{-\left(\frac{\alpha}{2}\right)\omega_g T_a}\cdot\cos\left(\omega_g T_a\cdot\sqrt{1-\left(\frac{\alpha}{2}\right)^2}\right)$ $b_2=e^{-\alpha\cdot\omega_g T_a}$

Beispiel 7.2

Für ein analoges RC-Glied mit der Grenzkreisfrequenz $\omega_g = 1\cdot\frac{1}{s}$ soll die Übertragungs-funktion mit der impulsinvarianten z-Transformation ermittelt werden. Die Abtastfrequenz wird mit $f_a = 50\,\text{Hz}$ festgelegt.

1. Schritt: Vorgabe der Übertragungsfunktion im *p*-Bereich

$$G(p)=\frac{1}{1+p\cdot T}=\frac{1}{1+\frac{p}{\omega_g}}$$

2. Schritt: Transformation mit Zeile drei aus der Tabelle 7.3

$$H(z)=\frac{a_0}{1-b_1\cdot z^{-1}}=\omega_g\cdot T_a\cdot\frac{1}{1-e^{-\omega_g\cdot T_a}\cdot z^{-1}}$$

2. Schritt: Transformation mit Zeile drei aus der Tabelle 7.3

$$H(z)=\frac{a_0}{1-b_1\cdot z^{-1}}=\omega_g\cdot T_a\cdot\frac{1}{1-e^{-\omega_g\cdot T_a}\cdot z^{-1}}$$

mit

$$a_0=\omega_g\cdot T=1\cdot\frac{1}{s}\cdot 0{,}02\cdot s$$

$$b_1=e^{-\omega_g\cdot T_a}=e^{-1\cdot 0{,}02}$$

In Bild 7.8 sind die Amplitudengänge für ein analoges und ein digitales Tiefpassfilter abgebildet. Der Amplitudengang des digitalen Tiefpasses wird an der Abtastfrequenz $f_a = 50\,\text{Hz}$ gespiegelt. Der Frequenzgang kann entsprechend dem Abtasttheorem nur bis zur halben Abtastfrequenz genutzt werden. Die Problematik dieser Entwurfsmethode ist darin begründet, dass bei einer sehr hohen Grenzfrequenz die Abtastfrequenz nochmals sehr viel höher liegen muss. In dem Beispiel war die Grenzfrequenz f_g mit 1 Hz und die Abtastfrequenz $f_a = 50\ \mathrm{Hz}$ gewählt worden. Die impulsinvariante Methode ist für Tief- und Bandpassfilter geeignet.

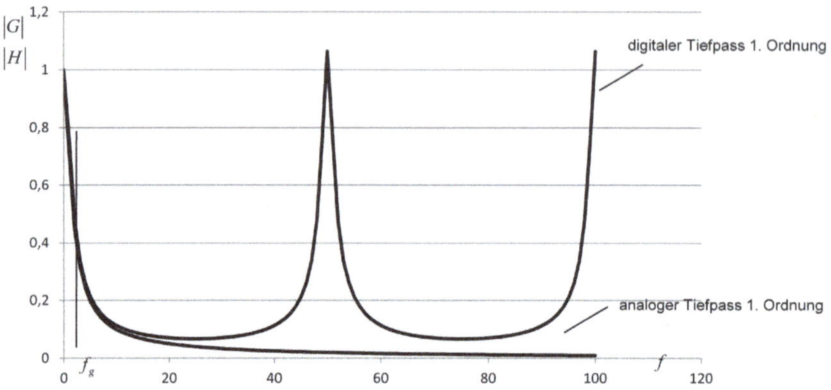

Bild 7.8 Amplitudengang für einen analogen und digitalen Tiefpass

Filter höherer Ordnung lassen sich aus den Grundstrukturen entwickeln. Hier muss aber mit der Partialbruchzerlegung der analogen Übertragungsfunktion gearbeitet werden. Eine Multiplikation der Glieder in der zweiten Spalte führt nicht zu einer Multiplikation der Glieder in der dritten Spalte. Hier sei auf die Literatur im Anhang verwiesen.

7.4 Filterentwurf mit der bilinearen z-Transformation

Die Dimensionierung eines digitalen Filters lässt sich auf die Dimensionierung eines entsprechenden analogen Bezugsfilters zurückführen. Dabei besteht jedoch die Schwierigkeit, dass der Frequenzbereich des digitalen Filters nur die Werte $f = 0 \ldots \frac{1}{2} f_a$, der des analogen Filters dagegen die Werte $f' = 0 \ldots \infty$ umfasst.

Ausgehend von der Dimensionierung eines analogen Filters, welches als Übertragungsfunktion $\underline{H}(p)$ vorliegen muss, wird zur Realisierung des digitalen Filters die Übertragungsfunktion $\underline{H}(z)$ aus der analogen Übertragungsfunktion erzeugt. Die bilineare Transformation transformiert dazu die digitalen Frequenzen in einen analogen Frequenzbereich und ermöglicht dadurch die einfache Nutzung der bekannten Vorgehensweise für analoge Filter. Die Frequenzbereiche lassen sich mit folgenden Transformationsgleichungen ineinander umrechnen.

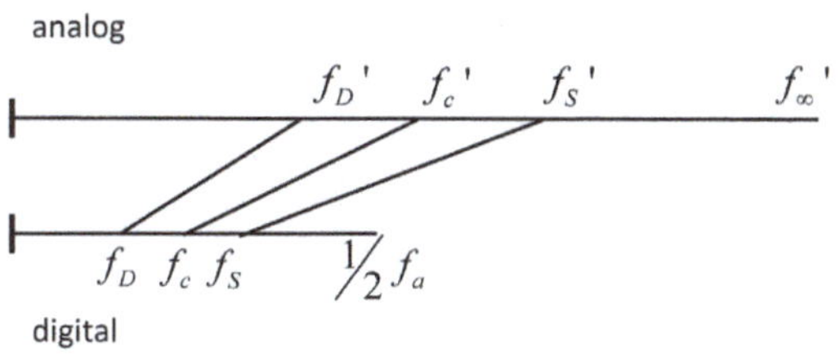

Bild 7.9
Bilineare Transformationsbeziehung

Digital in analog: $(f \rightarrow f')$

$$f' = \frac{1}{\pi \cdot T_a} \cdot \tan(\pi T_a f) \tag{7.13}$$

Analog in digital $(f' \rightarrow f)$

$$f = \frac{1}{\pi \cdot T_a} \cdot \arctan(\pi T_a f') \tag{7.14}$$

Aufgrund der obigen Transformationsgleichung bestehen zwischen der Variablen z der Übertragungsfunktion $\underline{H}(z)$ eines digitalen Filters und der Variablen p der Übertragungsfunktion $\underline{H}(p)$ eines analogen Filters folgende Beziehungen:

$$z = \frac{1 + \frac{1}{2}T_a \cdot p}{1 - \frac{1}{2}T_a \cdot p}$$

bzw.

$$p = \frac{2}{T_a} \cdot \frac{z-1}{z+1} \tag{7.15}$$

mit

$$z = e^{j2\pi \frac{f}{f_a}}$$

und

$$p = j2\pi f'$$

Mit dieser Beziehung lässt sich eine Übertragungsfunktion $\underline{H}(p)$ in eine zugehörige Übertragungsfunktion $\underline{H}(z)$ überführen. Damit ergibt sich für den Entwurf eines digitalen Filters nach der Methode der bilinearen Transformation folgendes Dimensionierungsschema:

1. **Schritt**

   Vorgeben der gewünschten Parameter für das Toleranzschema im digitalen Bereich

2. **Schritt**

   Bestimmen der zugehörigen analogen Frequenzen (Transformation)

   (analoges Toleranzschema)

3. **Schritt**

   Festlegen der Filtercharakteristik, z. B. Butterworth

4. **Schritt**

   Bestimmen der Ordnung des analogen Filters und der Grenzfrequenz (Bestimmen der analogen Übertragungsfunktion)

5. **Schritt**

   Ermitteln der digitalen Übertragungsfunktion

6. **Schritt**

   Realisierung der DSV-Struktur als Differenzengleichung (Programm)

Beispiel 7.3: Dimensionierung eines digitalen Butterworth-Tiefpassfilters

Für folgendes Toleranzschema ist ein digitaler Tiefpass zu dimensionieren:

1. Schritt: Vorgabe Toleranzschema

$\delta_D = 0{,}2;\ f_D = 100\ \text{Hz};\ \delta_S = 0{,}2;\ f_S = 800\ \text{Hz}$ und mit $f_a = 10\ \text{kHz}$

2. Schritt: Transformation der digitalen Frequenzen

$$f_S' = \frac{1}{\pi \cdot T_a} \cdot \tan(\pi T_a f) = \frac{10\ \text{kHz}}{\pi} \cdot \tan\left(\pi \frac{800\ \text{Hz}}{10\ \text{kHz}}\right) = 817\ \text{Hz}$$

$$f_D' = \frac{1}{\pi \cdot T_a} \cdot \tan(\pi T_a f) = \frac{10\ \text{kHz}}{\pi} \cdot \tan\left(\pi \frac{100\ \text{Hz}}{10\ \text{kHz}}\right) = 100\ \text{Hz}$$

3. Schritt: Analoges Toleranzschema

Aus den Formel 7.5 und Formel 7.6 ergeben sich für das Toleranzschema die Werte für das analoge Bezugsfilter: $f_D' = 100\ \text{Hz};\ f_S' = 817\ \text{Hz} \Rightarrow n = 1$ und $f_c' = 133{,}4\ \text{Hz}$

4. Schritt: Übertragungsfunktion $\underline{H}(p)$ für das analoge Bezugsfilter ermitteln

$$H(p) = \frac{1}{B_1(p)} = \frac{1}{1 + \frac{p}{\omega_c'}}$$

5. Schritt: Übertragungsfunktion $\underline{H}(z)$ für das digitale Filter ermitteln

mit

$$p = 2 \cdot f_a \cdot \frac{z-1}{z+1}$$

$$H(z) = \frac{1}{B_1(p)} = \frac{1}{1 + \frac{2 \cdot f_a \cdot (z-1)}{\omega_c{}' \cdot (z+1)}} = \frac{z+1}{z + 1 + \frac{2 f_a z}{\omega_c'} - \frac{2 f_a}{\omega_c'}}$$

Zusammenfassen, sortieren und mit z^{-1} erweitern

$$H(z) = \frac{z+1}{\left(1 + \frac{2f_a}{\omega_c'}\right) \cdot z + \left(1 - \frac{2f_a}{\omega_c'}\right)} \cdot | \frac{z^{-1}}{z^{-1}}$$

$$\underline{H}(z) = \frac{1 + z^{-1}}{\left(1 + \frac{2f_a}{\omega_c'}\right) + \left(1 - \frac{2f_a}{\omega_c'}\right) \cdot z^{-1}}$$

mit der Substitution $w = \frac{2f_a}{\omega_c'}$ und Formel 7.13

$$w = \frac{2f_a}{\omega_c'} = \frac{2f_a}{2\pi f_c'} = \frac{2f_a}{2\pi \cdot \frac{f_a}{\pi} \tan\left(\pi \frac{f_c}{f_a}\right)} = \frac{1}{\tan\left(\pi \frac{f_c}{f_a}\right)}$$

folgt

$$\underline{H}(z) = \frac{1 + z^{-1}}{(1 + w) + (1 - w) \cdot z^{-1}} = \frac{\frac{1}{(1+w)} + \frac{1}{(1+w)} \cdot z^{-1}}{1 - \left(-\frac{(1-w)}{(1+w)}\right) \cdot z^{-1}} = \frac{a_0 + a_1 \cdot z^{-1}}{1 - (b_1 \cdot z^{-1})}$$

mit

$$a_0 = \frac{1}{(1 + w)}$$

$$a_1 = a_0$$

$$b_1 = -\frac{(1 - w)}{(1 + w)}$$

Mit den gegebenen Zahlenwerten ergibt sich die digitale Übertragungsfunktion:

$$\underline{H}(z) = \frac{0{,}0402 + 0{,}0402 \cdot z^{-1}}{1 - (0{,}9196 \cdot z^{-1})}$$

Diese Vorgehensweise lässt sich für jede analoge Übertragungsfunktion $\underline{H}(p)$ durchführen. Für die digitalen Koeffizienten bis zur dritten Ordnung sind diese Berechnungen in der Tabelle 7.4 aufgeführt. Wie in der Tabelle 7.2 für die Butterwort-Polynome sind die einzelnen Glieder kaskadiert. Ein Polynom dritter Ordnung ist in ein Polynom zweiter Ordnung und erster Ordnung aufgeteilt.

Tabelle 7.4 Koeffizienten für digitale Tiefpass-/Hochpassfilter mit Butterworth-Charakteristik

Ord.	Tiefpass	Hochpass
1	$a_0 = \frac{1}{1+w} a_1 = a_0$	$a_0 = \frac{w}{1+w}; a_1 = -a_0$
	$b_1 = -\frac{1-w}{1+w}$	
2	$a_0 = \frac{1}{1+\sqrt{2}w+w^2}; a_1 = 2a_0;$ $a_2 = a_0$	$a_0 = \frac{w^2}{1+\sqrt{2}w+w^2}; a_1 = -2a_0; a_2 = a_0$
	$b_1 = -2\frac{1-w^2}{1+\sqrt{2}w+w^2}; b_2 = -\frac{1-\sqrt{2}w+w^2}{1+\sqrt{2}w+w^2}$	

Tabelle 7.4 Koeffizienten für digitale Tiefpass-/Hochpassfilter mit Butterworth-Charakteristik *(Fortsetzung)*

Ord.	Tiefpass	Hochpass
3	$a_{10} = \frac{1}{1+w}$; $a_{11} = a_{10}$; $a_{20} = \frac{1}{1+w+w^2}$; $a_{21} = 2a_{20}$; $a_{22} = a_{20}$	$a_{10} = \frac{1}{1+w}$; $a_{11} = -a_{10}$; $a_{20} = \frac{1}{1+w+w^2}$; $a_{21} = -2a_{20}$; $a_{22} = a_{20}$
	$b_{11} = -\frac{1-w}{1+w}$; $b_{21} = -2\frac{1-w^2}{1+w+w^2}$; $b_{22} = -\frac{1-w+w^2}{1+w+w^2}$	

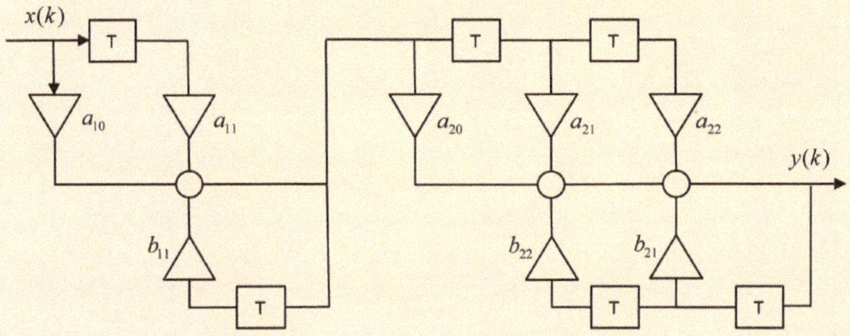

mit

$$w = \frac{1}{\tan\left(\pi \cdot \frac{f_c}{f_a}\right)}$$

Beispiel 7.4: Filterentwurf mit der Tabelle 7.4

Es soll ein digitales Tiefpassfilter mit LabVIEW und den folgenden Toleranzschemavorgaben entworfen werden:

$\delta_D = 0{,}1$; $\delta_S = 0{,}1$; $f_D = 1$ kHz; $f_S = 5$ kHz

Die Abtastfrequenz soll 12 kHz betragen.

Lösung

1. Schritt: Umrechnung der digitalen Frequenzen f_D und f_S in analoge Frequenzen

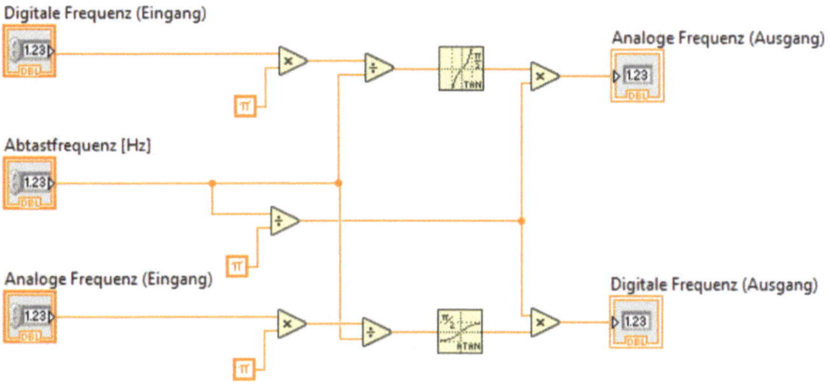

Bild 7.10 Bilineare Transformation

Es ergeben sich $f_D' = 1023{,}49\text{Hz}$ und $f_S' = 14255{,}4\text{Hz}$.

Mit einer starken Verzerrung der Sperrfrequenz. Diese Verzerrung entsteht durch die relativ geringe Abtastfrequenz.

2. Schritt: Berechnung der Ordnung und der digitalen Grenzfrequenz nach Formel 7.5

Die Berechnung wird mittels LabVIEW-Datenflussschema gelöst, um die richtige Reihenfolge der Bearbeitung zu erzwingen.

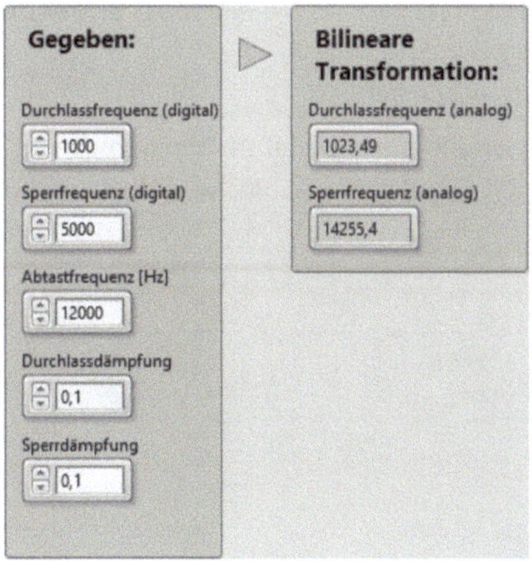

Bild 7.11 Toleranzschema und Zwischenwerte

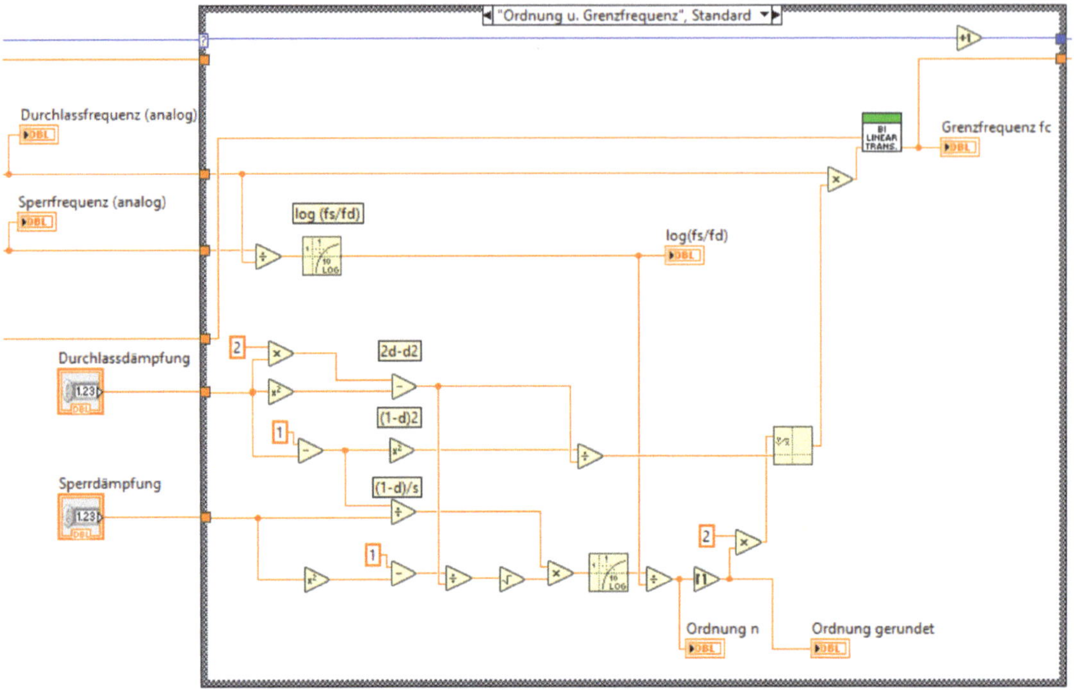

Bild 7.12 Berechnung der Ordnung und der Grenzfrequenz

Mit dem LabVIEW-Programm wurde die Formel 7.6 ohne Formelknoten umgesetzt. Das Ergebnis muss auf die nächste größere ganze Zahl gerundet werden. Damit ergibt sich eine Ordnung zwei für das Filter. Danach kann die digitale Grenzfrequenz errechnet werden.

Die Umrechnung der analogen Grenzfrequenz auf die digitale Grenzfrequenz ergibt $f_c = 1403{,}67$ Hz.

3. Schritt: Berechnung der Koeffizienten

Die Berechnung der Koeffizienten wird im Case „Koeffizienten berechnen" durchgeführt. Die Variable *w* wird zuerst berechnet, da sie für Folgeberechnungen mehrmals gebraucht wird.

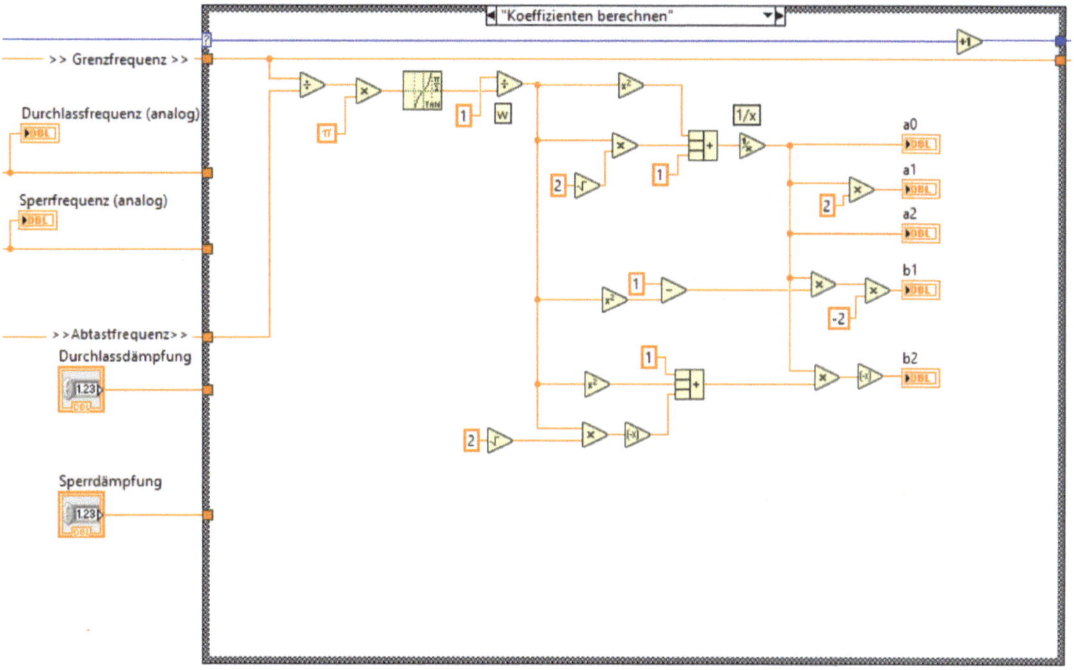

Bild 7.13 Berechnung der Koeffizienten für ein Tiefpassfilter zweiter Ordnung

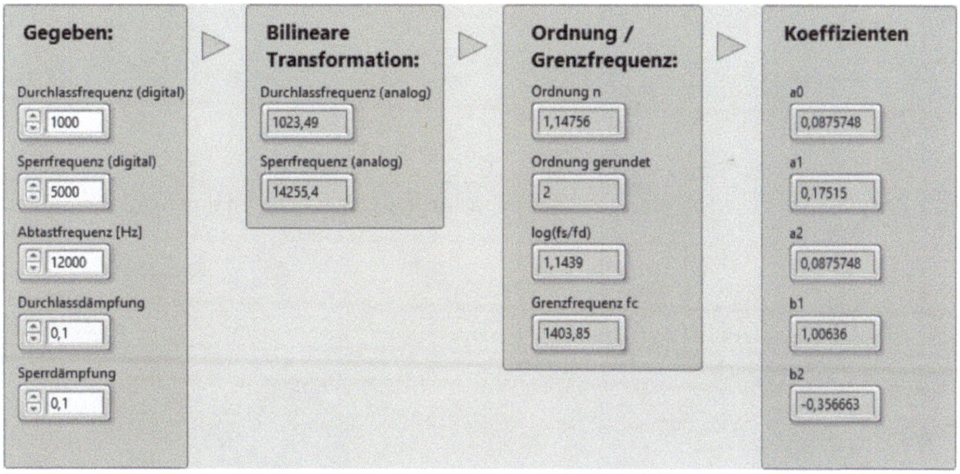

Bild 7.14 Ergebnis der Berechnungen für das Tiefpassfilter zweiter Ordnung

7.5 Transformation zwischen Tiefpass- und Hochpassfilter

Zwischen dem Tiefpassfilter und dem Hochpassfilter besteht eine enge Verwandtschaft. Dies lässt sich mithilfe des Amplitudengangs sehr gut verdeutlichen. Genau genommen verläuft der Amplitudengang des Hochpasses gespiegelt zur Grenzfrequenz des Tiefpassfilters.

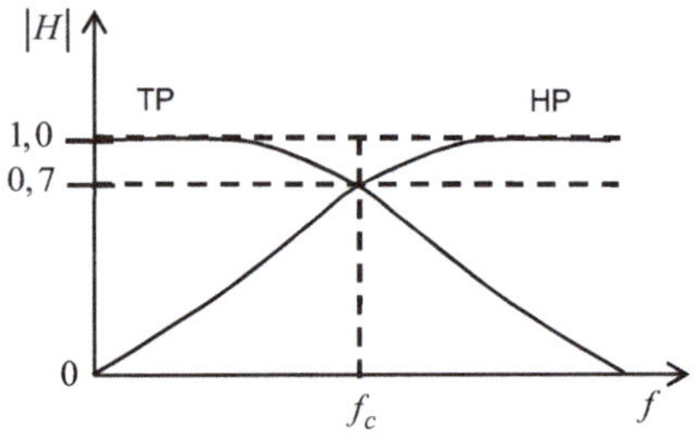

Bild 7.15 Tiefpass-Hochpass-Transformation

Aus dem Bild 7.15 können die folgenden Zusammenhänge abgeleitet werden:

TP	$\Rightarrow$	HP
$H(f=0)$	$\Rightarrow$	$H(f=\infty)$
$H(f=f_c)$	$\Rightarrow$	$H(f=f_c)$
$H(f=\infty)$	$\Rightarrow$	$H(f=0)$

Somit ergibt sich eine Frequenz-Transformation als Spiegelung an der Grenzfrequenz f_c:

$$f_{HP} = \frac{f_c^2}{f_{TP}}$$

bzw.

$$f_{TP} = \frac{f_c^2}{f_{HP}} \tag{7.16}$$

Aus dem Amplitudengang des Tiefpasses lässt sich mit der Transformation Formel 7.16 der Amplitudengang des Hochpasses herleiten:

$$H(f_{HP}) = \frac{1}{\sqrt{1+\left(\frac{f_{TP}}{f_c}\right)^{2n}}} = \frac{1}{\sqrt{1+\left(\frac{f_c^2}{f_c \cdot f_{HP}}\right)^{2n}}} = \frac{1}{\sqrt{1+\left(\frac{f_c}{f_{HP}}\right)^{2n}}}$$

$$H(f_{\mathrm{HP}}) = \frac{1}{\sqrt{1 + \left(\frac{f_c}{f}\right)^{2n}}} \tag{7.17}$$

Für ein Hochpassfilter ist das Toleranzschema gespiegelt zu dem Toleranzschema des Tiefpasses anzugeben.

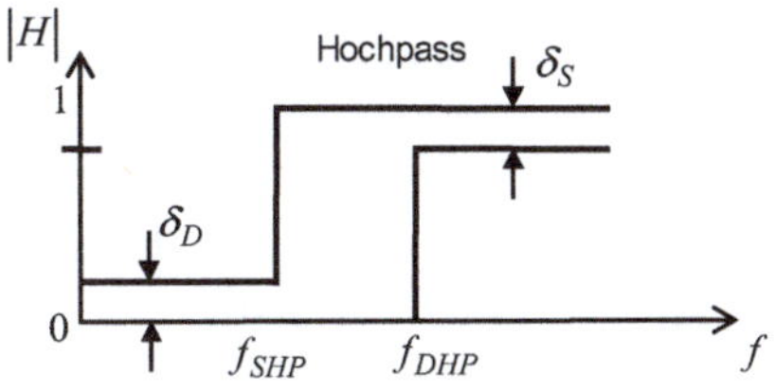

Bild 7.16 Toleranzschema des Hochpasses

δ_D = Durchlassdämpfung

δ_S = Sperrdämpfung

f_{DHP} = Durchlassfrequenz

f_{SHP} = Sperrfrequenz

Für die Berechnung der Ordnung n des Hochpassfilters ergibt sich mit der Beziehung

$$\frac{f_{\mathrm{STP}}}{f_{\mathrm{DTP}}} = \frac{f_c^2 \cdot f_{\mathrm{DHP}}}{f_{\mathrm{SHP}} \cdot f_c^2} = \frac{f_{\mathrm{DTP}}}{f_{\mathrm{STP}}}$$

eine Vertauschung der Sperr- und Durchlassfrequenzen für die Formel 7.5 zu:

$$n = \frac{\log\left(\frac{1-\delta_D}{\delta_S}\right) \cdot \sqrt{\frac{1-\delta_S^2}{2 \cdot \delta_D - \delta_D^2}}}{\log \frac{f_{\mathrm{DHP}}}{f_{\mathrm{SHP}}}} \tag{7.18}$$

Für die Berechnung der Grenzfrequenz des Hochpasses ergibt sich mit der Formel 7.16

$$f_{\mathrm{DTP}} = \frac{f_c^2}{f_{\mathrm{DHP}}}$$

und der Formel 7.6 die Formel 7.19

$$f_c = f_D \cdot \sqrt[2n]{\frac{(1-\delta_D)^2}{2 \cdot \delta_D - \delta_D^2}} = \frac{f_c^2}{f_{\mathrm{DHP}}} \cdot \sqrt[2n]{\frac{(1-\delta_D)^2}{2 \cdot \delta_D - \delta_D^2}} = \frac{f_{\mathrm{DHP}}}{\sqrt[2n]{\frac{(1-\delta_D)^2}{2 \cdot \delta_D - \delta_D^2}}} \tag{7.19}$$

Die Transformation der Übertragungsfunktion (Frequenzgang) ergibt sich wegen

$$|\mathrm{j}\omega_{\mathrm{TP}}| = |\frac{\omega_{\mathrm{c}}^2}{\mathrm{j}\omega_{\mathrm{HP}}}| \Rightarrow |\frac{\mathrm{j}\omega_{\mathrm{TP}}}{\omega_{\mathrm{c}}}| = |\frac{\omega_{\mathrm{c}}}{\mathrm{j}\omega_{\mathrm{HP}}}| \Rightarrow |\frac{\mathrm{j}\omega_{\mathrm{TP}}}{\omega_{\mathrm{c}}}| = |\frac{1}{\frac{\mathrm{j}\omega_{\mathrm{HP}}}{\omega_{\mathrm{c}}}}|$$

$$\Omega_{\mathrm{TP}} \Rightarrow \frac{1}{\Omega_{\mathrm{HP}}}$$

durch den Kehrwert von Omega, d.h. Ω wird durch $\frac{1}{\Omega}$ ersetzt.

Beispiel 7.5: Transformation TP-HP Ordnung n = 2

Eine Übertragungsfunktion zweiter Ordnung für einen Tiefpass soll in eine Übertragungsfunktion zweiter Ordnung für einen Hochpass transformiert werden.

Lösung

$$H_{\mathrm{TP}}\,(\Omega) = \frac{1}{1+\sqrt{2}\cdot\Omega+\Omega^2} \quad\Rightarrow\quad H_{\mathrm{HP}}\,(\Omega) = \frac{1}{1+\sqrt{2}\cdot\frac{1}{\Omega}+\frac{1}{\Omega^2}} = \frac{\Omega^2}{1+\sqrt{2}\cdot\Omega+\Omega^2}$$

Die praktische Realisierung ist unter Anwendung der Tabelle 7.4 für ein Hochpassfilter dann recht einfach.

7.6 Realisierung von Bandsperren und Bandpässen

Für die Realisierung von Bandsperren und Bandpässen werden ebenfalls Toleranzschemata vorgegeben und dann die entsprechenden Koeffizienten berechnet.

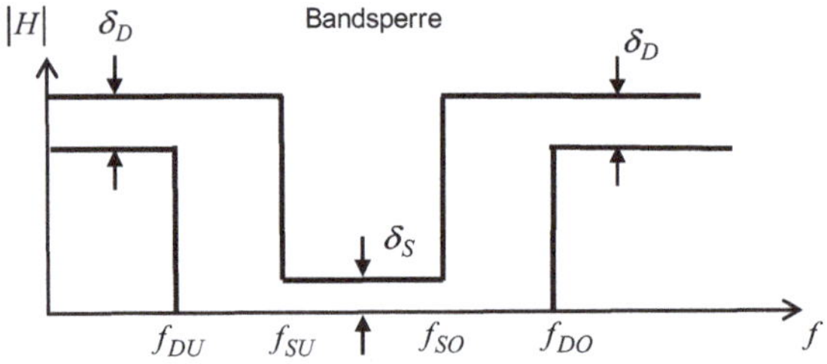

Bild 7.17 Toleranzschema einer Bandsperre

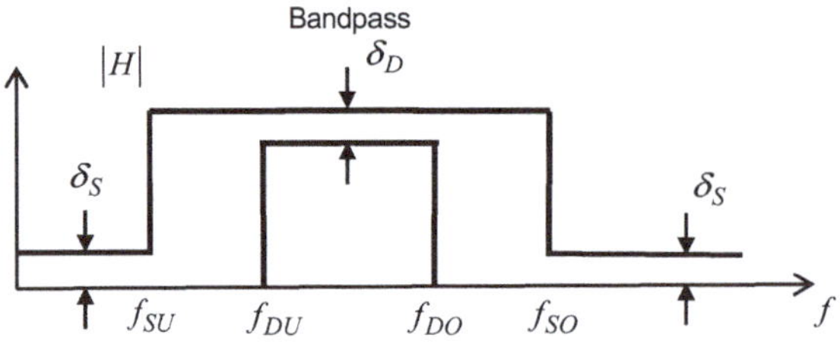

Bild 7.18 Toleranzschema eines Bandpasses

Die Realisierung von Bandsperren und Bandpässen lässt sich aus den Grundsystemen Tief- und Hochpassfilter realisieren. Vereinfacht können Bandsperren und Bandpässe aus einer Reihenschaltung von Hoch- und Tiefpassfilter angesehen werden.

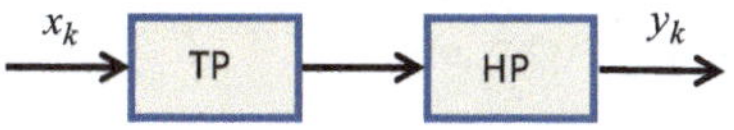

Bild 7.19 Realisierung von Bandpässen und Bandsperren

Die Koeffizienten lassen sich dann mithilfe der bilinearen Transformation ermitteln. Die Tabelle 7.5 zeigt die Berechnung der Filterkoeffizienten. Die Grundstruktur der Differenzengleichung bleibt erhalten.

Tabelle 7.5 Koeffizienten für digitale Bandpässe und Bandsperren mit Butterworth-Charakteristik

Ord. n	Bandpass	Bandsperre
1	$a_0 = \frac{1}{1+Q}$, $a_1 = 0$, $a_2 = -a_0$	$a_0 = \frac{Q}{1+Q}$, $a_1 = \frac{2P \cdot Q}{1+Q}$, $a_2 = a_0$
	$b_1 = \frac{2P \cdot Q}{1+Q}$; $b_2 = \frac{1-Q}{1+Q}$	
2	$a_0 = \frac{1}{1+\sqrt{2} \cdot Q+Q^2}$; $a_1 = 0$; $a_2 = -2a_0$; $a_3 = 0$; $a_4 = a_0$	$a_0 = \frac{Q^2}{1+\sqrt{2} \cdot Q+Q^2}$; $a_1 = \frac{4P \cdot Q^2}{1+\sqrt{2} \cdot Q+Q^2}$; $a_2 = \frac{(1+2P^2) \cdot Q^2}{1+\sqrt{2} \cdot Q+Q^2}$; $a_3 = a_1$; $a_4 = a_0$
	$b_1 = 2P \cdot Q \frac{\sqrt{2}+2Q}{1+\sqrt{2} \cdot Q+Q^2}$; $b_2 = 2\frac{1-(1+2P^2)+Q^2}{1+\sqrt{2} \cdot Q+Q^2}$; $b_3 = -2P \cdot Q \frac{\sqrt{2}-2Q}{1+\sqrt{2} \cdot Q+Q^2}$; $b_4 = -\frac{1-\sqrt{2}Q+Q^2}{1+\sqrt{2} \cdot Q+Q^2}$;	

mit

$$P = \frac{\cos\left(\pi \frac{f_o+f_u}{f_a}\right)}{\cos\left(\pi \frac{f_o-f_u}{f_a}\right)}$$

$$Q = \frac{1}{\tan\left(\pi \frac{f_o-f_u}{f_a}\right)}$$

f_u = untere Grenzfrequenz

f_o = obere Grenzfrequenz

7.7 Filter höherer Ordnung

Filter höherer Ordnung lassen sich durch Hintereinanderschalten (Kaskadierung) von Filtern erster Ordnung und zweiter Ordnung realisieren. Filter erster Ordnung können als Sonderfälle von Filtern zweiter Ordnung betrachtet werden.

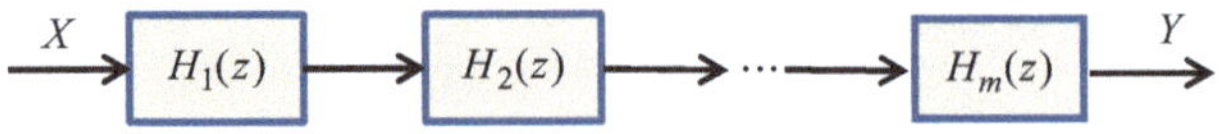

Bild 7.20 Kaskadierung von Filtern

Die Anordnung der Filterelemente unterscheidet sich nur durch die gerade oder ungerade Filterordnung. Für ein ungerades analoges Bezugsfilter ist das erste Teilfilter erster Ordnung, die folgenden Teilfilter sind zweiter Ordnung:

$$H(p) = \frac{1}{1+\alpha_1 \cdot \Omega} \cdot \frac{1}{1+\alpha_2 \cdot \Omega + \Omega^2} \cdot \frac{1}{1+\alpha_3 \cdot \Omega + \Omega^2} \cdots \tag{7.20}$$

Für eine gerade Filterordnung besteht das Gesamtfilter nur aus Teilfiltern zweiter Ordnung:

$$H(p) = \frac{1}{1+\alpha_1 \cdot \Omega + \Omega^2} \cdot \frac{1}{1+\alpha_2 \cdot \Omega + \Omega^2} \cdot \frac{1}{1+\alpha_3 \cdot \Omega + \Omega^2} \cdots \tag{7.21}$$

Für den Entwurf von Filtern mit höherer Ordnung sind die Koeffizienten α_i zu berechnen. Bis zur sechsten Ordnung sind diese bereits in der Tabelle 7.2 berechnet worden.

Gesamtfilter mit ungerader Ordnung *n*

1. Teilfilter (erster Ordnung)

$$\alpha_1 = 1 \tag{7.22}$$

Weitere Teilfilter (zweiter Ordnung)

$$\alpha_i = 2 \cdot \cos\left((i-1) \cdot \frac{\pi}{n}\right) \tag{7.23}$$

mit $i = 2,3,\ldots,\frac{n+1}{2}$.

Gesamtfilter mit gerader Ordnung *n*

Teilfilter (zweiter Ordnung)

$$\alpha_i = 2 \cdot \cos\left((2 \cdot i-1) \cdot \frac{\pi}{2 \cdot n}\right) \tag{7.24}$$

mit $i = 1,2,3,\ldots,\frac{n}{2}$

Mit den α_i-Koeffizienten der Teilübertragungsfunktion $H_i(p)$ werden anschließend die Koeffizienten a_{ik} und b_{ik} der Teilübertragungsfunktion $H_i(z)$ des digitalen Filters in Tabelle 7.6 bestimmt.

Digitales Filter höherer Ordnung

Tabelle 7.6 Teilfilter (erster Ordnung)

Tiefpass	Hochpass
$a_{10} = \frac{1}{1+\alpha_1 \cdot w} = \frac{1}{1+w}$ $a_{11} = a_{10}$	$a_{10} = \frac{\alpha_1 \cdot w}{1+\alpha_1 \cdot w} = \frac{w}{1+w}$ $a_{11} = -a_{10}$
$b_{11} = -\frac{1-\alpha_1 \cdot w}{1+\alpha_1 \cdot w} = -\frac{1-w}{1+w}$	

mit

$$w = \frac{1}{\tan\left(\pi \cdot \frac{f_c}{f_a}\right)}$$

Tabelle 7.7 *i*-tes Teilfilter (zweiter Ordnung)

Tiefpass	Hochpass
$a_{i0} = \frac{1}{1+\alpha_i \cdot w + w^2}$ $a_{i1} = 2 \cdot a_{i0}$ $a_{i2} = a_{i0}$	$a_{i0} = \frac{w^2}{1+\alpha_i \cdot w + w^2}$ $a_{i1} = -2 \cdot a_{i0}$ $a_{i2} = a_{i0}$
$b_{i1} = -2 \cdot \frac{1-w^2}{1+\alpha_i \cdot w + w^2}$ $b_{i2} = -\frac{1-\alpha_i \cdot w + w^2}{1+\alpha_i \cdot w + w^2}$	

mit

$$w = \frac{1}{\tan\left(\pi \cdot \frac{f_c}{f_a}\right)}$$

Beispiel 7.6

Ein digitales TP-Filter mit Butterworth-Charakteristik ist für folgende Filterdaten zu entwerfen:

$n = 7;\ f_c = 400\text{Hz};\ f_a = 10\text{kHz}$

Es sollen die Filterkoeffizienten für das erste und letzte Teilfilter ermittelt werden.

Lösung

1. Schritt: Koeffizienten des 1. Teilfilters (analog) berechnen

Die Ordnungsanzahl ist ungerade, sodass das erste Filter die Ordnung eins hat: $\alpha_1 = 1$.

2. Schritt: Koeffizienten des 1. Teilfilters (digital) berechnen

$$w = \frac{1}{\tan\left(\pi \cdot \frac{f_c}{f_a}\right)} = \frac{1}{\tan\left(\pi \cdot \frac{400\,\text{Hz}}{10\,\text{kHz}}\right)} = 7{,}9158$$

$$a_{10} = \frac{1}{1+w} = \frac{1}{1+7{,}9158} = 0{,}1122$$

$$a_{11} = a_{10} = 0{,}1122$$

$$b_{11} = -\frac{1-w}{1+w} = -\frac{1-7{,}9158}{1+7{,}9158} = 0{,}776$$

3. Schritt: Koeffizienten des 4. Teilfilters (analog) berechnen

$$i = \frac{n+1}{2} = \frac{7+1}{2} = 4$$

$$\alpha_4 = 2 \cdot \cos\left((i-1) \cdot \frac{\pi}{n}\right) = 2 \cdot \cos\left((4-1) \cdot \frac{\pi}{7}\right) = 0{,}445$$

4. Schritt: Koeffizienten des 4. Teilfilters (digital) berechnen

$$a_{40} = \frac{1}{1+\alpha_4 \cdot w + w^2} = 0{,}01488$$

$$a_{41} = 2 \cdot a_{40} = 0{,}02976$$

$$a_{42} = a_{40} = 0{,}01488$$

$$b_{41} = -2 \cdot \frac{1-w^2}{1+\alpha_4 \cdot w + w^2} = 1{,}836$$

$$b_{42} = -\frac{1-\alpha_4 \cdot w + w^2}{1+\alpha_4 \cdot w + w^2} = -0{,}895$$

Zum Beispiel 7.6 soll der Filterentwurf mit LabVIEW gezeigt werden. Die Vorgehensweise ist sehr einfach, allerdings muss bei der Angabe der Parameter auf eine Besonderheit geachtet werden. Für das Beispiel 7.6 sieht die Differenzengleichung folgendermaßen aus:

$$y_{z1(k)} = a_{10} \cdot x_k + a_{11} \cdot x_{k-1} + b_{11} \cdot y_{z1(k-1)}$$

$$y_{z2(k)} = a_{20} \cdot y_{z1(k)} + a_{21} \cdot y_{z1(k-1)} + a_{22} \cdot y_{z1(k-2)} + b_{21} \cdot y_{z2(k-1)} + b_{22} \cdot y_{z2(k-2)}$$

$$y_{z3(k)} = a_{30} \cdot y_{z2(k)} + a_{31} \cdot y_{z2(k-1)} + a_{32} \cdot y_{z2(k-2)} + b_{31} \cdot y_{z3(k-1)} + b_{32} \cdot y_{z3(k-2)}$$

$$y_{z4(k)}(z) = a_{40} \cdot y_{z3(k)} + a_{41} \cdot y_{z3(k-1)} + a_{42} \cdot y_{z3(k-2)} + b_{41} \cdot y_{z4(k-1)} + b_{42} \cdot y_{z4(k-2)}$$

und die dazugehörige Übertragungsfunktion lautet:

$$H(z) = \frac{a_{10} + a_{11} \cdot z^{-1}}{1 - b_{11} \cdot z^{-1}} \cdot \frac{a_{20} + a_{21} \cdot z^{-1} + a_{22} \cdot z^{-2}}{1 - b_{21} \cdot z^{-1} - b_{22} \cdot z^{-2}} \cdot \frac{a_{30} + a_{31} \cdot z^{-1} + a_{32} \cdot z^{-2}}{1 - b_{31} \cdot z^{-1} - b_{32} \cdot z^{-2}} \cdot \frac{a_{40} + a_{41} \cdot z^{-1} + a_{42} \cdot z^{-2}}{1 - b_{41} \cdot z^{-1} - b_{42} \cdot z^{-2}} \quad (7.25)$$

Die Differenzengleichungen sind kaskadiert, d.h. die Ausgangsfolge der ersten Differenzengleichung ist die Eingangsfolge der nächsten Differenzengleichung usw.

Das Nennerpolynom der Übertragungsfunktion $H(z)$ kann als Differenz $(1 - b_1 \cdot z^{-1} - b_2 \cdot z^{-2})$ oder als Summe $(1 + b_1 \cdot z^{-1} + b_2 \cdot z^{-2})$ geschrieben werden. Die Koeffizienten unterscheiden sich durch das Vorzeichen.

$$H(z) = \frac{a_{10} + a_{11} \cdot z^{-1}}{1 + b_{11} \cdot z^{-1}} \cdot \frac{a_{20} + a_{21} \cdot z^{-1} + a_{22} \cdot z^{-2}}{1 + b_{21} \cdot z^{-1} + b_{22} \cdot z^{-2}} \cdot \frac{a_{30} + a_{31} \cdot z^{-1} + a_{32} \cdot z^{-2}}{1 + b_{31} \cdot z^{-1} + b_{32} \cdot z^{-2}} \cdot \frac{a_{40} + a_{41} \cdot z^{-1} + a_{42} \cdot z^{-2}}{1 + b_{41} \cdot z^{-1} + b_{42} \cdot z^{-2}} \quad (7.26)$$

Die b_{jk}-Koeffizienten werden von LabVIEW für die Übertragungsfunktion (Summenschreibweise) berechnet. Die Konsequenz ist, dass alle b_{jk}-Koeffizienten negativ in der Differenzengleichung angegeben werden müssen.

Beispiel 7.7: Parameterbestimmung mit LabVIEW

Mit den Werten aus Beispiel 7.6 sollen die Koeffizienten für das digitale Filter entworfen werden.

Lösung

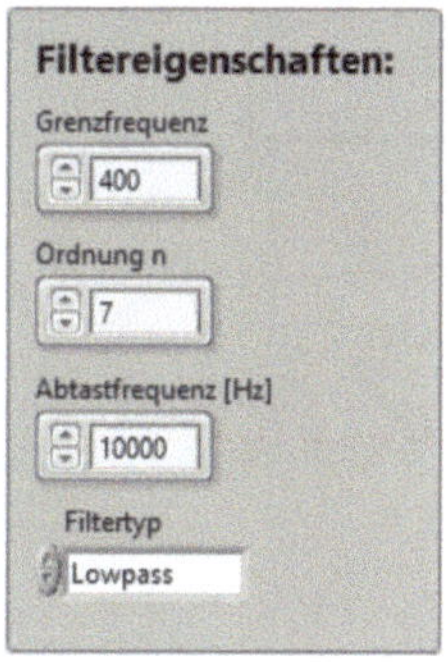

Bild 7.21
Vorgabe: Grenzfrequenz, Filter-Typ, Ordnung und Abtastfrequenz

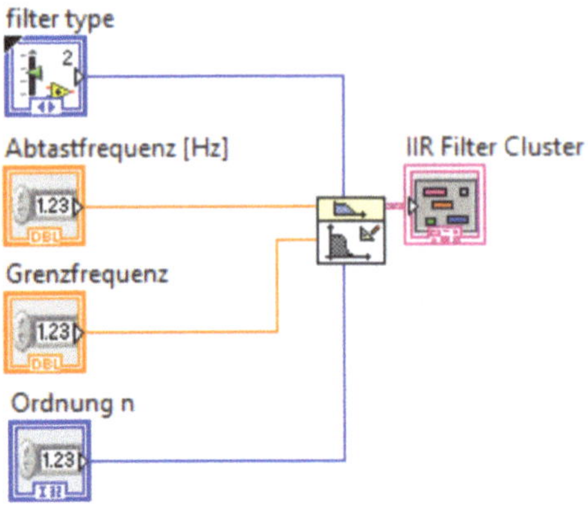

Bild 7.22 Blockdiagramm Filterentwurf mit LabVIEW

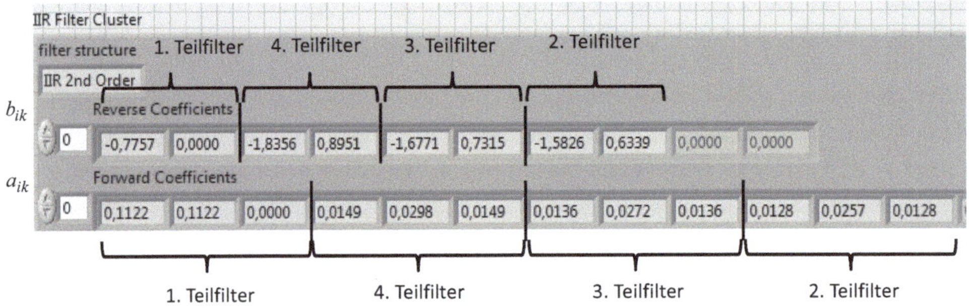

Bild 7.23 Koeffizienten des digitalen Filters siebter Ordnung (Butterworth)

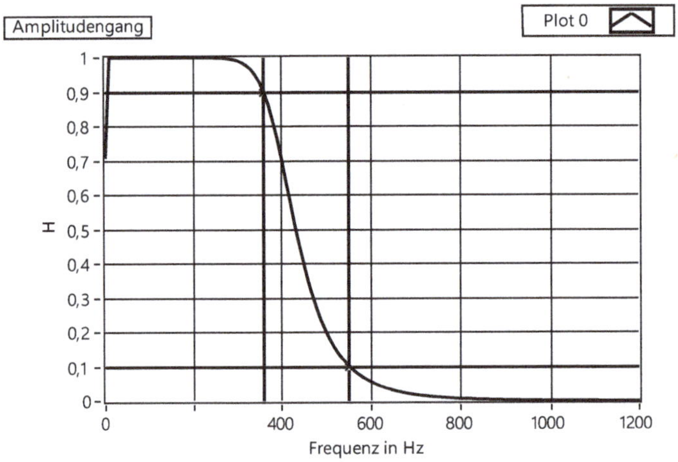

Bild 7.24 Amplitudengang digitales Filter siebter Ordnung

7.8 Entwurfsverfahren für FIR-Filter

FIR-Filter bestehen wie die IIR-Filter aus Multiplizieren und Addieren mit dem entscheidenden Unterschied, dass alle Rückführungskoeffizienten $b_{ki} = 0$ sind. Daher werden diese Filter als nichtrekursive Filter, Transversalfilter oder bezogen auf die Impulsantwort auch als Finite-Impulse-Response-Filter bezeichnet; das bedeutet, dass die Impulsantwort endlich ist. Nichtrekursive Filter sind im Unterschied zu rekursiven Filtern immer stabil und haben einen linearen Phasengang, wenn bestimmte Symmetrieeigenschaften eingehalten werden.

Die Ordnung N eines nichtrekursiven Filters kann gerade oder ungerade sein. Es ist aber zu beachten, dass ein Filter mit einer geraden Ordnung N eine ungerade Anzahl und Filter mit einer ungeraden Ordnung eine gerade Anzahl von Filterkoeffizienten braucht.

$$y_k = a_0 \cdot x_k + a_1 \cdot x_{k-1} + a_2 \cdot x_{k-2} + \cdots + a_N \cdot x_{k-N} \tag{7.27}$$

Zusätzlich zu der geraden oder ungeraden Ordnung können noch die Fälle symmetrisch und antisymmetrisch unterschieden werden.

Werden diese Konstellationen eingehalten, ist der Phasengang linear. Der Phasenverlauf ist entweder:

$$y_k = a_0 \cdot x_k + a_1 \cdot x_{k-1} + a_2 \cdot x_{k-2} + \cdots + a_N \cdot x_{k-N}$$

Der Phasengang läuft stetig bis π und wechselt dann das Vorzeichen.

Aus dem Verlauf der Koeffizienten lassen sich bestimmte Filtertypen entwickeln. Diese können sehr gut aus zwei Frequenzwerten abgeschätzt werden:

- gerade Anzahl der Koeffizienten, N = ungerade, symmetrisch, eignen sich für Tiefpassfilter, aber nicht für Hochpassfilter, $H(f = 0) \neq 0$, $H(f = \frac{f_a}{2}) = 0$, (Bild 7.25)

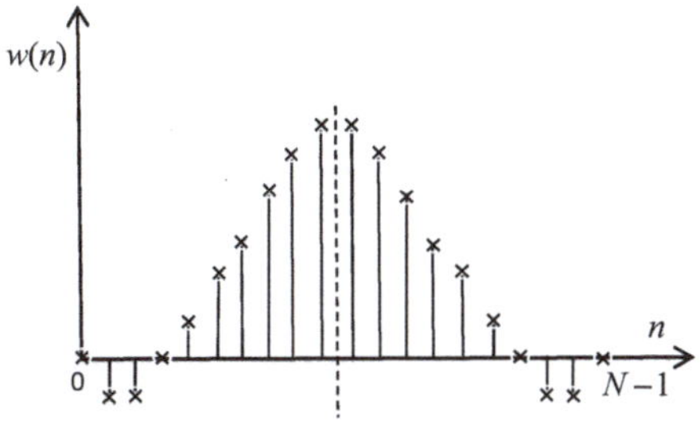

Bild 7.25
Gerade Anzahl Koeffizienten, N ungerade, symmetrisch

- ungerade Anzahl der Koeffizienten, N = gerade, symmetrisch, eignen sich für alle Filter, $H(f = 0) =$ **beliebig**, $H(f = \frac{f_a}{2}) =$ **beliebig**, (Bild 7.26)

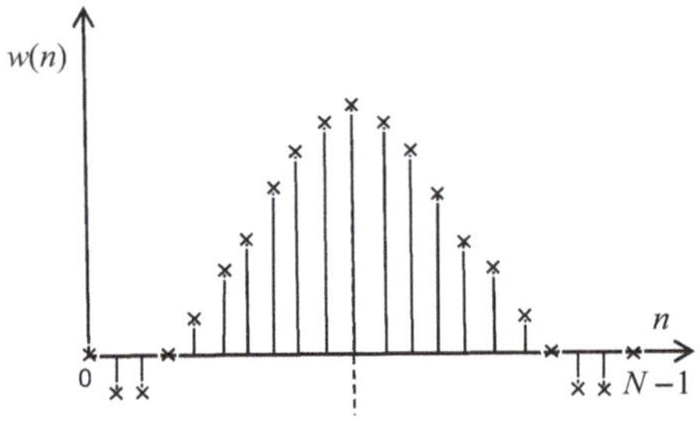

Bild 7.26
Ungerade Anzahl Koeffizienten, N gerade, symmetrisch

- gerade Anzahl der Koeffizienten, N = ungerade, antisymmetrisch, eignen sich für Hochpassfilter, $H(f = 0) = 0$, $H(f = \frac{f_a}{2}) \neq 0$, (Bild 7.27)

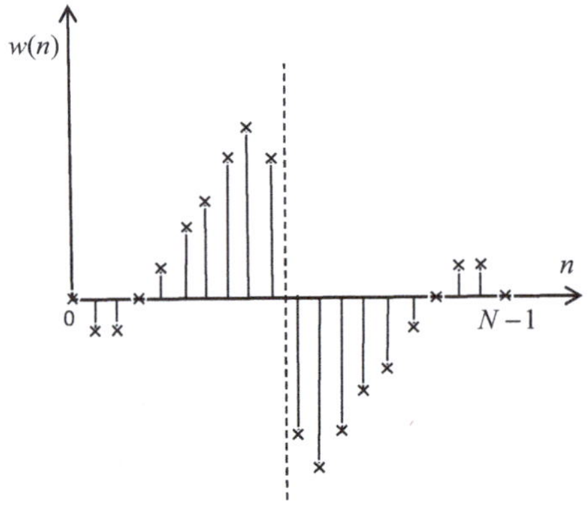

Bild 7.27
Gerade Anzahl Koeffizienten, N ungerade, antisymmetrisch

- ungerade Anzahl der Koeffizienten, N = gerade, antisymmetrisch, eignen sich für Bandpassfilter, aber nicht für Tiefpass- oder Hochpassfilter, $H(f = 0) = 0$, $H(f = \frac{f_a}{2}) = 0$, (Bild 7.28).

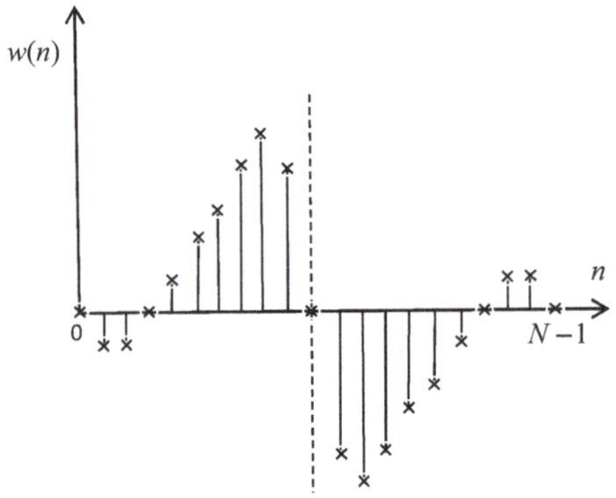

Bild 7.28
Ungerade Anzahl Koeffizienten, N gerade, antisymmetrisch

Beispiel 7.8

Ein FIR-Filtertyp mit der Ordnung N = 4 soll hinsichtlich seines Filtertyps abgeschätzt werden.

Lösung

Die Übertragungsfunktion für ein FIR-Filter mit der Ordnung N = 4 lautet:

$$H(z) = a_0 + a_1 \cdot z^{-1} + a_2 \cdot z^{-2} + a_3 \cdot z^{-3} + a_4 \cdot z^{-4} \quad (7.28)$$

Bei einer Frequenz $\omega = 0$ werden die z-Potenzen wegen $e^{-j\omega T_a}$ alle eins. Dies bedeutet, dass der Verstärkungsfaktor der Übertragungsfunktion bei einer Gleichspannung durch die Summe der Koeffizienten bestimmt wird. Wird weiterhin angenommen, dass die Filterkoeffizienten symmetrisch sind (Bild 7.26), dann ergeben sich folgende Konstellationen für die Koeffizienten:

$$a_0 = a_4$$

$$a_1 = a_3$$

$$a_2 \neq 0 a_2 \neq 0$$

Die Summe der Koeffizienten ist damit ungleich null. Wird eine Verstärkung von eins gewünscht, müssen die Koeffizienten entsprechend gewählt werden.

Bei einem antisymmetrischen Verlauf der Koeffizienten (Bild 7.28) ergibt sich eine andere Konstellation:

$$a_0 = -a_4 = 0$$

$$a_1 = -a_3 = 0$$

$$a_2 = 0$$

Die Summe der Koeffizienten ist damit gleich null. Ein Tiefpassfilter kann somit für ein antisymmetrisches FIR-Filter mit einer geraden Ordnung ausgeschlossen werden.

Ähnliche Überlegungen können auch für die zweite Frequenz angestellt werden. Hier werden die Überlegungen sinnvollerweise mit der halben Abtastfrequenz durchgeführt. Die Formel 7.28 ergibt mit der halben Abtastfrequenz wegen der Beziehung Formel 7.29.

$$\mathrm{e}^{-\mathrm{j}k\omega T_\mathrm{a}} = \mathrm{e}^{-\mathrm{j}k\frac{\omega}{f_\mathrm{a}}} = \mathrm{e}^{-\mathrm{j}k\frac{\pi f_\mathrm{a}/2}{f_\mathrm{a}}} = \mathrm{e}^{-\mathrm{j}k\pi} = (-1)^k \quad (7.29)$$

die Konstellation, dass alle ungeraden Koeffizienten mit minus eins multipliziert werden. Werden die Koeffizienten wieder addiert, ergibt sich der Verstärkungsfaktor bei der halben Abtastfrequenz.

Für den Fall, dass die ungeraden Koeffizienten symmetrisch verlaufen und die Ordnung N = 4 ist, ergibt sich jetzt:

$$H\left(\frac{f_\mathrm{a}}{2}\right) = a_0 + a_1 \cdot (-1) + a_2 + a_3 \cdot (-1) + a_4 \quad (7.30)$$

Mit einer bestimmten Wahl der Koeffizienten wäre es möglich, die Formel 7.30 null werden zu lassen, was gleichbedeutend wäre mit der Tatsache, dass es dann kein Hochpassfilter sein kann.

Bei einem antisymmetrischen Verlauf der Koeffizienten ist wegen:

$$a_0 = -a_4$$

$$a_1 \cdot (-1) = -a_3 \cdot (-1)$$

$$a_2 = 0$$

eine entsprechende Aussage wie bei $f = 0$ zu machen, mit diesem Filtertyp ist auch ein Hochpassfilter nicht möglich. Damit ist dieser Typ für Bandpässe geeignet.

Hinweis

- FIR-Filter sind immer stabil.
- Bei symmetrischem oder antisymmetrischem Verlauf der Koeffizienten des FIR-Filters ist der Phasengang linear.
- Die Gleichspannungsverstärkung eines FIR-Filters ist gleich der Summe aller Koeffizienten.
- Die Verstärkung eines FIR-Filters ist bei der halben Abtastfrequenz gleich der Summe der im Wechsel mit +1 und –1 gewichteten Koeffizienten.

7.9 FIR-Filterentwurf mit einem Approximationsverfahren

Für diese Entwurfsmethode wird ein ideales Filter mit linearem Frequenzgang angenommen. Dieses Filter ist ein Wunschfilter, das in der Praxis nicht zu realisieren ist. Unter Einsatz einer Fensterfunktion wird versucht, eine Approximation durchzuführen, um diesem idealen Filter möglichst nahezukommen.

Mathematisch lässt sich das ideale Tiefpassfilter wie folgt beschreiben:

$$H(f) = \begin{cases} \mathrm{e}^{\mathrm{j}2\pi\tau f} & \text{für} \quad -f_g \leq f \leq f_g \\ 0 & \text{sonst} \end{cases} \tag{7.31}$$

mit τ = Gruppenlaufzeit

Wie bereits gezeigt wurde, besteht zwischen dem Zeit- und Frequenzbereich eine Korrespondenz, die durch die Fourier-Transformation beschrieben wird. Um einen Frequenzgang, wie in Formel 7.31 beschrieben und in Bild 7.29 gezeigt, in den Zeitbereich zu transformieren, wird die inverse Fourier-Transformation benötigt.

Das begrenzte Spektrum (Bild 7.29) des idealen Tiefpasses ergibt mit der inversen Fourier-Transformation eine unendlich lange Impulsantwort. Die Impulsantwort des idealen Rechteckfilters entspricht einer sogenannten si-Funktion.

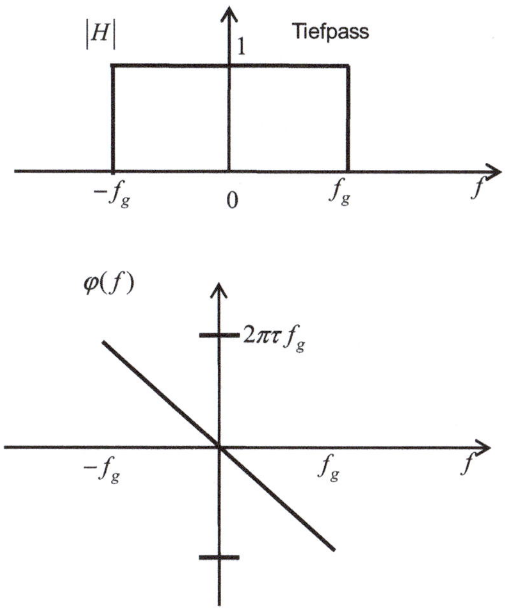

Bild 7.29 Idealer Tiefpass (Wunschfilter), Amplituden- und Phasengang

Die abgetastete Impulsantwort ist mathematisch gleichzusetzen mit der Impulsfolge des idealen Tiefpassfilters und entspricht den Koeffizienten des Filters Formel 7.32.

$$H(n) = \frac{\sin(2\pi f_g(n-\tau))}{\pi(n-\tau)}$$

mit

$$-\infty < n < \infty$$

$$\tau = \frac{N-1}{2} \tag{7.32}$$

Beispiel 7.9

Die Formel 7.32 soll als Folge für ein ideales Tiefpassfilter mit LabVIEW programmiert werden. Die Folge soll begrenzt für $N = 16$ berechnet werden, d. h. die unendliche Folge wird abgebrochen. Als τ berechnet sich mit Formel 7.32 der Wert 7,5. Die Folge ist damit symmetrisch. Die Grenzfrequenz soll $f_g = 0{,}2$ Hz betragen.

Lösung

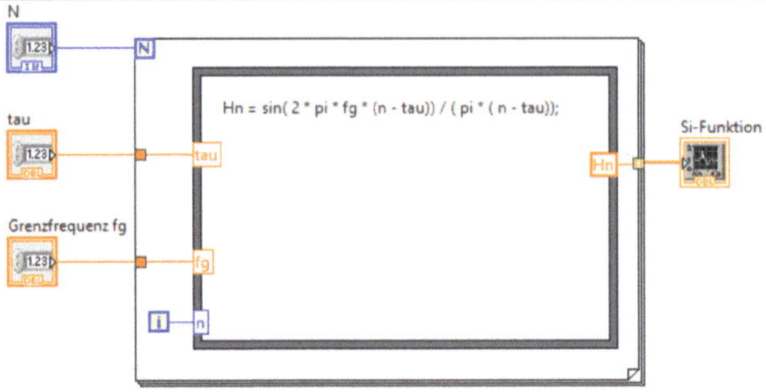

Bild 7.30 Programm zur Berechnung der si-Funktion

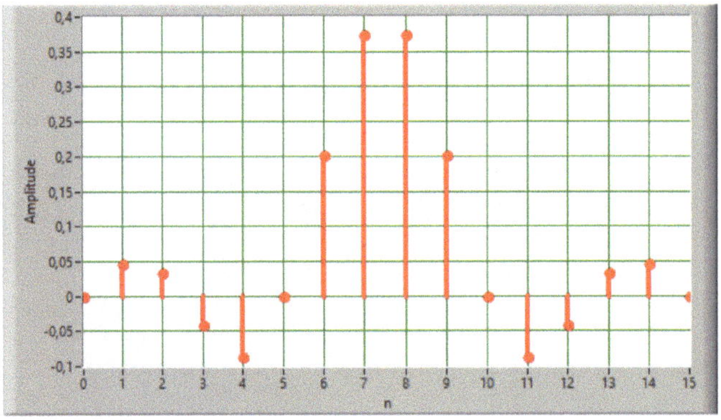

Bild 7.31 Abgeschnittene Folge eines idealen Tiefpassfilters

Trotz der Begrenzung der Folge, ist der si-Funktionsverlauf gut zu erkennen. An diesem Beispiel wird die Problematik sehr deutlich. Ein ideales Tiefpassfilter fordert eine unendliche Anzahl von Koeffizienten des Filters. Diese Koeffizienten ergeben mit einem Eingangsimpuls eine unendliche Impulsantwort dieses Filters. Ein FIR-Filter zeichnet sich aber durch eine endliche Impulsantwort aus. Die Impulsfolge muss endlich sein, d.h. die Anzahl der Koeffizienten muss endlich sein. Dies ist durch die Begrenzung auf eine endliche Anzahl geschehen. In dem Beispiel 7.8 auf genau 16 Koeffizienten.

Hinweis

Wird ein FIR-Filter mit einem Impuls angeregt, antwortet das Filter mit einer endlichen Impulsantwort als Folge, die den Werten der Koeffizienten entspricht.

Die Begrenzung der Folge des idealen Tiefpassfilters kann mathematisch als Multiplikation mit einer Fensterfunktion im Zeitbereich $w_F(n)$ verstanden werden.

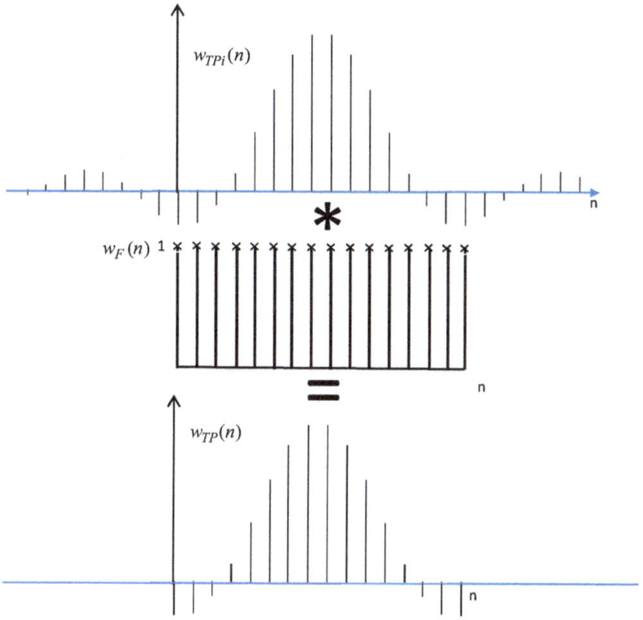

Bild 7.32 Begrenzung der idealen Tiefpassfolge

Eine Multiplikation im Zeitbereich hat wiederum eine Auswirkung im Frequenzbereich. Um dies zu untersuchen, muss zuerst der Frequenzgang der Fensterfunktion ermittelt werden. Eine Rechteck-Fensterfunktion im Zeitbereich ergibt eine si-Funktion als Spektrum. Die Dualität zwischen Rechteckfunktion und si-Funktion gilt in beide Transformationsrichtungen zwischen Zeit- und Frequenzbereich. Umgekehrt entsteht durch eine Transformation eines idealen Tiefpasses eine si-Funktion im Zeitbereich.

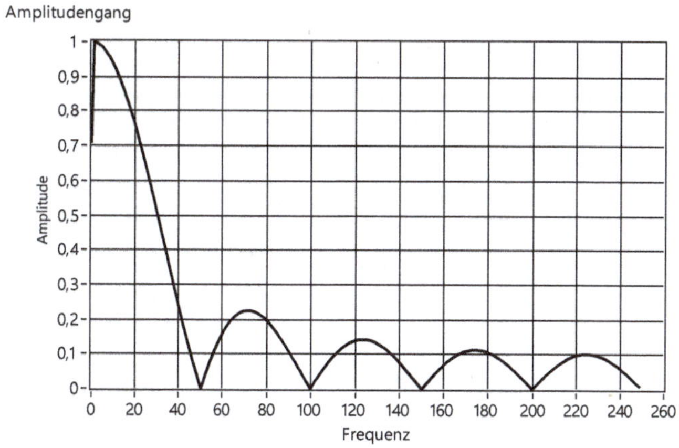

Bild 7.33 Amplitudengang der Rechteck-Fensterfunktion

Eine Multiplikation im Zeitbereich entspricht einer sogenannten Faltung im Frequenzbereich, d.h. die Spektren werden ineinander verschoben, miteinander multipliziert und aufsummiert.

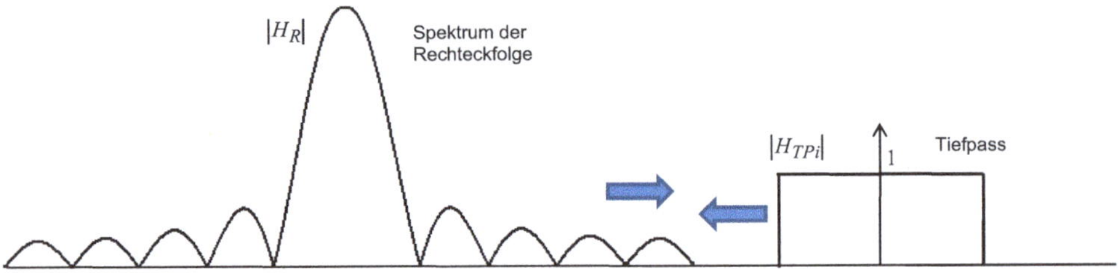

Bild 7.34 Faltung der Spektren

Das dabei das ursprüngliche Spektrum des idealen Tiefpasses nicht erhalten bleibt, ist vorstellbar. Das Spektrum wird gewellt werden durch das si-Spektrum der Rechteck-Fensterfunktion.

Hinweis

Eine Multiplikation im Zeitbereich entspricht einer Faltung im Frequenzbereich und umgekehrt.

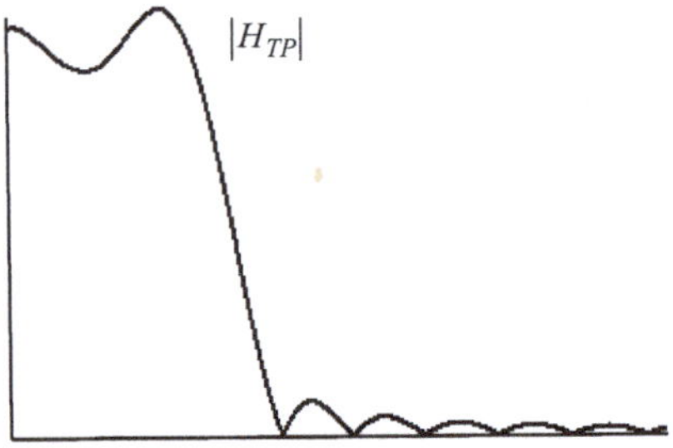

Bild 7.35 Amplitudengang des Tiefpasses mit endlicher Impulsantwort

Der entstehende Amplitudengang wird in den sogenannten Hauptschwinger (main lobe) und den sogenannten Nebenschwingern (side lobes) unterschieden. Der Hauptschwinger bildet den Durchlassbereich und die Nebenschwinger den Sperrbereich. Die Welligkeit im Durchlassbereich nimmt zum Übergang in den Sperrbereich zu. Dieses Verhalten wird als Gibbsches Phänomen bezeichnet. Die Ursache ist durch die Begrenzung der Tiefpassfilter-Impulsantwort gegeben. Die Ränder $n = 0$ und $n = N_k - 1$ weisen einen von null verschiedenen Wert auf.

Es sind verschiedene Ansätze bekannt, um den Amplitudengang in Bild 7.35 hinsichtlich des Durchlass- und Sperrbereichs zu verbessern. Die Methoden werden in der

Regel nach dem jeweiligen Erfinder benannt, unter anderem gibt es folgende Fensterfunktionen:

- Hanning-Fensterfunktion,
- Hamming-Fensterfunktion,
- Blackman-Fensterfunktion,
- Kaiser-Bessel-Fensterfunktion,
- Flat-Top-Fensterfunktion.

Alle diese Fensterfunktionen zeichnen sich durch unterschiedliche Verhaltensweisen im Durchlass- und Sperrbereich aus. In der Tabelle 7.8 sind einige Fensterfunktionen aufgeführt.

Tabelle 7.8 Fensterfunktionen

Fensterfunktion	Funktion
Hanning	$w(n) = 0{,}5 - 0{,}5 \cdot \cos\left(\frac{2\pi n}{N_k - 1}\right)$
Hamming	$w(n) = 0{,}54 - 0{,}46 \cdot \cos\left(\frac{2\pi n}{N_k - 1}\right)$
Blackman	$w(n) = 0{,}42 - 0{,}5 \cdot \cos\left(\frac{2\pi n}{N_k - 1}\right) + 0{,}08 \cdot \cos\left(\frac{4\pi n}{N_k - 1}\right)$
Kaiser-Bessel	$w(n) = 0{,}4021 - 0{,}4986 \cdot \cos\left(\frac{2\pi n}{N_k - 1}\right) + 0{,}0981 \cdot \cos\left(\frac{4\pi n}{N_k - 1}\right) - 0{,}0012 \cdot \cos\left(\frac{6\pi n}{N_k - 1}\right)$
Flat-Top	$w(n) = 0{,}2155 - 0{,}4159 \cdot \cos\left(\frac{2\pi n}{N_k - 1}\right) + 0{,}278 \cdot \cos\left(\frac{4\pi n}{N_k - 1}\right) - 0{,}0836 \cdot \cos\left(\frac{6\pi n}{N_k - 1}\right) + 0{,}007 \cdot \cos\left(\frac{8\pi n}{N_k - 1}\right)$

Beispiel 7.10

Stellen Sie den Amplitudengang eines Tiefpassfilters mit einer Hanning-Fensterfunktion-Approximation dar. Die Grenzfrequenz soll $f_g = 0{,}2$ Hz betragen. Die Anzahl der Koeffizienten des Filters soll $N_k = 16$ sein.

Lösung

1. Schritt: Wahl der Hanning-Folge aus Tabelle 7.8

$$w_{Hn} = \begin{cases} 0{,}5 - 0{,}5 \cdot \cos\left(\frac{2\pi n}{N_k - 1}\right) & \text{für} \quad 0 \le n \le N_k - 1 \\ 0 & \text{sonst} \end{cases} \tag{7.33}$$

2. Schritt: Multiplikation der TP-Folge mit der Hanning-Fensterfunktion

$$w_{TPHn}(n) = \frac{\sin(2\pi f_g(n-\tau) \cdot T_a)}{\pi(n-\tau)} \cdot \left(0{,}5 - 0{,}5 \cdot \cos\left(\frac{2\pi n}{N_k - 1}\right)\right) \tag{7.34}$$

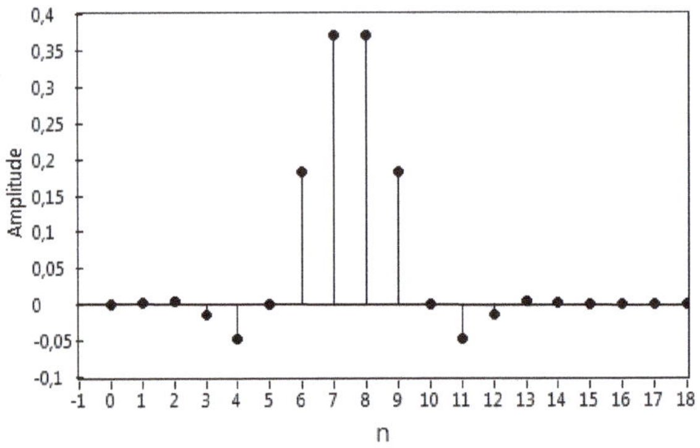

Bild 7.36 Koeffizienten nach der Formel 7.34 mit $N = 16$ und $\tau = 7{,}5$

3. Schritt: Berechnung des Amplitudengangs

Die Berechnung des Amplitudengangs über die Übertragungsfunktion

$$H(z)_{TPHn} = a_0 + a_1 \cdot z^{-1} + a_2 \cdot z^{-2} + \cdots + a_{N-1} \cdot z^{-(N-1)}$$

wäre möglich, aber sehr mühsam, stattdessen wird die Fourier-Transformation von LabVIEW genutzt. Das Fenster wird wegen einer guten Frequenzauflösung auf $N_g = 500$ vergrößert.

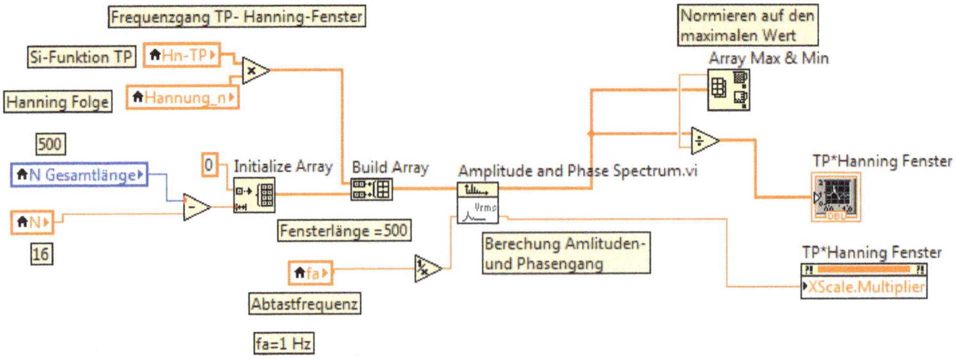

Bild 7.37 Realisierung eines Hanning-Fenster-Amplitudengangs

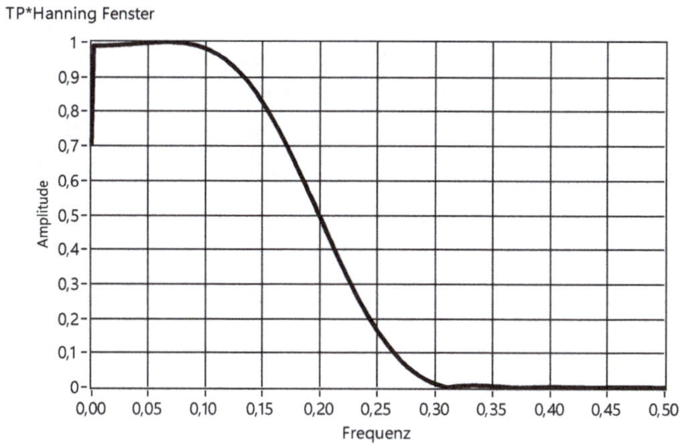

Bild 7.38 Amplitudengang Hanning-TP-Filter

Im Vergleich zu Bild 7.35 ist die Welligkeit im Durchlassbereich verbessert worden. Die vorgegebene Grenzfrequenz von $f_g = 0{,}2$ Hz wird nicht eingehalten, verbessert sich aber mit der Hinzunahme weiterer Koeffizienten. Um das Hanning-gefensterte TP-Filter mit dem Rechteck-gefensterten TP-Filter besser vergleichen zu können, werden beide in einer logarithmischen Skalierung dargestellt.

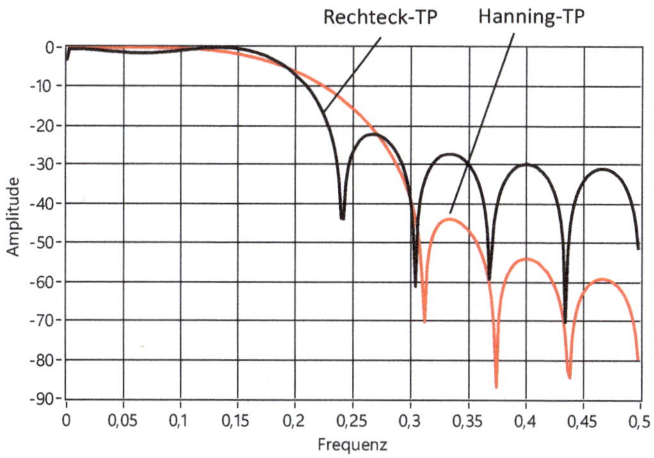

Bild 7.39 Amplitudengang Rechteck-, Hanning-TP

In Bild 7.39 fallen zwei markante Unterschiede in den Frequenzgängen auf. Zum einen ist der Hauptschwinger des Hanning-Filters größer und zum anderen ist auch die Dämpfung im Sperrbereich um einige Dezibel größer. Die vorgegebene Grenzfrequenz wird nur näherungsweise eingehalten. Bei der vorgegebenen Grenzfrequenz f_g stellt sich eine tatsächliche Dämpfung von ca. –6 dB ein. Der Übergang von dem Durchlassbereich zu dem Sperrbereich ist stark gedehnt. Genau diese Kriterien unterscheiden die einzelnen Fenster-Filter. Eine größere Dämpfung der Nebenschwinger wird mit einem größeren Übergangsbereich erkauft. Mit einer Vergrößerung der Ordnung des Filters kann dieser Übergangsbereich wieder verkleinert werden. In der Tabelle 7.9 werden einige Eigenschaften der unterschiedlichen Filtertypen aufgezeigt.

Tabelle 7.9 Eigenschaften von Fensterfunktionen

Fenster-TP	Sperrfrequenz	Dämpfung Nebenschwinger
Rechteck	$f_g + \frac{f_a}{N}$	-21 dB
Hanning	$f_g + 2 \cdot \frac{f_a}{N}$	-44 dB
Hamming	$f_g + 2 \cdot \frac{f_a}{N}$	-54 dB
Blackman	$f_g + 3 \cdot \frac{f_a}{N}$	-74 dB
Kaiser-Bessel	$f_g + 3 \cdot \frac{f_a}{N}$	-84 dB
Flat-Top	$f_g + 5 \cdot \frac{f_a}{N}$	-91 dB

Mit diesen Kennwerten kann in einer praktischen Vorgehensweise ein Filter entwickelt werden.

Beispiel 7.11

Mit dem folgenden Toleranzschema soll ein Tiefpassfilter entworfen werden:

Im Durchlassbereich bei einer Frequenz von $f_D = 1000\,\text{Hz}$ soll die Verstärkung eins betragen. Ab dem Sperrbereich $f_S = 1200\,\text{Hz}$ muss das Signal mit 40 dB gedämpft werden. Die Abtastfrequenz beträgt $f_a = 10\,\text{kHz}$.

Lösung

1. Schritt: Fenster-TP auswählen

Hier reicht das Hanning-Filter, da die Dämpfung mit 44 dB ausreicht.

2. Schritt: Festlegen der Grenzfrequenz

Bei dieser Frequenz beträgt die tatsächliche Dämpfung -6 dB. Die Grenzfrequenz $f_g = 1100\,\text{Hz}$ wird pragmatisch in die Mitte zwischen die beiden Frequenzen f_S und f_D gelegt.

3. Schritt: Berechnen der Ordnung *N*

$$N = \text{Faktor} \cdot \frac{f_a}{\Delta f/2}$$

mit Faktor = 2 für das Hanning-Filter

und $\Delta f = f_S - f_D$

$$N = 2 \cdot \frac{2 \cdot 10\,\text{kHz}}{1{,}2\,\text{kHz} - 1\,\text{kHz}} = 200 \tag{7.35}$$

Bei dem Flat-Top-Filter wäre der Faktor z. B. fünf. Damit symmetrische Koeffizienten berechnet werden, wird $\tau = \frac{200}{2} = 100$ gewählt.

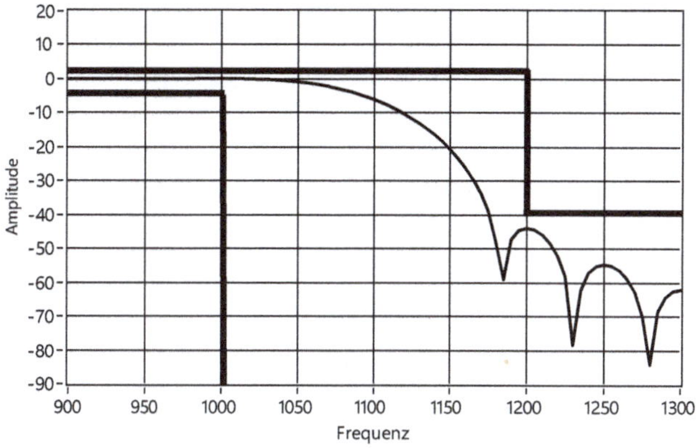

Bild 7.40 Hanning-Filter-Amplitudengang

Transformation aus dem Basis-Tiefpassfilter

Aus dem Basis-Tiefpassfilter lassen sich mithilfe von Transformationsbeziehungen Hochpass-, Bandpass- und Bandsperrfilter erzeugen.

Die Transformation für das Hochpassfilter lautet:

$$H_{\text{HP}}(n) = (-1)^n \cdot H_{\text{TP}}(n) \tag{7.36}$$

Die Transformation für das Bandpassfilter lautet:

$$H_{\text{BP}}(n) = 2 \cdot \cos(n - \tau) \cdot f_{\text{m}} \cdot H_{\text{TP}}(n) \tag{7.37}$$

mit f_{m} = Mittenfrequenz

Die Transformation für das Bandsperrfilter lautet:

$$H_{\text{BS}}(n) = \begin{cases} H_{\text{BS}}(n) = -H_{\text{BP}}(n) & \text{für} \quad n \neq \tau \\ H_{\text{BS}}(n) = 1 - H_{\text{BP}}(n) & \text{für} \quad n = \tau \end{cases} \tag{7.38}$$

Beispiel 7.12

Aus den gegebenen Parametern sind die Transformationen auf Basis eines Tiefpassfilters durchzuführen:

$N_k = 33$ Koeffizienten Anzahl, $\tau = 16$ Verschiebungsfaktor für symmetrischen Phasenverlauf, $f_g = 20\ \text{Hz}$ Grenzfrequenz Bandpass, Bandsperre; $f_m = 50\ \text{Hz}$ Mittenfrequenz; $f_a = 200\ \text{Hz}$ Abtastfrequenz

Lösung

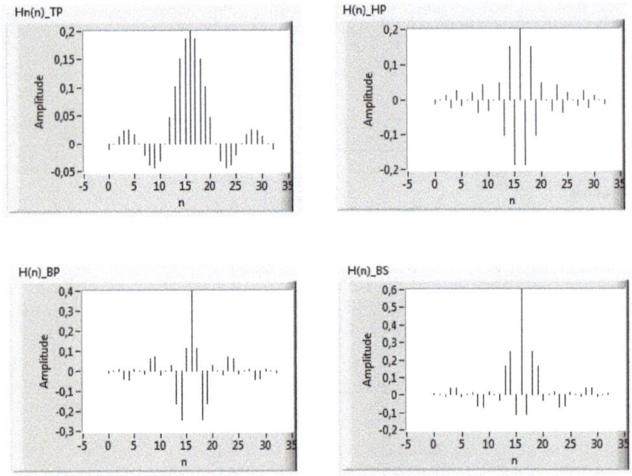

Bild 7.41 Koeffizienten der Filtertypen: TP, HP, BP, BS

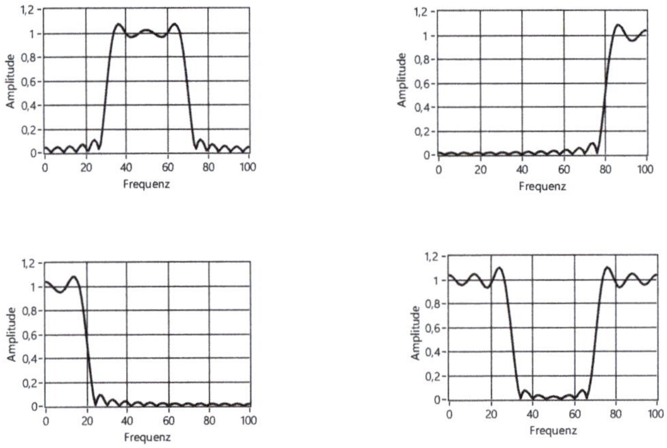

Bild 7.42 Amplitudengänge: TP, HP, BP und BS

7.10 Savitzky-Golay-Filter

Der Savitzky-Golay-Filter ist eine Methode zur Glättung und Differentiation von Signalen, die auf einer lokalen polynomialen Regression basiert. Dabei handelt es sich um ein FIR-Filter, dessen Filterkoeffizienten so gewählt werden, dass eine polynomiale Regression erfolgt. Der Filter wird in verschiedenen Bereichen wie der Signalverarbeitung, Spektralanalyse, EKG-Signalverarbeitung und Bildverarbeitung eingesetzt. Der zugrunde liegende Ansatz besteht darin, für jedes Datenfenster ein Polynom anzupassen und den Wert für den Mittelpunkt des Fensters mittels einer Least-Squares-Anpassung zu berechnen.

Oft wird der Savitzky-Golay-Filter verwendet, um verrauschte Signale zu glätten, ohne dabei wesentliche Merkmale wie Spitzen oder plötzliche Änderungen zu verlieren. Es eignet sich besonders gut für Anwendungen in der EKG-Signalverarbeitung, Sensorsignalverarbeitung und Spektraldatenanalyse.

Die Koeffizienten des Savitzky-Golay-Filters sind entscheidend für die Funktionsweise des Filters, da sie die Gewichtung der benachbarten Datenpunkte im Filterprozess bestimmen. Diese Koeffizienten werden durch die Methode der polynomialen Regression unter Verwendung einer Least-Squares-Anpassung berechnet.

Der Savitzky-Golay-Filter glättet ein Signal, indem er für jedes Datenfenster ein Polynom (normalerweise ein Polynom zweiten Grades, also eine Parabel) anpasst und dann die Werte an den Punkten des Fensters neu berechnet. Dabei wird versucht, die Datenpunkte durch ein Polynom zu approximieren, das möglichst gut zu den Messwerten im Fenster passt.

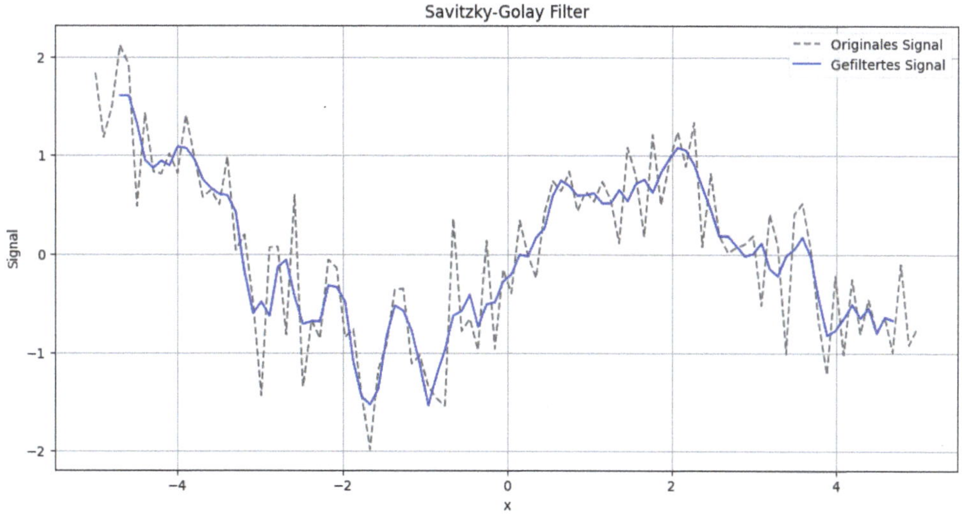

Bild 7.43 Savitzky-Golay-Filter

Im Vergleich zu anderen Glättungsmethoden, wie etwa gleitenden Mittelwertfiltern, bietet der Savitzky-Golay-Filter den Vorteil, dass er nicht nur eine einfache Mittelwertberechnung durchführt, sondern auch die Form und die charakteristischen Merkmale des Signals beibehält, indem er die Daten mit einem Polynom approximiert. Dies ermöglicht eine genauere Erhaltung von Mustern oder Trends im Signal, während gleichzeitig Rauschen und unregelmäßige Schwankungen herausgefiltert werden. Diese Tiefpassfilter-Eigenschaft ist besonders nützlich in Anwendungsbereichen wie der Signalverarbeitung, der Zeitreihenanalyse und der Rauschreduktion, wo die Analyse von langperiodischen Mustern oder die genaue Bestimmung von Trends ohne die Störungen durch Rauschen erforderlich ist.

Ein zentraler Aspekt bei der Anwendung des Savitzky-Golay-Filters ist die Minimierung des Fehlermaßes, das sich aus der Approximation der Funktion durch das Polynom ergibt. Der Fehler wird als die Summe der quadratischen Abweichungen zwischen den tatsächlichen Datenpunkten und den durch das Polynom geschätzten Werten beschrieben.

Berechnung der Savitzky-Golay-Koeffizienten

Normalerweise wird der Savitzky-Golay-Filter in praktischen Anwendungen wie der EKG-Signalverarbeitung mit einer Fenstergröße von etwa 5 bis 11 gewählt. Diese Fenstergröße bietet einen guten Kompromiss zwischen Glättung und Auflösung feiner Details. Zunächst werden die Koeffizienten für eine kleinere Fenstergröße von 5 und eine Polynomordnung von 3 berechnet, um den Rechenaufwand zu minimieren. Danach werden die Koeffizienten für eine größere Fenstergröße von 51 und eine höhere Polynomordnung von 4 bestimmt, um eine präzisere Glättung und Ableitung der Daten zu erreichen.

Angenommen, wir kennen die Werte $x(n+i)$, wobei $x(n+i) = -2, -1, 0, 1, 2$ in jedem Intervall der Zeitreihe ist. Um diese fünf Werte in jedem Intervall durch eine kubische Parabel zu approximieren, werden die Koeffizienten der Parabel so gewählt, dass die gesamte quadratische Abweichung zwischen den tatsächlichen Werten der Zeitreihe und ihren Schätzungen minimiert wird. Dies führt zu folgendem Ausdruck, wobei die Fenstergröße **5** und die Polynomordnung **3** beträgt:

$$E = \sum_{i=-2}^{2} [x(n+i) - (a_0 + a_1 \cdot i + a_2 \cdot i^2 + a_3 \cdot i^3)]^2 \tag{7.39}$$

Hierbei ist $x(n+i)$ der tatsächliche Datenpunkt und a_0, a_1, a_2, a_3 sind die zu bestimmenden Koeffizienten des Polynoms. Ziel ist es, diese Koeffizienten so zu wählen, dass die Fehlerfunktion E minimiert wird. Dadurch wird das Polynom optimal an die Daten angepasst, was zu einer Glättung und Reduzierung des Rauschens führt. Die Bestimmung der Koeffizienten erfolgt üblicherweise durch die Anwendung der Methode der kleinsten Quadrate, bei der die Abweichungen zwischen den gemessenen und den approximierten Werten minimiert werden.

Um das Minimum der Fehlerfunktion zu finden, setzen wir die partiellen Ableitungen nach a_j gleich null:

$$\frac{\partial E}{\partial a_j} = 0 \tag{7.40}$$

Dabei gilt $j = 0,1,2,3$.

Die Ableitung der Fehlerfunktion nach a_j lautet:

$$\frac{\partial E}{\partial a_j} = -2 \sum_{i=-2}^{2} [x(n+i) - (a_0 + a_1 \cdot i + a_2 \cdot i^2 + a_3 \cdot i^3)] \cdot i^j \tag{7.41}$$

Aufstellung der Gleichung

Für $j = 0$ ergibt sich aus Formel 7.40:

$$\frac{\partial E}{\partial a_0} = 0 \Rightarrow \sum_{i=-2}^{2} [(a_0 + a_1 \cdot i + a_2 \cdot i^2 + a_3 \cdot i^3) - x(n+i)] = 0$$

$$\Rightarrow a_0 \cdot \sum_{i=-2}^{2} 1 + a_1 \cdot \sum_{i=-2}^{2} i + a_2 \cdot \sum_{i=-2}^{2} i^2 + a_3 \cdot \sum_{i=-2}^{2} i^3 = \sum_{i=-2}^{2} \mathrm{x}(n+i)$$

$$\Rightarrow a_0 \cdot 5 + a_1 \cdot 0 + a_2 \cdot 10 + a_3 \cdot 0 = \sum_{i=-2}^{2} \mathrm{x}(n+i)$$

$$\Rightarrow 5a_0 + 10a_2 = \sum_{i=-2}^{2} \mathrm{x}(n+i)$$

Für $j = 1$ ergibt sich aus Formel 7.40:

$$a_0 \cdot \sum_{i=-2}^{2} i + a_1 \cdot \sum_{i=-2}^{2} i^2 + a_2 \cdot \sum_{i=-2}^{2} i^3 + a_3 \cdot \sum_{i=-2}^{2} i^4 = \sum_{i=-2}^{2} \mathrm{x}(n+i) \cdot i$$

$$\Rightarrow 10a_1 + 34a_3 = \sum_{i=-2}^{2} \mathrm{x}(n+i) \cdot i$$

Für $j = 2$ ergibt sich aus Formel 7.40:

$$a_0 \cdot \sum_{i=-2}^{2} i^2 + a_1 \cdot \sum_{i=-2}^{2} i^3 + a_2 \cdot \sum_{i=-2}^{2} i^4 + a_3 \cdot \sum_{i=-2}^{2} i^5 = \sum_{i=-2}^{2} \mathrm{x}(n+i) \cdot i^2$$

$$\Rightarrow 10a_0 + 34a_2 = \sum_{i=-2}^{2} \mathrm{x}(n+i) \cdot i^2$$

Für $j = 3$ ergibt sich aus Formel 7.40:

$$a_0 \cdot \sum_{i=-2}^{2} i^3 + a_1 \cdot \sum_{i=-2}^{2} i^4 + a_2 \cdot \sum_{i=-2}^{2} i^5 + a_3 \cdot \sum_{i=-2}^{2} i^6 = \sum_{i=-2}^{2} \mathrm{x}(n+i) \cdot i^3$$

$$\Rightarrow 34a_1 + 130a_3 = \sum_{i=-2}^{2} \mathrm{x}(n+i) \cdot i^3$$

Matrixdarstellung des linearen Systems

$$\begin{pmatrix} 5 & 0 & 10 & 0 \\ 0 & 10 & 0 & 34 \\ 10 & 0 & 34 & 0 \\ 0 & 34 & 0 & 130 \end{pmatrix} \cdot \begin{pmatrix} a_0 \\ a_1 \\ a_2 \\ a_3 \end{pmatrix} = \begin{pmatrix} \sum_{i=-2}^{2} \mathrm{x}(n+i) \\ \sum_{i=-2}^{2} \mathrm{x}(n+i) \cdot i^1 \\ \sum_{i=-2}^{2} \mathrm{x}(n+i) \cdot i^2 \\ \sum_{i=-2}^{2} \mathrm{x}(n+i) \cdot i^3 \end{pmatrix}$$

Matrixinversion zur Lösung des Systems

$$\begin{pmatrix} a_0 \\ a_1 \\ a_2 \\ a_3 \end{pmatrix} = \begin{pmatrix} 5 & 0 & 10 & 0 \\ 0 & 10 & 0 & 34 \\ 10 & 0 & 34 & 0 \\ 0 & 34 & 0 & 130 \end{pmatrix}^{-1} \cdot \begin{pmatrix} \sum_{i=-2}^{2} \mathrm{x}(n+i) \\ \sum_{i=-2}^{2} \mathrm{x}(n+i) \cdot i^1 \\ \sum_{i=-2}^{2} \mathrm{x}(n+i) \cdot i^2 \\ \sum_{i=-2}^{2} \mathrm{x}(n+i) \cdot i^3 \end{pmatrix}$$

$$\Rightarrow \begin{pmatrix} a_0 \\ a_1 \\ a_2 \\ a_3 \end{pmatrix} = \begin{pmatrix} \frac{17}{35} & 0 & \frac{-5}{35} & 0 \\ 0 & \frac{2}{3} & 0 & \frac{-17}{12} \\ \frac{-1}{7} & 0 & \frac{1}{14} & 0 \\ 0 & \frac{-7}{3} & 0 & \frac{5}{12} \end{pmatrix} \cdot \begin{pmatrix} \sum_{i=-2}^{2} \mathrm{x}(n+i) \\ \sum_{i=-2}^{2} \mathrm{x}(n+i) \cdot i^1 \\ \sum_{i=-2}^{2} \mathrm{x}(n+i) \cdot i^2 \\ \sum_{i=-2}^{2} \mathrm{x}(n+i) \cdot i^3 \end{pmatrix}$$

Unter den Parametern ist nur a_0 von Interesse, da er den geschätzten Wert der Zeitreihe im Mittelpunkt des Intervalls bestimmt, während die anderen Koeffizienten die benachbarten Werte gewichten und somit die Glättung bzw. Ableitung der Zeitreihe beeinflussen.

$$a_0 = \frac{1}{35}\left(17\sum_{i=-2}^{2} \mathrm{x}(n+i) - 5\sum_{i=-2}^{2} i^2 \cdot \mathrm{x}(n+i)\right)$$

Daraus folgt:

$$\begin{aligned} a_0 &= \frac{1}{35}((17\mathrm{x}(n-2) + 17\mathrm{x}(n-1) + 17\mathrm{x}(n) + 17\mathrm{x}(n+1) + 17\mathrm{x}(n+2)) \\ &\quad - (20\mathrm{x}(n-2) - 5\mathrm{x}(n-1) - 5\mathrm{x}(n+1) - (20\mathrm{x}(n+2))) \\ \Rightarrow a_0 &= \frac{1}{35}(-3\mathrm{x}(n-2) + 12\mathrm{x}(n-1) + 17\mathrm{x}(n) + 12\mathrm{x}(n+1) - 3\mathrm{x}(n+2)) \end{aligned}$$

Die resultierende Formel für a_0 ist ein gewichteter Durchschnitt der fünf benachbarten Werte der Zeitreihe, gewichtet durch die Koeffizienten –3, 12, 17, 12, –3, wobei der Divisor 35 die Normalisierung darstellt.

Die Savitzky-Golay-Filter-Koeffizienten (Fenstergröße = 51, Polynomordnung = 4):

[0.02784785, 0.01160327, -0.00086484, -0.00994566, -0.01601181, -0.01941934, -0.02050775,

-0.01959997, -0.01700239, -0.0130048, -0.00788047, -0.00188609, 0.00473822, 0.01176888,

0.01899888, 0.02623777, 0.03331167, 0.04006325, 0.04635174, 0.05205294, 0.05705919, 0.06127943,

0.06463912, 0.0670803, 0.06856157, 0.06905808, 0.06856157, 0.0670803, 0.06463912, 0.06127943,

0.05705919, 0.05205294, 0.04635174, 0.04006325, 0.03331167, 0.02623777, 0.01899888, 0.01176888,

0.00473822, -0.00188609, -0.00788047, -0.0130048, -0.01700239, -0.01959997, -0.02050775,

-0.01941934, -0.01601181, -0.00994566, -0.00086484, 0.01160327, 0.02784785]

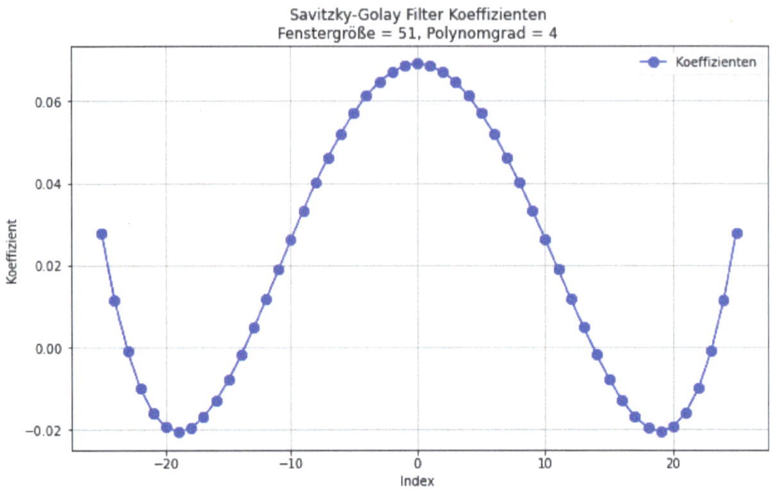

Bild 7.44 Savitzky-Golay-Filter-Koeffizienten, Fenstergröße = 51, Polynomgrad = 4

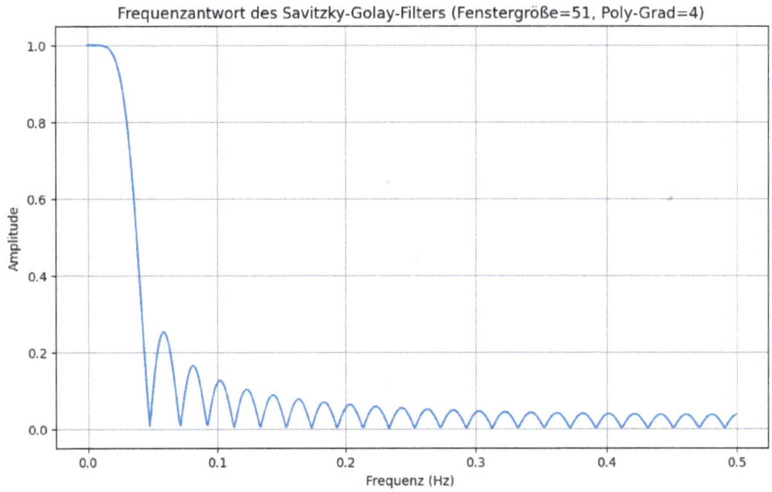

Bild 7.45 Frequenzantwort des Savitzky-Golay-Filters (Fenstergröße = 51, Poly-Grad = 4)

Der Savitzky-Golay-Filter funktioniert im Wesentlichen als Tiefpassfilter, weil er die hochfrequenten Änderungen im Signal dämpft und die niederfrequenten Bestandteile, die typischerweise die interessanten oder relevanten Informationen im Signal darstellen, intakt lässt. Diese Eigenschaft macht ihn besonders nützlich für die Glättung von Daten und das Entfernen von Rauschen. Durch das Anpassen eines Polynoms an benachbarte Datenpunkte wird das Signal in einen glatteren Verlauf umgewandelt, wobei schnelle, zufällige Schwankungen (die oft als Rauschen angesehen werden) verringert werden. Das Resultat ist ein gefiltertes Signal, das weniger durch hochfrequente Störungen beeinflusst wird, während die langperiodischen, langsamen Trends erhalten bleiben.

LabVIEW stellt ein fertiges Beispiel für den Savitzky-Golay-Filter unter der folgenden Adresse zur Verfügung:

labview\examples\Signal Processing\Filters\Savitzky-Golay Filtering.vi.

Die folgende Abbildung zeigt dieses Beispiel, in dem ein verrauschter Sinus mit dem Savitzky-Golay-Filter gefiltert wird. Hier können die Fenstergröße und die Polynomordnung angepasst werden.

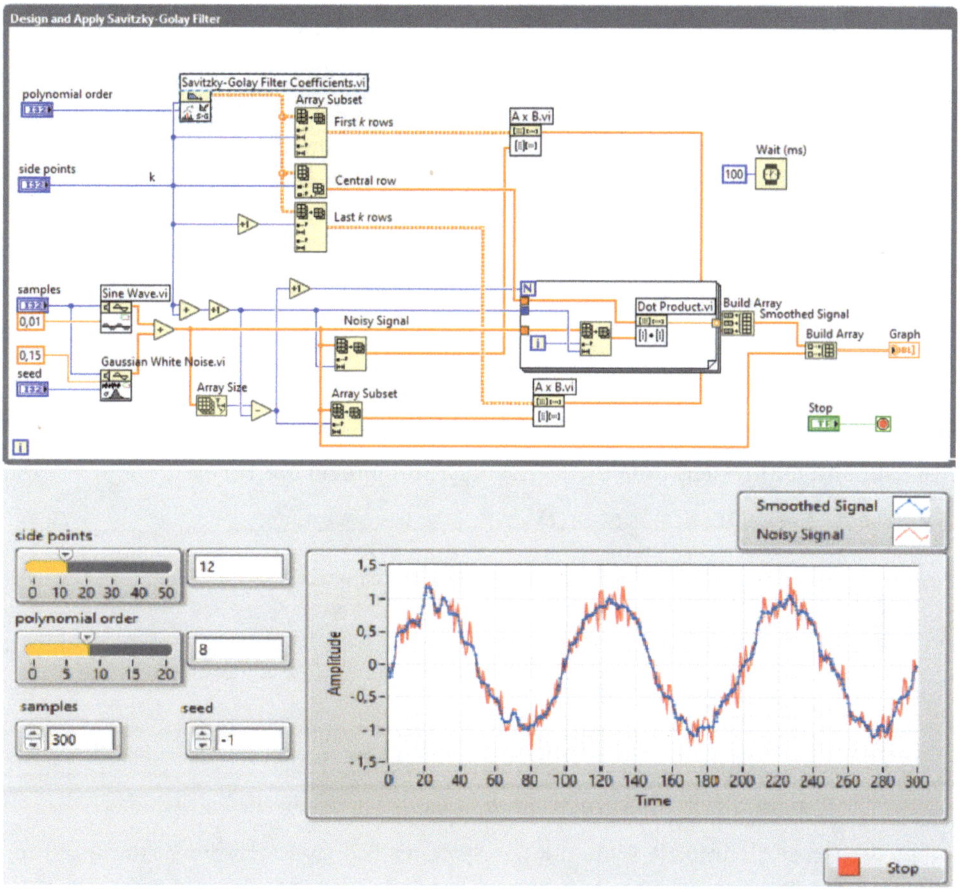

Bild 7.46 Savitzky-Golay-Filter in LabVIEW

7.11 Kalman-Filter

Der Kalman-Filter ist ein leistungsstarker, rekursiver Algorithmus zur optimalen Schätzung des Zustands dynamischer Systeme. Er kombiniert dabei Vorhersagen aus einem Systemmodell mit verrauschten Messungen, um eine möglichst genaue Schätzung zu erhalten. Seine Fähigkeit, mit Unsicherheiten umzugehen, macht ihn unverzichtbar in Anwendungen wie Navigation, Robotik und Steuerungstechnik.

Der Kalman-Filter arbeitet in zwei iterativen Schritten:

- Vorhersage (Prädiktion): Basierend auf dem Systemmodell und der vorherigen Zustandsschätzung wird der aktuelle Systemzustand prognostiziert. Zudem wird die Unsicherheit dieser Vorhersage in Form einer Kovarianzmatrix geschätzt.
- Aktualisierung (Korrektur): Die Vorhersage wird mit den aktuellen Messwerten gewichtet korrigiert. Die Gewichtung erfolgt dabei optimal, indem die Unsicherheiten von Vorhersage und Messung berücksichtigt werden (Kalman-Verstärkung). Dadurch wird eine verbesserte Schätzung des Systemzustands und dessen Unsicherheit erreicht.

7.11.1 Mathematische Modellierung

Systemmodellierung (Kontinuierliche Zustandsgleichung)

Der Kalman-Filter basiert auf einem Zustandsraummodell der Form:

$$\dot{x}(t) = A \cdot x(t) + B \cdot u(t) + G \cdot z(t) \tag{7.42}$$

Diese Gleichung beschreibt die Dynamik des Systems, wobei:

- $x(t)$ der Zustandsvektor ist.
- $\dot{x}(t)$ die Ableitung des Zustandsvektors $x(t)$ nach der Zeit. Sie beschreibt die Änderungsrate des Zustands.
- $u(t)$ der Eingangsvektor, der die externen Eingaben zum System repräsentiert, ist.
- $z(t)$ das Systemrauschen/Prozessrauschen ist.
- A beschreibt die interne Dynamik des Systems, d.h., wie sich der Zustand $x(t)$ im Laufe der Zeit entwickelt, wenn keine Eingaben oder Störungen vorhanden sind ($u(t) = 0$ und $z(t) = 0$).
- B die Eingangsmatrix ist. Sie modelliert, wie der Eingangsvektor $u(t)$ den Zustandsvektor $x(t)$ beeinflusst.
- G modelliert, wie das Prozessrauschen $z(t)$ den Zustandsvektor $x(t)$ beeinflusst.

Messgleichung:

$$y(t) = C \cdot x(t) + D \cdot u(t) \tag{7.43}$$

Diese Gleichung beschreibt die Beziehung zwischen dem Zustand und den Messungen, wobei:

- $y(t)$ der Ausgangsvektor/Messvektor ist.
- C als Messmatrix modelliert, wie der Zustandsvektor $x(t)$ mit dem Ausgangsvektor $y(t)$ zusammenhängt.
- D modelliert den direkten Einfluss des Eingangsvektors $u(t)$ auf den Ausgangsvektor $y(t)$, ohne dass der Zustand $x(t)$ involviert ist. Sie bestimmt, wie die einzelnen Komponenten des Eingangsvektors direkt zu den einzelnen Ausgabevariablen beitragen.

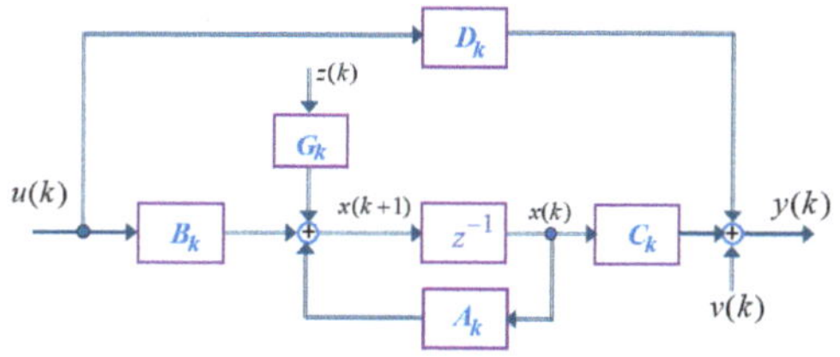

Bild 7.47
Reale lineare Systeme im Zustandsraum

Diskreditierung mit der Vorwärts-Euler-Methode

Die Vorwärts-Euler-Methode ist eine einfache Methode zur numerischen Approximation der Ableitung:

$$\dot{x}(t) \approx \frac{x(t+\Delta t) - x(t)}{\Delta t}$$

Dabei ist Δt die Zeitschrittgröße (die Dauer zwischen zwei diskreten Zeitschritten).

Wir ersetzen $\dot{x}(t)$ in der kontinuierlichen Zustandsgleichung durch die Vorwärts-Euler-Approximation. Daraus erhalten wir aus Formel 7.42:

$$\frac{x(t+\Delta t) - x(t)}{\Delta t} = A \cdot x(t) + B \cdot u(t) + G \cdot z(t)$$

Multiplizieren wir beide Seiten mit Δt:

$$x(t+\Delta t) - x(t) = \Delta t \cdot (A \cdot x(t) + B \cdot u(t) + G \cdot z(t))$$

$$\Rightarrow x(t+\Delta t) = x(t) + \Delta t \cdot (A \cdot x(t) + B \cdot u(t) + G \cdot z(t))$$

$$\Rightarrow x(t+\Delta t) = (I + \Delta t \cdot A) \cdot x(t) + \Delta t \cdot B \cdot u(t) + \Delta t \cdot G \cdot z(t)$$

Dabei ist I die Einheitsmatrix.

Nun führen wir eine Notation für diskrete Zeitpunkte ein:

$$t = k \cdot \Delta t$$

$$t + \Delta t = (k+1) \cdot \Delta t$$

Dabei ist k eine ganze Zahl, die den diskreten Zeitpunkt angibt.

$$x((k+1) \cdot \Delta t) \approx (I + \Delta t \cdot A) \cdot x(k \cdot \Delta t) + \Delta t \cdot B \cdot u(k \cdot \Delta t) + \Delta t \cdot G \cdot z(k \cdot \Delta t)$$

Vereinfachen wir die Notation, indem wir $x(k \cdot \Delta t)$durch $x(k)$ und $u(k \cdot \Delta t)$ durch $u(k)$ ersetzen:

$$x(\mathrm{k}+1) \approx (I + \Delta t \cdot A) \cdot x(k) + \Delta t \cdot B \cdot u(k) + \Delta t \cdot G \cdot z(k)$$

Wir definieren nun die diskreten Matrizen:

diskrete Zustandsübergangsmatrix:

$$A_k = I + \Delta t \cdot A$$

diskrete Eingangsmatrix

$$B_k = \Delta t \cdot B$$

$$G_k = \Delta t \cdot G$$

Damit erhalten wir die endgültige diskrete Zustandsgleichung:

$$x(k+1) = A_k \cdot x(k) + B_k \cdot u(k) + G_k \cdot z(k) \tag{7.44}$$

Zusätzlich zur Zustandsgleichung haben wir die Messgleichung:

$$y(k) = \mathrm{C}_k \cdot x(k) + \mathrm{D}_k \cdot u(k) + v(k) \tag{7.45}$$

Dabei ist $v(k)$ das Messrauschen im Zeitpunkt k.

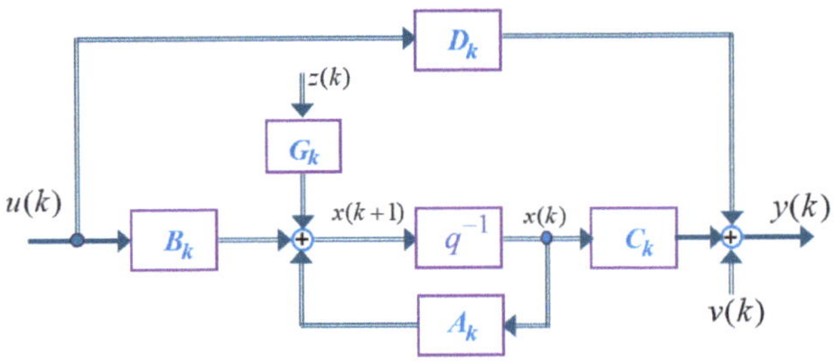

Bild 7.48 Reale zeitdiskrete, lineare Systeme im Zustandsraum

7.11.2 Mathematisches Modell des Zustandsraums eines Beobachters (Kalman-Filter)

Ein Beobachter, insbesondere im Kontext des Kalman-Filters, ist ein dynamisches System, das verwendet wird, um den internen Zustand eines anderen Systems zu schätzen, wenn dieser Zustand nicht direkt gemessen werden kann.

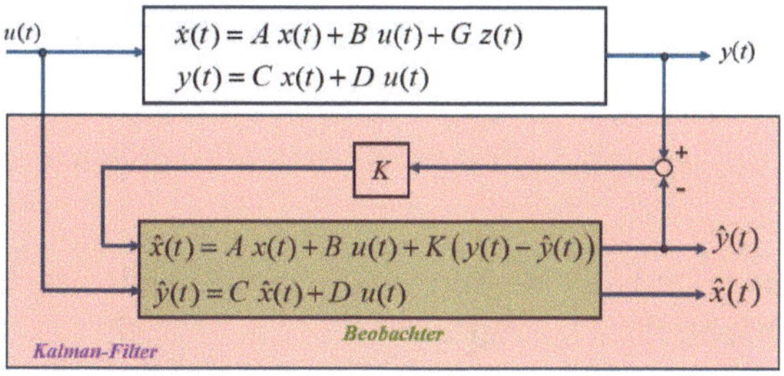

Bild 7.49 Das mathematische Modell des Zustandsraums eines Beobachters

Das mathematische Modell des Zustandsraums eines Beobachters beschreibt, wie dieser Beobachter funktioniert und wie er den Zustand des Systems schätzt.

Dabei sind:

- Systemzustand (x): Der Zustand des Systems, den wir schätzen möchten.
- Messungen (y): Die verfügbaren Messungen des Systems, die wir verwenden, um den Zustand zu schätzen.
- Geschätzter Zustand ($\hat{x}$): Die Schätzung des Systemzustands durch den Beobachter (Kalman-Filter).
- Systemmodell: Das mathematische Modell des Systems, das wir beobachten möchten (bestehend aus Zustands- und Messgleichungen).
- Kalman-Verstärkung (K): Ein Parameter (Matrix), der bestimmt, wie stark die Messungen verwendet werden, um die Schätzung des Beobachters zu korrigieren.

Das mathematische Modell des Zustandsraums eines Beobachters (Kalman-Filter) besteht typischerweise aus zwei Hauptschritten:

1. Vorhersageschritt:

- Dieser Schritt basiert auf dem Systemmodell und dem vorherigen geschätzten Zustand, um eine Vorhersage des aktuellen Zustands zu machen.
- Er entspricht der Zustandsgleichung des Beobachters, die beschreibt, wie sich der geschätzte Zustand ($\hat{x}$) im Laufe der Zeit entwickelt.

2. Korrekturschritt:

- In diesem Schritt werden die tatsächlichen Messungen des Systems verwendet, um die Vorhersage zu korrigieren.

- Die Differenz zwischen der Vorhersage und den Messungen (der Fehler oder das Residuum) wird mit der Kalman-Verstärkung (K) gewichtet und zur Aktualisierung der Schätzung verwendet.
- Dieser Schritt bezieht sich auf die Ausgangsgleichung des Beobachters, die beschreibt, wie die Ausgabe des Beobachters ($\hat{x}$) mit dem geschätzten Zustand zusammenhängt.

Funktionsweise:

- Das Kalman-Filter verwendet das Systemmodell, um eine Vorhersage des Systemzustands zu machen.
- Anschließend vergleicht er diese Vorhersage mit den tatsächlichen Messungen des Systems.
- Die Differenz zwischen der Vorhersage und den Messungen (der Fehler) wird verwendet, um die Schätzung des Beobachters zu korrigieren.
- Die Kalman-Verstärkung (K) bestimmt, wie stark diese Korrektur ist, und wird so berechnet, dass sie die Unsicherheit der Schätzung minimiert.

Das diskrete Kalman-Filter – Prädiktion und Korrektur

Das diskrete Kalman-Filter ist ein rekursiver Algorithmus, der verwendet wird, um den Zustand eines dynamischen Systems aus einer Reihe verrauschter Messungen zu schätzen. Das Filter arbeitet in zwei Schritten: Prädiktion und Korrektur. Im Prädiktionsschritt werden der Zustand und die Kovarianzmatrix des Schätzfehlers basierend auf dem Systemmodell und dem vorherigen Zustand vorhergesagt. Dieser Schritt verwendet die Systemdynamik, um eine Vorhersage des Zustands zum nächsten Zeitpunkt zu machen.

Im Korrekturschritt werden die tatsächlichen Messungen des Systems verwendet, um die Vorhersage zu korrigieren. Die Differenz zwischen der Vorhersage und den Messungen (das Residuum) wird verwendet, um die Schätzung zu aktualisieren. Die Kalman-Verstärkung bestimmt, wie stark die Messungen verwendet werden, um die Schätzung zu korrigieren. Die folgenden Gleichungen beschreiben die Prädiktions- und Korrekturschritte des diskreten Kalman-Filters: Die Fehler-Kovarianzmatrix $P(k)$ ist definiert als:

$$P(k) = E\left[(x(k) - \hat{x}(k)) \cdot (x(k) - \hat{x}(k))^T\right]$$

Dabei ist:

- $E[...]$ = Erwartungswert
- $x(k)$ = Tatsächlicher Zustandsvektor
- $\hat{x}(k)$ = geschätzter Zustandsvektor

Das hochgestellte T symbolisiert die Transponierung, bei der Zeilen und Spalten des Vektors vertauscht werden.

$$P(k) = E\left[e(k) \cdot \hat{e}\,(k)^T\right]$$

Der Fehlervektor zum Zeitpunkt $k + 1$ ist:

$$e(k+1) = x(k+1) - \hat{x}(k+1)$$

Wir setzen die Gleichungen für $x(k + 1)$ und $\hat{x}(k+1)$ ein:

$$e(k+1) = (A_k \cdot x(k) + B_k \cdot u(k) + G_k \cdot z(k)) - (A_k \cdot \hat{x}(k) + B_k \cdot u(k))$$

$$\Rightarrow e(k+1) = A_k \cdot (x(k) - \hat{x}(k)) + G_k \cdot z(k)$$

$$\Rightarrow e(k+1) = A_k \cdot e(k) + G_k \cdot z(k)$$

Fehler-Kovarianzmatrix für $k + 1$

Wir setzen die Gleichung für $e(k + 1)$ in die Definition von $P(k + 1)$ ein:

$$P(k+1) = E\left[e(k+1) \cdot \hat{e}\,(k+1)^T\right]$$

$$\Rightarrow P(k+1) = E[(A_k \cdot \mathrm{e(k)} + G_k \cdot z(k)) \cdot (A_k \cdot \mathrm{e(k)} + G_k \cdot z(k))^T]$$

$$\Rightarrow P(k+1) = E[(A_k \cdot \mathrm{e(k)} \cdot \mathrm{e(k)}^T \cdot {A_k}^T + A_k \cdot \mathrm{e(k)} \cdot z(k)^T \cdot {G_k}^T$$

$$+ G_k \cdot z(k) \cdot e(k)^T \cdot {A_k}^T + G_k \cdot z(k) \cdot z(k)^T \cdot {G_k}^T)]$$

Annahmen und Vereinfachungen

- Das Prozessrauschen $z(k)$ hat einen Mittelwert von null:

  $$E[z(k)] = 0$$

- Das Prozessrauschen $z(k)$ ist unkorreliert mit dem Fehler $e(k)$:

  $$E[e(k) \cdot z(k)^T] = 0$$

  und

  $$E[z(k) \cdot e(k)^T] = 0$$

- Die Kovarianz des Prozessrauschens ist $Q(k)$:

  $$E[z(k) \cdot z(k)^T] = Q(k)$$

Mit diesen Annahmen vereinfacht sich die Gleichung zu:

$$P(k+1) = A_k \cdot E[\mathrm{e(k)} \cdot \mathrm{e(k)}^T] \cdot {A_k}^T + G_k \cdot E[\mathrm{z(k)} \cdot \mathrm{z(k)}^T] \cdot {G_k}^T$$

$$P(k+1) = A_k \cdot P(k) \cdot {A_k}^T + G_k \cdot Q(k) \cdot {G_k}^T$$

Herleitung der optimalen Kalman-Verstärkung

Um den optimalen Kalman-Verstärkungsfaktor *K(k)* zu bestimmen, ist es das Ziel, die Fehlerunsicherheit *P(k | k)* so gering wie möglich zu halten. *P(k | k)* repräsentiert die Unsicherheit der Schätzung im Zeitpunkt *k*, nachdem alle verfügbaren Messungen bis zu diesem Zeitpunkt berücksichtigt wurden.

Der Fehlervektor *e(k | k)* wird in Abhängigkeit von *K(k)*, dem Vorhersagefehler *e(k | k-1)* und dem Messrauschen *v(k)* ausgedrückt.

Fehlervektor:

$$e(k|k) = (I - K(k) \cdot C) \cdot e(k|k-1) \cdot v(k)$$

Die Fehler-Kovarianzmatrix *P(k | k)* wird durch Einsetzen des Fehlervektors und Nutzung von Annahmen über Unkorreliertheit und Kovarianz berechnet.

Kovarianz:

$$P(k|k) = (I - K(k) \cdot C) \cdot \hat{P}(k|k-1) \cdot (I - K(k) \cdot C)^T + K(k) \cdot R(k) \cdot K(k)^T$$

R(k) repräsentiert die Kovarianz des Messrauschens *v(k)*. Unter der Annahme von unkorreliertem Rauschen entspricht *R(k)* der Varianz von *v(k)*.

Die Ableitung von *P(k | k)* nach *K(k)* wird null gesetzt, um die optimale Kalman-Verstärkung zu finden, die die Fehlerkovarianz minimiert.

Minimierung:

$$\frac{\partial P(k|k)}{\partial K(k)} = 0$$

Die resultierende Gleichung ist die Formel für die Kalman-Verstärkung.

$$K(k) = \hat{P}(k|k-1) \cdot C_k^T \cdot \left(C_k \cdot \hat{P}(k|k-1) \cdot C_k^T + R\,(k)\right)^{-1}$$

Die folgenden Gleichungen beschreiben die Prädiktions- und Korrekturschritte des diskreten Kalman-Filters:

Prädiktion:

- Zustandsvorhersage:

  $$\hat{x}(k+1) = A_k \cdot \hat{x}(k) + B_k \cdot u(k)$$

- Fehlerkovarianzvorhersage:

  $$\hat{P}(k+1) = A_k \cdot \hat{P}(k) \cdot {A_k}^T + G_k \cdot Q(k)$$

Korrektur:

- Kalman-Verstärkung:

  $$K(k) = \hat{P}(k) \cdot C_k^T \cdot \left(C_k \cdot \hat{P}\,(\mathrm{k}) \cdot C_k^T + R\,(k)\right)^{-1}$$

mit

$$R(k) = Var[v(k)]$$

- Zustandskorrektur:

$$\tilde{x}(k) = \hat{x}(k) + K(k) \cdot [y(k) - C_k \cdot \hat{x}(k) - D_k \cdot u(k)]$$

$\tilde{x}(k)$ ist die Vorhersage des Zustandsvektors $x(k)$, bevor die Messung im Zeitpunkt k berücksichtigt wird.

- Fehlerkovarianzkorrektur:

$$\tilde{P}(k) = [I - K(k) \cdot C_k] \cdot \hat{P}(k)$$

$\tilde{P}(k)$ repräsentiert die Fehler-Kovarianzmatrix, bevor die Messung im Zeitpunkt k berücksichtigt wird. Es ist die Vorhersage der Fehlerkovarianz, basierend auf dem Systemmodell und der vorherigen Schätzung. Diese Gleichungen bilden die Grundlage des diskreten Kalman-Filters und ermöglichen die optimale Schätzung des Zustands eines linearen Systems mit Gauß'schem Rauschen. In der folgenden Abbildung wird die oben angegebene Formel für das Kalman-Filter in einer eindimensionalen (einfachen Skalarprodukt) Implementierung dargestellt. Man sieht, dass das verrauschte Signal (blaue Linie) mit dem Kalman-gefilterten Signal (rote gestrichelte Linie) verglichen wird.

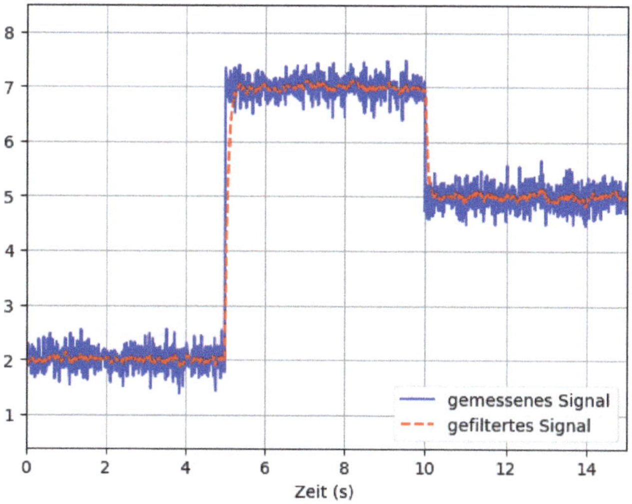

Bild 7.50 Vergleich zwischen dem gemessenen und dem kalman-gefiltertem Signal

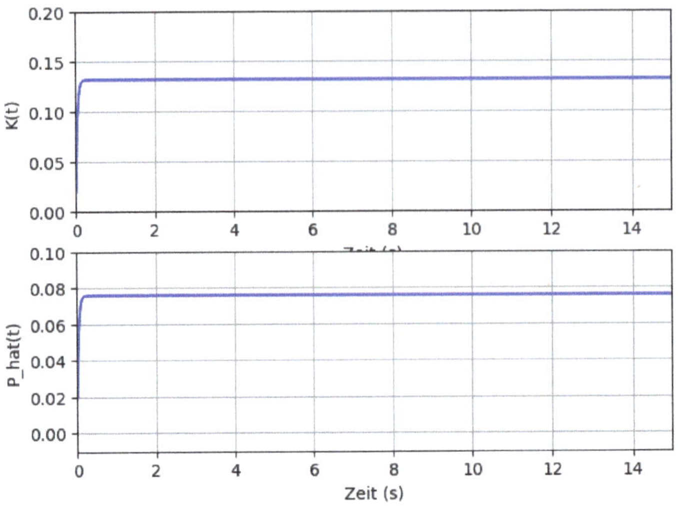

Bild 7.51 Verlauf der Kalman-Verstärkung und Fehlerkovarianz

Zusammenfassung der Schritte des linearen Kalman-Filters

Lineares Zustandsraum-modell	$x(k+1) = A_k \cdot x(k) + B_k \cdot u(k) + G_k \cdot z(k)$ $y(k) = C_k \cdot x(k) + D_k \cdot u(k) + v(k)$
1. **Initialisierung** Initialisieren Sie den Zustands-schätzungsvektor $x(0)$ und die Fehler-Kovarianzmatrix $P(0)$. Diese Initialwerte repräsentieren Ihre anfängliche Vermutung über den Zustand des Systems und dessen Unsicherheit.	$x(0)$ und $P(0)$
2. **Vorhersage (Prädiktion)** Zustandsvorhersage: Prognostizieren Sie den nächsten Zustand $\hat{x}(k+1)$ des Systems basierend auf dem aktuellen Zustand $\hat{x}(k)$, dem Systemmodell und dem Steuereingang $u(k)$.	$\hat{x}(k+1) = A_k \cdot \hat{x}(k) + B_k \cdot u(k)$

Fehler-Kovarianzvorhersage: Prognostizieren Sie die Fehlerkovarianzmatrix $\hat{P}(k+1)$, die die Unsicherheit der Zustandsschätzung darstellt, unter Berücksichtigung des Prozessrauschens.	$\hat{P}(k+1) = A_k \cdot \hat{P}(k) \cdot {A_k}^T + G_k \cdot Q(k)$
Messvorhersage: Prognostizieren Sie die erwartete Messung basierend auf dem vorhergesagten Zustand und der Messmatrix.	$\hat{y}(k+1) = C_k \cdot \hat{x}(k+1) + B_k \cdot u(k+1)$
3. **Aktualisierung (Korrektur)** Berechnen Sie den Kalman-Verstärkungsfaktor $K(k+1)$, der die Gewichtung zwischen Vorhersage und Messung bestimmt.	$K(k+1) = \dfrac{\hat{P}\,(k+1) \cdot C_k^T}{C_k \cdot \hat{P}\,(\mathrm{k}+1) \cdot C_k^T + R\,(k+1)}$
Zustandsschätzungskorrektur: Aktualisieren Sie den Zustandsschätzungsvektor $\hat{x}(k+1)$ basierend auf der Differenz zwischen der tatsächlichen Messung $\mathrm{y}(k+1)$ und der vorhergesagten Messung $\hat{y}(k+1)$.	$\hat{x}(k+1) = \hat{x}(k) + K(k+1) \cdot (\hat{y}(k+1) - \mathrm{y}(k+1))$
Fehler-Kovarianzkorrektur: Aktualisieren Sie die Fehler-Kovarianzmatrix $\tilde{P}(k+1)$, um die Unsicherheit der aktualisierten Zustandsschätzung zu berücksichtigen:	$\tilde{P}(k+1) = [I - K(k) \cdot C_k] \cdot \hat{P}(k+1)$
4. Wiederholung: Wiederholen Sie die Schritte **2** und **3** für jede neue Messung.	

Beispiel 7.13: Kalman-Filter-Iterationsbeispiel mit numerischen Ergebnissen

Gegeben sind die folgenden Werte für ein Kalman-Filter:

- Zustandsübergangsmatrix

$$A_k = \begin{bmatrix} 1 & 0 \\ 0 & 0 \end{bmatrix}$$

- Messmatrix

  $$C_k = \begin{bmatrix} 1 & 0 \end{bmatrix}$$

- Prozessrausch-Kovarianzmatrix

  $$Q = \begin{bmatrix} 0{,}02 & 0 \\ 0 & 0 \end{bmatrix}$$

- Messrausch-Kovarianzmatrix

  $$R = 0{,}1$$

  $$G_k = 1$$

- Anfangszustand-Kovarianzmatrix

  $$P(0) = \begin{bmatrix} 0 & 0 \\ 0 & 0 \end{bmatrix}$$

- Anfangszustandsschätzung

  $$\hat{x}(0) = \begin{bmatrix} 0 \\ 0 \end{bmatrix}$$

- Erste Messung

  $$y_1 = 0.864$$

Berechnen Sie die vorhergesagte Zustand-Kovarianzmatrix $\hat{P}(0|0)$ und die vorhergesagte Zustandsschätzung $\hat{x}(1|0)$ für die erste Iteration.

Lösung

1. **Initialisierung**

   $$P(0) = \begin{bmatrix} 0 & 0 \\ 0 & 0 \end{bmatrix}$$

   $$\hat{x}(0) = \begin{bmatrix} 0 \\ 0 \end{bmatrix}$$

2. **Vorhersage:**

   Berechnung der vorhergesagten Zustand-Kovarianzmatrix

   $$\hat{P}(k+1) = A_k \cdot \hat{P}(k) \cdot A_k^T + \mathrm{G}_k \cdot Q(k)$$

   $$\Rightarrow \hat{P}(1) = A_k \cdot \hat{P}(0) \cdot A_k^T + Q(0)$$

   $$A_k \cdot \hat{P}(0) = \begin{bmatrix} 1 & 0 \\ 0 & 0 \end{bmatrix} \cdot \begin{bmatrix} 0 & 0 \\ 0 & 0 \end{bmatrix}$$

   $$A_k \cdot \hat{P}(0) = [[(1 \cdot 0 + 0 \cdot 0), (1 \cdot 0 + 0 \cdot 0)], [(0 \cdot 0 + 0 \cdot 0), (0 \cdot 0 + 0 \cdot 0)]] = \begin{bmatrix} 0 & 0 \\ 0 & 0 \end{bmatrix}$$

   $$A_k^T = \begin{bmatrix} 1 & 0 \\ 0 & 0 \end{bmatrix}^T = \begin{bmatrix} 1 & 0 \\ 0 & 0 \end{bmatrix}$$

$$\Rightarrow \hat{P}(1) = A_k \cdot \hat{P}(0) \cdot A_k^T = \begin{bmatrix} 0 & 0 \\ 0 & 0 \end{bmatrix} \cdot \begin{bmatrix} 1 & 0 \\ 0 & 0 \end{bmatrix} = \begin{bmatrix} 0 & 0 \\ 0 & 0 \end{bmatrix}$$

$$\Rightarrow \hat{P}(1) = A_k \cdot \hat{P}(0) \cdot A_k^T + Q(0) = \begin{bmatrix} 0{,}02 & 0 \\ 0 & 0 \end{bmatrix}$$

Berechnung der vorhergesagten Zustandsschätzung:

$$\hat{x}(1|0) = \mathrm{A}_k \cdot \hat{x}(0) = \begin{bmatrix} 1 & 0 \\ 0 & 0 \end{bmatrix} \cdot \begin{bmatrix} 0 \\ 0 \end{bmatrix} = \begin{bmatrix} 0 \\ 0 \end{bmatrix}$$

3. **Kalman-Gewinn:**

$$K(1) = \hat{P}(1) \cdot C_k^T \cdot \left(C_k \cdot \hat{P}\,(1) \cdot C_k^T + R\,(1)\right)^{-1}$$

$$C_k \cdot \hat{P}(1) \cdot C_k^T + R(1) = \begin{bmatrix} 1 & 0 \end{bmatrix} \cdot \begin{bmatrix} 0{,}02 & 0 \\ 0 & 0 \end{bmatrix} \cdot \begin{bmatrix} 0 \\ 1 \end{bmatrix} + [0{,}1]$$

$$= [0{,}02] + [0{,}1] = [0{,}12]$$

$$K(1) = \frac{\hat{P}\,(1) \cdot C_k^T}{C_k \cdot \hat{P}\,(1) \cdot C_k^T + R\,(1)} = \begin{bmatrix} 1{,}6667 \\ 0 \end{bmatrix}$$

Aktualisierung des Zustandsvekor

$$\hat{x}(1) = \hat{x}(1|0) + K(1) \cdot (y_1 - C_k \cdot \hat{x}(1|0)) = \begin{bmatrix} 0 \\ 0 \end{bmatrix} + \begin{bmatrix} 0{,}16667 \\ 0 \end{bmatrix} \cdot 0{,}864 = \begin{bmatrix} 0{,}144 \\ 0 \end{bmatrix}$$

Aktualisierung der Fehler-Kovarianzkorrektur

$$P(1) = (I - K(1) \cdot C_k) \cdot \hat{P}(1|0)$$

$$= \left(\begin{pmatrix} 1 & 0 \\ 0 & 1 \end{pmatrix} - \begin{bmatrix} 0{,}16667 & 0 \\ 0 & 0 \end{bmatrix}\right) \cdot \left(\begin{bmatrix} 0{,}02 & 0 \\ 0 & 0 \end{bmatrix}\right) = \begin{bmatrix} 0{,}016667 & 0 \\ 0 & 0 \end{bmatrix}$$

Beispiel 7.14: Kalman-Filterung von Winkelmessungen mit dem MPU6050

Der MPU6050 ist ein 6-Achsen-Bewegungssensor, der ein 3-Achsen-Gyroskop und einen 3-Achsen-Beschleunigungsmesser kombiniert. Das Gyroskop misst Drehbewegungen um die X-, Y- und Z-Achse, während der Beschleunigungsmesser die lineare Beschleunigung in denselben Richtungen erfasst. Zusammen ermöglichen sie eine präzise Erfassung der Bewegung und Orientierung des Geräts im 3D-Raum.

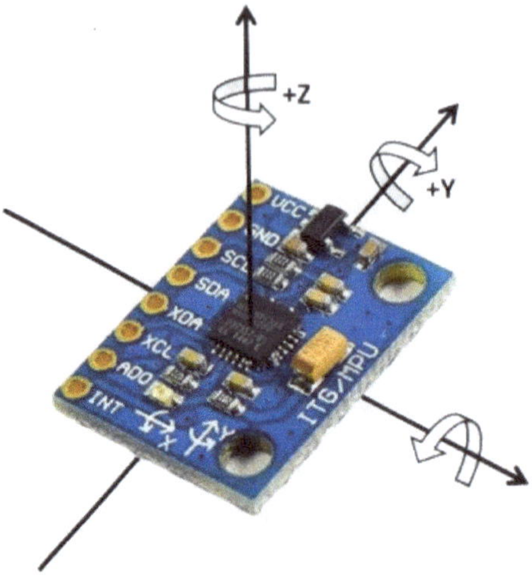

Bild 7.52
Bewegungssensor MPU6050

Entwerfen und implementieren Sie ein Kalman-Filter, um die verrauschten Winkelmessungen eines MPU6050-Sensors zu glätten und eine genauere Schätzung des tatsächlichen Winkels und der Winkelgeschwindigkeit zu erhalten.

Lösung

Systemmodellierung

Wir betrachten die Dynamik eines Systems mit einem Winkel α und einem Bias. Die Zustandsgröße α ändert sich in Abhängigkeit von einer Eingangsgröße $u(t)$, also einer Gyroskop-Messung, die die Winkelgeschwindigkeit repräsentiert:

$$u(t) = \frac{\mathrm{d}\alpha(t)}{\mathrm{d}t} + b$$

wobei b der Gyroskop-Bias ist, eine konstante Störung oder Drift. Da der Bias konstant ist, gilt:

$$\frac{\mathrm{d}b}{\mathrm{d}t} = 0$$

Die Zustandsgröße $x(t)$ ist also:

$$x(t) = \begin{bmatrix} \alpha(t) \\ b \end{bmatrix}$$

Die Änderung des Zustands $\dot{x}(t)$ wird durch die Ableitungen der einzelnen Zustandsgrößen bestimmt:

$$\frac{\mathrm{d}x}{\mathrm{d}t} = \begin{bmatrix} \frac{\mathrm{d}\alpha(t)}{\mathrm{d}t} \\ \frac{\mathrm{d}b}{\mathrm{d}t} \end{bmatrix} = \begin{bmatrix} u - b \\ 0 \end{bmatrix}$$

Systemmodell (Zustandsgleichung):

Kontinuierlich:

$$\dot{x}(t) = A \cdot x(t) + B \cdot u(t)$$

mit

$$A = \begin{bmatrix} 0 & -1 \\ 0 & 0 \end{bmatrix}$$

und

$$B = \begin{bmatrix} 1 \\ 0 \end{bmatrix}$$

$$\Rightarrow \begin{bmatrix} \frac{d\alpha(t)}{dt} \\ \frac{db}{dt} \end{bmatrix} = \begin{bmatrix} 0 & -1 \\ 0 & 0 \end{bmatrix} \cdot \begin{bmatrix} \alpha(t) \\ b \end{bmatrix} + \begin{bmatrix} 1 \\ 0 \end{bmatrix} \cdot [u] = \begin{bmatrix} u - b \\ 0 \end{bmatrix}$$

Das Kalman-Filter arbeitet in diskreten Zeitschritten mit $\Delta t = \mathrm{d}t$. Mittels Euler-Methode erhalten wir:

$$\frac{\alpha(k+1) - \alpha(k)}{T_S} = u(k) - b(k) \Rightarrow \alpha(k+1) = \alpha(k) + T_S \cdot u(k) - T_S \cdot b(k)$$

$$\frac{b(k+1) - b(k)}{T_S} = 0 \Rightarrow b(k+1) = b(k)$$

Diese Gleichungen lassen sich als Zustandsraumdarstellung formulieren:

$$\begin{bmatrix} \alpha_{k+1} \\ b_{k+1} \end{bmatrix} = \begin{bmatrix} 1 & -T_S \\ 0 & 1 \end{bmatrix} \cdot \begin{bmatrix} \alpha_k \\ b_k \end{bmatrix} + \begin{bmatrix} T_S \\ 0 \end{bmatrix} \cdot u_k$$

Zustandsübergangsgleichung (diskret):

$$x(k+1) = A_k \cdot x(k) + z(k)$$

Messgleichung:

$$y(k) = C_k \cdot x(k) + v(k)$$

Matrizen und Vektoren:

***A* (Zustandsübergangsmatrix)** beschreibt die Übergangsdynamik des Systems. In diesem Fall wird der Winkel im nächsten Zeitschritt unter Berücksichtigung der Drehrate und der Abtastzeit T_s geschätzt.

$$\begin{bmatrix} 1 & -T_S \\ 0 & 1 \end{bmatrix}$$

B* (Steuermatrix):** In dieser Implementierung wird die Matrix ***B nicht verwendet, da keine Steuerung oder externe Eingaben berücksichtigt werden.

***C* (Messmatrix)** beschreibt, wie der gemessene Wert aus dem Systemzustand berechnet wird. In diesem Fall wird nur der Winkel gemessen.

$$C_k = \begin{bmatrix} 1 & 0 \end{bmatrix}$$

***Q* (Prozessrausch-Kovarianzmatrix)** modelliert das Prozessrauschen, das die Unsicherheit der Systemdynamik beschreibt.

$$Q = \begin{bmatrix} Q_{Winkel} & 0 \\ 0 & Q_{Abweichung} \end{bmatrix}$$

R* (Messrausch-Kovarianzmatrix):** ***R beschreibt das Rauschen in den Messungen. Es stellt die Unsicherheit in den Messwerten dar.

$$R = [R]$$

u (Steuereingang): In dieser Aufgabe wird *u* nicht direkt verwendet, da es keine externe Steuerung gibt.

$\hat{x}$ = [[0], [0]] (Anfangswert des Zustandsvektors)

$\hat{P}$ = [[1, 0], [0, 1]] (Anfangswert der Fehlerkovarianzmatrix)

T_S = 0,01 (Abtastzeit)

In der folgenden Abbildung wird ein Kalman-Filter implementiert, um den Winkel eines Systems basierend auf verrauschten Messungen zu schätzen. Der wahre Winkel wird als der tatsächliche Zustand des Systems betrachtet, und das verrauschte Signal ist die Messung dieses Winkels, bei der zufälliges Rauschen hinzugefügt wurde.

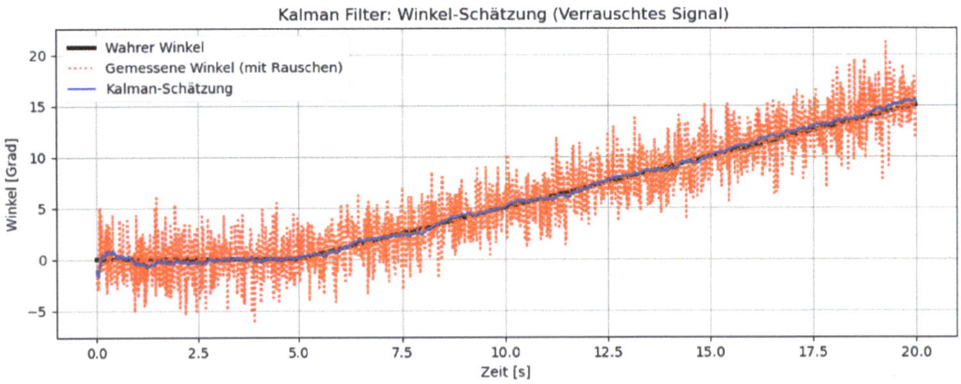

Bild 7.53 Kalman-Filter für die Winkelschätzung

7.11.3 Implementierung in LabVIEW

LabVIEW ermöglicht die Implementierung des Kalman-Filters durch folgende Schritte:

- Erstellung des Zustandsraummodells: Verwendung eines „Discrete State-Space Model"-Blocks.
- Fehlerschätzung: Berechnung des Messfehlers e(k) durch Subtraktion der geschätzten von der gemessenen Ausgabe.

- Korrektur der Schätzung: Anwendung der Kalman-Verstärkung K zur Verbesserung der Zustandsvorhersage.
- Zustandsupdate: Berechnung des nächsten Systemzustands mit den Matrizen A und B.

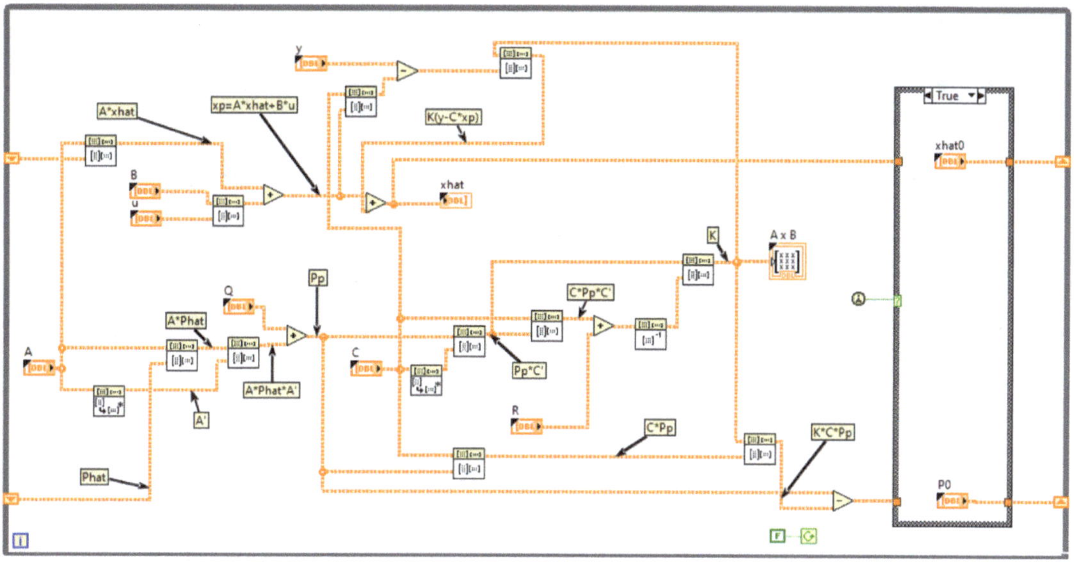

Bild 7.54 Realisierung des Kalman-Filter-Algorithmus in LabVIEW

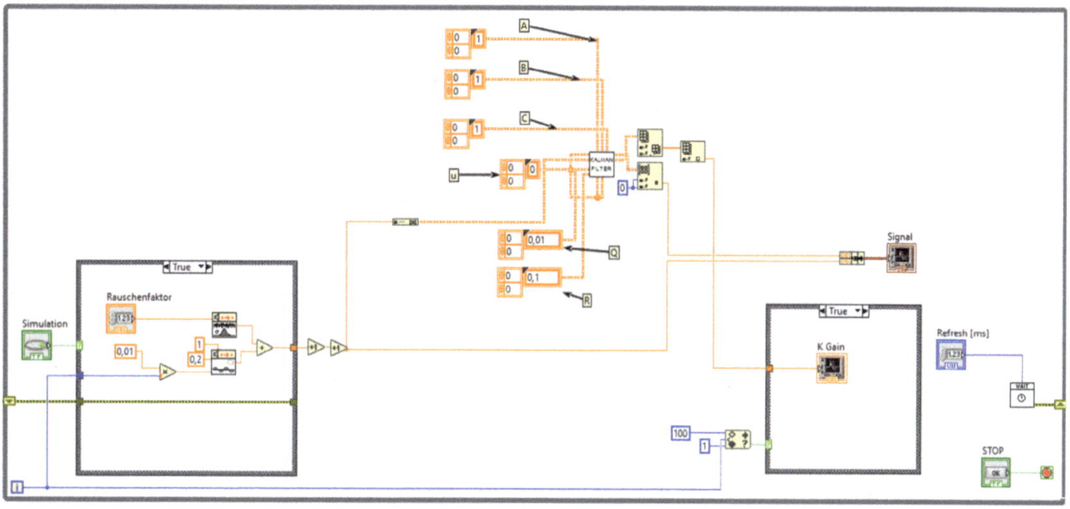

Bild 7.55 Anwendung eines Kalman-Filters zur Signalfilterung

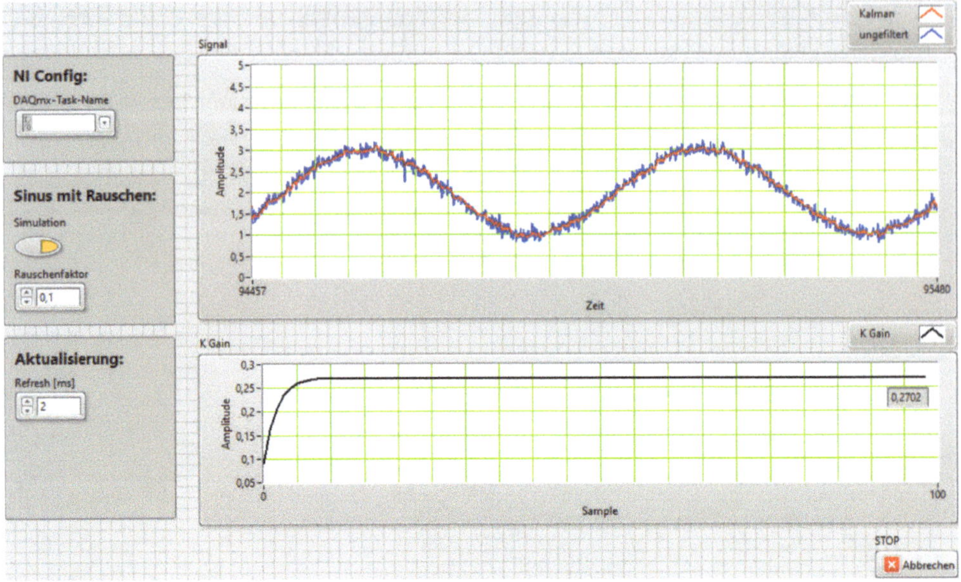

Bild 7.56 Anwendung eines Kalman-Filters zur Signalfilterung

7.12 Übungen

Aufgabe 7.1

Für das Toleranzschema mit $\delta_D = 0{,}1$; $\delta_S = 0{,}1$; $f_D = 200$ Hz und $f_S = 500$ Hz ist ein digitales Filter zu entwerfen.

Die Abtastfrequenz soll $f_a = 8000$ Hz betragen.

Aufgabe 7.2

Mit den Filterkoeffizienten aus dem Beispiel 7.4 soll ein Tiefpassfilter zweiter Ordnung mit LabVIEW programmiert werden:

a) Schreiben Sie ein Programm für den Tiefpass mithilfe eines Shift-Registers.

b) Testen Sie das Programm mit ausgewählten Frequenzen $f < f_c$, $f = f_c$ und $f > f_c$.

Aufgabe 7.3:

Entwerfen Sie ein Butterworth-Tiefpassfilter nach der impulsinvarianten Methode mit dem Toleranzschema nach $\delta_D = 0{,}1$; $\delta_S = 0{,}1$; $f_D = 200$ Hz und $f_S = 500$ Hz.

Die Abtastfrequenz soll $f_a = 8000$ Hz betragen.

7.13 Lösungen

Lösung 7.1

1. Schritt: Bilineare Transformation der Frequenzen

$$f_\mathrm{D} = 200\mathrm{Hz} \Rightarrow f'_\mathrm{D} = 200{,}412\ \mathrm{Hz}$$

$$f_\mathrm{S} = 500\mathrm{Hz} \Rightarrow f'_\mathrm{S} = 506{,}526\ \mathrm{Hz}$$

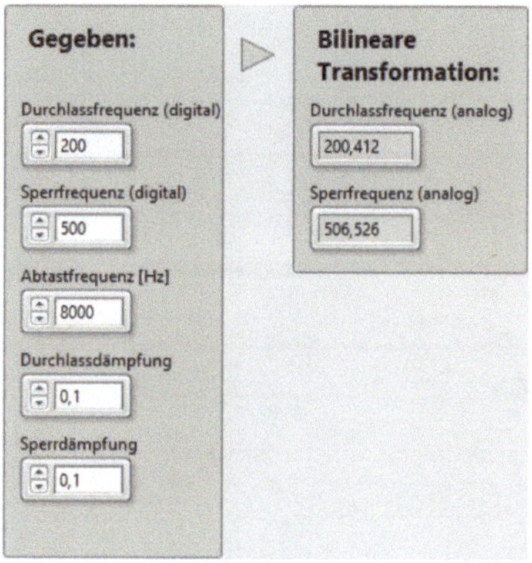

Bild 7.57
Programm zur Berechnung bilinearen Transformation

2. Schritt: Berechnen der Ordnung und der Grenzfrequenz des analogen Bezugsfilters und der digitalen Grenzfrequenz

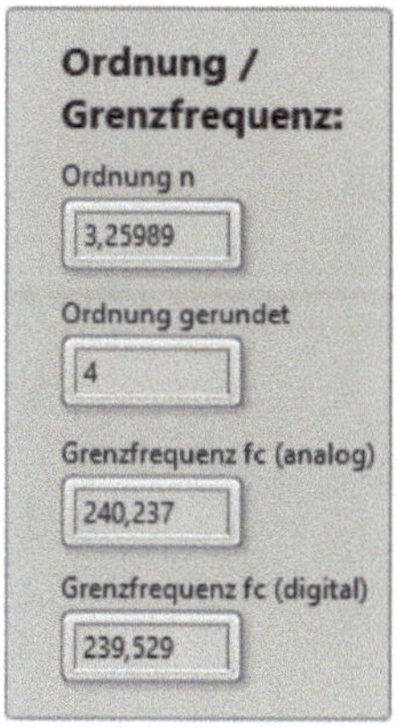

Bild 7.58
Berechnung der digitale Grenzfrequenz und Berechnung der Ordnung

3. Schritt: Berechnung der digitalen Koeffizienten

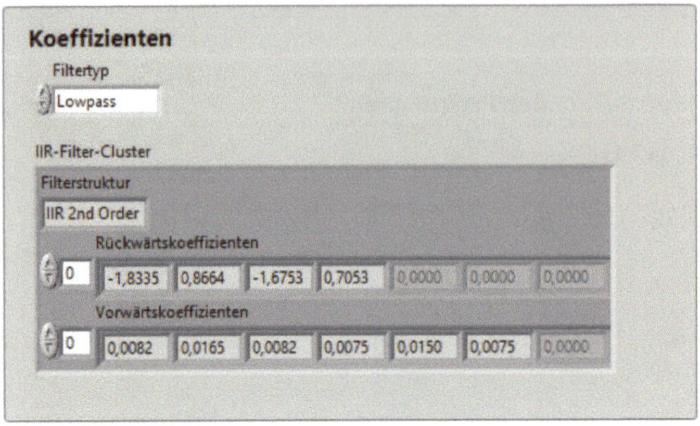

Bild 7.59 Berechnung der Koeffizienten

Lösung 7.2

a) siehe Bild 7.60

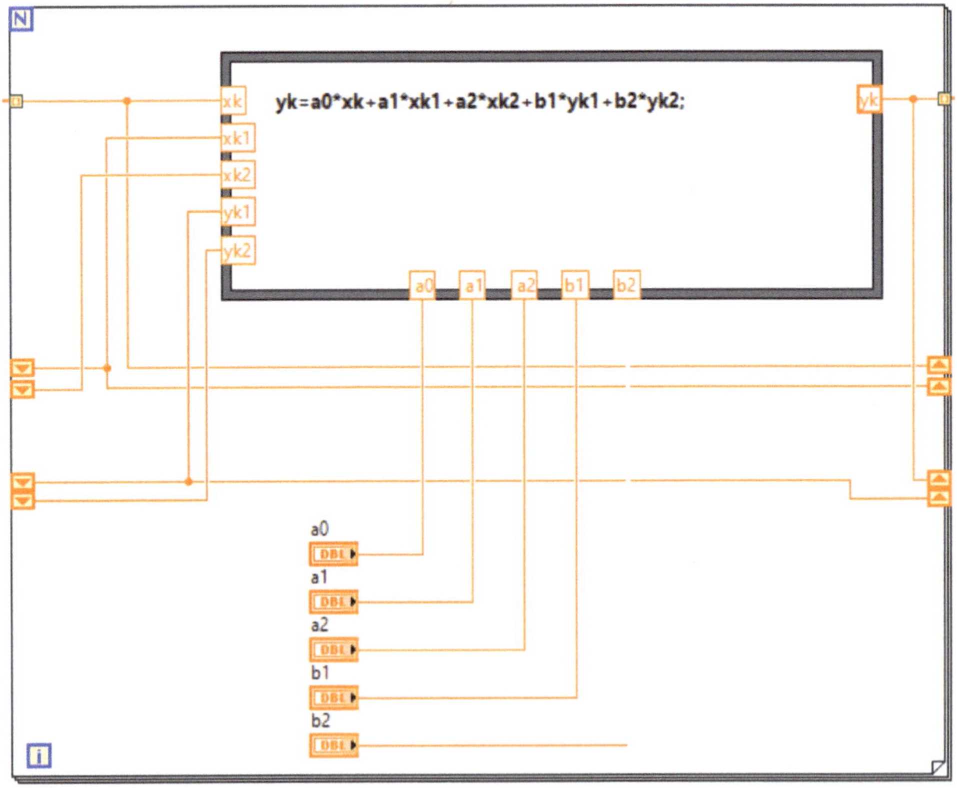

Bild 7.60 Lösung unter Verwendung von Shift-Registern

b) siehe Bild 7.61

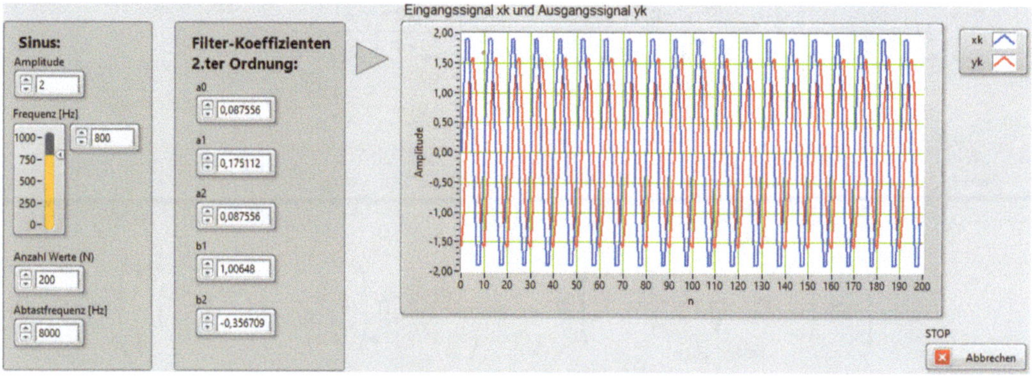

Bild 7.61 Bild des Originalsignals und des gefilterten Sinus

Lösung 7.3

1. Schritt: Berechnen der Ordnung und Grenzfrequenz

Aus den Formel 7.5 und Formel 7.6 ergeben sich die Ordnung und die Grenzfrequenz mit

$n = 3{,}298$; gerundet $n = 4$

und

$f_g = 239{,}74\ \text{Hz}$; gerundet $f_g = 240\ \text{Hz}$

$$\omega_g = 2 \cdot \pi \cdot f_g = 1508 \frac{1}{\text{s}}$$

2. Schritt: Auswahl der Übertragungsfunktion vierter Ordnung aus der Tabelle 7.2 für einen Tiefpass mit Butterworth-Charakteristik

$$H(\Omega) = \frac{1}{\Omega^2 + 0{,}7653 \cdot \Omega + 1} \cdot \frac{1}{\Omega^2 + 1{,}84776 \cdot \Omega + 1}$$

3. Schritt: Transformieren Reihenform in die Parallelform durch Partialbruchzerlegung

$$H(\Omega) = \frac{A_1 + B_1 \cdot \Omega}{\Omega^2 + 0{,}7653 \cdot \Omega + 1} + \frac{A_2 + B_2 \cdot \Omega}{\Omega^2 + 1{,}84776 \cdot \Omega + 1}$$

mit

$A_1 = -0{,}707$ und $B_1 = -0{,}924$ für $\alpha_1 = 0{,}7653$

sowie $A_2 = 1{,}707$ und $B_2 = 0{,}924$ für $\alpha_2 = 1{,}84776$

4. Schritt: Transformieren in den z-Bereich der einzelnen Terme nach der Tabelle 7.3

$$H(z) = \frac{a_{10} - a_{11} \cdot z^{-1}}{1 - b_{11} \cdot z^{-1} + b_{12} \cdot z^{-2}} + \frac{a_{20} - a_{21} \cdot z^{-1}}{1 - b_{21} \cdot z^{-1} + b_{22} \cdot z^{-2}}$$

$$a_{10} = B \cdot \omega_g T_a = -0{,}174$$

$$a_{11} = B \cdot \omega_g T_a \cdot \mathrm{e}^{-\left(\frac{\alpha_1}{2}\right) \cdot \omega_g T_a} \cdot$$

$$\left(\cos\left(\omega_g T_a \cdot \sqrt{1 - \left(\frac{\alpha_1}{2}\right)^2}\right) + \frac{\left(\frac{\alpha_1}{2}\right) - \frac{A_1}{B_1}}{\sqrt{1 - \left(\frac{\alpha_1}{2}\right)^2}} \sin\left(\omega_g T_a \cdot \sqrt{1 - \left(\frac{\alpha_1}{2}\right)^2}\right)\right) = -0{,}148$$

$$b_{11} = 2 \cdot \mathrm{e}^{-\left(\frac{\alpha_1}{2}\right)\omega_g T_a} \cdot \cos\left(\omega_g T_a \cdot \sqrt{1 - \left(\frac{\alpha_1}{2}\right)^2}\right) = 1{,}833$$

$$b_{12} = \mathrm{e}^{-\alpha_1 \cdot \omega_g T_a} = 0{,}866$$

führen zu $a_{20} = 0{,}174$, $a_{21} = 0{,}120$, $b_{21} = 1{,}676$ und $b_{22} = 0{,}706$.

5. Schritt: Erstellen der Differenzengleichung

Die Differenzengleichung lässt sich sehr einfach aus der Summe der Teilglieder erstellen.

$$y_{1k} = a_{10} \cdot x_{1k} - a_{11} \cdot x_{1k-1} + b_{11} \cdot y_{1k-1} - b_{12} \cdot y_{1k-2}$$

$$y_{2k} = a_{20} \cdot x_{2k} - a_{21} \cdot x_{2k} + b_{21} \cdot y_{2k-1} - b_{22} \cdot y_{2k-2}$$

$$y_k = y_{1k} + y_{2k}$$

8 Diskrete Fourier-Transformation

Die Fourier-Transformation ist aus der heutigen digitalen Signalverarbeitung nicht mehr wegzudenken. Sie ermöglicht es, die in einem Zeitsignal enthaltenen Frequenzen zu ermitteln. Zwischen dem Zeitbereich und dem Frequenzbereich besteht eine Beziehung, die durch die Fourier- bzw. durch die inverse Fourier-Transformation beschrieben wird. Die Fourier-Transformation für zeitkontinuierliche Signale (FT) ist definiert als:

$$F(\mathrm{j}\omega) = \int\limits_{-\infty}^{\infty} f(t) \cdot \mathrm{e}^{-\mathrm{j}\omega t}\, \mathrm{d}t \tag{8.1}$$

Die Spektralfunktion $F(\mathrm{j}\omega)$ Formel 8.2 ist eine komplexe Funktion mit Real- und Imaginärteil bzw. Betrag und Phase. Oft wird nur der Betrag $|F(\mathrm{j}\omega)|$ in Abhängigkeit von ω bzw. f dargestellt. Dies wird dann als Amplitudenspektrum bezeichnet.

$$F(\mathrm{j}\omega) = Re(\mathrm{j}\omega) + \mathrm{j}\, Im(\mathrm{j}\omega) = |F(\mathrm{j}\omega)| \cdot e^{\mathrm{j}\varphi(\omega)} \tag{8.2}$$

Wird eine Sinusfunktion Fourier-transformiert, ergibt sich ein reiner Imaginärteil (Bild 8.1). Der Realteil ist wegen der ungeraden Sinusfunktion nicht vorhanden. Wie aus der Formel 8.1 ersichtlich ist, wird auch ein negatives Spektrum berechnet. Die Amplitude teilt sich auf beide Spektrallinien auf. Bezüglich der y-Achse hat die Sinusfunktion ein antisymmetrisches Spektrum.

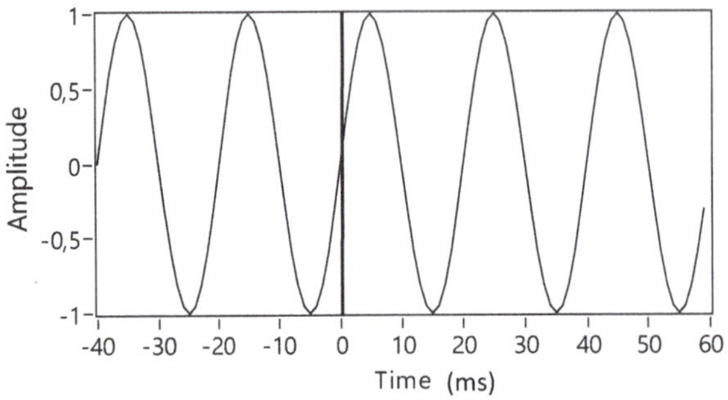

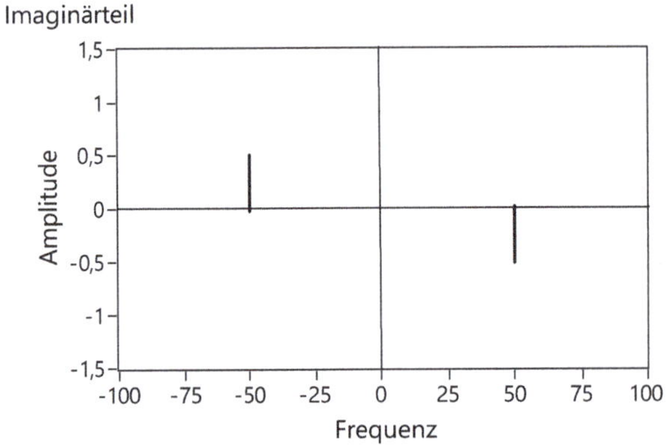

Bild 8.1 Imaginärteil der Fourier-Transformation

Üblich ist die Darstellung des Betrages über der Frequenz (Bild 8.2). Für die periodische Sinus-Funktion ergibt sich ein diskretes Spektrum. Setzt sich ein periodisches Zeitsignal aus mehreren Sinusfunktionen mit unterschiedlichen Frequenzen zusammen, ergibt sich für jede Sinusfunktion ein Peak im Frequenzbereich. Betragsmäßig ist das Spektrum bezüglich der y-Achse symmetrisch, sodass oftmals nur die positive Frequenzachse dargestellt wird, korrigiert auf die richtige Amplitude.

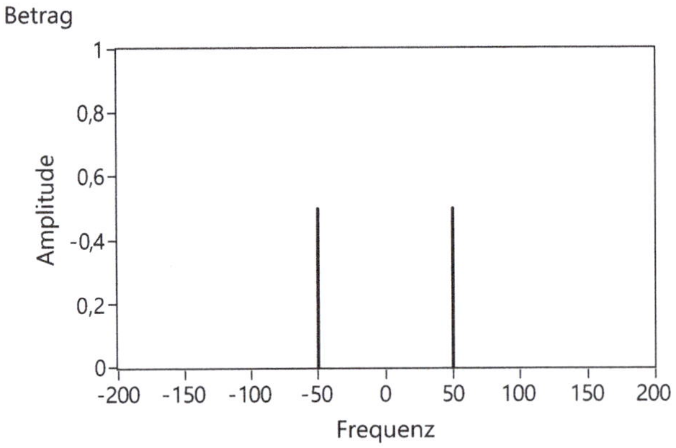

Bild 8.2 Betrag der Fourier-Transformation

Die Fourier-Transformationsbeziehung wird oftmals symbolisch mit H(t) ○—● H(f) angedeutet.

Hinweis

Das Spektrum für periodische Signale ist diskret, für nichtperiodische Signale ergibt sich ein kontinuierliches Spektrum.

Eigenschaften Frequenz- und Zeitbereich

Zwischen dem Zeitbereich und dem Frequenzbereich lassen sich einige grundsätzliche Zusammenhänge feststellen. Eine Zeitdehnung im Zeitbereich führt zu einer Stauchung im Frequenzbereich. Das Sinussignal ist dafür ein gutes Beispiel. Das Signal beginnt im negativen Zeitbereich und läuft in den unendlichen positiven Zeitbereich. Das Spektrum ergibt sich zu schmalen Peaks. Noch besser ist dieser Zusammenhang bei einem Gleichsignal (Bild 8.3) zu erkennen.

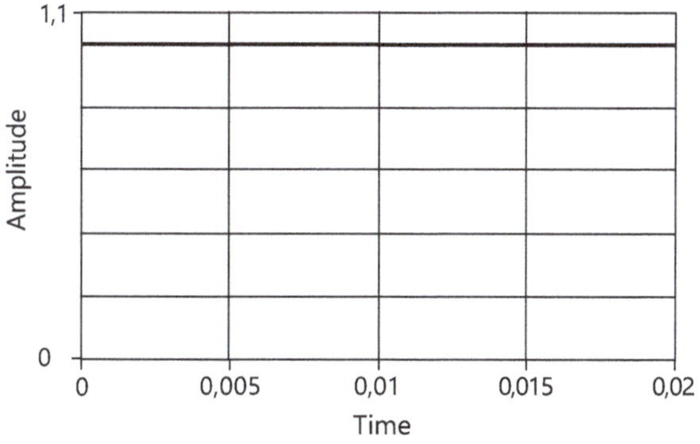

Bild 8.3
Gleichsignal im Zeitbereich

Im Frequenzbereich ergibt ein Gleichsignal einen Peak bei der Frequenz null.

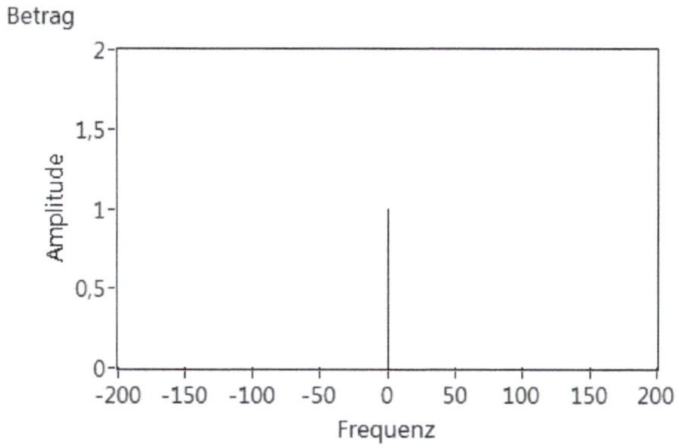

Bild 8.4
Gleichsignal im Frequenzbereich

Der umgekehrte Zusammenhang besteht für ein Deltasignal. Im Zeitbereich existiert dieses Signal nur zum Zeitpunkt t = 0, ansonsten ist dieses Signal null. Im Frequenzbereich ergibt sich ein Spektrum über den gesamten Frequenzbereich.

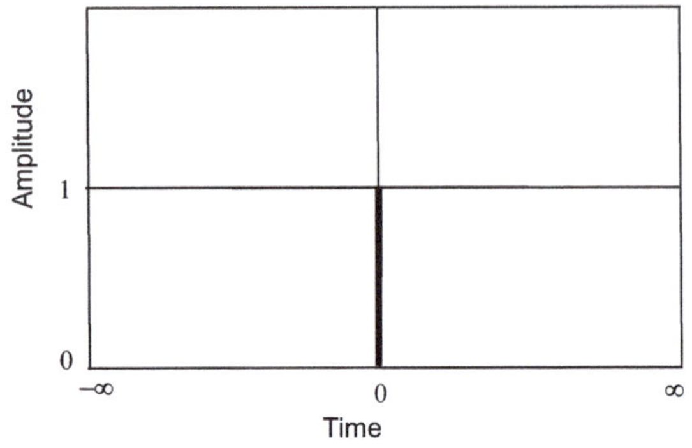

Bild 8.5
Deltaimpuls

Ein gestauchtes Signal im Zeitbereich ergibt ein gedehntes Spektrum über den gesamten Frequenzbereich.

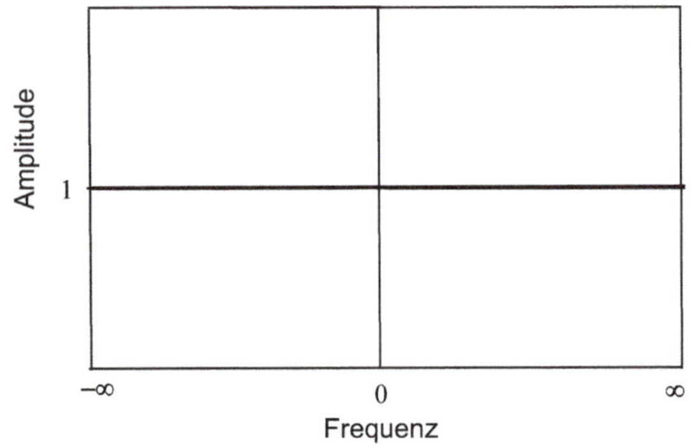

Bild 8.6
Spektrum eines Deltaimpulses

Dieser Zusammenhang spielt für das Verständnis der Transformation zwischen Zeit- und Frequenzbereich eine wichtige Rolle und wird bei den abgetasteten Signalen nochmal aufgegriffen.

Hinweis

Eine Stauchung im Frequenzbereich ergibt eine Dehnung im Zeitbereich und umgekehrt.

Abgetastete Signale

Wird eine kontinuierliche Funktion $f(t)$ zu den Abtastwerten $n \cdot T_a$ mit T_a = Abtastintervall abgetastet, so liegen nur noch für die diskreten Zeitpunkte $n \cdot T_a$ die Funktionswerte $f(n \cdot T_a)$ vor. Die zu diesen diskreten Abtastwerten gehörende Spektraltransformationsfunktion wird als Fourier-Transformation für Abtastsignale (FTA) bezeichnet.

$$F_a(j\omega) = \sum_{n=-\infty}^{\infty} f(n \cdot T) \cdot e^{j\omega n T_a} \tag{8.3}$$

Das FTA-Spektrum ist periodisch und kontinuierlich. Aus praktischen Erwägungen muss die Abtastung auf N Abtastwerte $n = 0,1 \ldots N-1$ beschränkt werden. Mit dieser Beschränkung wird nur ein Zeitfenster aus dem Signal betrachtet. Damit entsteht die sogenannte diskrete Fourier-Transformation (DFT). Dieses Spektrum ist periodisch und diskret.

$$F_d(j\omega) = \sum_{n=0}^{N-1} f(n \cdot T) \cdot e^{j\omega_k n T_a)} \tag{8.4}$$

mit

$$\omega_k = \frac{2\pi}{N T_a} k$$

für $k = 0,1 \ldots N-1$

Beispiel 8.1

Es soll ein Sinussignal mit 20 Abtastwerten und einer Signalfrequenz $f = 50\,\text{Hz}$ mit einer Abtastfrequenz von $f_a = 1\,\text{kHz}$ vorliegen. Geben Sie das Amplitudenspektrum an.

Lösung

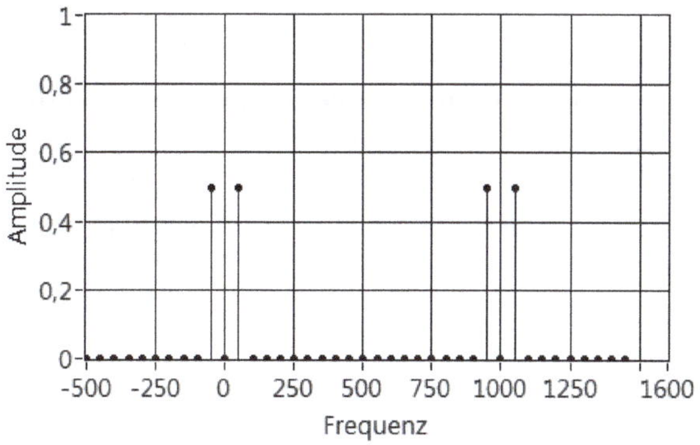

Bild 8.7 Betrag einer DFT für einen Sinus mit N = 20 und einer Abtastfrequenz f_a = 1000 Hz

Das Spektrum wiederholt sich auch bei den Vielfachen der Abtastfrequenz im negativen und positiven Frequenzbereich (Bild 8.8). Die Auflösung im Frequenzbereich ergibt sich aus der Anzahl der Abtastwerte und der Abtastfrequenz.

$$\Delta f = \frac{1}{N \cdot T_{\mathrm{a}}} = \frac{1}{20 \cdot 1\ \mathrm{ms}} = 50\ \mathrm{Hz}$$

Der DFT-Algorithmus berechnet aus N Abtastwerten N Spektrallinien, wobei die negativen Spektralanteile um die halbe Abtastfrequenz gespiegelt berechnet werden.

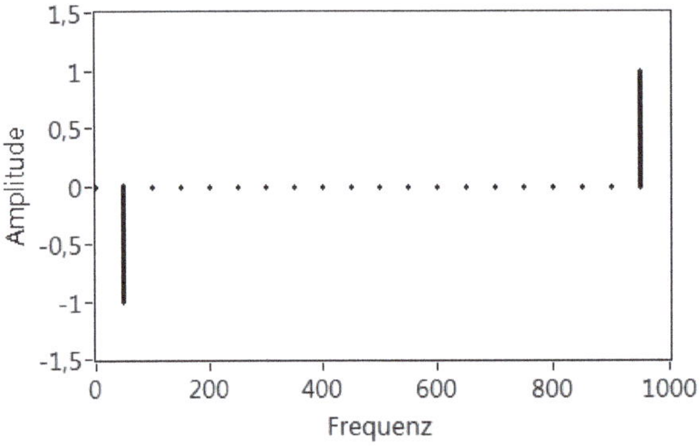

Bild 8.8 Spektrum eines Sinus mit einer DFT berechnet

Hinweis

Eigenschaften der DFT:

1. Die DFT ist über ω bzw. f periodisch mit der Periode $\omega_{\mathrm{a}} = \frac{2\pi}{T_{\mathrm{a}}}$ bzw. $f_{\mathrm{a}} = \frac{1}{T_{\mathrm{a}}}$.
2. Die diskreten Frequenzen ω_k bzw. f_k liegen im Abstand $\Delta\omega$ bzw. Δf mit $\Delta\omega = \omega_{k+1} - \omega_k = \frac{2\pi}{NT_{\mathrm{a}}}$ bzw. $\Delta f = \frac{1}{NT_{\mathrm{a}}}$.
3. Aus N Abtastwerten lassen sich N Spektrallinien im Bereich $f=0$ bis $f=f_{\mathrm{a}}$ berechnen.

Die diskrete Fourier-Transformation ist in der Berechnung sehr aufwendig. Es müssen zahlreiche Multiplikationen und Additionen durchgeführt werden. Ein effizienter Algorithmus für die DFT wurde 1965 von Cooley und Tukey entwickelt und ist unter dem Namen Fast Fourier Transformation (FFT) bekannt. Für diesen Algorithmus muss die Anzahl N der Abtastwerte einer Zweierpotenz entsprechen.

Praktische Durchführung der DFT/FFT

- Wahl der Abtastfrequenz:

  Es ist das Abtasttheorem zu erfüllen.

- Anzahl der Abtastwerte:

  Die Wahl der Anzahl von Abtastwerten richtet sich nach folgenden Gesichtspunkten:

  - Der Abstand zwischen zwei diskreten Frequenzen ist bei der DFT $\frac{f_a}{N}$. Je besser die spektrale Auflösung sein soll, desto größer muss die Anzahl N der Abtastwerte gewählt werden.
  - N sollte eine Zweierpotenz sein, damit die DFT mithilfe der FFT berechnet werden kann. Gegebenenfalls lässt sich der Satz von Abtastwerten mit Nullen füllen, bis eine Zweierpotenz erreicht ist (sog. Zero-Padding).
  - N sollte so gewählt werden, dass das Fenster NT_a ein ganzzahliges Vielfaches der Signalperiodendauer T ist. Bei Signalen endlicher Dauer sollte NT_a gleich oder größer der Signaldauer sein.

Hinweis

Fourier-Transformation für zeitkontinuierliche Signale (FT)

Das Spektrum für periodische Signale ist diskret.

Das Spektrum für nichtperiodische Signale ist kontinuierlich.

Diskrete Fourier-Transformation (DFT)

Das Spektrum ist diskret und periodisch.

Fast Fourier-Transformation (FFT)

Die Anzahl der Abtastwerte muss als Zweierpotenz vorliegen.

Datenfenster und Fensterfunktion

Bei der DFT wird aus einem vorliegenden Signal nur ein Zeitfenster (Datenfenster) betrachtet. In dem Bild 8.9 soll angedeutet werden, dass eine Periode aus dem periodischen Sinussignal herausgeschnitten wird, also mit einem Rechtecksignal gefenstert wird.

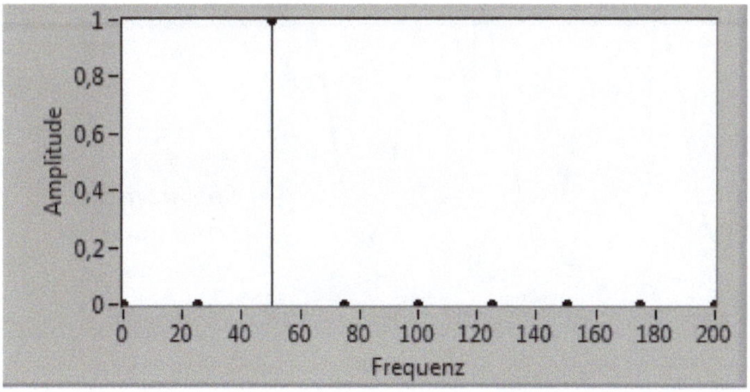

Bild 8.9 Sinusfunktion mit einem Rechteck gefenstert

Die DFT geht davon aus, dass das Zeitfenster stetig periodisch fortgesetzt wird. Dies ist der Fall, wenn die Periodendauer und das Zeitfenster in der Zeitlänge gleich sind. Der DFT-Algorithmus berechnet in diesem Fall die Spektralanteile korrekt. Entsprechend der Fenstergröße errechnet sich die Frequenzauflösung mit:

$$\Delta f = \frac{1}{N \cdot T_a} \tag{8.5}$$

mit N = Anzahl der Abtastwerte und T_a = Abtastperiode

Beispiel 8.2

Für das Sinussignal in Bild 8.9 mit folgenden Kenndaten:

$f_s = 50\,\text{Hz}$, $A = 1\text{V}$ und $f_a = 1\text{kHz}$

also mit einer Fensterbreite T_0 von 20 ms wurde das Spektrum berechnet.

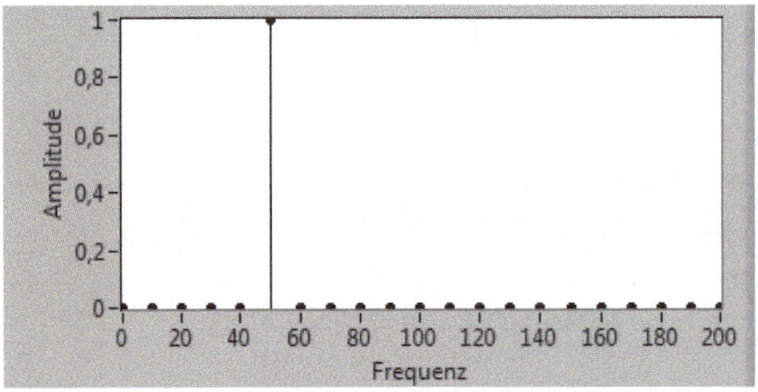

Bild 8.10 Spektrum Sinus 50 Hz mit einer Auflösung von 50 Hz

Die Frequenzauflösung ergibt mit Formel 8.5 $\Delta f = 50\,\text{Hz}$. Es können also nur Frequenzen in einem Abstand von 50 Hz angezeigt werden. Werden zwei Perioden aufgenommen, verkleinert sich die Frequenzauflösung um den Faktor zwei. Die Fensterbreite bestimmt also die spektrale Auflösung. Bei einer Datenaufnahme von 100 ms wird somit eine Frequenzauflösung von $\Delta f = 10\,\text{Hz}$ erreicht.

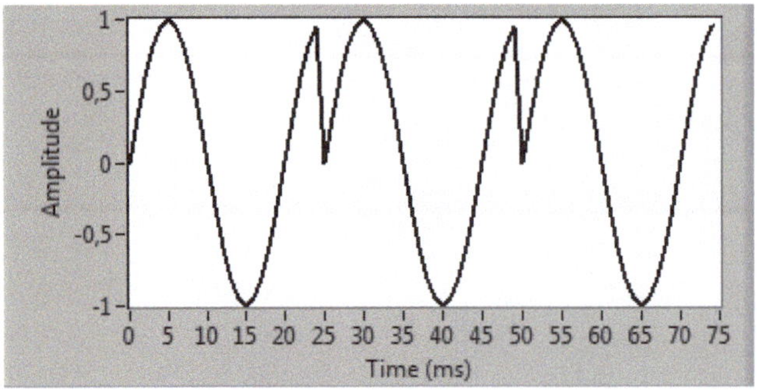

Bild 8.11 Spektrum Sinus 50 Hz mit einer Auflösung von 10 Hz

Ist die Fensterlänge exakt ein Vielfaches der Periodendauer, ist es nicht notwendig, die Fensterbreite zu vergrößern. In den meisten Fällen ist die Fensterlänge aber nicht exakt gleich der Periodendauer des Signals. Der DFT-Algorithmus geht aber von einer periodischen Fortsetzung des Zeitsignals aus. Ist dies nicht der Fall, entstehen bei der periodischen Fortsetzung des Zeitfensters Sprungstellen, die im ursprünglichen Signal gar nicht vorhanden sind.

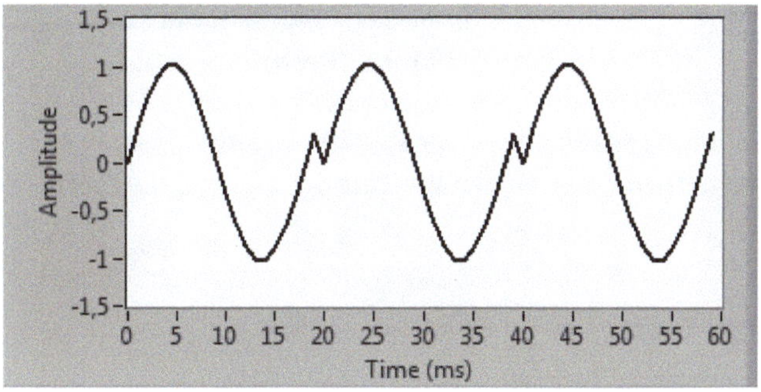

Bild 8.12 Periodische Fortsetzung (Fensterlänge = 20 ms, 55-Hz-Signal)

Die Frequenzanalyse mit der DFT führt also zu Fehlern, wenn die Fensterlänge NT_a kein ganzes Vielfaches der Signalperiodendauer T ist. Das Spektrum „leckt" dann, d. h. neben den Hauptspektrallinien entstehen weitere Spektrallinien, also Frequenzen, die im Signal gar nicht vorhanden sind. Man nennt diesen Leckeffekt „Spectral Leakage".

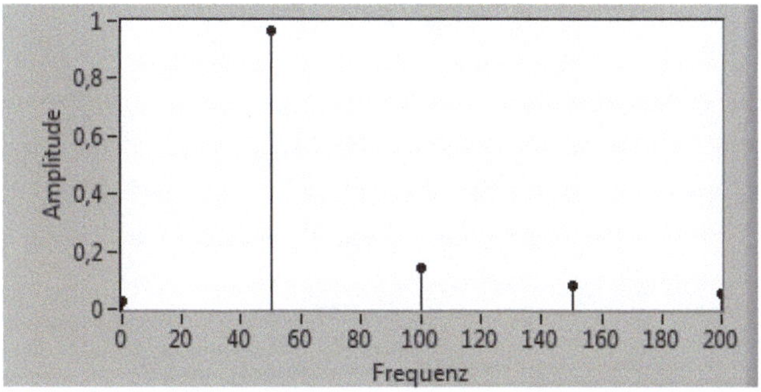

Bild 8.13 55-Hz-Signal mit 20 ms Fensterlänge aufgenommen (Leckeffekt)

Um diesen Vorgang verstehen zu können, muss die Dualität zwischen Zeit- und Frequenzbereich betrachtet werden. Eine Fensterung im Zeitbereich entspricht einer Multiplikation eines Signals mit einem Rechteck (Bild 8.9). Eine Multiplikation im Zeitbereich bedeutete aber eine Faltung der Spektralanteile im Frequenzbereich. Die Frequenzen werden ineinander geschoben, multipliziert und aufsummiert. Ein Rechtecksignal hat eine si-Funktion als Spektrum. In Bild 8.14 ist ein Spektrum für ein Zeitfenster mit einer Zeitdauer von T_0 = 10 ms gezeigt, das bedeutet, dass bei Vielfachen von 100 Hz Nullstellen auftreten.

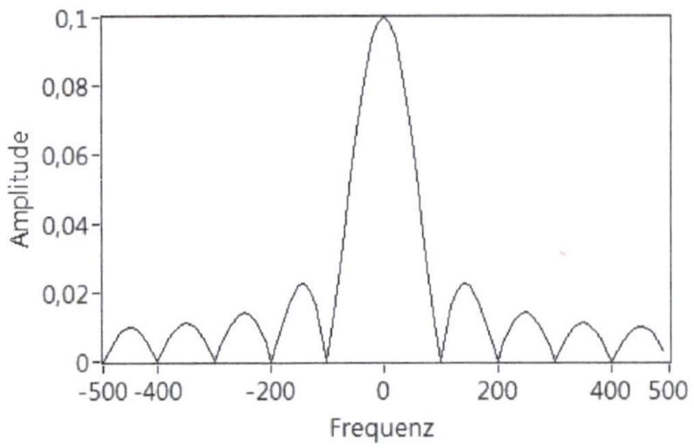

Bild 8.14
Kontinuierliches Amplituden-si-Spektrum des Rechtecksignals

Für das Beispiel 8.1 wurde zuerst eine Fensterlänge von T_0 = 20 ms gewählt. Das Spektrum ist in Bild 8.10 bereits dargestellt worden. Durch die Faltung im Frequenzbereich ergibt sich folgende Darstellung.

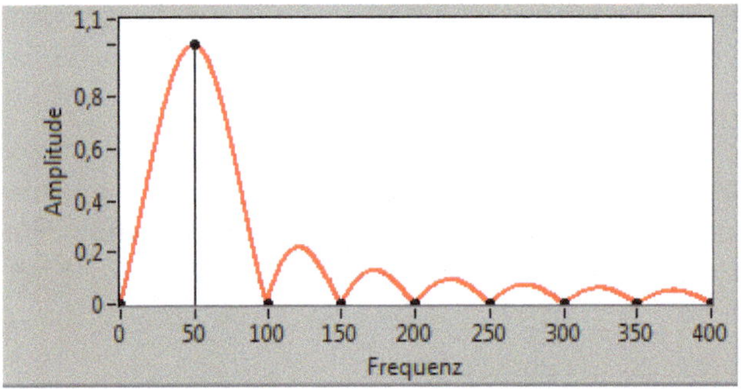

Bild 8.15
Fensterlänge ist gleich der Periodendauer

Die Fensterbreite von T_0 = 20 ms ergibt einen Hauptschwinger mit einer Breite von 100 Hz und die Nullstellen bei dem Vielfachen von 50 Hz. Das Maximum der si-Funktion liegt genau bei dem diskreten Signalpeak des 50-Hz-Signals. Wird die Fensterbreite vergrößert, verringert sich der Hauptschwinger. Wird die Signalfrequenz verschoben, wandert die si-Funktion mit.

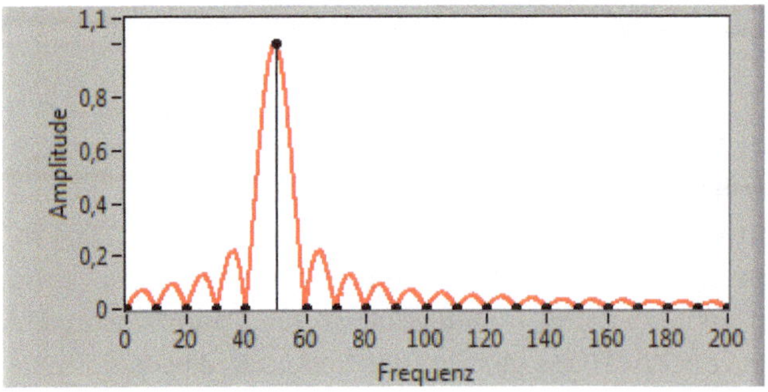

Bild 8.16
Fensterlänge ist fünfmal größer als die Periodendauer

Die Vielfachen der Periodendauer treffen mit den Nullstellen der si-Funktion zusammen und ergeben keinen Beitrag zum Spektrum. Eine Verschmierung der Spektrallinien ergibt sich, wie bereits gesagt, wenn Signalperiode und Fensterlänge nicht zusammenpassen. Mit einer angenommenen Signalfrequenz $f_S = 55\,\text{Hz}$ und einer Fensterlänge von $T_0 = 100$ ms ergibt sich das folgende Spektrum.

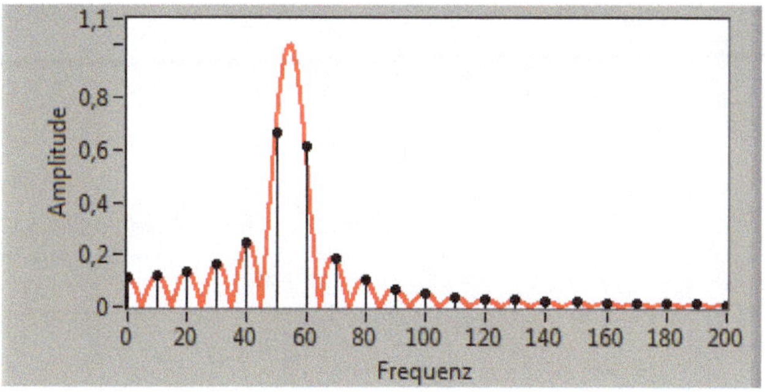

Bild 8.17
Fensterlänge $T_0 = 100\,\text{ms}$, Sinus mit 55 Hz

Die Fensterbreite bestimmt die Auflösung der Frequenzauflösung $\Delta f = 10\ \text{Hz}$, die Nullstellen der si-Funktion fallen aber nicht mehr auf die Vielfachen der Auflösung, sondern liegen mit 5 Hz daneben. Durch die Vergrößerung des Fensters ist das spektrale Ergebnis nicht verbessert worden. Im Gegenteil, es liegen zwei Spektrallinien mit stark reduzierten Amplituden dicht beieinander. Die Spektrallinien entstehen an den Vielfachen der Auflösung durch die angenommene Periodizität der Fensterlänge im Zeitbereich. Im Prinzip entstehen drei Fehler, zum einen werden zusätzliche Frequenzanteile berechnet, die nicht vorhanden sind, des Weiteren wird die Amplitude falsch berechnet und schließlich kann, wie in dem Bild 8.17 gezeigt, nur vermutet werden, dass die tatsächliche Frequenz zwischen 50 Hz und 60 Hz liegt.

Der Leckeffekt kann aber mit speziellen Fensterfunktionen reduziert werden. Mit den unterschiedlichen Eigenschaften der Fenster werden unterschiedliche Effekte erzielt. Diese können in Forderungen an die Fensterfunktionen zusammengefasst werden.

Forderungen an Fensterfunktionen

- Für eine kurze Messzeit sollte die Fensterlänge möglichst klein sein.
- Für eine gute Selektivität sollte der Hauptschwinger möglichst schmal sein.
- Zur Verringerung des Leckeffektes sollten die Nebenschwinger möglichst schnell abklingen.
- Zur genauen Erfassung der Amplituden sollte der Hauptschwinger möglichst breit und flach verlaufen.

Tabelle 8.1 Eigenschaften von Fensterfunktionen

Fensterfunktion	Breite Hauptschwinger	Dämpfung 1. Nebenschwinger [dB]	Abklingen der Nebenschwinger [dB]
Rechteck	$\frac{\omega_0}{N}$	-13	-20
Hanning	$2 \cdot \frac{\omega_0}{N}$	-32	-60
Hamming	$2 \cdot \frac{\omega_0}{N}$	-43	-20
Blackman	$3 \cdot \frac{\omega_0}{N}$	-58	-30
Flat-Top	$3 \cdot \frac{\omega_0}{N}$	-67	-10

Beispiel zur Anwendung von Fensterfunktionen

Mit einem LabVIEW-Programm (Bild 8.18) wird ein Signal aus der Überlagerung zweier Sinussignale erzeugt und mit einer DFT analysiert.

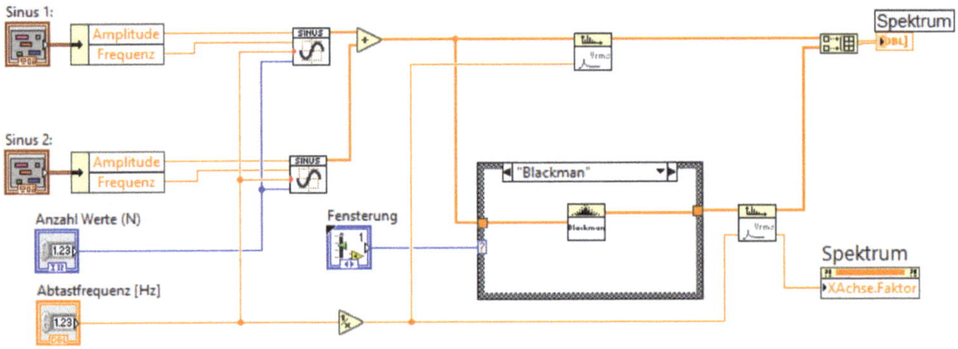

Bild 8.18 LabVIEW-Programm

Für Signal 1 mit 1 V Amplitude und 10,5 Hz und Signal 2 mit 0,01 V Amplitude und 16 Hz ist das Ergebnis der Analyse bei einer Abtastfrequenz $f_a = 160$ Hz und $N = 160$ Abtastwerten in Bild 8.19 dargestellt. Der blaue Verlauf zeigt das Analyseergebnis ohne Fensterfunktion, der rote Verlauf zeigt das Analyseergebnis mit Blackman-Fenster.

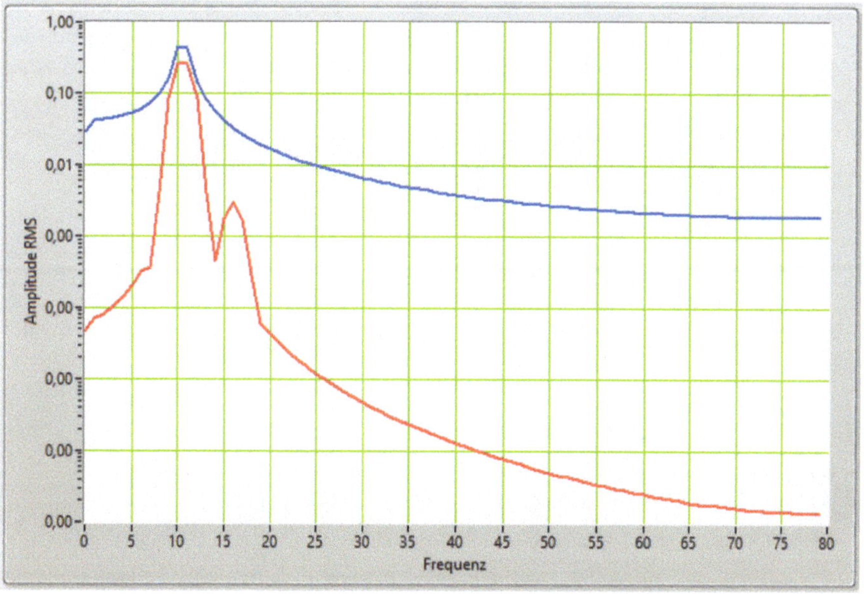

Bild 8.19 Spektrum ohne (blau) Fenster und mit Blackman-Fenster (rot)

Mit den eingestellten Parametern liegt folgende Konstellation vor:

$$\text{Datenfenster} = \frac{N}{f_a} = \frac{160}{160\text{ Hz}} = 1\text{ s} = \frac{V_1}{f_1} = \frac{10{,}5}{10{,}5\text{ Hz}}$$

d.h. das vorliegende Datenfenster ist kein ganzzahliges Vielfaches ($V_1 = 10{,}5$!) der Periode des ersten Signals. Damit ergibt sich für Signal 1 ein Leckeffekt.

Wird keine Fensterfunktion benutzt, so geht das Signal 2 im Leckeffekt des ersten Signals „unter" und wird nicht erkannt. Bei Anwendung des Blackman-Fensters kann man Signal 2 als signifikant erkennen, da der Leckeffekt durch den Einsatz der Fensterfunktion reduziert wird.

Für ein ganzzahliges Vielfaches V_1 lässt sich z.B. die Anzahl N der Abtastwerte verdoppeln. Es gilt dann:

$$\text{Datenfenster} = \frac{N}{f_a} = \frac{320}{160\text{ Hz}} = 2\text{ s} = \frac{V_1}{10{,}5\text{ Hz}} = \frac{21}{10{,}5\text{ Hz}} = \frac{V_2}{f_2} = \frac{32}{16\text{ Hz}}$$

d.h. das vorliegende Datenfenster ist jetzt ein ganzzahliges Vielfaches beider Signalperioden ($V_1 = 21$; $V_2 = 32$).

Bild 8.20 zeigt die damit ermittelten Frequenzspektren. Da jetzt kein Leckeffekt vorliegt, ergibt sich natürlich ohne Fensterung ein korrektes und unverfälschtes Spektrum.

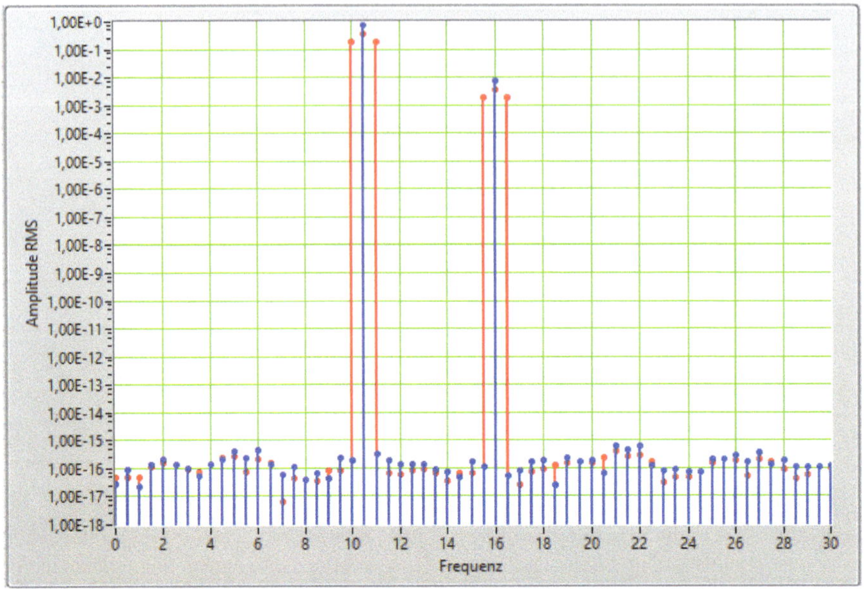

Bild 8.20 Spektrum ohne Fenster (blau) und mit Blackman-Fenster (rot)

8.1 Übungen

Aufgabe 8.1

Simulieren Sie mit der Sinusfunktion ein Signal mit den Werten:

$\hat{U} = 1\,\text{V}$, $f = 51\text{Hz}$; $f_a = 1000\text{Hz}$ und Samples $= 100$

Ermitteln Sie das Spektrum mit einer Spektralanalyse unter Anwendung

a) einer Rechteck-Fensterung,

b) einer Hanning-Fensterung,

c) einer Blackman-Fensterung.

Aufgabe 8.2

Erweitern Sie das Programm in Bild 8.18 so, dass der Anwender für die Fensterung aus den Fensterfunktionen Blackman, Hanning, Dreieck und Flat-Top auswählen kann.

Aufgabe 8.3

Die Qualität einer Frequenzanalyse mit der DFT hängt vom erfassten Zeitfenster ab.

a) Welches Zeitfenster wird mit 200 Abtastwerten bei einer Abtastfrequenz von 400 Hz erfasst?

b) Würde mit diesem Datenfenster bei der Analyse eines Signals mit den Frequenzanteilen 50 Hz und 100 Hz ein Leckeffekt (Spectral Leakage) auftreten?

Aufgabe 8.4

Die Voranalyse eines Signals ergab bei 40 Hz und 50 Hz signifikante Spektrallinien. Wie viele Abtastwerte *N* wählen Sie bei 600 Hz Abtastfrequenz für eine fehlerfreie Analyse?

8.2 Lösungen

Lösung 8.1

Das Sinussignal wird mit einer Signalfrequenz $f = 51$ Hz erzeugt, die nicht zu der Fensterbreite passt. Fünf Perioden haben eine Fensterbreite von 98 ms. Die abgetastete Fensterbreite beträgt 100 ms.

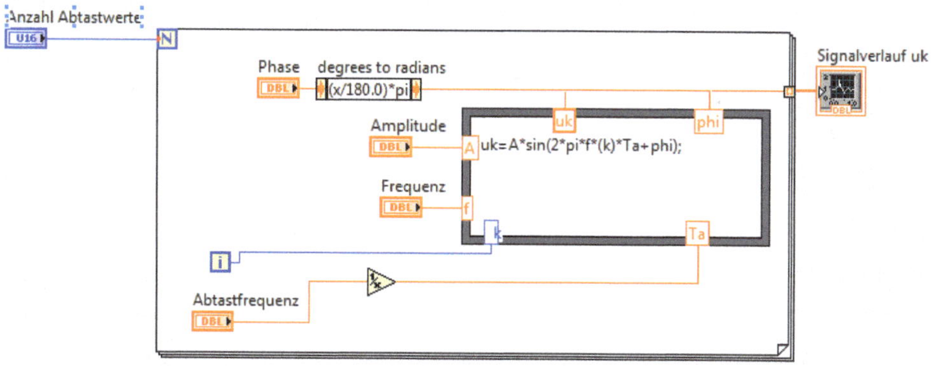

Bild 8.21 Sinus uk.vi

Das Spektrum wird als Effektivwert berechnet.

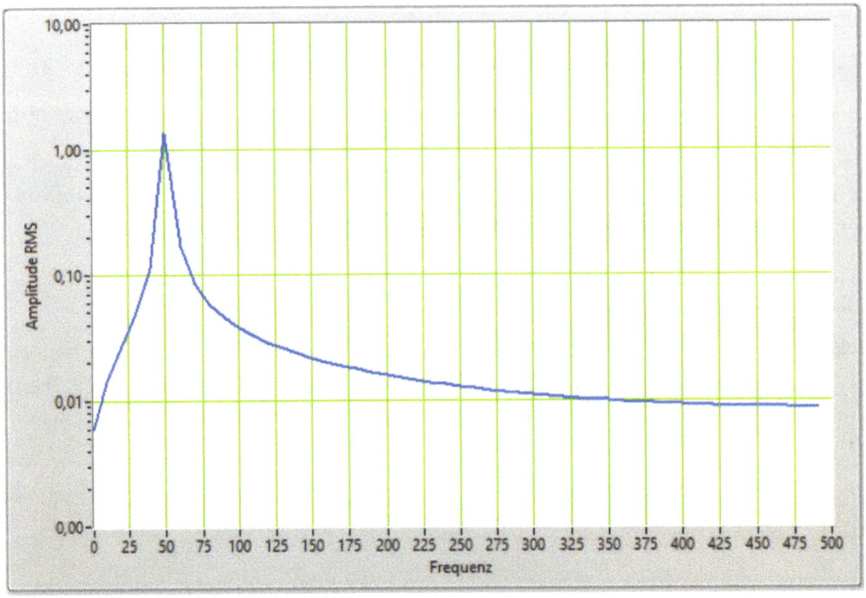

Bild 8.22 Spektrum 51 Hz mit Rechteck-Fensterung

Das Spektrum mit der Rechteck-Fensterung verwischt über einen großen Frequenzbereich. Anhand der Seitenlinien lässt sich vermuten, dass die Frequenz größer als 50 Hz ist. Der Betrag wird recht gut angegeben.

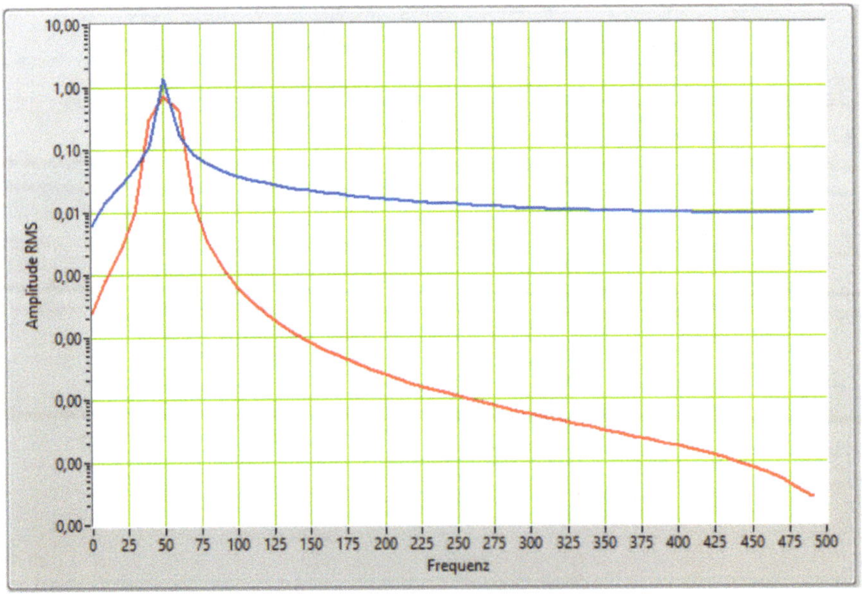

Bild 8.23 Spektrum 51 Hz mit Hanning-Fensterung (rot)

Mit dem Hanning-Fenster werden die Seitenbänder stärker gedämpft.

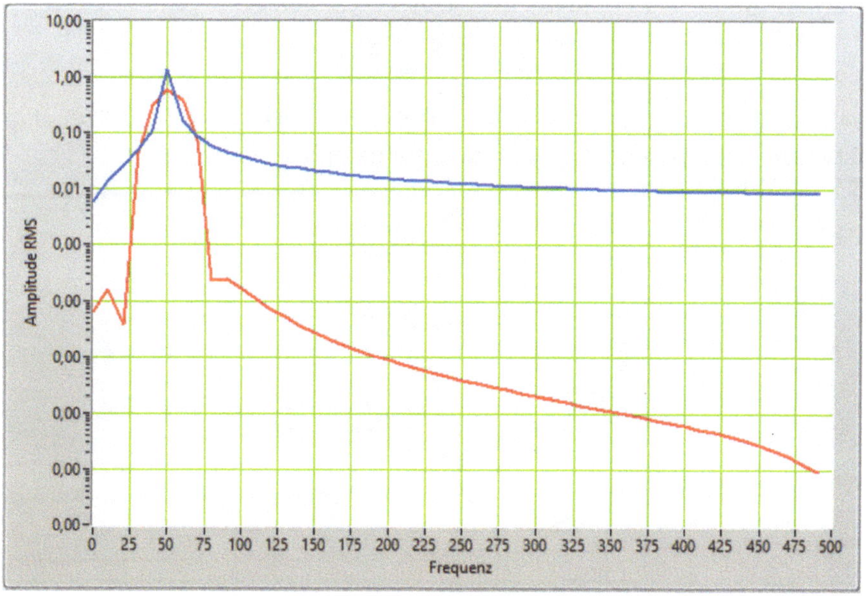

Bild 8.24 Spektrum 51 Hz mit Blackman-Fensterung (rot)

Der Hauptschwinger des Blackman-Fensters ist breiter als der des Hanning-Fensters. Das Spektrum um die eigentliche Frequenz wird dadurch breiter. Für die Angabe des Betrags müssen die Seitenbänder aufsummiert werden.

Tabelle 8.2 Berechnung der Amplitude und der Frequenz

Frequenz	Amplitude	Wichtung = Freq. · Ampl.
30	0,02101	0,6303
40	0,15778	6,3112
50	0,2955	14,775
60	0,19561	11,7366
70	0,03705	2,5935
Summe	0,70695	36,0466

Die Aufsummierung der Amplitudenwerte ergibt ziemlich genau den Effektivwert des Sinussignals. Wird die gewichtete Summe durch die Amplitude dividiert

$$f = \frac{36{,}0466}{0{,}70695} = 51\ \text{Hz}$$

ergibt sich die Signalfrequenz.

Diese Berechnung ließe sich mit der Hanning-Fensterung ebenfalls durchführen, Wegen des schmaleren Hauptfensters würde der Amplitudenwert nicht exakt ermittelt werden. Die Berechnung der Frequenz würde ein vergleichbares Ergebnis liefern.

Lösung 8.2

Zur Auswahl ist im Panel (Bild 8.25) ein Textring und im Diagramm (Bild 8.26) eine Case-Struktur mit entsprechenden „Cases" zu installieren.

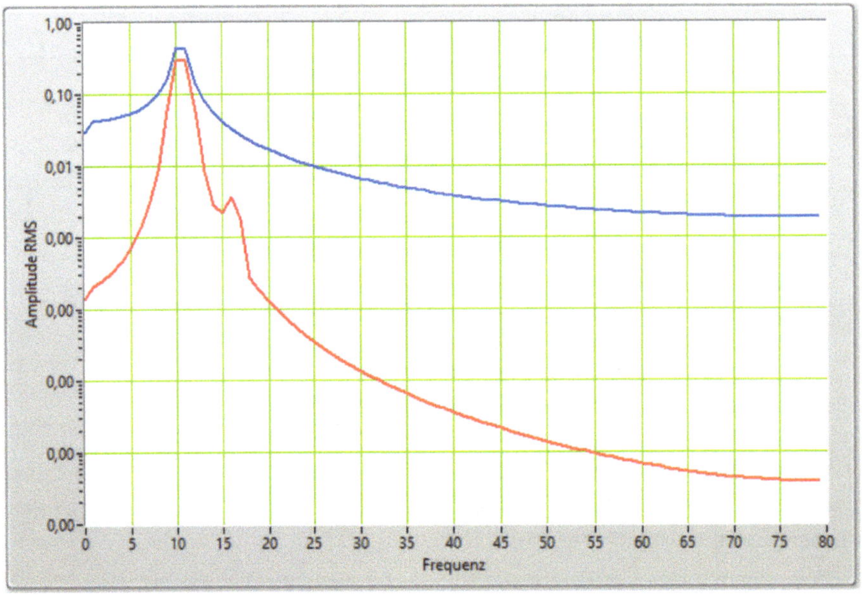

Bild 8.25 Spektrum

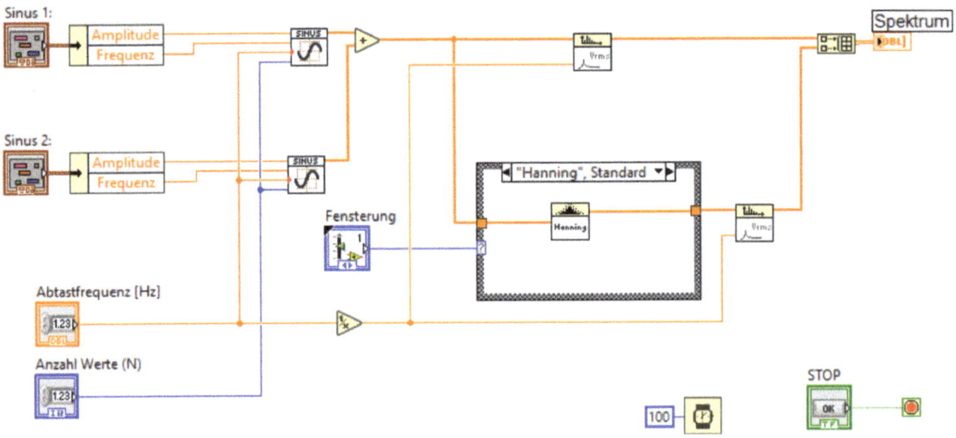

Bild 8.26 Blockdiagramm

Lösung 8.3

a) Zeitfenster $= \frac{N}{f_a} = \frac{200}{400\ \text{Hz}} = 0{,}5\ \text{s}$

b) $0{,}5\ \text{s} = \frac{V_1}{f_1} = \frac{25}{50\ \text{Hz}} = \frac{V_2}{f_2} = \frac{50}{100\ \text{Hz}}$

kein Leckeffekt, da V_1 und V_2 ganzzahlige Vielfache sind.

Lösung 8.4

$$\frac{N}{f_a} = \frac{N}{600\ \text{Hz}} = \frac{V_1}{40\ \text{Hz}} = \frac{V_2}{50\ \text{Hz}}$$

Für z. B. $N = 600$ Abtastwerte würden sich ganzzahlige Vielfache $V_1 = 40$ und $V_2 = 50$ ergeben und damit kein Leckeffekt.

9 Messdatenverarbeitung mit LabVIEW

Messdatenverarbeitung wird in der Regel mithilfe eines PCs durchgeführt. Die Messsignale werden dabei z. B. mit Messgeräten oder USB-Messmodulen erfasst und am PC verarbeitet. Die Verarbeitung kann, wie in diesem Kapitel gezeigt wird, mit der LabVIEW-Entwicklungsumgebung stattfinden. Die häufigsten Schnittstellen und Technologien der Datenakquise werden ebenfalls im folgenden Kapitel vorgestellt.

Die im Kapitel vorgestellten Beispielaufgaben dienen lediglich als Anregung und sollen die vielfältigen Einsatzmöglichkeiten PC-Messdatenverarbeitung verdeutlichen. So lassen sich etwa GPIB-Beispiele leicht abwandeln, um Sensoren einzubinden, die über UART kommunizieren – alles über die gleiche VISA-Schnittstelle. Auch Mikrocontroller mit UART-Schnittstelle können auf diese Weise ausgelesen werden. Die in den Beispielen verwendeten analogen Sensoren, die über die USB-6009 ausgelesen werden, lassen sich problemlos durch andere, vergleichbare Sensoren ersetzen – je nach Anwendungsfall und Verfügbarkeit.

9.1 Datenerfassung

Messsingale müssen zur Weiterverarbeitung an PCs oder anderen Computern zunächst erfasst werden. LabVIEW in Kombination mit einer breiten Palette von Hardware bietet hierzu verschiedenste Möglichkeiten. Zur Erfassung der Messwerte muss der PC über entsprechende Schnittstellen (Bus-Systeme) mit der Datenerfassungs-Hardware (engl. DAQ-Hardware = Data Acquisition-Hardware) verbunden werden.

Grundsätzlich lässt sich zwischen einer Vielzahl von Schnittstellen unterscheiden. Es gibt analoge und digitale Schnittstellen, serielle und parallele Schnittstellen, herstellerspezifische proprietäre Schnittstellen oder auch standardisierte Schnittstellen wie

USB, Ethernet oder Modbus. Aus der Vielzahl der Möglichkeiten sind in Tabelle 9.1 häufig eingesetzte Schnittstellen aufgeführt.

Tabelle 9.1 Schnittstellen in der Messtechnik

Schnittstelle	Typische Mess-Hardware
USB-Messkarten	Messmodule (Messboxen mit analogen/ digitalen Eingängen)
RS-232	Messgeräte, Messsysteme, Sensoren
Ethernet und Netzwerkkommunikation	Messgeräte, Messsysteme
PXI	Modulare Plattform für Messsysteme (Einschubmessgeräte)
Wi-Fi- und Bluetooth-Schnittstellen	Messgeräte, Messsysteme
Modbus und industrielle Feldbusse	Messgeräte, Messsysteme
GPIB (IEC-Bus)	Labormessgeräte

Die in Tabelle 9.1 aufgeführten Schnittstellen sind im Folgenden kurz erläutert:

USB

Der USB (Universal Serial Bus) als Nachfolger von RS-232 ist eine serielle Schnittstelle. Im USB-Kabel sind zwei Signalleitungen (mit D+ und D– bezeichnet) für symmetrische Datenübertragung vorgesehen. Bei niedrigen Datenraten sind einfache, ungeschirmte Kabel verwendbar, bei maximaler Datenrate können nur spezielle Kabel mit geschirmten, verdrillten Leitungen eingesetzt werden. Die ungeschirmten Kabel dürfen maximal 3 m lang sein, die verdrillten, geschirmten dagegen bis zu 5 m. Neben den Datenleitungen sind zwei Adern mit V = +5 V bzw. GND = Masseleitung als Spannungsversorgung für Geräte ohne eigene Spannungsquelle vorgesehen.

USB-Messkarten von National Instruments (z. B. NI-6000-Serie) ermöglichen die direkte Erfassung analoger und digitaler Signale. Über den DAQmx-Treiber (Data Acquisition) können USB-Messkarten einfach in LabVIEW eingebunden werden. Dies ermöglicht die Konfiguration von Kanälen, Abtastraten und Triggern für Messaufgaben.

RS-232

Eine alte, aber durchaus noch häufig anzutreffende Schnittstelle ist die serielle Schnittstelle RS-232. Die typischen Pegelwerte betragen +12 V für logisch 0 und –12 V für logisch 1. Es kann zwischen DEE (Daten-End-Einrichtung) und DÜE (Daten-Übertragungs-Einrichtung) unterschieden werden. Mess-Hardware gehört zu den DEE. LabVIEW bietet spezielle VIs (Virtual Instruments) für die serielle Kommunikation. Über den VISA-Treiber (Virtual Instrument Software Architecture) können Daten von Geräten, die mit RS232 verbunden sind, gesendet und empfangen werden.

Mit der RS-232 können Entfernungen bis ca. 20 m mit einer Baudrate von 19 200 Baud überbrückt werden. Grundsätzlich gilt: Je länger das Kabel, desto geringer die Baudrate.

Ethernet und Netzwerkkommunikation

Viele moderne Messgeräte unterstützen die Kommunikation über Ethernet, was eine flexible und schnelle Datenerfassung über Netzwerke ermöglicht. Auch LabVIEW bietet Funktionen zur Kommunikation über TCP/IP oder UDP-Protokolle, um Daten von entfernten Geräten zu empfangen.

LXI (LAN eXtensions for Instrumentation) zum Beispiel ist ein auf Ethernet basierender Standard für die Steuerung von Messgeräten. Jedes LXI-Messgerät beinhaltet neben der erforderlichen LAN-Schnittstelle ein spezielles Web-Interface mit Server und Browser, das die eigentliche Funktionalität bereitstellt.

PXI-Bus

Beim PXI-Bus (PCI eXtension for Instrumentation) ist ein Industriestandard, der eine modulare Plattform für Mess- und Automatisierungssysteme bietet. Er wird insbesondere zum Aufbau von Messsystemen mit modularen Messgeräten verwendet. Über den NI-DAQmx-Treiber und die LabVIEW-Plattform können PXI-Module konfiguriert und für hochpräzise, synchrone Datenerfassung genutzt werden.

Wi-Fi- und Bluetooth-Schnittstellen

Drahtlose Technologien wie Wi-Fi oder Bluetooth können zur Erfassung von Messwerten verwendet werden, insbesondere bei tragbaren oder weiter entfernten Geräten. Auch LabVIEW unterstützt drahtlose Protokolle über zusätzliche Treiber oder APIs.

Modbus und industrielle Feldbusse

Modbus, PROFIBUS, CANOpen oder Profinet sind weit verbreitete Protokolle in der Industrieautomation, die sich für die Kommunikation mit SPS (speicherprogrammierbaren Steuerungen) oder anderen Geräten eignen. Mit Bibliothekspaketen für LabVIEW können Register für verschiedene Feldbusse gelesen und geschrieben werden.

GPIB

Der GPIB (General Purpose Interface Bus) entstand aus dem HPIB (Hewlett Packard Interface Bus) und wurde als IEEE-488 und IEC-625 (IEC-Bus) genormt. Er dient zum Zusammenschalten von Messgeräten unterschiedlichster Art, d. h. zum Aufbau von Messsystemen für automatisierte Messabläufe (Übertragungsrate bis 4,8 MByte/s). Auch GBIP-Geräte können über den VISA Treiber in LabVIEW-Programme eingebunden werden.

9.2 Software für die Messdatenverarbeitung

Die Software muss die Aufgaben der Erfassung, Analyse und Darstellung von Messdaten übernehmen. Zur Steuerung der eingesetzten Datenerfassungs-Hardware ist eine entsprechende Treiber-Software erforderlich. Diese kann je nach Schnittstelle sehr komplex sein und wird in der Regel von den Herstellern zusammen mit der Schnittstellen-Hardware angeboten.

Um einheitliche Programmierung von Messgeräten zu ermöglichen, wurde der Standard SCPI (Standard Commands for Programmable Instruments) und das Interface VISA (Virtual instrument software architecture) eingeführt.

Software kann allgemein in vier Komponenten eingeteilt werden:

1. **Betriebssystem**

   Beispiele: Windows, Macintosh, Linux

2. **Treibersoftware**

   Dient als Schnittstelle zwischen Hardware und Anwendungsprogrammen. Der Treiber sollte:

   - die verschiedenen Funktionen der Hardware anzusprechen können,
   - die gleichzeitige Nutzung und Synchronisation mehrerer Geräte ermöglichen und
   - unabhängig von Hardware und Betriebssystem funktionieren.

3. **Konfigurationssoftware**

   Ermöglicht die Inbetriebnahme, Konfiguration und Überprüfung der Hardware-Komponenten.

   Beispiel: NI-MAX bei National Instruments Hardware.

4. **Anwendungssoftware:**

   Hierbei wird zwischen verschiedenen Entwicklungsumgebungen unterschieden:

   - textbasierte Programme: (z. B. C, Java, Python),
   - grafische Programme (z. B. LabVIEW, SPS-FUP),
   - Fertigkomponenten.

   Verbreitete Anwendungsprogramme:

   - LabVIEW (National Instruments) – de facto Industrie-Standard,
   - Keysight VEE (Agilent Technologies, ehemals HP VEE) – ebenfalls weit verbreitet,
   - MATLAB + Instrument Control Toolbox – Standard in Forschung und Entwicklung,
   - Python (z. B. mit PyVISA, PySerial) – zunehmend beliebt, insbesondere für Open-Source-Projekte.

9.3 Der VISA-Treiber

Im folgenden Abschnitt wird anhand von Beispielen die Messwerterfassung und -verarbeitung unter Einsatz von speziellen Messgeräten und der Schnittstelle VISA (Virtual instrument software architecture) mit LabVIEW gezeigt. Die VISA-Schnittstelle ermöglicht die Programmierung von Messgeräten die zum Beispiel eine RS-232- oder GPIB-Schnittstellen bereitstellen.

Hardwareaufbau

Serielle Schnittstellen bestehen aus einer Reihe von Kommunikationsleitungen, die Daten bitweise übertragen. Die wesentlichen Komponenten umfassen den Sender, ein oder mehrere Empfänger und die Verbindungskabel. Ein serieller Standard ist zum Beispiel UART (Universal Asynchronous Receiver/Transmitter) bei dem der Sender parallele Daten in serielle Daten umwandelt. Diese seriellen Daten werden dann über Leitungen wie die TX (Transmit) und RX (Receive) gesendet. Auf der Empfängerseite wandelt ein weiterer UART die seriellen Daten zurück in parallele Daten, die dann von der Hardware oder Software weiterverarbeitet werden. Serielle Schnittstellen können sowohl synchron als auch asynchron arbeiten, wobei die Synchronisation bei der asynchronen Kommunikation oft durch Start- und Stopbits gewährleistet wird. In der Messtechnik spielen auch heute noch Messgeräte oder Sensoren eine große Rolle, die ihre Messergebnisse über serielle Schnittstellen zugänglich machen.

Eine ältere in der rechnergestützten Messdatenerfassung häufig genutzte Schnittstelle zum Anschluss von Messgeräten an den Rechner ist die parallele Schnittstelle GPIB (IEC-Bus). Diese Schnittstelle ist standardmäßig nicht am PC vorhanden kann aber auch heute noch über entsprechende USB/GPIB-Adapter ausgelesen werden.

Messgeräte

Im Folgenden sollen einige Messgeräte, die über die VISA-Schnittstelle konfiguriert werden können, vorgestellt werden. Diese Messgeräte werden auch in den weiterführenden Beispielen verwendet.

Funktionsgenerator Agilent 33220 A

Der Agilent 33220 A ist ein 20-MH-Funktionsgenerator mit Synthesizer-Technologie, der neben den gängigen Standardsignalformen auch Arbiträrsignale und Pulse erzeugen kann. Das Gerät eignet sich gleichermaßen gut zur Verwendung als eigenständiges Laborgerät als auch für den Einsatz in Messsystemen.

Der Agilent 33220 A kann über SCPI-Befehle programmiert werden. Details zur Bedienung, einschließlich der Einstellung der GPIB-Adresse und weiterer Funktionen, sind im zugehörigen Handbuch beschrieben.

Hier ein Beispiel für einen SCPI-Befehl zur Einstellung eines Sinussignals mit 2000 Hz, 3.0 V Amplitude und 2.5 V Offset:

```
APPL:SIN 2000, 3.0, 2.5
```

Multimeter Agilent 34401 A

Das Agilent 34401 A ist ein digitales Hochleistungsmultimeter mit einer Auflösung von 6,5 Stellen. Das Gerät eignet sich sowohl für den Einsatz im Messlabor als auch für Messsysteme.

Einstellen der GPIB-Adresse: Die Adresse des Gerätes kann auf einen Wert zwischen 1 und 30 eingestellt werden. Die genaue Vorgehensweise ist im Handbuch beschrieben.

Programmierung: Das Multimeter unterstützt ebenfalls SCPI-Befehle.

Ein Beispiel für die Konfiguration einer AC-Spannungsmessung mit automatischem Bereichswechsel:

```
CONF:VOLT:AC DEF , DEF
```

Zum Starten einer Messung und Abrufen des Messwerts dient folgender Befehl:

```
READ?
```

Hinweis: Leerzeichen statt Unterstrichen in Befehlen verwenden. Weitere Details sind im Handbuch zu finden.

Verwendete LabVIEW-Funktionen

Neben allgemeinen LabVIEW-Funktionen werden in den Programmen zur Kommunikation mit den Messgeräten und zur Manipulation der ASCII-Zeichenketten (Strings) insbesondere Funktionen aus den Unterpaletten „VISA“, „String“ und „Number/String-Conversion“ verwendet.

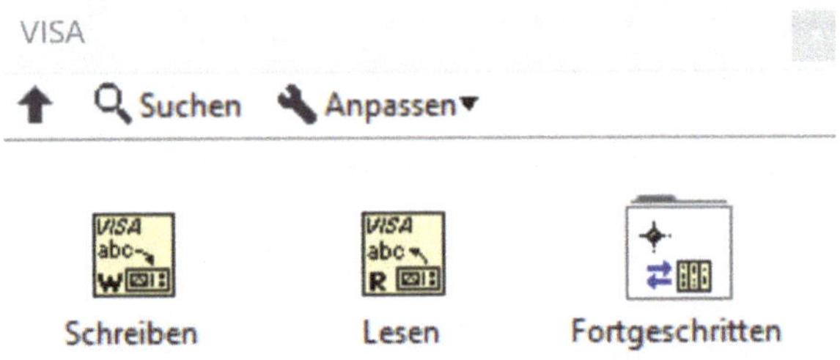

Bild 9.1
VISA-Palette

Die VISA-Palette (Bild 9.1) enthält die beiden wichtigen Funktionen „VISA Write“ und „VISA Read“.

Mit „VISA Write“ (Bild 9.2) können Daten (Strings) an ein Messgerät gesendet werden. Notwendig sind die Belegung der Anschlüsse „VISA Ressourcenname“ (Wenn das

Messgerät angeschaltet und eingeschaltet ist, sowie alle Treiber vorhanden sind sollte die Ressource auswählbar sein) und „Schreibpuffer" (zu sendender ASCII-String). Die übrigen Anschlüsse sind optional.

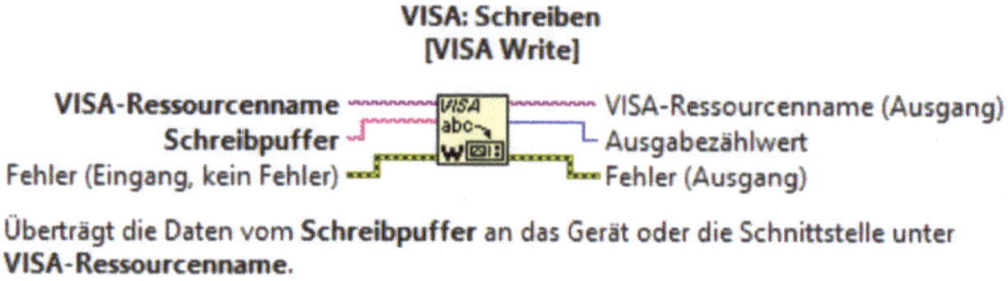

Bild 9.2 Funktion „VISA Write"

Mit „VISA Read" (Bild 9.3) werden Daten (Strings) von einem Messgerät gelesen. Notwendig ist die Belegung der Anschlüsse „VISA Ressourcenname" und „Byte-Anzahl". Mit „Byte-Anzahl" wird angegeben, wie viele Zeichen (Bytes) vom Messgerät ausgelesen werden sollen.

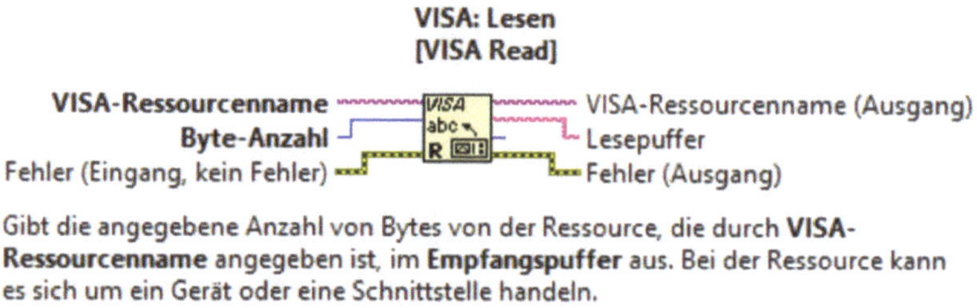

Bild 9.3 Funktion „VISA Read"

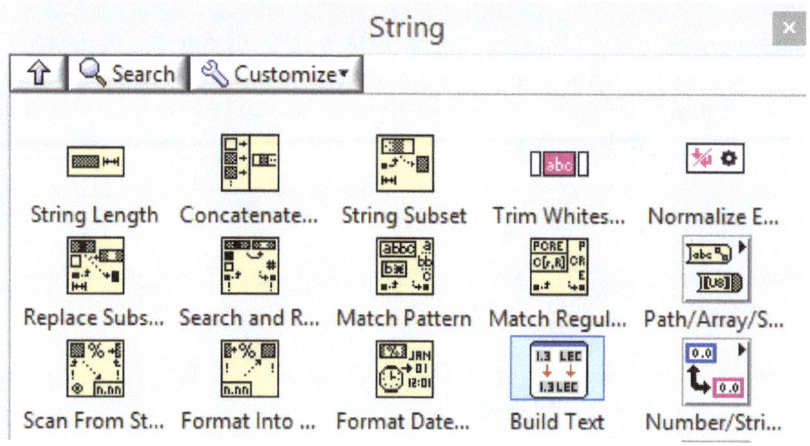

Bild 9.4 String-Palette (Auszug)

Die String-Palette (Bild 9.4) enthält die Funktion „Concatenate Strings“ und die Unterpalette „Number/String Conversion“. Mit „Concatenate Strings“ (Bild 9.5) können neue Strings aus Teilstrings zusammengesetzt werden.

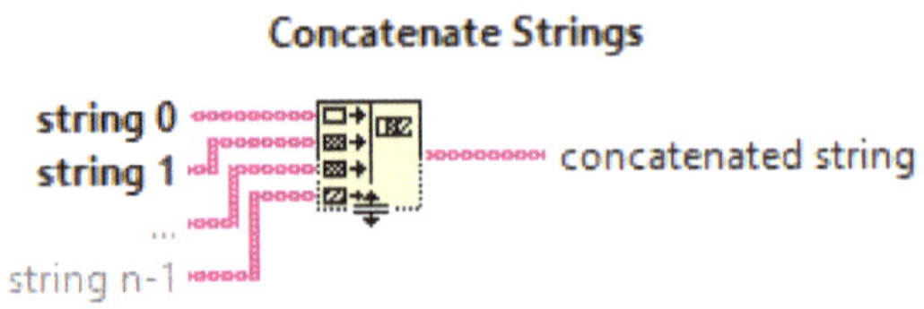

Bild 9.5 Funktion „Concatenate Strings“

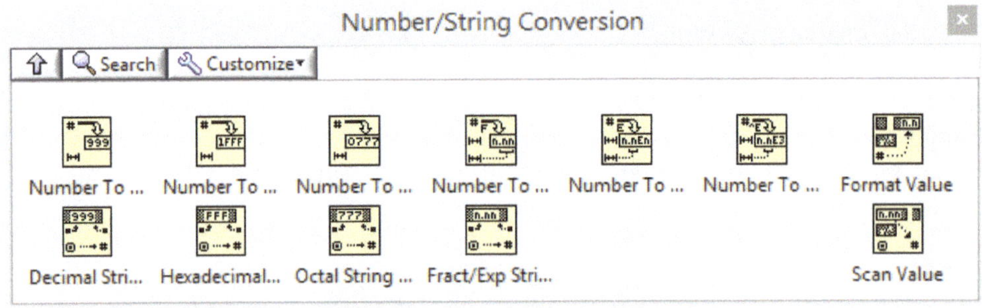

Bild 9.6 Palette für Number/String Conversion

Die Unterpalette „Number/String Conversion“ (Bild 9.6) enthält Routinen für die Umwandlung numerischer Werte in Strings und umgekehrt. Mit „Number To Fractional String“ (Bild 9.7) erfolgt die Umwandlung einer Gleitkommazahl in einen String. Die boolsche Option „use system decimal point (T)“ erlaubt durch Anschluss von F (= False) die Wandlung des Kommas in der eingehenden Zahl zu einem Punkt im ausgegebenen String. Bei Messgeräten ist üblicherweise der Punkt als Dezimaltrennzeichen eingestellt.

„Fract/Exp To Number“ (Bild 9.8) führt die umgekehrte Wandlung durch. Die Beschaltung der Option „use system decimal point (T)“ mit einem F (False) bewirkt hier dann sinngemäß die Wandlung des ankommenden Punktes im Messwert-String in ein Komma in der ausgegebenen Gleitpunktzahl.

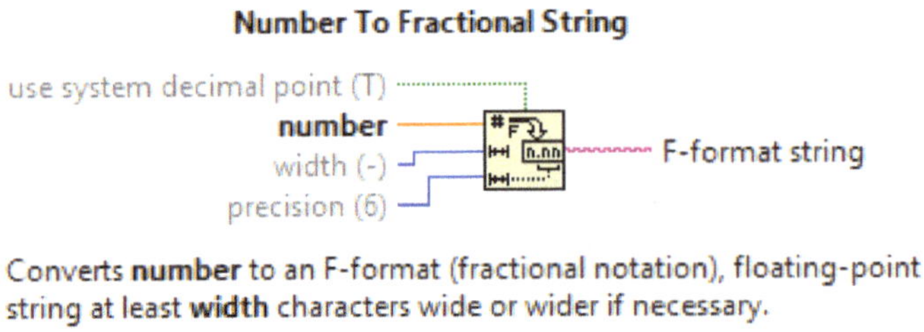

Bild 9.7 Funktion „Number To Fractional String“

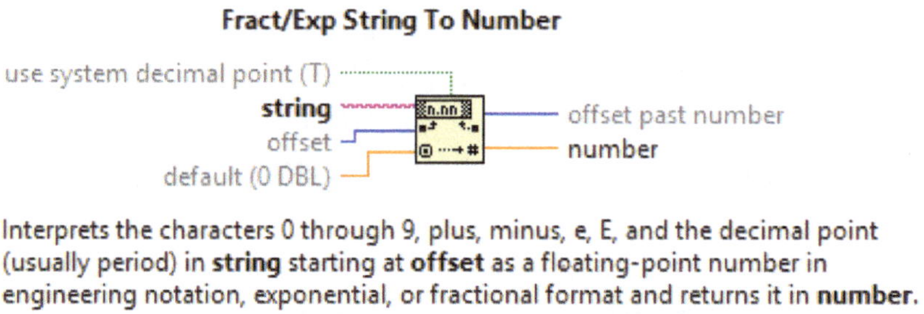

Bild 9.8 Funktion „Fractional/Exponential String To Number“

9.4 Aufgabe: Amplitudengang eines Filters

Aufgabenstellung

Für ein Tiefpassfilter ist der Amplitudengang messtechnisch aufzunehmen und grafisch darzustellen. Zusätzlich sollen die aufgenommenen Messwerte in eine Datei geschrieben werden. Unter dem Amplitudengang ist bei einem Filter das Verhältnis von Ausgangs- zu Eingangsspannung in Abhängigkeit der Frequenz zu verstehen.

Amplitudengang:

$$|H(f)| = \frac{U_a}{U_e} \tag{9.1}$$

U_a und U_e sind dabei die Scheitelwerte (Amplituden) bzw. Effektivwerte der Spannungen.

Beispiel-Schaltung: RC-Tiefpass mit R = 1000 Ohm und C = 220 nF.

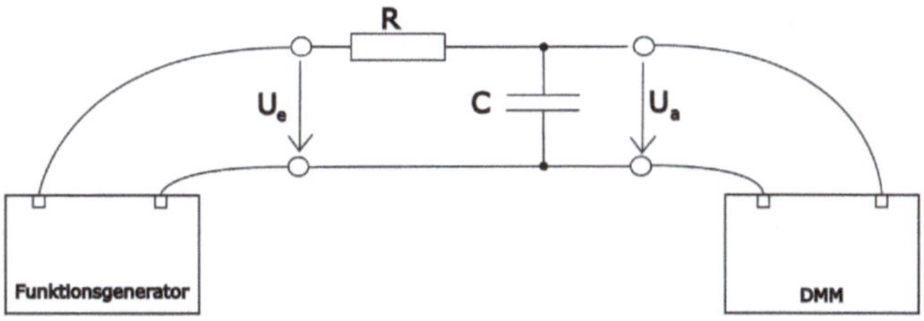

Bild 9.9 Messschaltung für den Tiefpass

Wie in Bild 9.9 dargestellt, wird für die Speisung der Schaltung der Funktionsgenerator (FG) Agilent 33220 A benutzt. Um den interessierenden Frequenzbereich zu erfassen, sollen am FG folgende Parameter für die Eingangsspannung U_e eingestellt werden:

- Sinussignal mit einer Amplitude von U_e = 5 V
- keine Offsetspannung (Offset = 0 V)

- Frequenzbereich:
  - $f = 100$ Hz bis 900 Hz mit einer Schrittweite von 100 Hz,
  - $f = 1000$ Hz bis 10 kHz mit einer Schrittweite von 1000 Hz.

Für die Messung der Ausgangsspannung U_a wird das Digital-Multimeter (DMM) Agilent 34401 A eingesetzt.

Messablauf

Der Ablauf der Messung ist in Bild 9.10 mit einem Struktogramm dargestellt.

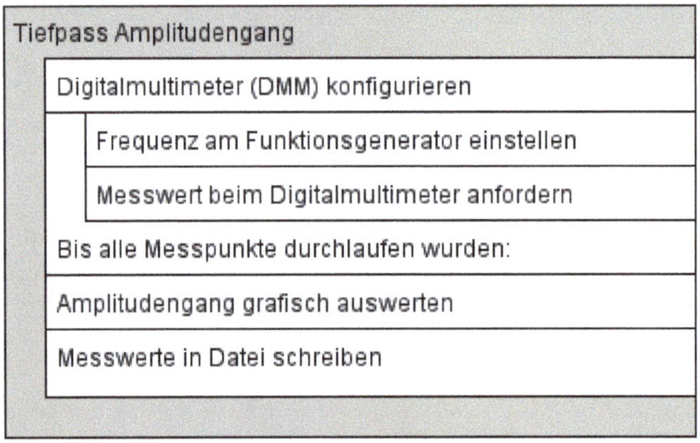

Bild 9.10 Struktogramm zum Ablauf der Messung

Zur Erzeugung eines Arrays (Feld) mit den erforderlichen Frequenzvorgaben für den Funktionsgenerator wird ein SubVI (Unterprogramm) „GetFreq.vi" erstellt. Das SubVI erzeugt ein entsprechendes Array (Bild 9.11 und Bild 9.12) und gibt den erforderlichen Frequenzwert am gewünschten Index aus.

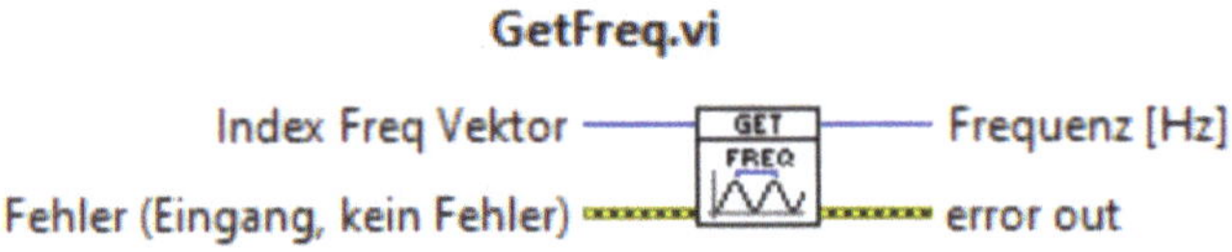

Bild 9.11 SubVI (Unterprogramm) „GetFreq"

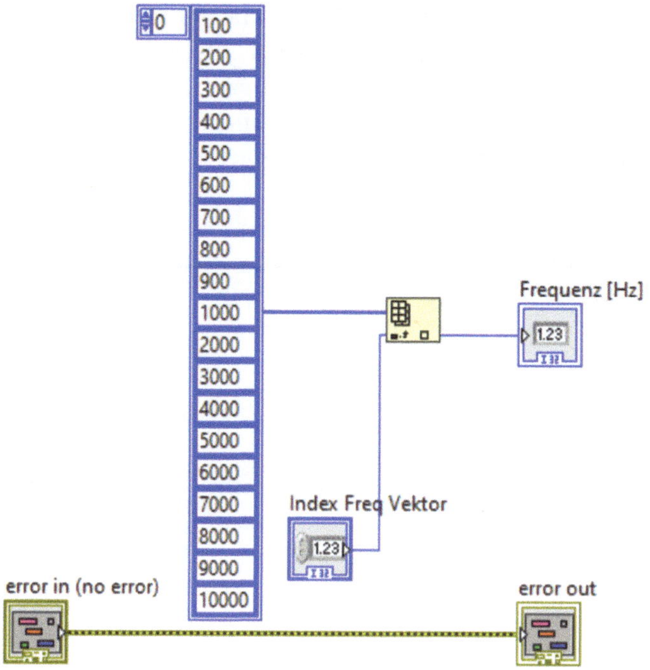

Bild 9.12 Blockdiagramm des SubVI „GetFreq“

Programm

Die Programmierung der Messaufgabe erfolgt anhand des Struktogramms (Bild 9.10) in einzelnen überschaubaren Programmabschnitten.

Zunächst werden die Messgeräte auf die betreffende Betriebsart eingestellt. Die dazu notwendigen Befehle sind den Handbüchern entnommen.

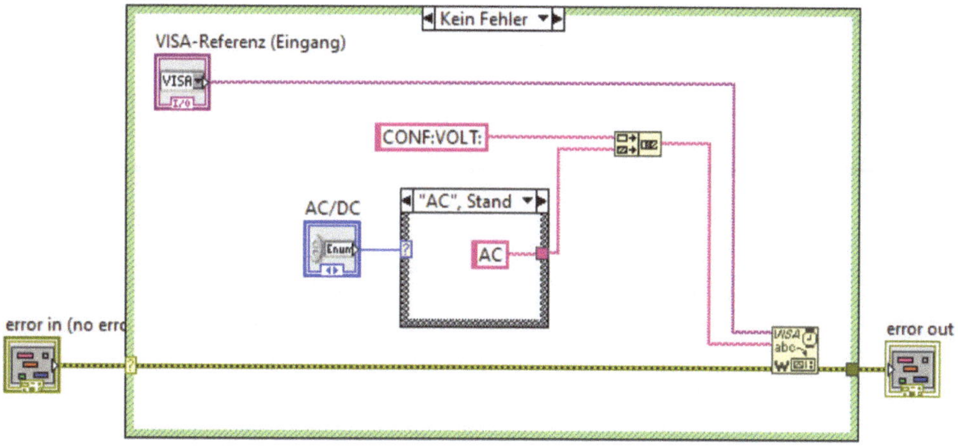

Bild 9.13 Konfiguration des Digitalmultimeters

Für die Messung der verschiedenen Messpunkte existiert eine Messschleife, realisiert mit einer For-Schleife (For Loop in Bild 9.14). Bei jedem Schleifendurchlauf wird zunächst eine Frequenz am Funktionsgenerator eingestellt. Der numerisch vorliegende Frequenzwert wird durch die Funktionen „Number To Fractional String" und „Concatenate Strings" im VI FunctionGenerator.vi so aufbereitet, dass er der Syntax des Funktionsgenerators entspricht.

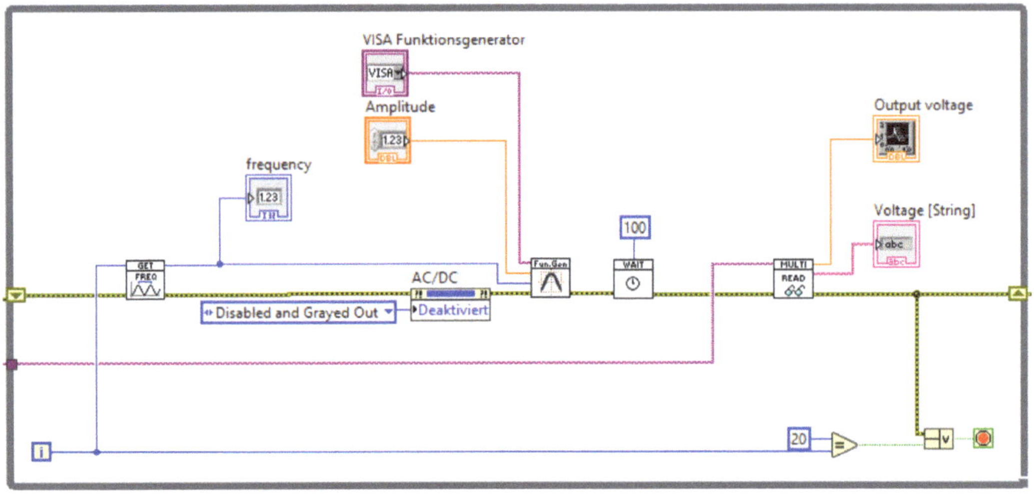

Bild 9.14 For Loop der Messschleife

In Bild 9.15 ist zu sehen, wie der String-Befehl für den Funktionsgenerator zusammengeführt wird.

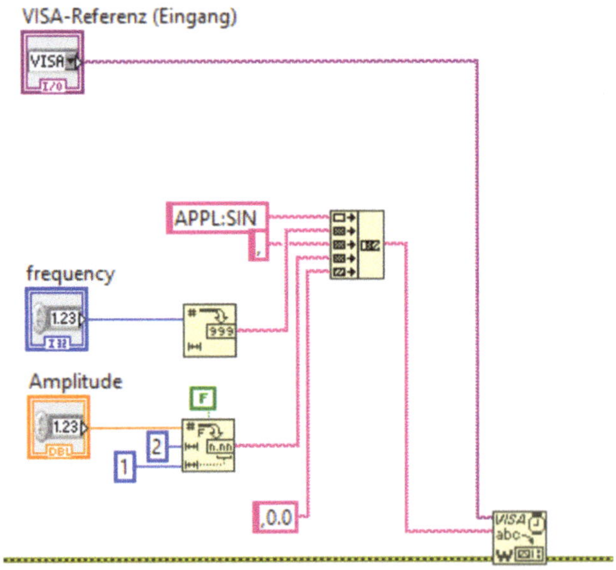

Bild 9.15 Konfiguration einer Sinusfrequenz für den Funktionsgenerator

Danach wird der aktuelle Spannungswert am Ausgang des Tiefpasses gemessen. In Bild 9.16 ist zu sehen wie Werte aus dem Digitalmultimeter ausgelesen werden. In der Wandlungsroutine „Fract/Exp String To Number" muss darauf geachtet werden in welchem Dateiformat der Spannungswert als String vorliegt.

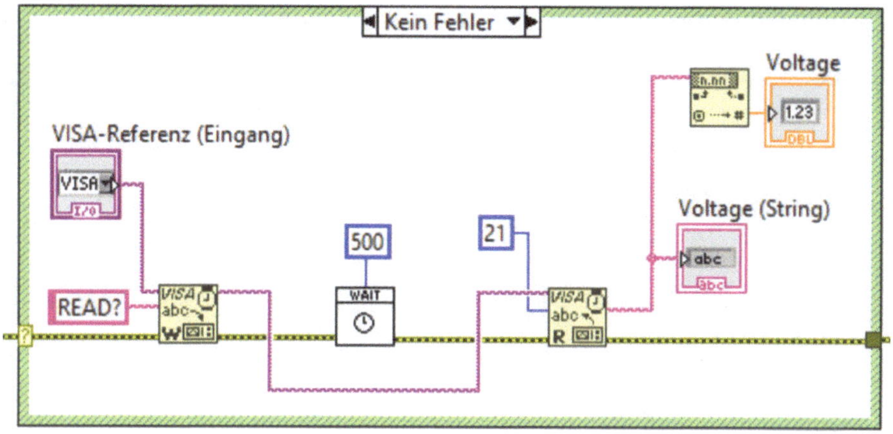

Bild 9.16 Auslesen des DMM

Danach erfolgt die Auswertung der gespeicherten Messwerte für „f" und „Ua". Es wird jeweils in einem „XY-Graphen" der Amplitudengang bzw. der Amplitudengang im dB-Maß dargestellt.

Zusätzlich werden die dargestellten Messwerte auch mit dem VI „file_write" in eine Datei geschrieben. Die Datei wird im gleichen Ordner wie das Programm hinterlegt und heißt einfach „Tiefpass_Messwerte.csv". Die Daten aus der Datei können dann z. B. auch mit Excel gelesen und verarbeitet werden.

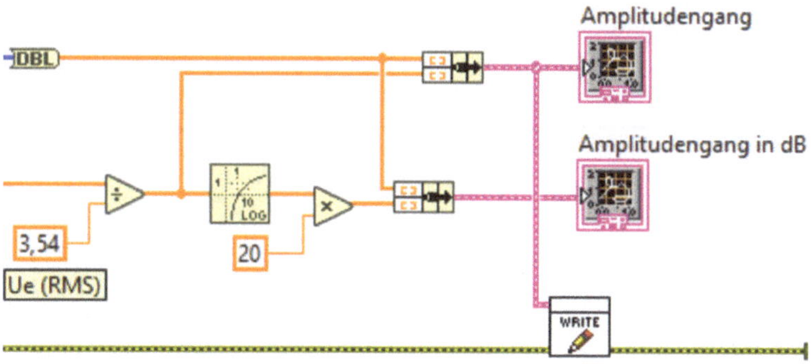

Bild 9.17 Finale Visualisierung und Speicherung der Messdaten

Der Messaufbau ist in Bild 9.18 abgebildet. Als Anregung dient wie beschrieben ein Funktionsgenerator der Marke Agilent und gemessen wird mit einem Digitalmultimeter, ebenfalls von der Marke Agilent. Die beiden Messgeräte sind über ihre GPIB-Schnittstelle mit dem PC und LabVIEW verbunden.

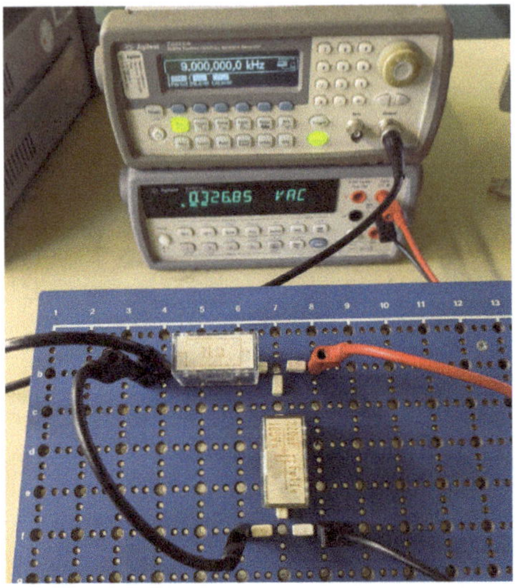

Bild 9.18
RC-Tiefpass mit angeschlossenem Messaufbau

Der sich aus der Messung ergebende Amplitudengang ist in Bild 9.19 zu sehen. Bild 9.20 zeigt den Amplitudengang im dB-Maß. Zusätzlich sind hier Cursor-Linien eingeblendet, um die Grenzfrequenz des RC-Tiefpasses zu überprüfen. Bei –3 dB lässt sich eine Grenzfrequenz von ca. 715 Hz ablesen. Der theoretische Wert der Grenzfrequenz (ohne Berücksichtigung von Toleranzen in den Bauelementen) liegt bei

$$f_g = \frac{1}{2 \cdot \pi \cdot R \cdot C} = \frac{1}{2 \cdot \pi \cdot 1\,\text{k}\Omega \cdot 220\,\text{nF}} = 723\,\text{Hz} \qquad (9.2)$$

Es ist zu sehen, dass der Amplitudengang im oberen Frequenzbereich mit 20 dB pro Frequenz-Dekade fällt.

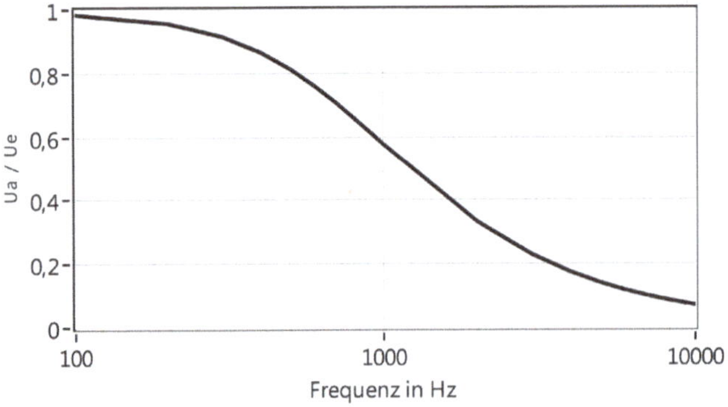

Bild 9.19
Amplitudengang des RC-Tiefpasses

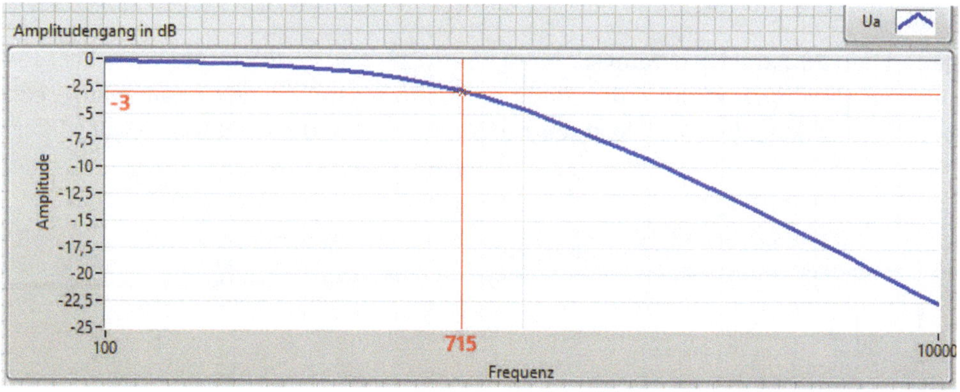

Bild 9.20 dB-Amplitudengang des RC-Tiefpasses

Zusatzaufgabe

Mit einem Messgeräte-Treiber (Instrument Driver) kann ein Benutzer mit einem Messgerät kommunizieren, ohne dass er die Befehlssyntax gemäß Handbuch kennen muss.

Es soll ein Messgeräte-Treiber zur Konfiguration des Funktionsgenerators Agilent 33220 A erstellt werden. Über das Panel (Benutzer-Schnittstelle, siehe Bild 9.21) sollen folgende Parameter einstellbar sein:

- Geräteadresse,
- Kurvenform (Sinus, Rechteck, Dreieck, DC),
- Amplitude,
- Frequenz.

Das VI (Programm) soll als SubVI (Unterprogramm) verfügbar sein.

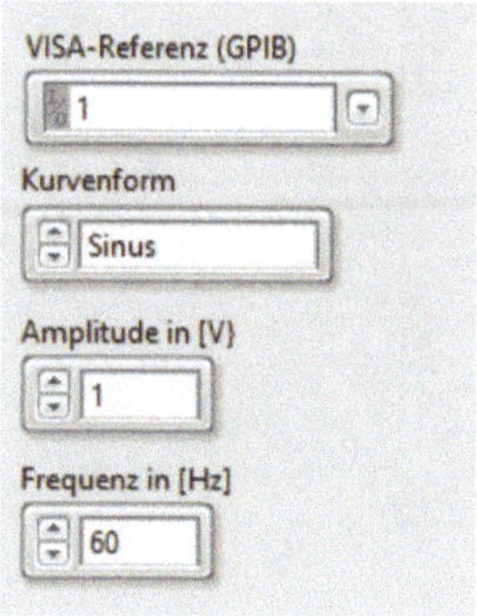

Bild 9.21
Panel zum SubVI zur Kontrolle eines Funktionsgenerators (Agilent 33220 A)

Lösung:

Der an den Funktionsgenerator zu sendende String muss entsprechend der Vorgabe aus dem Handbuch mithilfe der Funktion „Concatenate Strings“ zusammengesetzt werden (Bild 9.22). Bild 9.23 zeigt das für einen Anwender verfügbare SubVI (Unterprogramm).

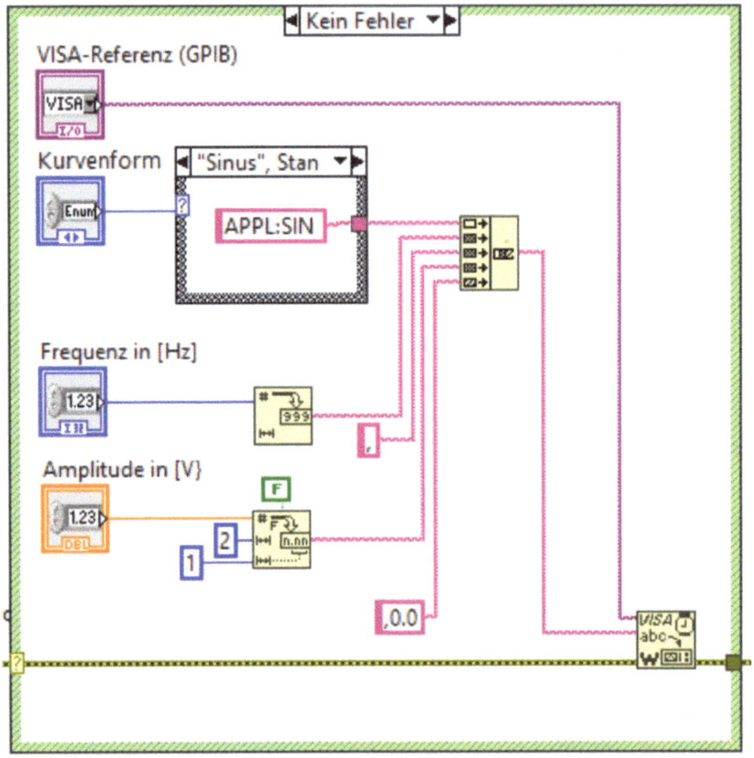

Bild 9.22 Blockdiagramm zum Messgerätetreiber (Agilent 33220 A)

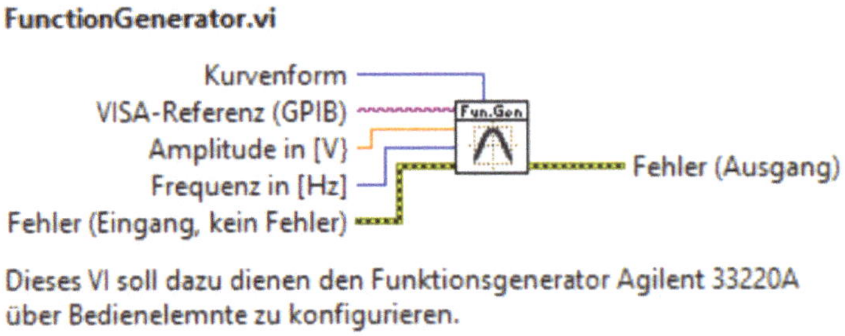

Bild 9.23 Kontexthilfe SubVI zum Messgerätetreiber (Agilent 33220 A)

9.5 Aufgabe: Waage mit Dehnungsmessstreifen

Mit einem Biegestab, auf den Dehnungsmessstreifen (DMS) appliziert sind, soll eine Waage realisiert werden (Bild 9.24). Der Biegestab kann mit Gewichten (Masse m = 0 g bis 1000 g) belastet werden. Zur Erfassung von Dehnung und Stauchung sind je zwei DMS an der Ober- und Unterseite des Biegestabs aufgeklebt. Die vier DMS sind in einer Vollbrückenschaltung angeordnet, wobei sich in jedem Brückenzweig ein DMS befindet (Bild 9.25).

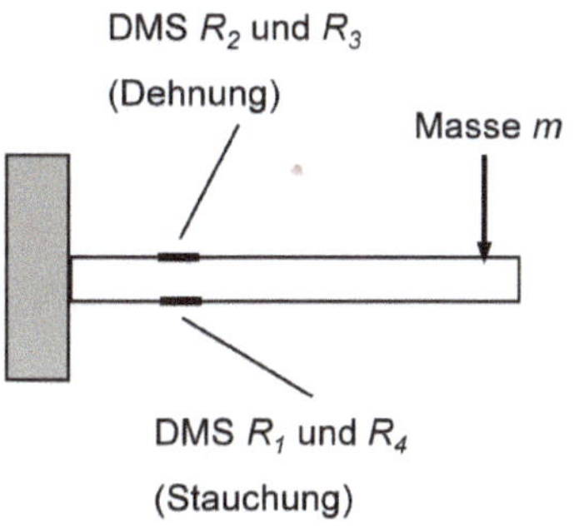

Bild 9.24
Biegestab mit applizierten DMS

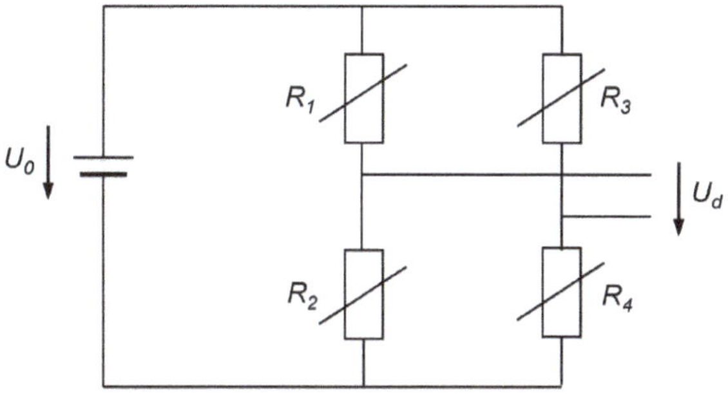

R_1 bis R_4 = DMS
U_0 = Brückenspeisung
U_d = Diagonalspannung = Ausgangsspannung

Bild 9.25
Vollbrücke mit DMS

Der Zusammenhang zwischen der aufgelegten Masse m und der Ausgangsspannung der Brücke U_d ist näherungsweise linear. Nach einer Offset-Korrektur und bei einer Brückenspeisung U_0 von 3 V beträgt die Brückenausgangsspannung U_d für Masse m = 0 g genau 0 V und für m = 1000 g etwa U_d = 4,5 mV. Somit kann die aufgelegte Masse m direkt aus der gemessenen Brückenspannung U_d berechnet werden, sofern zuvor ein eventuell vorhandener Offset-Fehler korrigiert wurde.

$$m = \frac{1000\,\mathrm{g}}{4{,}5\,\mathrm{mV}} \cdot U_\mathrm{d} = 222{,}222 \cdot \frac{\mathrm{g}}{\mathrm{mV}} \cdot U_\mathrm{d} = 222222 \cdot \frac{\mathrm{g}}{\mathrm{V}} \cdot U_\mathrm{d} \tag{9.3}$$

Aufgabenstellung

Die erwünschte Benutzer-Schnittstelle (Front-Panel) sei durch Bild 9.26 vorgegeben und soll realisiert werden.

- Button „Offsetkorrektur“: Durch Drücken des Buttons wird ohne Gewichtsauflage die momentan vorliegende Offset-Spannung gemessen und gespeichert.
- Button „Stop“: Das Programm wird angehalten.
- Ansonsten soll bei aufgelegter Masse m durchgängig eine Spannungsmessung durchgeführt werden. Die Spannung wird mit dem zuletzt erfassten Offset korrigiert und die ermittelte Masse wird in Gramm auf dem Front-Panel angezeigt.

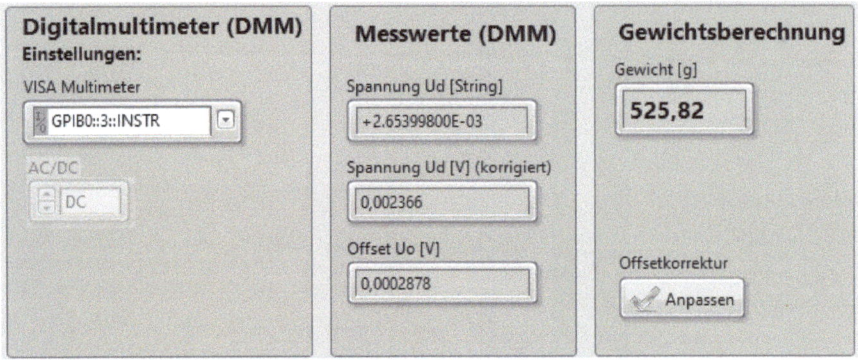

Bild 9.26 Erwünschtes Front-Panel

Messablauf

Der Ablauf der Messung ist mit dem Struktogramm in Bild 9.27 dargestellt.

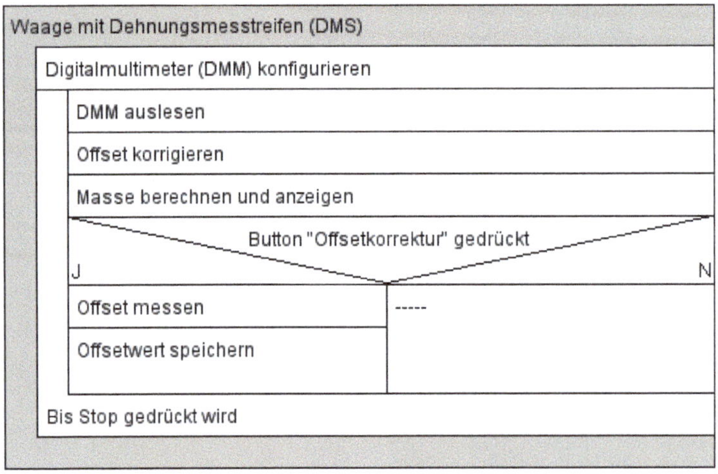

Bild 9.27 Struktogramm zum Ablauf der Messung

Programm

Vor der Hauptschleife befindet sich ein VI um das angeschlossene Digitalmultimeter zu konfigurieren. In der While-Schleife wird die Messschleife durch eine sogenannte Erzeugnisstruktur realisiert. Immer dann, wenn ein entsprechendes Ereignis (Button-Betätigung) eintritt, wird der zugeordnete Ereignis-Rahmen (Event Case) ausgeführt.

*Ereignis-Rahmen „Timeout“ (*Bild 9.28*):*

Der Hauptrahmen wird alle 200 ms ausgeführt, wenn keine anderen GUI-Elemente gedrückt wurden und das Programm das Timeout-Ereignis ausführt. Zunächst wird am DMM ein Messwert-String angefordert. Dieser wird ausgelesen, in einen numerischen Wert gewandelt, mit dem „Offset“ verrechnet und als Gewichtswert in Gramm auf der GUI angezeigt.

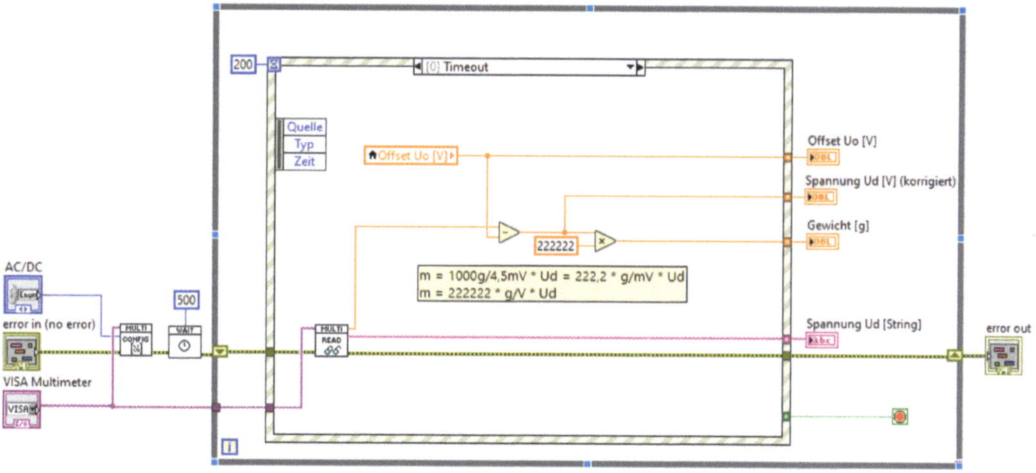

Bild 9.28 Ereignis-Rahmen „Timeout“

*Ereignis-Rahmen „Offsetkorrektur“ (*Bild 9.29*):*

Beim DMM wird ein Messwert-String angefordert. Dieser wird ausgelesen, als Offset angezeigt und in einer lokalen Variablen gespeichert um in Zukunft die Gewichtsberechnung zu verbessern.

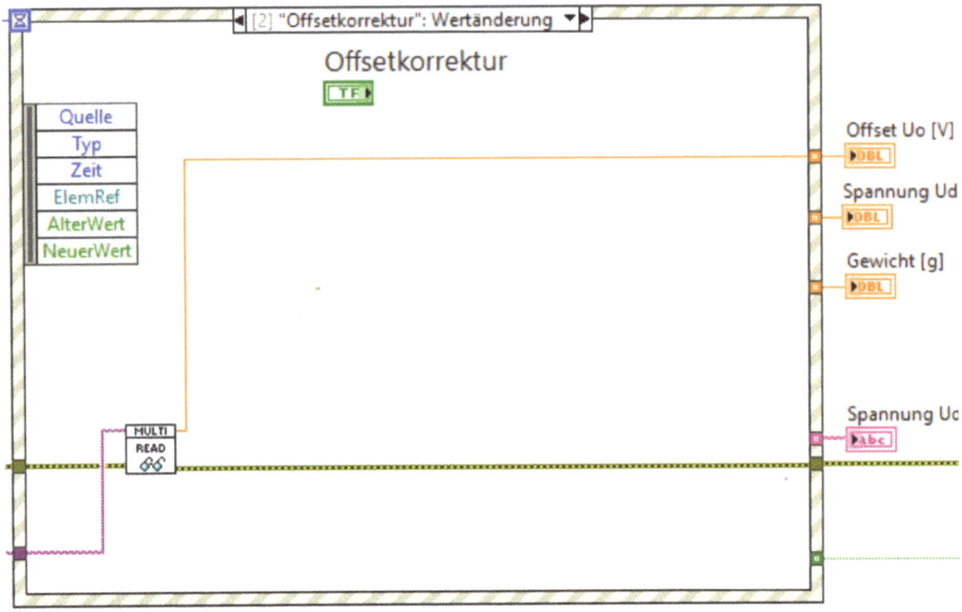

Bild 9.29 Ereignis-Rahmen „Offsetkorrektur"

Ereignis-Rahmen „STOP":

Im Ereignis-Rahmen „Stop" wird einfach nur die Schleifenabbruchbedingung auf „true" gesetzt und somit das Programm beendet.

Der Messaufbau ist in Bild 9.30 abgebildet. Als Anregung dient eine Spannungsversorgung der Marke Agilent und gemessen wird mit einem Digitalmultimeter, ebenfalls von der Marke Agilent. Die beiden Messgeräte sind über ihre GPIB Schnittstelle mit dem PC und LabVIEW verbunden.

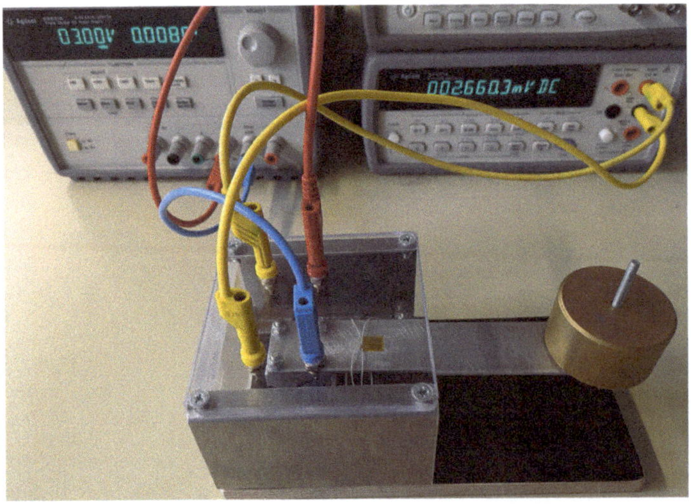

Bild 9.30 Waage mit Dehnungsmesstreifen und angeschlossenen Messgeräten.

9.6 Programmierung mit NI-USB-Messmodulen

In den Anfängen der PC-Messtechnik wurden Messkarten noch direkt in den PC eingebaut. Dies ist heute nicht mehr nötig. Über die USB-Schnittstelle lassen sich bequem Messmodule anschließen.

9.6.1 Hardwareaufbau von Messmodulen

USB-Messmodule (Messboxen) gibt es in vielen verschiedenen Ausführungen. Es sind sowohl Kompaktkarten als auch Chassis mit Einschüben erhältlich, die für unterschiedliche Messaufgaben ausgelegt sind. Unterscheiden tun sie sich durch Kanalzahl, Messgeschwindigkeit, Genauigkeit und Funktionen der Ein-/Ausgabe.

Der Funktionsumfang umfasst allgemein:

- analoge Ein-/Ausgabe (analog I/O),
- digitale Ein-/Ausgabe (digital I/O),
- Zähl- und Zeitgeber-Funktionen (Counting/Timing-Funktionen).

Sie werden daher auch als Multifunktions-Datenerfassungsgeräte (Multifunction-DAQ-Device) bezeichnet.

Analoge Eingänge

Die Erfassungsmodi und Triggermöglichkeiten für analoge Eingänge sind im Abschnitt 5.1 ausführlich beschrieben.

Analoge Ausgänge

Für die analoge Spannungsausgabe stehen auf den Messmodulen DA-Wandler zur Verfügung. Die entsprechende Ausgangsspannung wird massebezogen ausgegeben. Bei der Ausgabe von Kurvenformen sollte ein Glättungsfilter (Tiefpass) nachgeschaltet werden.

Digitale Ein-/Ausgänge

Die digitalen Anschlüsse sind in der Regel als Ein- oder Ausgänge programmierbar. Bezüglich der zulässigen Belastungen sind die Datenblattangaben zu beachten.

Zähl- und Zeitgeber-Funktionen

Über diese Funktionen ist eine Ereigniszählung (steigende oder fallende Flanken) an den entsprechenden Eingängen oder eine Ausgabe von Pulsfolgen (PWM-Signale) möglich.

Messmodul NI USB-6009 von National Instruments

Das Messmodul NI USB-6009 (Bild 9.31) von National Instruments oder andere Messmodule der Baureihe verfügen über folgende Anschlüsse:

Acht analoge Eingänge (AI0 ... AI7)

- ADU mit max. Spannungsbereich –10 V ...+10 V und 14-Bit-Auflösung.
- Der Bereich ist einstellbar und wird über einen PGA (Programmable Gain Amplifier = Programmierbarer Verstärker) an den ADU angepasst.
- Acht Kanäle massebezogen (RSE = Referenced Single Ended) oder alternativ vier Kanäle differentiell (DIFF = Differential)

Zwei analoge Ausgänge (AO0, AO1)

- DAU mit Spannungsausgang im Bereich 0 V ...+5 V.
- Die Ausgabe von Signalen ist nur Software-getaktet möglich.

Zwölf digitale Ein/Ausgänge (P00 ... P07 und P10 ... P13)

Acht digitale Ein-/Ausgänge, die zur Steuerung oder Abfrage von digitalen Signalen verwendet werden können. Sowie 5 digitale Leitungen, die ausschließlich als Eingänge verwendet werden können (kein Ausgang möglich). Sie arbeiten mit einer Logikspannung von 0 bis 5 V.

Stromversorgung

Das Gerät wird über den USB-Anschluss mit Strom versorgt, sodass kein zusätzliches Netzteil erforderlich ist. Gleichzeitig können externe Sensoren über einen Anschluss mit 5 V versorgt werden.

Ein Ereigniszähler (Event Counter PFI0) (PFI = Pulse Falling Input)

Zählen von negativen Flanken mit einem 32-Bit-Counter. Sie kann z. B. als externer Start-Trigger oder zur Übergabe eines Taktsignals für synchronisierte Messungen verwendet werden.

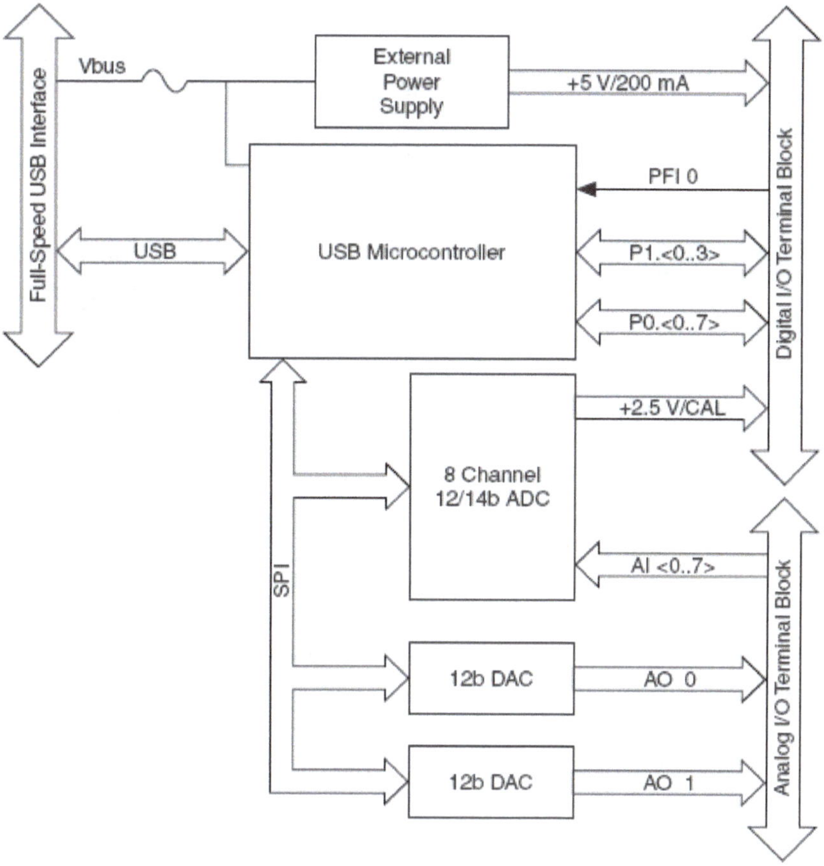

Bild 9.31 Blockbild des Messmoduls NI USB-6009

9.6.2 Einrichtung von NI-Hardware mit dem NI MAX

In den folgenden Messaufgaben wird die Programmerstellung mithilfe von NI-Messmodulen durchgeführt. Dazu ist es erforderlich, die Erstellung sogenannter Mess-Tasks mit dem NI Measurement & Automation Explorer (NI MAX) zu erklären. Ein NI MAX Task bietet eine zusätzliche Abstraktionsebene, die die Hardwareschnittstelle vom eigentlichen Programmcode trennt. Ein Messtask (Measurement Task) dient zur Erfassung von Signalen wie Spannung, Strom oder Temperatur. In NI MAX können grundlegende Hardwareeigenschaften sowie Einstellungen für die Messaufgabe konfiguriert werden. Im LabVIEW-Programm kann anschließend direkt auf den erstellten Task zugegriffen werden, ohne sich um die Hardwareanbindung kümmern zu müssen.

Bei einer Standardinstallation von LabVIEW oder der LabVIEW Runtime wird in der Regel der NI Measurement & Automation Explorer (NI MAX) automatisch mitinstalliert. Ein großer Vorteil von NI MAX ist, dass auf NI-Instrumente und Messmodule auch ohne Programmierung in LabVIEW zugegriffen werden kann. Dadurch lassen sich bereits vor der eigentlichen Programmierung folgende Aufgaben erledigen:

- Überprüfung der Hardware,
- Testen einzelner Hardwarekanäle,
- Einrichten von Messaufgaben (Tasks) mit Konfigurationen wie Abtastrate, differentieller Messung, Messbereich, Abtastwerte sowie einzelner oder kontinuierlicher Messung.

Zur Erstellung und Konfiguration eines Messtasks müssen die folgenden Schritte durchlaufen werden:

1. **Erstellung eines Messtasks**
   a. NI MAX öffnen: Starten Sie NI MAX auf Ihrem Computer.
   b. Geräte und Schnittstellen identifizieren: Navigieren Sie zu „Geräte und Schnittstellen", um die angeschlossene NI-Hardware zu überprüfen.
   c. Neuen NI-DAQmx-Task erstellen: Hierzu auf „Datenumgebung" im linken Navigationsbereich klicken. Wählen Sie „NI-DAQmx Tasks" und klicken Sie auf „Neuen NI-DAQmx-Task erstellen" (siehe Bild 9.32). Es öffnet sich ein Dialogfenster zur Auswahl der Messart.

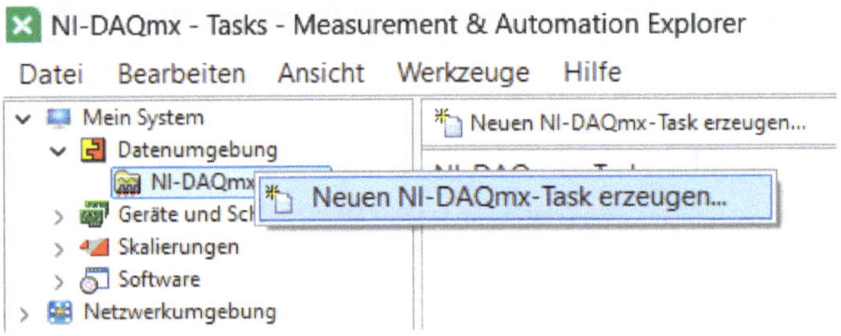

Bild 9.32 NI-DAQmx-Task erstellen: Auswahl

   d. Spannungsmessung auswählen: Wählen Sie unter „Analoge Erfassung" z. B. die Option „Spannung" (siehe Bild 9.33). Wählen Sie danach den passenden analogen Eingangskanal (z. B. ai0) des gewünschten Messgeräts. Klicken Sie auf „Weiter".

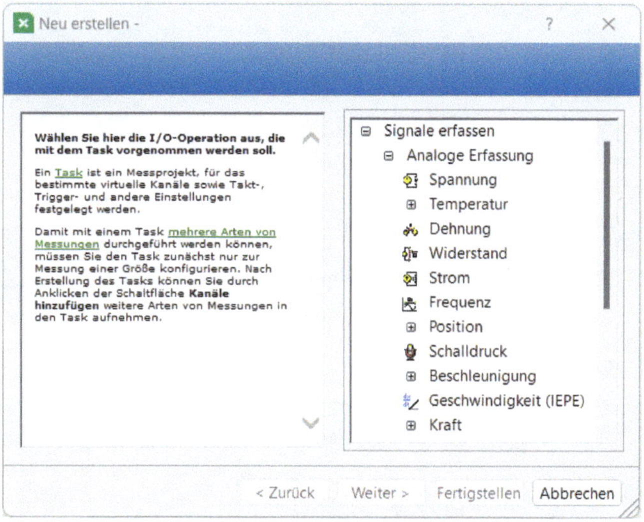

Bild 9.33 NI-DAQmx-Task erstellen: Erfassungsart wählen

e. Task benennen: Vergeben Sie einen eindeutigen Namen für den Task, um ihn später leichter wiederzufinden. Klicken Sie auf „Fertigstellen“.

2. **Konfiguration des Messtasks** (siehe Bild 9.34)

   a. Messbereich festlegen: Wählen Sie den minimalen und maximalen Spannungsbereich (z. B. –10 V bis +10 V), um die Genauigkeit der Messung zu optimieren.

   b. Signalreferenz wählen: Wählen Sie den passenden Kopplungstyp (z. B. differentiell, RSE oder NRSE). Differentiell wird empfohlen, um Störungen zu minimieren.

   c. Abtastrate und Anzahl der zu erfassenden Samples setzen: Wählen Sie eine geeignete Abtastrate (z. B. 1 kHz). Definieren Sie die Anzahl der zu erfassenden Samples pro Lesevorgang.

   d. Task speichern und testen: Speichern Sie den Task, indem Sie auf „Speichern“ klicken. Klicken Sie auf „Task ausführen“, um die Spannungsmessung zu testen.

   e. Integration in eine Anwendung: Der Task kann nun in LabVIEW oder einer anderen Software mit NI-DAQmx-Treiber verwendet werden.

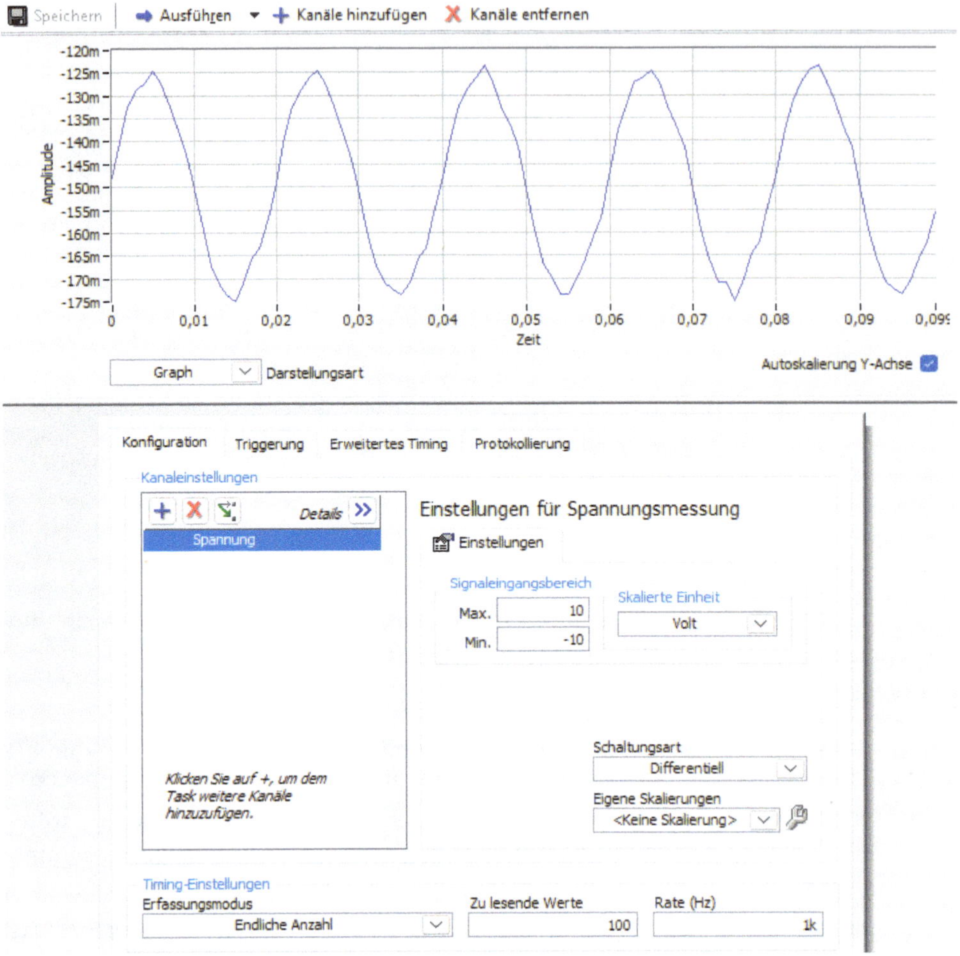

Bild 9.34 Konfigurationsmöglichkeiten eines Messtasks

9.6.3 Verwendete LabVIEW-Funktionen

Für die Messwerterfassung mit dem Messmodul werden überwiegend die Funktionen aus der „DAQmx-Datenerfassung"-Palette (Bild 9.35) verwendet.

Bild 9.35 DAQmx-Datenerfassung – Palette

Für die Erfassung und Generierung von analogen und digitalen Signalen, sowie für Zähl- und Zeitgeber-Funktionen ist es am einfachsten die Tasks direkt im NI-MAX zu konfigurieren und dann die Palette „DAQmx-Datenerfassung" (Bild 9.36) zu verwenden um die Daten in einem LabVIEW Programm zu verarbeiten. Aber auch in der Palette selber können Tasks noch nachträglich angepasst und neu konfiguriert werden, nur halt etwas aufwendiger.

Bild 9.36 DAQmx-Datenerfassung Palettenfunktionen

In den folgenden Abschnitten werden einige Messaufgaben mit einem USB-Messmodul NI USB-200x vorgestellt. Die Programmstrukturen der LabVIEW-Programme sind bewusst einfach gehalten und auch im Zusatzmaterial zu diesem Buch verfügbar.

9.7 Aufgabe: Temperaturmessung

Zur Temperaturmessung wird der Halbleiter-Temperatursensor LM45C von National Semiconductor eingesetzt. Die im Sensor integrierte Elektronik liefert am Ausgang des Sensors eine von der Temperatur θ abhängige Spannung U_{out} gemäß

$$U_{\text{out}} = 10 \cdot \frac{\text{mV}}{°\text{C}} \cdot \theta$$

Eine zusätzliche Signalkonditionierung verstärkt dieses Signal um den Faktor vier und koppelt das Signal über einen Impedanzwandler hochohmig aus (Bild 9.37).

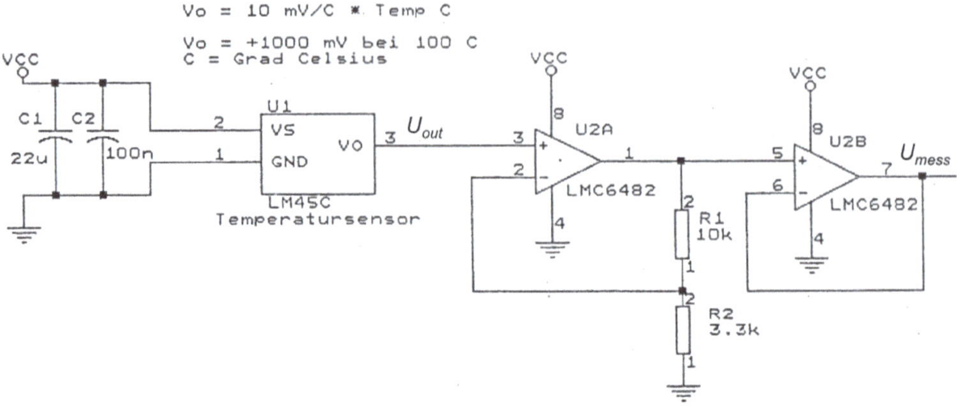

Bild 9.37 Temperatursensor mit zusätzlicher Signalkonditionierung

Die gesamte Messkette zur Erfassung der Temperatur ist aus Bild 9.38 ersichtlich. Das USB-Messmodul erfasst damit eine Spannung U_{mess}, die in folgender Weise von der Temperatur θ abhängt:

$$U_{\text{mess}} = U_{\text{out}} \cdot 4 = 10\frac{\text{mV}}{°\text{C}} \cdot 4 \cdot \theta = 0{,}04 \cdot \frac{\text{V}}{°\text{C}} \cdot \theta \tag{9.4}$$

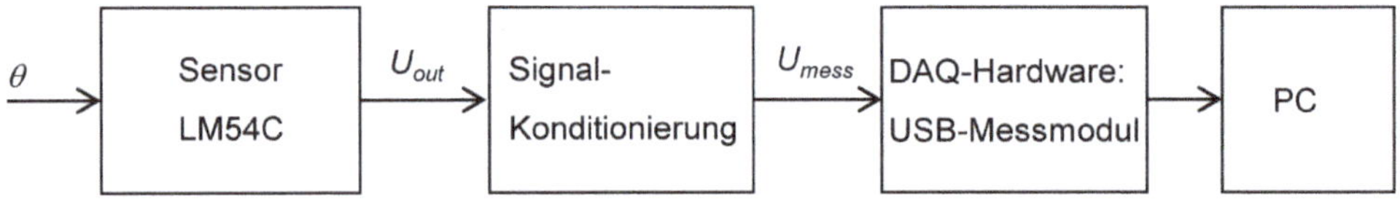

Bild 9.38 Messkette zur Temperaturmessung

Aufgabenstellung

Für die Temperaturmessung ist die in Bild 9.39 vorgegebene Benutzer-Schnittstelle (Front-Panel) zu realisieren.

Eingabeparameter:

- Messintervall in Millisekunden: zeitlicher Abstand zwischen den aufgenommenen Temperatur-Messwerten,
- obere und untere Grenztemperatur.

Anzeigen:

- aktuell gemessene Temperatur,
- Diagramm zur Aufzeichnung des Temperaturverlaufs mit oberer und unterer Temperaturgrenze,
- Meldeleuchten für Über- bzw. Unterschreitung der Grenztemperatur.

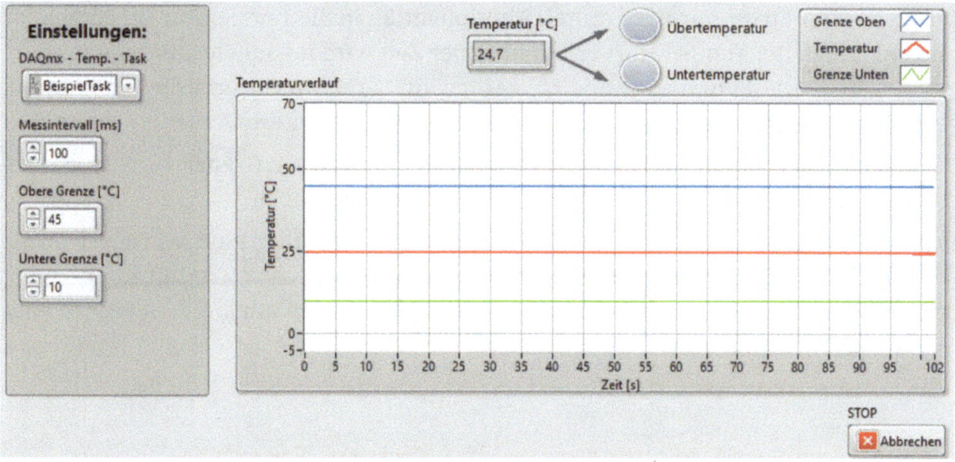

Bild 9.39 Benutzer-Schnittstelle (Front-Panel) zur Temperaturmessung

Programm

Das gesamte Programm (Bild 9.40) ist in eine While-Schleife (While Loop) gelegt. Zur Signalerfassung wird ein „Task" verwendet. Dieser muss im NI-MAX entsprechend konfiguriert werden und kann dann im Programm mit „DAQmx Lesen" ausgewählt und gelesen werden.

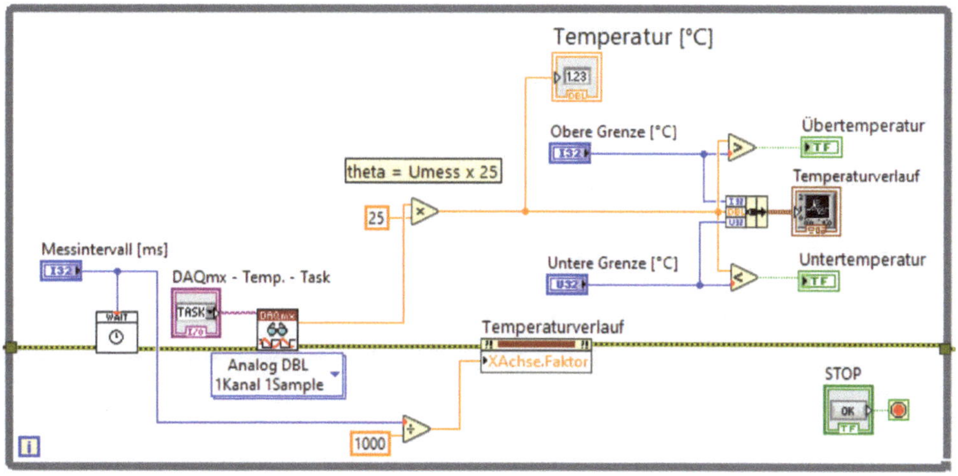

Bild 9.40 Blockdiagramm der Temperaturmessung

Im Auswahlfenstern für das VI ist die folgende Einstellung zu wählen:

Analog > Ein Kanal > Ein Sample > DBL

Die gemessene Spannung wird mittels Multiplikation in die Temperatur umgerechnet und angezeigt. Der Temperaturverlauf über der Zeit wird mit einem „Diagramm" dargestellt. Über die Funktion „Bundle" werden die Grenzwerte und die Temperatur geclustert und somit sind im Graphen auch die obere und untere Grenze eingebunden.

Die gemessene Temperatur wird mit der oberen und unteren Grenze verglichen und das Vergleichsergebnis wird in den LEDs zur Anzeige gebracht.

Der zeitliche Abstand zwischen den Messpunkten wird über eine Wartezeit „Wait (ms)" realisiert. Da bei dieser Funktion der Eingangswert als Wartezeit in ms interpretiert wird, muss das Mess-Intervall noch skaliert werden um auf dem Front-Panel die Skalierung in Sekunden richtig anzuzeigen.

9.8 Aufgabe: Wetterstation für Druck, Feuchte und Temperatur

Zur Erfassung der Messgrößen für eine Wetterstation bieten sich sogenannte „Smart-Sensoren" an. Smart-Sensoren beinhalten eine Signalkonditionierung und liefern z. B. an ihrem Ausgang eine Spannung U, die (meist linear) von der Messgröße abhängt.

Zum Einsatz für das folgende Beispiel kommen folgende Sensoren:

- Drucksensor MPXA6115A (Freescale Semiconductor)

  Funktionsgleichung laut Datenblatt (mit p = Druck in kPa):

  $$U = 5V \cdot \left(0{,}009 \cdot \frac{1}{\text{kPa}} \cdot p - 0{,}095\right)$$

- Feuchtesensor HIH-4000-01 (Honeywell)

  Funktionsgleichung laut Datenblatt (mit RH = relative Feuchte in %):

  $$U = 0{,}0313 \cdot \frac{\text{V}}{\%} \cdot RH + 0{,}75\ \text{V}$$

- Temperatursensor LM45C (National Semiconductor)

  Funktionsgleichung (mit zusätzlicher Signalkonditionierung) laut Datenblatt (mit T = Temperatur in °C):

  $$U = 0{,}04 \cdot \frac{\text{V}}{°\text{C}} \cdot T$$

Aufgabenstellung

In Bild 9.41 ist das erwünschte Panel vorgegeben, dass zu realisieren ist. Als Eingabeparameter soll lediglich der verwendete DAQmx Task und das Messintervall in Sekunden erstellt werden. Als Ausgabeparameter sollen Luftdruck, Luftfeuchte und Temperatur angezeigt werden.

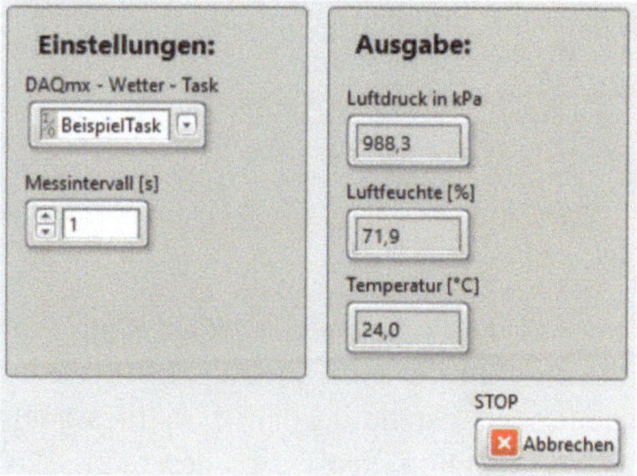

Bild 9.41 Front-Panel für Wetterstation

Programm

Bild 9.42 zeigt das Programm zur Wetterstation. Der DAQmx Task muss hier für drei Messkanäle konfiguriert werden. Die einfachste Möglichkeit dies zu realisieren ist im NI-MAX einen Multi-Task zu erstellen der die drei verschiedenen Kanäle vereint.

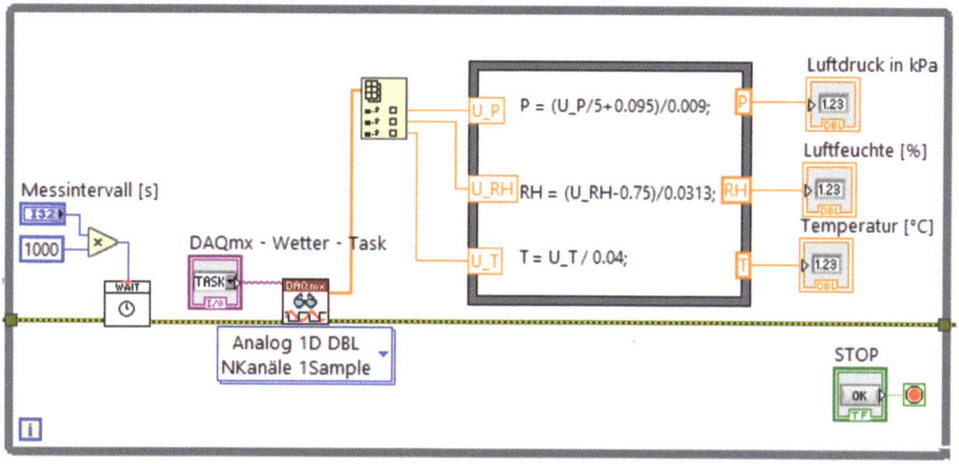

Bild 9.42 Blockdiagramm zur Wetterstation

Danach kann das VI „DAQmx Lesen“ folgendermaßen eingestellt werden:

Analog > Mehrere Kanäle > Ein Sample > 1D-DBL

Am Datenausgang des VIs sind nun drei Werte in einem Array verfügbar die mit „Array indizieren“ zu trennen sind.

Im Formelknoten erfolgt dann die Umrechnung der an den Sensoren erfassten Spannungen in die entsprechenden Messgrößen. Ausgehend von den Funktionsgleichungen der Sensoren ist hier natürlich jeweils die Umkehrfunktion zu programmieren, da ja aus den gemessenen Spannungswerten die Messgrößen zu ermitteln sind. Das ganze Programm wird in einer While-Loop realisiert und kann dann über „STOP“ beendet werden.

9.9 Aufgabe: Signalanalyse eines Sinussignals

Im folgenden Programm (Bild 9.43) wird eine vom Funktionsgenerator erzeugte Frequenz mit einem USB-Messmodul erfasst und anschließend mit einem LabVIEW-Programm weiterverarbeitet. Das Messmodul soll so eingestellt werden, dass die Signalabtastung mit einer Abtastfrequenz von 2000 Hz bei 40 Abtastwerten geschieht. Das abgetastete Signal soll anschließend quadriert werden. Für das abgetastete Signal und das quadrierte Signal werden jeweils der Zeitverlauf und das Frequenzspektrum dargestellt. Die Ermittlung des Frequenzspektrums erfolgt mit dem VI „Amplituden und Phasenspektrum“ aus der Palette Signalverarbeitung > Spektren.

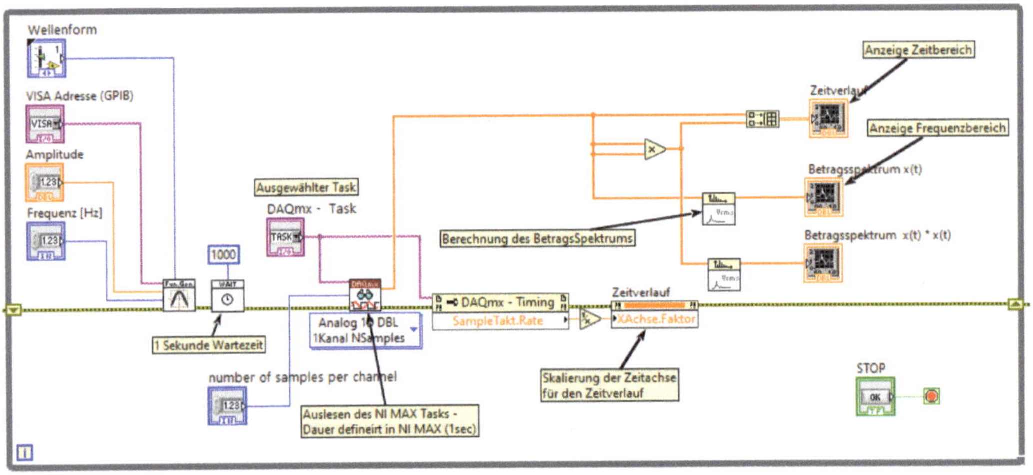

Bild 9.43 Programm zur Signalanalyse eines Sinussignals

Im Zeitverlauf (Bild 9.44) kann erkannt werden, dass das abgetastete Signal $x(t)$ ein Sinussignal mit einer Periode von 20 ms bzw. einer Frequenz von 50 Hz und einer Amplitude von 1 V ist. Für das quadrierte Signal $x^2(t)$ ergibt sich mit einer Periode von 10 ms bzw. einer Frequenz von 100 Hz eine Frequenzverdoppelung bei 0,5 V Amplitude. Da sich durch das Quadrieren nur positive Werte ergeben, entsteht ein Gleichanteil von 0,5 V.

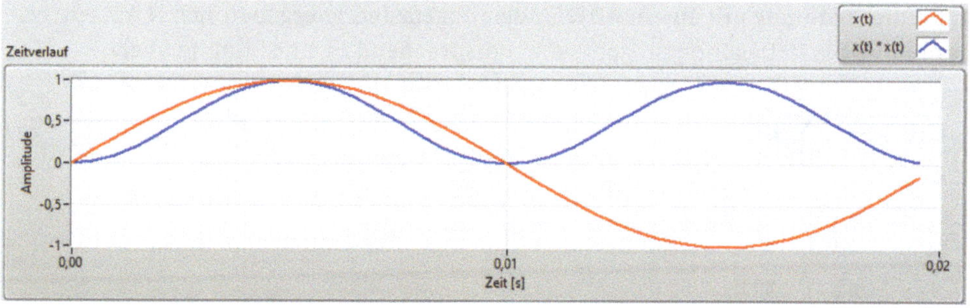

Bild 9.44 Zeitlicher Verlauf der Signale

Im Frequenzspektrum für das abgetastete Signal (Bild 9.45) ergibt sich entsprechend bei 50 Hz ein Effektivwert von 0,707 V (Amplitude 1 V). Für das quadrierte Signal ergibt sich bei der doppelten Frequenz 100 Hz ein Effektivwert von 0,35 V (Amplitude 0,5 V) und ein Gleichanteil (0 Hz) von 0,5 V.

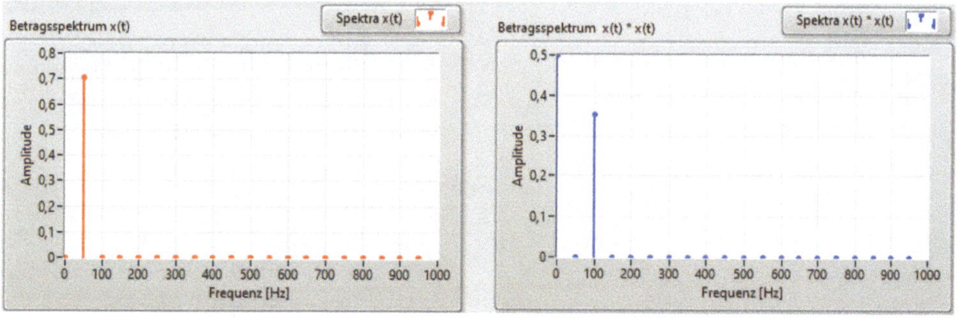

Bild 9.45 Frequenzspektren der Signale

Zusatzaufgabe

Mit einem USB-Messmodul soll der Mittelwert (AV = Average Value) und der Effektivwert (RMS = Root Mean Square) einer Spannung $u(t)$ gemessen werden. Erstellen Sie dazu ein LabVIEW-Programm, ohne fertige Analyse-VIs aus der Funktionspalette zu benutzen.

Hinweis:

Mittelwert und Effektivwert für eine periodische Funktion sind wie folgt definiert:

$$U_{\mathrm{AV}} = \frac{1}{T} \cdot \int_0^T u(t)\mathrm{d}t \tag{9.5}$$

$$U_{\mathrm{RMS}} = \sqrt{\frac{1}{T} \cdot \int_0^T u^2(t)\mathrm{d}t} \tag{9.6}$$

Wird die Spannung mit einem AD-Wandler abgetastet, so ergeben sich N Abtastwerte u_k mit $k=1$ bis N. Das Integral geht dann entsprechend in eine Summe über.

$$U_{\mathrm{AV}} = \frac{1}{N} \cdot \sum_{k=1}^{N} u_k \tag{9.7}$$

$$U_{\mathrm{RMS}} = \sqrt{\frac{1}{N} \cdot \sum_{k=1}^{N} (u_k)^2} \tag{9.8}$$

Lösung:

Bild 9.46 zeigt die Berechnung von Mittelwert und Effektivwert mit elementaren LabVIEW-Rechenoperationen. Da Mittelwert und Effektivwert für ein ganzzahliges Vielfaches einer Signalperiode definiert sind, muss die Anzahl der Abtastwerte („number of samples“) hinreichend groß gewählt werden, um in guter Näherung ein ganzzahliges Vielfaches von Signalperioden zu erfassen (z. B. 30,4 Perioden ≈ 30 Perioden – aber 3,4 Perioden ≠ 3 Perioden!).

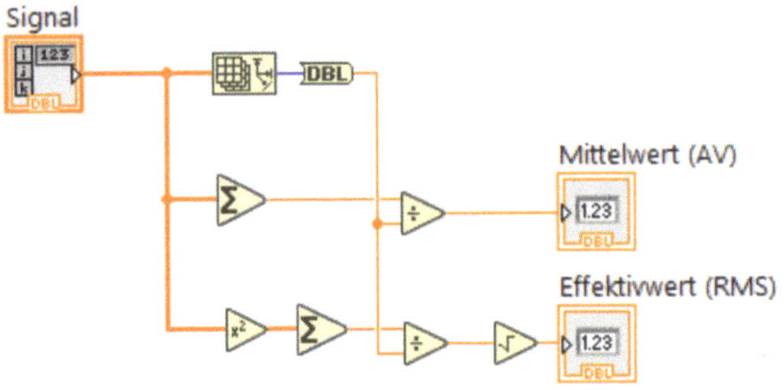

Bild 9.46 Blockdiagramm zur Berechnung des Mittelwerts und des Effektivwerts

9.10 Aufgabe: Signalanalyse eines Mikrofonsignals

Zur Signalanalyse wird im folgenden Programm ein Elektret-Kondensatormikrofon in Verbindung mit einem Mikrofonverstärker eingesetzt. Die Verstärkerschaltung dient dazu, das schwache Ausgangssignal des Mikrofons auf ein für die Messkarte geeignetes Spannungsniveau anzuheben, sodass akustische Signale zuverlässig digitalisiert und weiterverarbeitet werden können. Hierfür wird die Schaltung GY-MAX4466 verwendet. Das verstärkte Signal wird mit einem NI-DAQ-Messmodul erfasst und weiterverarbeitet.

Das NI-DAQ-Messmodul nimmt das analoge Signal des Mikrofonverstärkers auf und wandelt es in ein digitales Signal um. Gleichzeitig kann die USB-600x Serie das Mikrofon sogar mit 5 V Spannung versorgen. Somit sind auch keine weiteren Bauteile nötig. Die Signalerfassung erfolgt mit einer ausreichend hohen Abtastrate (6000 Hz) für Sprachsignale, um sowohl das Zeitsignal als auch das Frequenzspektrum detailliert zu analysieren. Das Signal soll zunächst immer wieder über 2 Sekunden aufgenommen werden.

Die gesamte Messschaltung zur Erfassung und Analyse des Mikrofonsignals ist in Bild 9.47 zu sehen.

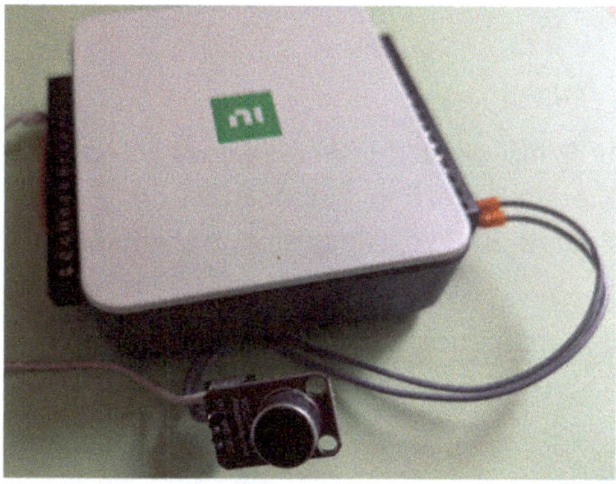

Bild 9.47 Kondensatormikrofon inkl. Verstärker angeschlossen an ein NI-Messmodul (USB-6001)

Aufgabenstellung

Für die Signalanalyse ist die in Bild 9.48 vorgegebene Benutzer-Schnittstelle (Front-Panel) zu realisieren.

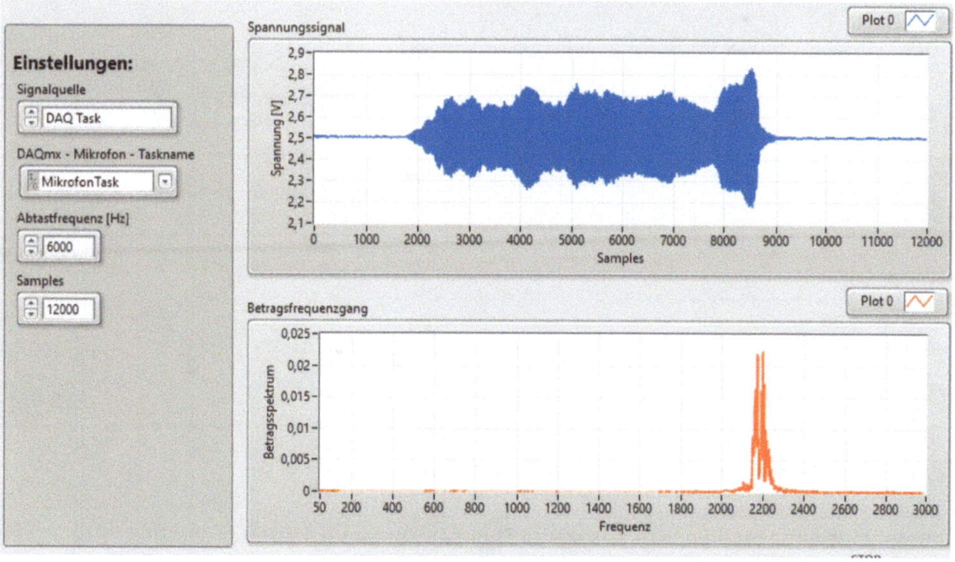

Bild 9.48 Front-Panel des Programms mit Aufzeichnung eines Pfeiftons

Eingabeparameter:

- Auswahl des auszulesenden Tasks,
- Abtastrate in Hz: Anzahl der pro Sekunde aufgenommenen Messwerte,
- Messdauer in Samples: Zeitintervall für die Signalerfassung.

Anzeigen:

- Zeitsignal des Mikrofons,
- Betragsfrequenzspektrum des Zeitsignals.

Programm

Das gesamte Programm (Bild 9.49) ist in eine While-Schleife (While Loop) gelegt. Zur Signalerfassung muss ein „Task" im NI-MAX erstellt werden. Dieser muss im NI-MAX entsprechend konfiguriert werden und kann dann im Programm mit „DAQmx Lesen" ausgewählt und gelesen werden.

Im Auswahlfenster für das VI ist die folgende Einstellung zu wählen:

Analog > Ein Kanal > Mehrere Samples > 1D-DBL

Im Beispiel wird die Abtastfrequenz und die Zahl der gewünschten Abtastwerte nach der NI-MAX Konfiguration noch einmal im Programm selber umgestellt, siehe Bild 9.49.

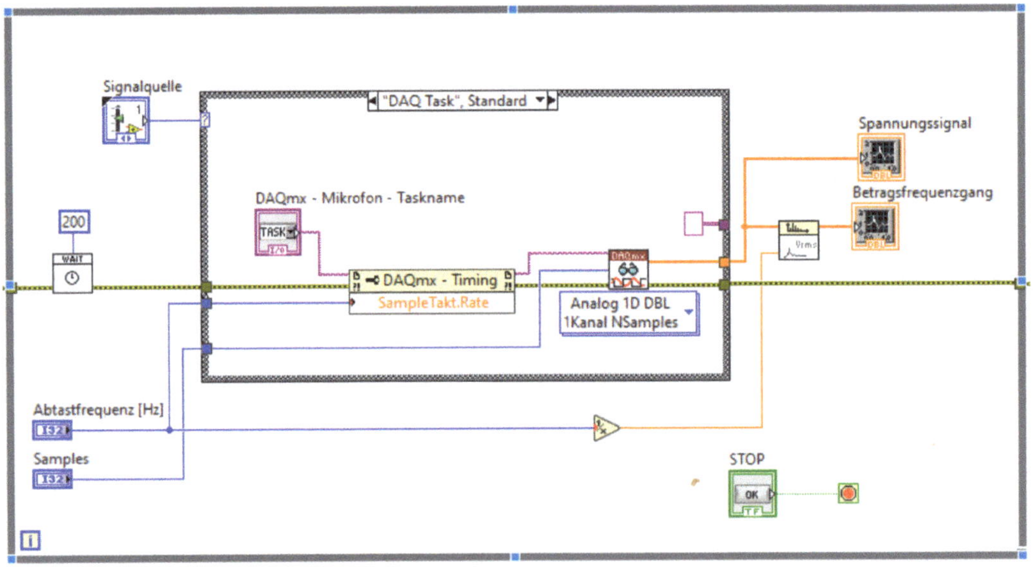

Bild 9.49 Blockdiagramm des Programms in der While-Schleife

Das eingelesene Signal wird im Zeitbereich dargestellt. Durch Anwendung des VIs „Amplituden- und Phasenspektrum" kann das Frequenzspektrum berechnet und visualisiert werden. Damit die Messung möglichst nahe Echtzeit erfolgt, wird eine entsprechende Wartezeit in der While-Schleife realisiert und jeweils immer nur für 200 ms unterbrochen. Zusätzlich könnten Filter- und Verstärkungsoptionen integriert werden, um das Signal weiter zu verarbeiten.

9.11 Aufgabe: Digitale Signalverarbeitung mit Musik

Zur digitalen Signalverarbeitung werden im folgenden Programm WAV-Dateien als Eingangsquellen verwendet. Es sollen ein bis zwei verschiedene WAV-Dateien eingelesen, analysiert und verarbeitet werden. WAV-Dateien (Waveform Audio File Format) ist ein Audioformat, das unkomprimierte Klangdaten speichert. Da WAV-Dateien unkomprimiert sind, bieten sie eine gute Klangqualität, sind aber gleichzeitig sehr groß im Vergleich zu komprimierten Formaten wie MP3.

Die WAV-Dateien enthalten digitale Audiosignale, die im Zeitbereich verarbeitet und durch verschiedene Techniken der digitalen Signalverarbeitung (DSV) modifiziert werden können. Dazu gehören das Abspielen der einzelnen WAV-Dateien, das Mischen der Signale mit einem Faktor, die Erzeugung eines Echo-Effekts sowie die Anwendung von IIR- und FIR-Filtern zur Signalbearbeitung.

Aufgabenstellung

Für die DSV der WAV-Dateien ist die in Bild 9.50 vorgegebene Benutzer-Schnittstelle (Front-Panel) zu realisieren.

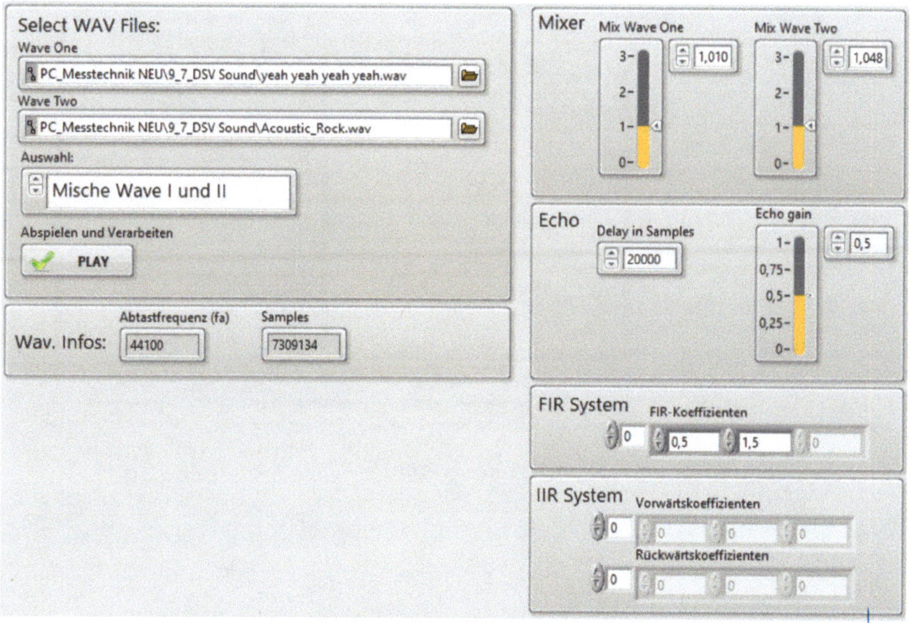

Bild 9.50 Front-Panel des DSV Programms zur Bearbeitung von WAV-Dateien

Eingabeparameter:

- Auswahlmöglichkeit der WAV-Dateien (WAV I und WAV II),
- eine Auswahlmöglichkeit des gewünschten Effekts,
- ein Mischeffekt mit Mischfaktoren für die Kombination der WAV-Dateien,
- ein Echo-Effekt (Verzögerung und Dämpfung) für eine einzelne Datei,
- ein Filtereffekt (IIR oder FIR) bei dem beliebige Parameter verwendet werden können.

Programm

Das gesamte Programm (Bild 9.51) ist in eine While-Schleife (While Loop) gelegt. Die WAV-Dateien werden eingelesen und als digitale Audiosignale verarbeitet. Sobald der Benutzer auf „Abspielen“ drückt wird die entsprechende WAV-Datei mit dem gewünschten Effekt verarbeitet und dann abgespielt. Danach wird das Programm automatisch beendet.

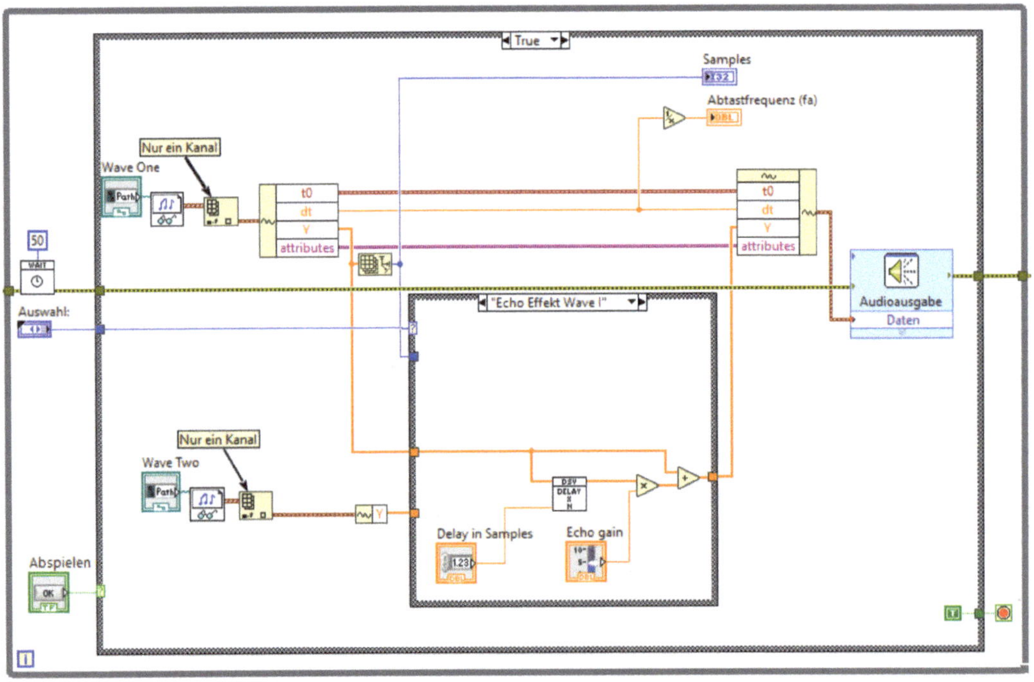

Bild 9.51 Blockdiagramm der DSV von WAV-Dateien

Die folgenden Funktionen können im Programm über eine Enumeration „Auswahl“ ausgewählt werden:

- Abspielen der WAV-Datei I: Beide WAV-Dateien können unabhängig voneinander wiedergegeben werden.
- Abspielen der WAV-Datei II.
- Mischen der beiden Wave-Dateien. Dabei kann für jede Datei ein Mischfaktor eingestellt werden.
- Ein Echo- Effekt: Eine verzögerte und gedämpfte Version des Signals wird hinzugefügt, um einen Echo-Effekt zu erzeugen. Den Dämpfungsfaktor und die Dauer der Verzögerung kann mit Bedienelementen eingestellt werden.
- IIR-Filterung: Ein IIR-Filter wird auf das Signal angewendet, um bestimmte Frequenzbereiche zu betonen oder zu unterdrücken. Zur Auslegung des Filters können andere Softwarebausteinen aus diesem Buch dienen oder Festwerte verwendet werden.
- FIR-Filterung: Ebenso kann ein FIR-Filter eingegeben werden um das Signal in einem bestimmten Frequenzbereich zu glätten.

Die Signale werden nach der Verarbeitung auf dem Standardaudioausgang des Rechners abgespielt.

Durch die Implementierung dieser Funktionen kann die digitale Signalverarbeitung (DSV) interaktiv untersucht und getestet werden.

9.12 Aufgabe: Analyse eines EKG-Signals

Im folgenden Programm zur digitalen Signalverarbeitung wird ein EKG-Signal aus einer CSV-Datei als Eingangsquelle verwendet. Die Datei enthält eine zeitliche Aufzeichnung eines Elektrokardiogramms (EKG), das im Zeitbereich analysiert und durch verschiedene Signalverarbeitungsmethoden weiterverarbeitet wird.

Das EKG-Signal wird aus der CSV-Datei eingelesen und zunächst im Zeitbereich dargestellt. Anschließend wird eine Frequenzanalyse durchgeführt, um das Frequenzspektrum des Signals zu bestimmen. Zudem soll eine automatische Herzschlagerkennung implementiert werden, um die Herzfrequenz des aufgezeichneten Signals zu bestimmen.

Aufgabenstellung

Für die digitale Signalverarbeitung des EKG-Signals ist die in Bild 9.52 vorgegebene Benutzer-Schnittstelle (Front-Panel) zu realisieren.

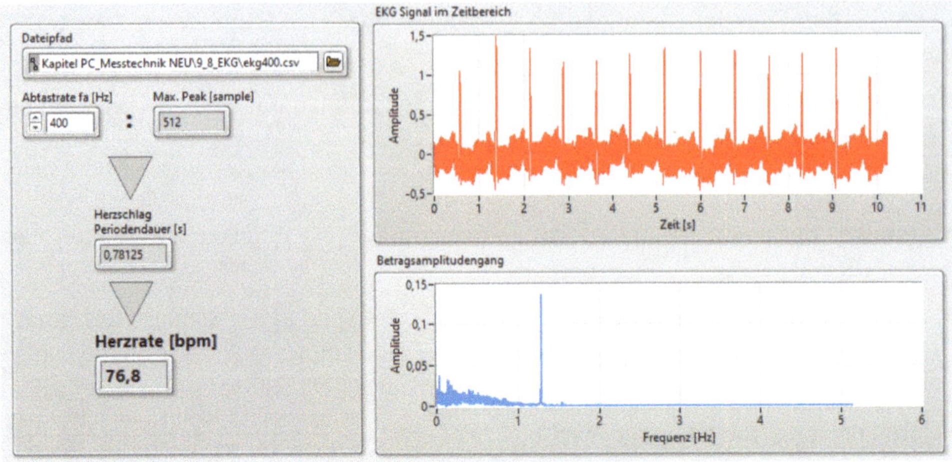

Bild 9.52 Front-Panel des Programms zur Auswertung eines EKG-Signals

Eingabeparameter:

- Auswahl der CSV-Datei mit EKG-Daten,
- Abtastrate der CSV-Datei.

Anzeigen:

- Zeitsignal des eingelesenen EKG-Signals,
- Betragsamplitudenspektrum des EKG-Signals,
- Berechnete Herzfrequenz (Schläge pro Minute).

Programm

Das gesamte Programm (Bild 9.53) ist in eine While-Schleife (While Loop) gelegt. Das EKG-Signal wird aus der CSV-Datei eingelesen und als zeitabhängiges Signal dargestellt.

Die folgenden Funktionen sollen implementiert werden:

- Einlesen und Darstellung des EKG-Signals: Das EKG-Signal wird aus der CSV-Datei geladen und im Zeitbereich geplottet.
- Frequenzanalyse: Mit dem VI „Amplituden- und Phasenspektrum“ wird das Zeitsignal verarbeitet, um danach das Frequenzspektrum des EKG-Signals zu visualisieren.
- Herzschlagerkennung: Durch eine Analyse der Frequenz mit der maximalen Amplitude kann die Herzrate berechnet werden.

Die berechneten Signale werden sowohl im Zeitbereich als auch im Frequenzbereich visualisiert. Die automatische Herzfrequenzmessung hilft bei der Analyse und Bewertung des EKG-Signals und ermöglicht eine genauere Untersuchung der Herzaktivität.

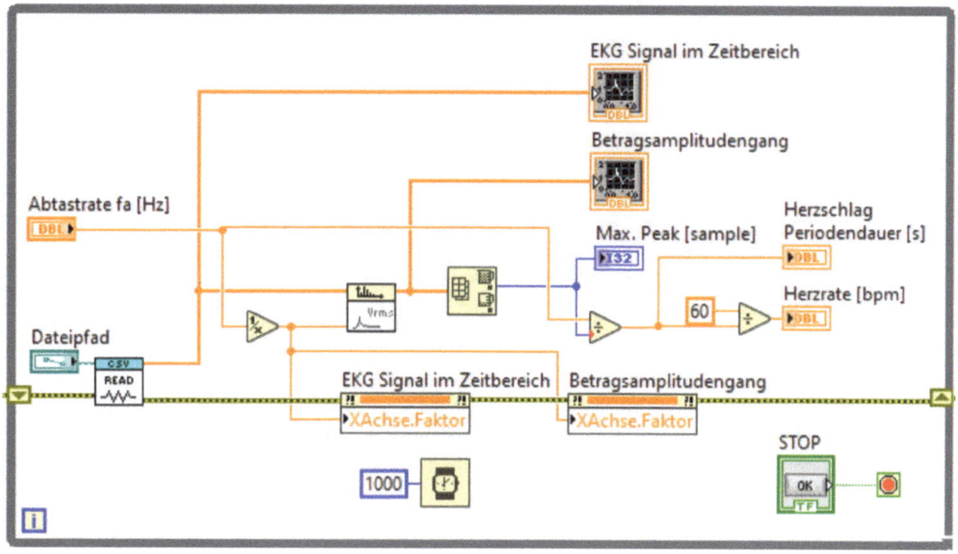

Bild 9.53 Blockdiagramm der Auswertung des EKG Signals

9.13 Aufgabe: Template für Mess- und Automatisierungsaufgaben

Im folgenden Programm zur Messung und Auswertung von Sensoren wird ein Software-Template vorgestellt, die für unterschiedlichste Anwendungsfälle in der Signalverarbeitung genutzt und erweitert werden kann. Ziel dieser Vorlage ist die Erfassung, Visualisierung, Analyse und Speicherung von mehreren parallelen Sensordatenströmen über eine zentrale Benutzeroberfläche sowie das Ansteuern einzelner Aktoren. Die Anwendung ermöglicht die einfache Integration zusätzlicher Sensoren und Funktionalitäten.

Als anschauliches Anwendungsbeispiel dient eine Messstation, welche ein externes medizinisches Gerät fernsteuert und dabei kontinuierlich Performancedaten erfasst. Diese Daten können beispielsweise Temperaturverläufe, Durchflussmengen, Druckwerte oder elektrische Signale umfassen, die Rückschlüsse auf den Betriebszustand und die Wirksamkeit des medizinischen Geräts zulassen.

Aufgabenstellung

Für die Entwicklung und spätere Erweiterung der Messsoftware ist das in Bild 9.54 gezeigte Front-Panel als Ausgangspunkt zu realisieren.

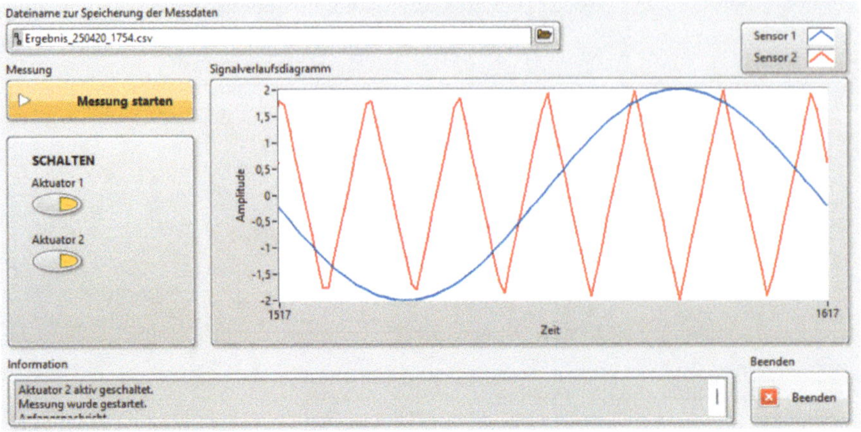

Bild 9.54 Front-Panel eines Programms für die Mess- und Automatisierungstechnik

Eingabeparameter:

- Betätigung zum Starten und Stoppen einer Messung,
- Betätigung zum Stoppen des Programms,
- Steuerparameter für die verbundenen Aktuatoren,
- Auswahl des Speicherorts für die Datenaufzeichnung.

Anzeigen:

- Anzeige der einzelnen Sensordaten im Zeitbereich,
- Informationsanzeige über den aktuellen Status des Programms.

Programm

Das vollständige Programmbeispiel wurde mittels der LabVIEW Projektvorlage „Handler für Nachrichten-Queues" (siehe Bild 9.55) realisiert, um eine kontinuierliche Datenerfassung während des laufenden Betriebs zu ermöglichen und gleichzeitig parallel laufende Prozesse zu verwalten. Alle Sensordaten werden parallel eingelesen, synchronisiert verarbeitet und in der Benutzeroberfläche angezeigt.

Bild 9.55 Projektvorlage für Nachrichten-Queues

Die folgenden Kernfunktionen werden implementiert:

- Einlesen mehrerer Sensordatenströme: Die Sensordaten werden simultan erfasst und in Pufferspeichern zwischengespeichert.
- Visualisierung der Daten: Die Sensordaten werden zusammen in einem Zeitbereichsdiagramm angezeigt.
- Parallel zur Messung der Sensoren können verschiedene Aktuatoren geschaltet werden. Dies könnte auch in einer separaten Queue automatisiert werden.
- Datenlogging: Die erfassten Sensordaten werden laufend in einer CSV gespeichert.

Die modular durch parallele Queues realisierte Struktur ermöglicht es, weitere Sensoreingänge, Analysefunktionen oder Aktuatoren einfach in das bestehende System zu integrieren.

Diese Programmvorlage dient als Ausgangspunkt für unterschiedlichste Mess- und Analyseaufgaben – nicht nur in der Medizintechnik. Die Implementierung verfolgt dabei bewusst einen generischen Aufbau, um eine maximale Wiederverwendbarkeit zu gewährleisten. In Bild 9.56 ist ein messtechnischer Aufbau mit Sensoren und Aktuatoren zu sehen, der durch die Vorlage gesteuert werden könnte.

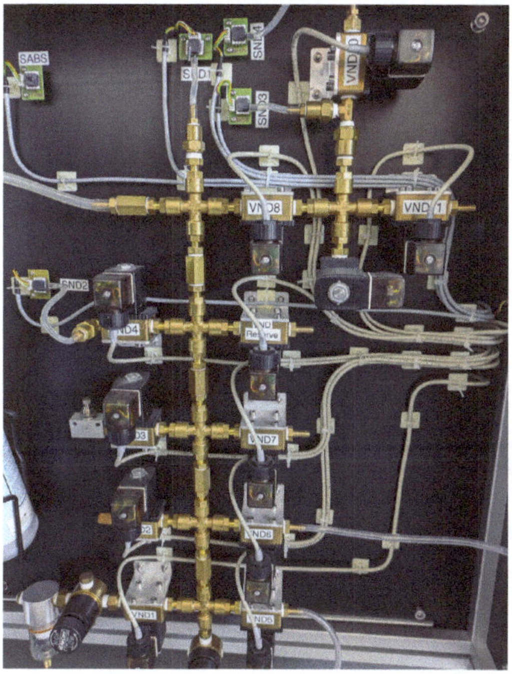

Bild 9.56
Aufbau eines Sensor und Aktuator Subsystems einer Messautomatisierung

10 Messdatenverarbeitung mit Python

In modernen industriellen und wissenschaftlichen Anwendungen mit KI spielt die Bildverarbeitung mit Python eine zentrale Rolle – insbesondere bei der automatisierten Analyse, Verarbeitung und Visualisierung großer visueller Datenmengen. Bibliotheken wie NumPy, SciPy und OpenCV ermöglichen eine effiziente Transformation von Bilddaten, beispielsweise zur Qualitätskontrolle oder Zustandsüberwachung. Frameworks wie TensorFlow und PyTorch unterstützen zudem das Erkennen komplexer Muster mithilfe von maschinellem Lernen und Deep Learning. Die behandelten Themen in diesem Kapitel umfassen sowohl die Bildverarbeitung als auch die analoge Signalverarbeitung.

10.1 Verwendung von NI-DAQmx in Python

In diesem Kapitel wird gezeigt, wie NI-DAQmx mit Python verwendet werden kann, um Messdaten zu erfassen und zu analysieren. Dabei werden sowohl die Installation der erforderlichen Software als auch grundlegende Programmierkonzepte behandelt.

Zu Beginn wird ein kurzer Überblick über die verwendete Hardware gegeben: Das Messmodul NI USB-6009 ist ein vielseitiges Multifunktion-Datenerfassungsgerät von National Instruments. Es verfügt über analoge und digitale Ein- und Ausgänge und eignet sich besonders für einfache Mess-, Steuer- und Regelanwendungen. Dank der USB-Schnittstelle lässt sich das Gerät unkompliziert mit einem Computer verbinden und über die NI-DAQmx-Treiber in Python ansprechen.

Bild 10.1
Multifunktions-I/O-Gerät NI USB-6009

Anschlussbelegung des NI USB-6009

Das Messmodul NI USB-6009 verfügt über eine Vielzahl von Anschlüssen, die für die Datenerfassung und Steuerung genutzt werden können. Die Anschlussbelegung ist in Bild 10.2 zu sehen.

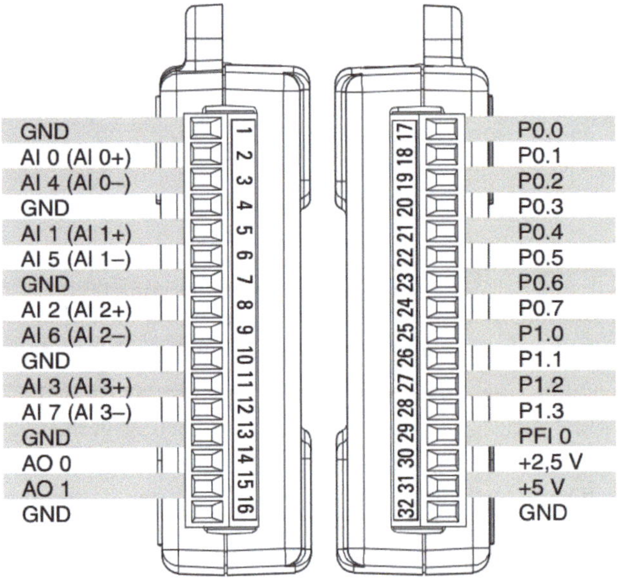

Bild 10.2 Anschlussbelegung des NI USB-6009

Das Messmodul NI USB-6009 bietet eine flexible Auswahl an Anschlussmöglichkeiten für analoge Messungen. Die analogen Eingänge können entweder als Single-Ended (referenzbezogen) oder Differenziell konfiguriert werden. Dies beeinflusst, wie die Messungen durchgeführt und die Referenzpotenziale genutzt werden. Im Detail:

Analoge Eingänge (AI x)

Single-Ended (RSE, Referenced Single-Ended):

Diese Eingänge, bezeichnet als AI x (z. B. AI0, AI1, ...), messen die Spannung zwischen dem jeweiligen Eingang und dem gemeinsamen Bezugspotenzial (GND). Das Bezugspotenzial der Messung ist dabei direkt mit dem System-GND verbunden. Diese Methode ist einfach umzusetzen, jedoch anfällig für Störungen und Rauschen, insbesondere bei Potenzialunterschieden zwischen Signalquelle und Messsystem.

Hinweis: Wenn kein Signal an den Analogeingang angeschlossen ist und dieser im RSE-Modus konfiguriert ist, kann der interne Spannungsteiler dazu führen, dass der Eingang auf etwa 1,4 V „floatet". Dieses Verhalten ist normal und beeinträchtigt die Messung nicht, sobald ein Signal angeschlossen ist.

Differenzielle Eingänge (AI x+/-):

Der Differenzielle Modus nutzt Paare von Eingängen, die als AI x+ und AI x- bezeichnet werden (z. B. AI0+/-, AI1+/-). Hierbei misst das Gerät die Spannung zwischen zwei Eingängen, wobei jeder Eingang in Bezug auf den anderen gemessen wird, anstatt auf ein gemeinsames GND. Diese Messmethode ist besonders vorteilhaft in störanfälligen Umgebungen oder bei unbekanntem bzw. instabilem Bezugspotenzial. Sie reduziert effektiv Störungen, die durch unterschiedliche Erdpotenziale entstehen können.

10.1.1 NI-DAQmx-Integration in Python: Software installieren

Voraussetzungen

Um NI-DAQmx in Python zu verwenden, benötigen Sie:

- National Instruments Hardware: Ein DAQ-Gerät, das mit NI-DAQmx kompatibel ist.
- NI-DAQmx-Treiber: Die NI-DAQmx-Treiber müssen auf Ihrem System installiert sein. Diese können von der National Instruments-Website heruntergeladen werden.
- Python und PyDAQmx: Stellen Sie sicher, dass Python auf Ihrem Rechner installiert ist. Die PyDAQmx-Bibliothek kann über pip installiert werden.

Installation von NI-DAQmx

Laden Sie die neueste Version des NI-DAQmx-Treibers von der National Instruments-Website herunter und installieren Sie ihn. Der Treiber ermöglicht den Zugriff auf die Hardware und stellt die DAQmx-API zur Verfügung.

Installation von PyDAQmx

PyDAQmx ist eine Python-Bibliothek, die eine Schnittstelle für die Programmierung von NI-DAQmx bietet. Installieren Sie sie über *pip*:

```
pip install pydaqmx
```

Alternativ können Sie das nidaqmx-python-Paket auch über den conda-Paketmanager installieren:

```
conda install conda-forge::nidaqmx-python
```

Dieser Befehl installiert das nidaqmx-python-Paket über den conda-Paketmanager in der Anaconda Prompt, vorausgesetzt, dass Sie Anaconda als Python-Distribution verwenden.

Nach dem Anschluss des Messmoduls NI USB-6009 an den Computer über ein USB-Kabel erscheint ein Fenster mit der Meldung „Gerät erkannt“. In diesem Fenster kann das Gerät direkt getestet werden, um sicherzustellen, dass es korrekt funktioniert.

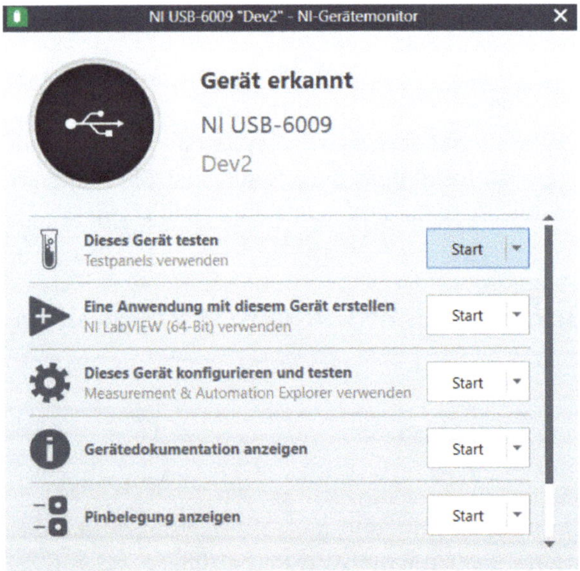

Bild 10.3 Geräteschnittstelle nach Anschluss der NI USB-6009

Wenn „Dieses Gerät testen“ ausgewählt wird, öffnet sich ein Fenster, in dem analoge und digitale Ein- und Ausgänge überprüft werden können, um sicherzustellen, dass das Messmodul NI USB-6009 korrekt funktioniert.

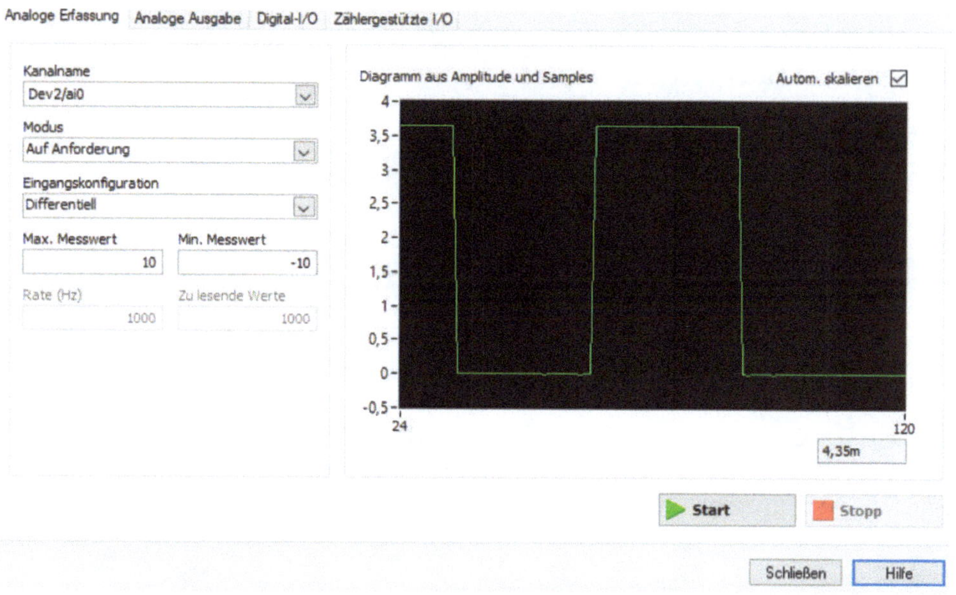

Bild 10.4 Testfenster für analoge und digitale Ein- und Ausgänge des NI USB-6009

10.1.2 Grundlegende Verwendung von NI-DAQmx in Python

Im folgenden Beispielcode wird ein grundlegender Arbeitsablauf zur Erfassung von Spannungsdaten von einem National Instruments DAQ-Gerät, wie z.B. dem NI USB-6009, unter Verwendung der nidaqmx-Bibliothek in Python demonstriert. Die Messdaten werden von einem analogen Eingangskanal erfasst und anschließend mit matplotlib visualisiert.

```
pip install tzlocal
pip install hightime
pip install python-decouple

import nidaqmx

from nidaqmx.constants import AcquisitionType, READ_ALL_AVAILABLE

import matplotlib.pyplot as plt

with nidaqmx.Task() as task:

  task.ai_channels.add_ai_voltage_chan("Dev1/ai0")

  task.timing.cfg_samp_clk_timing(1000.0, sample_mode=AcquisitionType.FINITE, samps_
per_chan=50)

  data = task.read(READ_ALL_AVAILABLE)
```

```
plt.plot(data)

plt.ylabel('Amplitude')

plt.title('Waveform')
```

10.1.3 Erzeugen und Ausgeben einer Sinuswelle mit NI-DAQmx in Python

In diesem Beispiel wird gezeigt, wie Sie mit einem National Instruments DAQ-Gerät, wie dem NI-6009, eine Sinuswelle als analoges Ausgangssignal erzeugen und ausgeben können. Der Code erstellt ein Signal, das im Bereich von 0 bis 5 V bleibt, und visualisiert dieses Signal anschließend mit matplotlib. Darüber hinaus speichern wir die erzeugten Daten in einer Excel-Datei.

```
import nidaqmx
import numpy as np
import time
import matplotlib.pyplot as plt
import pandas as pd

# Erstelle eine Task für den analogen Ausgang
with nidaqmx.Task() as task:
    # Definiere den Kanal (dieser ist für das NI-6009
      ein analoger Ausgang, zum Beispiel 'Dev1/ao0')
    task.ao_channels.add_ao_voltage_chan("Dev1/ao0", min_val=0.0, max_val=5.0)
# Angepasster Bereich 0-5 V

    # Erstelle eine einfache Sinuswelle als Ausgangssignal
    sample_rate = 1000  # Abtastrate in Hz
    duration = 5  # Dauer des Signals in Sekunden
    frequency = 1  # Frequenz der Sinuswelle in Hz

    # Erzeuge das Zeit-Array und das Signal
    t = np.linspace(0, duration, int(sample_rate * duration), endpoint=False)
 # Zeitarray
    signal = 2.5 * np.sin(2 * np.pi * frequency * t) + 2.5
 # Sinuswelle, die im Bereich 0 bis 5 V bleibt

    # Setze die Signalwerte und gib sie aus
    task.write(signal, auto_start=True)

    # Warte, damit das Signal vollständig ausgegeben wird
    time.sleep(duration)

# Plotten des Signals
plt.plot(t, signal)
plt.title('Generiertes Sinussignal')
plt.xlabel('Zeit [s]')
plt.ylabel('Spannung [V]')
plt.grid(True)
```

```
plt.show()

# Speichern der Daten in einer Excel-Datei
data = pd.DataFrame({'Zeit [s]': t, 'Spannung [V]': signal})
data.to_excel('signal_data.xlsx', index=False)

print("Signal wurde erfolgreich ausgegeben,
geplottet und in der Excel-Datei gespeichert!")
```

Die folgende Abbildung zeigt die Ergebnisse der erzeugten Sinuswelle. Das Signal wird im Zeitbereich visualisiert, und die entsprechenden Daten sind in einer Excel-Datei gespeichert.

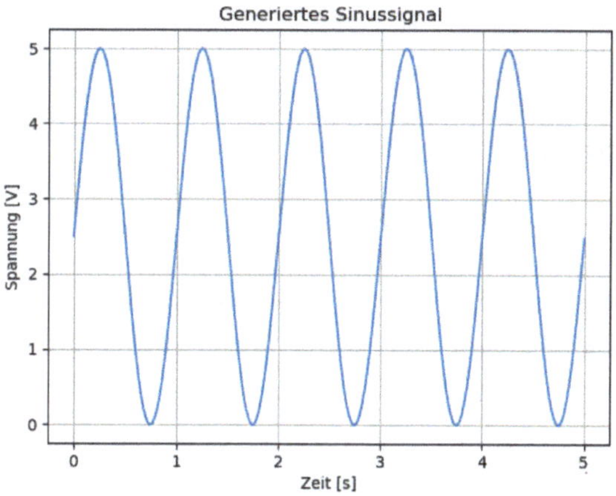

Bild 10.5 Das generierte Sinussignal sowie die gespeicherten Werte in einer Excel-Datei

10.1.4 Temperaturerfassung mit LM35 und NI USB-6009

LM35 - Temperatursensor

Der LM35 ist ein integrierter, kalibrierter Temperatursensor mit analogem Spannungsausgang. Er liefert ein lineares Ausgangssignal von 10 mV/°C, wodurch Temperaturen ohne zusätzliche Kalibrierung direkt in Grad Celsius gemessen werden können. Der Messbereich liegt typischerweise zwischen –55 °C und +150 °C. Dank seiner hohen Genauigkeit (±0,5 °C bei 25 °C), geringen Stromaufnahme und minimaler Eigenerwärmung eignet sich der LM35 ideal für präzise Temperaturmessungen in Verbindung mit A/D-Wandlern oder Datenerfassungssystemen wie der NI USB-6009.

Pin 1 – +VS: Versorgungsspannung, typischerweise +5 V (kann zwischen 4 V und 30 V liegen).

Pin 2 – VOUT: Analoger Spannungsausgang proportional zur Temperatur (z. B. 220 mV bei 22 °C).

Pin 3 – GND: Masseanschluss (gemeinsames Bezugspotenzial für Versorgung und Ausgang).

Bild 10.6
Temperatursensor LM35

Beispiel 10.1: Echtzeit-Temperaturmessung mit LM35 und NI USB-6009

Entwickeln Sie ein Python-Programm zur Echtzeit-Temperaturüberwachung mit einem LM35-Sensor und der NI USB-6009. Die Anwendung soll Temperaturdaten erfassen, live visualisieren und den Zustand mithilfe von LEDs anzeigen, die an das Messmodul NI USB-6009 angeschlossen sind. Bei Temperaturen über 27 °C soll ein Alarm ausgelöst werden. Das Programm kann über die ESC-Taste beendet werden.

Programmfunktionen:

- Echtzeit-Temperaturerfassung (LM35, NI USB-6009 AI0),
- Live-Visualisierung (matplotlib),
- Datenlogging mit Zeitstempel (csv, datetime, pytz),
- LED-Ansteuerung (NI USB-6009 digitale Ausgänge),
- Alarm bei > 27 °C,
- Programmende per ESC (keyboard).

Verwendete Bibliotheken: Python 3, nidaqmx, matplotlib, pytz, keyboard, csv, datetime, IPython.display.

```
import nidaqmx  # Bibliothek für NI DAQ-Geräte.
import time  # Zeitfunktionen.
import csv  # CSV-Datei-Verarbeitung.
from datetime import datetime  # Datum und Zeit.
import pytz  # Zeitzonen-Unterstützung.
import matplotlib.pyplot as plt  # Datenvisualisierung.
from IPython.display import clear_output
# Ausgabe im IPython-Umfeld löschen.
import keyboard  # Tastatureingaben erkennen.
import numpy as np  # Numerische Berechnungen.
# Werte speichern
temps = []
times = []

start_time = time.time()  # Speichert den Zeitpunkt des Programmstarts.
 _email_sent = False
```

```
# Flagge zur Kontrolle, ob eine Alarm-E-Mail gesendet wurde.

# Manuelle Zeitzone angeben (z.B. Berlin)
local_timezone = pytz.timezone("Europe/Berlin")
# Definiert die lokale Zeitzone.
# --- Konfiguration der NI USB-6009 Kanäle ---
AI_CHANNEL = "Dev2/ai0"  # Analoger Eingang für den Temperatursensor
DO_CHANNELS = ["Dev2/port0/line0", "Dev2/port0/line1", "Dev2/port0/line2"]
# Digitale Ausgänge für Grün, Gelb, Rot
# line0, line1, line2 – das sind die einzelnen digitalen Kanäle #(Pins), die
du zur Ansteuerung z.B. von LEDs verwenden kannst.
# LED Grün: P0.0, LED Gelb: P0.1,LED Rot: P0.2

# --- Temperaturmessung von NI USB-6009 ---
def read_temperature():
    with nidaqmx.Task() as task:
        task.ai_channels.add_ai_voltage_chan(AI_CHANNEL)
# Kanal AI0
        voltage = task.read()
        temperature_c = voltage *100
        # Umrechnung von Spannung in °C (für LM35, 10mV/°C)
        return temperature_c

# --- LED-Status über NI USB-6009 steuern ---
def set_leds(task_do, temp):
    led_states = [False, False, False]
# [Grün, Gelb, Rot] – Standardmäßig aus

    if temp < 23.0:
        led_states[0] = True  # Grün an
        print("LED grün leuchtet (digital out)")
    elif 23.0 <= temp <= 25.0:
        led_states[1] = True  # Gelb an
        print("LED gelb leuchtet (digital out)")
    else:
        led_states[2] = True  # Rot an
        print("LED rot leuchtet (digital out)")

    task_do.write(led_states)
# --- Alarmfunktion ---
def check_alarm(temp):
    global _email_sent
    if temp > 27.0 and not _email_sent:
        print(f"Alarm bei {temp:.2f} °C!")
        print("Piezo-Alarm ausgelöst! (simuliert)")
        print(f"E-Mail gesendet! Betreff: Temperaturalarm! –
              Nachricht: Die aktuelle Temperatur beträgt {temp:.2f} °C,
              was den festgelegten Schwellenwert überschreitet.")
        _email_sent = True
    elif temp <= 27.0:
        _email_sent = False
# --- CSV speichern ---
def log_temperature(temp):
# Holen der lokalen Zeit mit der angegebenen Zeitzone
    local_time = datetime.now(local_timezone)
    timestamp = local_time.strftime("%Y-%m-%d %H:%M:%S")
# Formatieren der Zeit
```

```
    with open("temperature_log.csv", mode="a", newline="") as file:
        writer = csv.writer(file)
        writer.writerow([timestamp, temp])

# --- Live-Datenaufzeichnung und Simulation ---
def run_simulation(steps=60, delay=1):
    task_do = None  # Initialisiere außerhalb des try-Blocks
    try:
        with nidaqmx.Task() as task_ai:
            task_ai.ai_channels.add_ai_voltage_chan(AI_CHANNEL)
            with nidaqmx.Task() as task_do:
               task_do.do_channels.add_do_chan(','.join(DO_CHANNELS))
                task_do.start()  # Starte den DO-Task explizit
                for _ in range(steps):
# ESC zum Beenden prüfen, um das Programm zu beenden
                    if keyboard.is_pressed('esc'):
# Wenn ESC gedrückt wird
                        print("ESC-Taste gedrückt. Das Programm wird
                              beendet.")
                        break
# Beende die Schleife und damit das Programm
                    temp = read_temperature()
# Temperatur vom NI USB-6009 holen
                    current_time = int(time.time() - start_time)
                    # Daten speichern
                    temps.append(temp)
                    times.append(current_time)
                    # Status anzeigen
                    clear_output(wait=True)
                    print("Starte Temperaturüberwachung …")
                    set_leds(task_do, temp)
# LEDs über NI USB-6009 steuern
                    check_alarm(temp)
                    log_temperature(temp)



                    # Plot
                    plt.figure(figsize=(10, 4))
                    plt.plot(times, temps, 'r.-')
                    plt.title("Temperaturverlauf")
                    plt.xlabel("Zeit (s)")
                    plt.ylabel("Temperatur (°C)")
                    plt.ylim(0, 40)
# Hier kann man den Temperaturbereich nach Bedarf anpassen
                    plt.grid(True)
                    plt.show()
                    time.sleep(delay)  # Verzögerung
    except nidaqmx.DaqError as e:
        print(f"DAQ-Fehler: {e}")
    finally:
        if task_do:
            task_do.stop()
            task_do.close()
        print("Überwachung beendet.")

# Starte die Simulation
run_simulation(steps=60, delay=1)
```

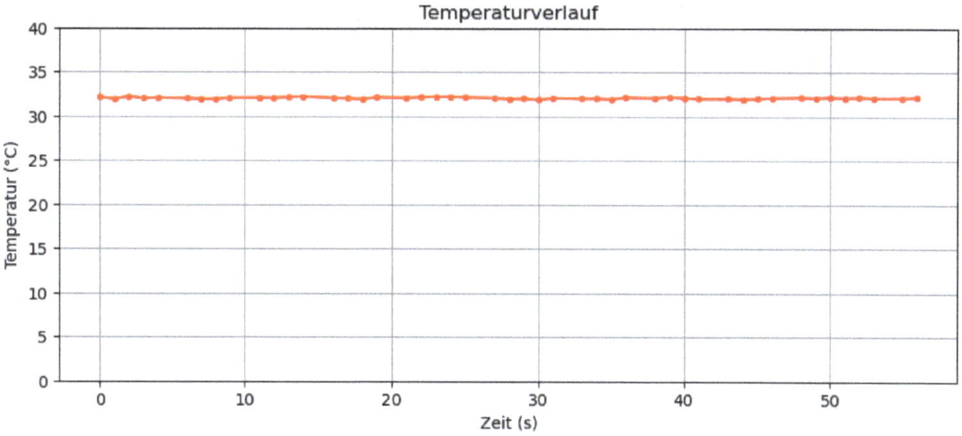

Bild 10.7 Echtzeit-Temperaturüberwachung mit LM35-Sensor

In der Konsole von Python erscheint:

Starte Temperaturüberwachung ...

LED rot leuchtet (digital out)

10.2 Regressionsanalyse

Ein häufiges Problem im technischen Bereich ist das Auffinden einer Funktion $y=f(x)$ aus gemessenen Werten. Im einfachsten Fall besteht die Funktion aus einem Wertepaar y_i und x_i. Die Regressionsanalyse berechnet eine Funktion nun so, dass die gemessenen Werte eine möglichst geringe Abweichung von den Funktionswerten haben.

10.2.1 Lineare Regression

Bei einem linearen einfachen Zusammenhang der Messwerte lässt sich dieser durch ein Gerade in der x-y-Ebene beschreiben:

$$y = a \cdot x + b \qquad (10.1)$$

Mit a als Steigung und b als Schnittpunkt mit der y-Achse.

Dabei wird x oftmals als unabhängige Variable und y als abhängige Variable bezeichnet. Bei einer Anzahl von n Messungen, die jeweils ein Wertepaar $\{x_i, y_i\}$ liefern, lässt sich das grafisch darstellen. Angenommen die folgende Grafik zeigt einen Temperaturverlauf über eine gewisse Zeit, dann lässt sich eine lineare Abhängigkeit zwischen der

Zeit und der Temperatur vermuten. Mit einer entsprechenden Anpasskurve kann dieser Zusammenhang beschrieben werden.

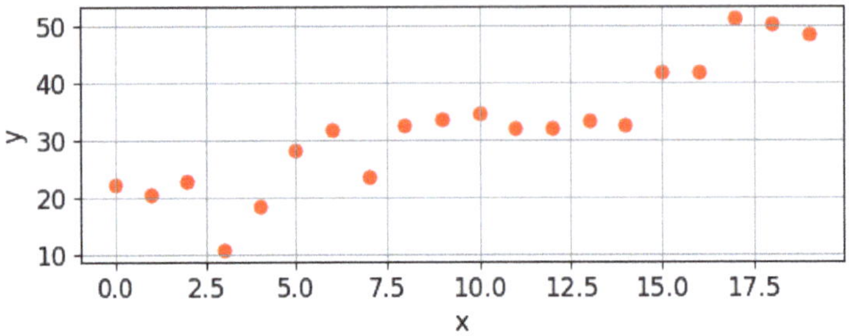

Bild 10.8 Messwerte einer linearen Funktion mit Störungen ohne Regressionsgerade

Nach Gauß wird die beste Annäherung der y_i-Messwerte an die $\tilde{y}_i$-Werte der Geraden erreicht durch den Algorithmus der Kleinsten Fehlerquadrate, wenn die Summe der Abstandsquadrate ein Minimum ist. Mit der Methode der Extremwertberechnung muss die Summe der Abstandsquadrate nach a und b differenziert und das Ergebnis null gesetzt werden. Ist die 2. Ableitung größer als null, liegt ein Minimum vor. Die Aufgabe ist, die Abstandsquadrate Formel 10.2 zu minimieren.

$$\Delta = \sum_{i=1}^{n} \Delta_i^2 = \sum_{i=1}^{n} (\tilde{y}_i - y_i)^2 \overset{!}{=} min \tag{10.2}$$

Für die Herleitung sei auf die Literatur verwiesen. Das Ergebnis für die Parameter ergibt sich nach Formel 10.3 und Formel 10.4 zu

$$a = \left(\sum_{i=1}^{n} x_i y_i - n \cdot \overline{x} \cdot \overline{y} \right) / \left(\sum_{i=1}^{n} x_i^2 - n \cdot \overline{x}^2 \right) \tag{10.3}$$

$$b = \overline{y} - a \cdot \overline{x} \tag{10.4}$$

Mit den Mittelwerten von x_i

$$\overline{x} = \frac{1}{n} \sum_{i=1}^{n} x_i \tag{10.5}$$

und y_i lassen sich die Parameter a und b leicht berechnen.

$$\overline{y} = \frac{1}{n} \sum_{i=1}^{n} y_i \tag{10.6}$$

Damit ergibt sich eine Geradengleichung, um den Verlauf der Messwerte zu beschreiben (Bild 10.9).

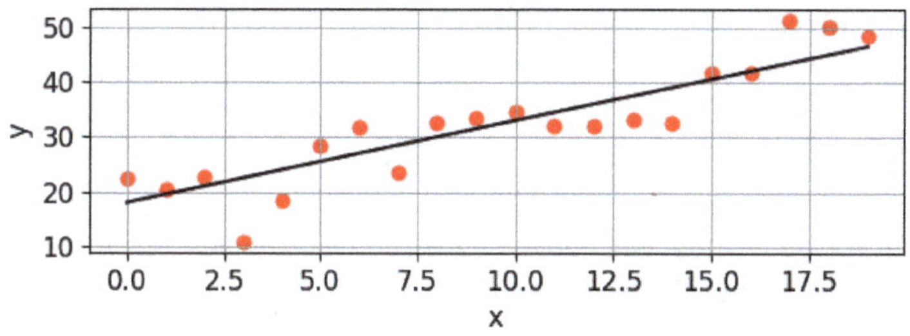

Bild 10.9 Messwerte einer linearen Funktion mit Störungen und mit einer Regressionsgerade

Messwerte werden in der Regel in Arrays abgelegt, die als Vektoren aufgefasst werden können. Die Geradengleichung Formel 10.1 kann mit den Messwerten folgendermaßen geschrieben werden:

$$y_i = \beta_0 + \beta_1 x_i + \varepsilon_i \tag{10.7}$$

ε_i entspricht der Abweichung von der Geraden

Die Parameter a und b wurden bewusst für weitere Betrachtungen neu mit β_1 und β_0 benannt und neu geordnet. Es ergeben sich dann n Gleichungen:

$$\begin{array}{ccc} y_1 & = & \beta_0 + \beta_1 x_1 + \varepsilon_1 \\ y_2 & = & \beta_0 + \beta_1 x_2 + \varepsilon_2 \\ \vdots & \vdots & \vdots \\ y_n & = & \beta_0 + \beta_1 x_n + \varepsilon_n \end{array} \tag{10.8}$$

Diese Schreibweise kann sehr kompakt in der Matrizenschreibweise formuliert werden:

$$\begin{bmatrix} y_1 \\ y_2 \\ \vdots \\ y_n \end{bmatrix} = \begin{bmatrix} 1 & x_1 \\ 1 & x_2 \\ \vdots & \vdots \\ 1 & x_n \end{bmatrix} \begin{bmatrix} \beta_0 \\ \beta_1 \end{bmatrix} + \begin{bmatrix} \varepsilon_1 \\ \varepsilon_2 \\ \vdots \\ \varepsilon_n \end{bmatrix} \tag{10.9}$$

Also

$$Y = X\beta + \varepsilon \tag{10.10}$$

Mit

X als $n \times 2$ Matrix

Y als $n \times 1$ Vektor

β als 2×1 Vektor

ε als $n \times 1$ Vektor

Wird der Algorithmus der Kleinsten Fehlerquadrate in der Matrixschreibweise formuliert ergibt sich folgender Ausdruck:

$$\beta = \begin{bmatrix} \beta_0 \\ \beta_1 \end{bmatrix} = (X^T X)^{-1} X^T Y \tag{10.11}$$

Diese Gleichung soll genauer betrachtet werden. Der Ausdruck $(X^T X)$ beschreibt eine Matrixmultiplikation. Etwas ausführlicher geschrieben:

$$(X^T X) = \begin{bmatrix} 1 & 1 & 1 & 1 \\ x_1 & x_2 & \cdots & x_n \end{bmatrix} \begin{bmatrix} 1 & x_1 \\ 1 & x_2 \\ \vdots & \vdots \\ 1 & x_n \end{bmatrix} = \begin{bmatrix} n & \sum\limits_{i=1}^{n} x_i \\ \sum\limits_{i=1}^{n} x_i & \sum\limits_{i=1}^{n} x_i^2 \end{bmatrix} \tag{10.12}$$

In dem Fall der Geradengleichung ergibt sich eine 2 × 2 Matrix entsprechend, der zu berechnenden Parameter β_0 und β_1. Der Ausdruck X^T bedeutet transponieren, d.h. Vektoren oder Matrizen vertauschen ihre Spalten und Zeilen. Interessant ist, dass das Ergebnis der Matrizenmultiplikation Summenoperationen entspricht. Der nächste Schritt ist dann die Berechnung der Inversen der Matrix $(X^T X)$. Die Inverse einer Matrix ist definiert als:

$$A^{-1} A = I = A A^{-1} \tag{10.13}$$

Die Inverse der Matrix A ist A^{-1}. Werden beide Matrizen multipliziert ergibt sich die Einheitsmatrix I. Die Einheitsmatrix hat in den Diagonalen Einsen stehen und ansonsten Nullen. Für eine 2 × 2 Matrix sieht das wie folgt aus:

$$I = \begin{bmatrix} 1 & 0 \\ 0 & 1 \end{bmatrix} \tag{10.14}$$

Für den letzten Ausdruck ergibt sich wieder eine Matrizenmultiplikation mit der Transponierten X Matrix.

$$X^T Y = \begin{bmatrix} 1 & 1 & 1 & 1 \\ x_1 & x_2 & \cdots & x_n \end{bmatrix} \begin{bmatrix} y_1 \\ y_2 \\ \vdots \\ y_n \end{bmatrix} = \begin{bmatrix} \sum\limits_{i=1}^{n} y_i \\ \sum\limits_{i=1}^{n} x_i y_i \end{bmatrix} \tag{10.15}$$

Das Ergebnis ergibt einen 2 × 1 Vektor. Auch hier entspricht das Ergebnis Summenoperationen. Abschließend muss die Inverse $(X^T X)^{-1}$ mit $X^T Y$ multipliziert werden. Die Inverse entspricht hier einer 2 × 2-Matrix und wird mit einer 2 × 1-Matrix multipliziert. Das Ergebnis ist eine 2 × 1-Matrix mit den berechneten Parametern β_0 und β_1. Zum Glück müssen diese Rechenoperationen nicht von Hand durchgeführt werden. Anhand eines Beispiels soll dies mit Python gezeigt werden.

Beispiel 10.2

Zu Beginn müssen einige Bibliotheken importiert werden

```
import numpy as np
import matplotlib.pyplot as plt
```

Die notwendige Matrixinversion wird als Funktion definiert

```
## Matrix invertieren
def inv(x):
  return np.linalg.inv(x)
```

Die *x*-*y*-Messdaten liegen jeweils in einem Array.

```
## Messdaten
x = [5.0, 15.0, 25.0, 35.0, 45.0, 55.0]
x_T = np.array( [x])           # Zeilenvektor von x
y = [5.0, 20.0, 14.0, 32.0, 22.0, 38.0]
y_T = np.array( [y])           # Zeilenvektor von y
n=x_T.size                     # Dimension
```

Matrizen erzeugen und berechnen und der Regressionsalgorithmus

```
########################################
# Matrizenform
########################################
eins_T=np.ones( (1,n) )    # Einheitsvektor, Zeilenvektor
xx_T= np.append(eins_T,x_T, axis=0)  # arrays zusammensetzen
xx  = xx_T.T               # Zeilenvektor in Spaltenvektor
y=y_T.T                    # Zeilenvektor in Spaltenvektor
#           Regression
#xx_=xx_T@xx               # Matrixmultiplikation
#xx_inv = inv(xx_)         # Matrix invertieren
#beta=xx_inv@xx_T@y        # Regression

beta=inv(xx_T@xx) @ xx_T@y        # Regression
```

Die Geradengleichung ist eine einfache Matrizenmultiplikation

```
################################################
# Geradengleichung
yx=xx@beta
```

Grafische Ausgabe

```
############## Grafikausgabe ###################
plt.figure(figsize=(6, 2))   # Kleinere Grafik
plt.scatter(x,y,color='k')
plt.plot(x,yx,color='r')
plt.xlabel('x',fontsize = 12)
plt.ylabel('y',fontsize = 12)
plt.xticks(fontsize = 12)
plt.yticks(fontsize = 12)
plt.grid(True)
plt.tight_layout()           # Optimiert die Platzierung der Elemente
plt.show()
```

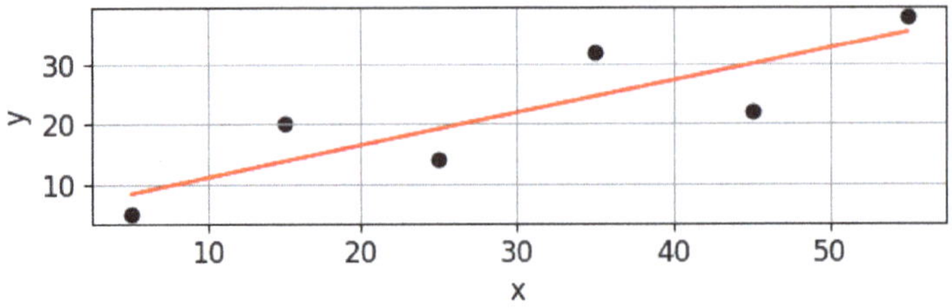

Bild 10.10 Messwerte und Regressionsgerade

Die Parameter sind:

```
beta
array([[5.63333333], Parameter β₀
       [0.54      ]]) Parameter β₁
```

Die Qualität der Anpassungsgeraden an die Messwerte wird durch den Korrelationskoeffizienten r beschrieben, der zwischen den Werten –1 und +1 schwanken kann.

$$-1 \leq r \leq 1 \tag{10.16}$$

Ein Korrelationskoeffizient $r = 0$ sagt aus, dass keine lineare Abhängigkeit zwischen x_i und y_i besteht. Es könnte aber durchaus ein nichtlinearer Zusammenhang bestehen. Mit $|r| = 1$ liegen die Werte y_i exakt auf der Geraden. Dies bedeutet eine vollkommene lineare Abhängigkeit. Zur Berechnung des Korrelationskoeffizienten werden die Summen der quadratischen Abweichungen benötigt.

$$Q_{xy} = \sum_{i=1}^{n} x_i y_i - n \cdot \overline{xy} = \sum_{i=1}^{n} (x_i - \overline{x})(y_i - \overline{y}) \tag{10.17}$$

$$Q_x = \sum_{i=1}^{n} x_i^2 - n \cdot \overline{x}^2 = \sum_{i=1}^{n} (x_i - \overline{x})^2 \tag{10.18}$$

$$Q_y = \sum_{i=1}^{n} y_i^2 - n \cdot \overline{y}^2 = \sum_{i=1}^{n} (y_i - \overline{y})^2 \tag{10.19}$$

Der Korrelationskoeffizient berechnet sich nach Formel 10.20 wie folgt:

$$r = \frac{Q_{xy}}{\sqrt{Q_x Q_y}} \tag{10.20}$$

Beispiel 10.3

```
# Korrelationskoeffizient
xm=1/n * eins_T@x       # Mittelwert x
ym=1/n * eins_T@y       # Mittelwert y
xc=x-xm                 # Abweichung zum Mittelwert
yc=y-ym                 # Abweichung zum Mittelwert
Qx=xc.T@xc              # Summe der quadratischen Abweichung x
Qy=yc.T@yc              # Summe der quadratischen Abweichung y
Qxy=xc.T@yc             # Summe der quadratischen Abweichung x y
r= Qxy/(np.sqrt(Qx*Qy)) # Korrelationskoeffizient
```

Der Korrelationskoeffizient ergibt sich zu $r = 0{,}85$.

Die Summenoperationen werden ausschließlich durch Matrizenoperationen ersetzt.

10.2.2 Ausgleichpolynom

Die lineare Regression kann auf Polynome angewendet werden und lässt sich mit dem Matrizenansatz leicht erweitern. Ein Polynom n-ten Grades kann mit der Formel 10.21 beschrieben werden.

$$y = \beta_0 + \beta_1 \cdot x + \beta_2 \cdot x^2 + \ldots + \beta_n \cdot x^n \tag{10.21}$$

Die Berechnung der Koeffizienten lässt sich nach der Formel 10.11 entsprechend durchführen. Die Matrix X enthält die Messwerte des Polynoms auf der rechten Seite und Y stellt die abhängige Variable dar.

$$\beta = \begin{bmatrix} \beta_0 \\ \beta_1 \\ \beta_2 \\ \vdots \\ \beta_n \end{bmatrix} = (X^T X)^{-1} X^T Y \tag{10.22}$$

Die Formel 10.15 wird mit den entsprechenden Messwerten erweitert. Für ein Polynom dritten Grades

$$y = \beta_0 + \beta_1 \cdot x + \beta_2 \cdot x^2 + \beta_3 \cdot x^3 \tag{10.23}$$

führt dies zu folgendem Gleichungssystemen Formel 10.24 und Formel 10.25.

$$(X^TX) = \begin{bmatrix} 1 & 1 & \dots & 1 \\ x_1 & x_2 & \dots & x_n \\ x_1^2 & x_2^2 & \dots & x_n^2 \\ x_1^3 & x_2^3 & \dots & x_n^3 \end{bmatrix} \begin{bmatrix} 1 & x_1 & x_1^2 & x_1^3 \\ 1 & x_2 & x_2^2 & x_2^3 \\ \vdots & \vdots & \vdots & \vdots \\ 1 & x_n & x_n^2 & x_n^3 \end{bmatrix}$$

$$= \begin{bmatrix} n & \sum_{i=1}^{n} x_i & \sum_{i=1}^{n} x_i^2 & \sum_{i=1}^{n} x_i^3 \\ \sum_{i=1}^{n} x_i & \sum_{i=1}^{n} x_i^2 & \sum_{i=1}^{n} x_i^3 & \sum_{i=1}^{n} x_i^4 \\ \sum_{i=1}^{n} x_i^2 & \sum_{i=1}^{n} x_i^3 & \sum_{i=1}^{n} x_i^4 & \sum_{i=1}^{n} x_i^5 \\ \sum_{i=1}^{n} x_i^3 & \sum_{i=1}^{n} x_i^4 & \sum_{i=1}^{n} x_i^5 & \sum_{i=1}^{n} x_i^6 \end{bmatrix} \tag{10.24}$$

und

$$X^TY = \begin{bmatrix} 1 & 1 & \dots & 1 \\ x_1 & x_2 & \dots & x_n \\ x_1^2 & x_2^2 & \dots & x_n^2 \\ x_1^3 & x_2^3 & \dots & x_n^3 \end{bmatrix} \begin{bmatrix} y_1 \\ y_2 \\ \vdots \\ y_n \end{bmatrix} = \begin{bmatrix} \sum_{i=1}^{n} y_i \\ \sum_{i=1}^{n} x_i y_i \\ \sum_{i=1}^{n} x_i^2 y_i \\ \sum_{i=1}^{n} x_i^3 y_i \end{bmatrix} \tag{10.25}$$

Beispiel 10.4

Mit einem Temperatursensor KTY81-210 soll eine Temperatur gemessen werden im Bereich zwischen -50 °C bis 130 °C. Die typischen Werte werden aus dem Datenblatt herausgelesen (hier etwas verkürzt). Der Sensor hat bei der Temperatur 25 °C einen Widerstand von 2000 Ω.

-50	-30	-10	0	10	30	50	70	90	110	130 °C
1030 Ω	1247 Ω	1495 Ω	1630 Ω	1772 Ω	2080 Ω	2417 Ω	2785 Ω	3182 Ω	3607 Ω	4008 Ω

Es soll der mathematische Zusammenhang zwischen Temperatur und Widerstand ermittelt werden.

Die Werte zeigen einen leicht quadratischen Zusammenhang. Es wird trotzdem zuerst ein linearer Ansatz gemacht.

$$y = \beta_0 + \beta_1 \cdot x$$

Das Ergebnis ist in Bild 10.12 zu sehen.

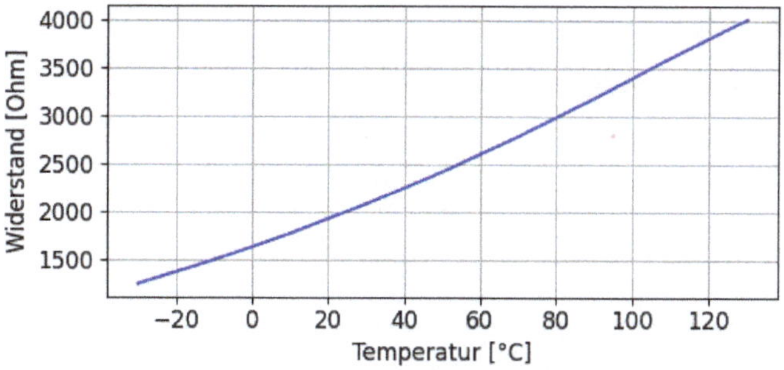

Bild 10.11 KTY-Sensor Widerstandsverlauf

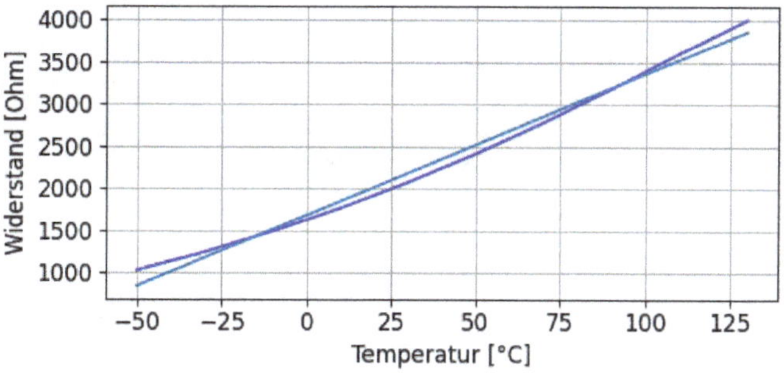

Bild 10.12 Temperaturkurve und Regressionsgerade

Die Fehlerbewertung wird anhand der Formel 10.26 durchgeführt.

$$\epsilon = \frac{1}{n}\sum_{i=0}^{n}(x_i - \widehat{x_i})^2 \tag{10.26}$$

x_i = Messwete, $\widehat{x_i}$ = geschätzter Wert

Mit dem quadratischen Ansatz gibt es eine sehr genaue Übereinstimmung. Die Messwerte und die Regression sind fast deckungsgleich.

$$y = \beta_0 + \beta_1 \cdot x + \beta_2 \cdot x^2 \tag{10.27}$$

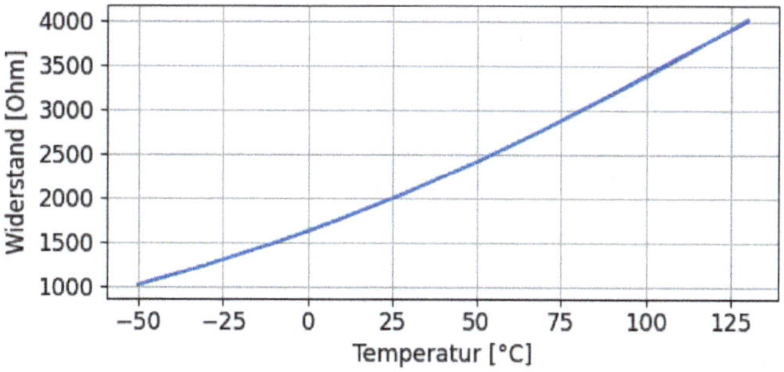

Bild 10.13 Messwerte und Temperaturkurve mit einer quadratischen Regression

Der entsprechende Code wird im Listing gezeigt.

```
##########################################
# CSV einlesen (ohne Header )
#
df = pd.read_csv(r"kty81_x.csv",
                 header=None,   # kein Header vorhanden
                 sep=',')
print(df.head())

# Messwerte einlesen,
Temp = df.iloc[:, 0] # Temperaturarray
minx = df.iloc[:, 1] # minimaler Widerstandswert lt. Datenblatt
TypW = df.iloc[:, 2] # typischer Widerstandswert lt. Datenblatt
maxx = df.iloc[:, 3] # maximaler Widerstandswert lt. Datenblatt

dT=Temp-25
##########################################
# Testdaten in eine Matrix legen
#
n=TypW.size                  # Dimension berechnen
eins=np.ones( (n) )          # 1DIM array mit einsen
xx=np.column_stack((eins,dT,dT**2))
yy=np.array( [TypW])         # 1DIM array

############################################
#Regression berechnen
#
AA=xx.T@xx
AA_I=inv(AA)
para1=AA_I @ xx.T @ yy.T        # Regression
```

Die Parameter sind:

```
beta
array([[2.00594228e+03], Parameter β0
       [1.56873634e+01], Parameter β1
       [3.41941312e-02]])Parameter β2
```

Der x-Wert ist hier auf 25 °C bezogen, sodass der Parameter β_0 den Widerstand bei 25 °C angibt. Der Fehler zu dem Wert ist durch den verkürzten Auszug aus dem Datenblatt zu erklären.

10.2.3 Lineare Regression und Differenzialgleichungen

Der Ansatz der Regression lässt sich auch auf Differenzialgleichungen anwenden. Hierbei ist es wichtig die richtige Anregungsfunktion zu wählen. In dem meisten Fällen wird eine Sprungfunktion gewählt. Ein weiteres Problem besteht in der Berechnung der Ableitungen. Für die Bildung der Ableitungen eignet sich das Savitzky-Golay-Filter. Das Savitzky-Golay-Filter ist ein digitaler Filter, das ein Gleitfenster über das Signal legt und in jedem Fenster ein Polynom niedrigen Grades an die Daten anpasst. Dabei kann es glätten und ableiten. Es werden drei Parameter eingestellt:

- Fenstergröße (muss ungerade sein),
- Polynomgrad (muss kleiner als Fenstergröße sein),
- Ableitungsordnung: 0 (Glättung), 1 (erste Ableitung), 2 (zweite Ableitung).

Das Savitzky-Golay-Filter wird im Kapitel Filter näher beschrieben. Python bietet eine Funktion für dieses Filter an. Die Vorteile sind:

- sehr gute Glättungseigenschaften bei gleichzeitigem Erhalt der Signalform,
- kein Phasenversatz (im Gegensatz zu vielen anderen Filtern),
- ideal für Ableitungen von Messdaten (z. B. Position → Geschwindigkeit → Beschleunigung).

Anhand eines Beispiels soll der Einsatz des Filters und die Regression gezeigt werden.

Beispiel 10.5

Es soll eine Parameteridentifikation für einen fremderregten Gleichstrommotor durchgeführt werden. Der Gleichstrommotor lässt sich mit den Differenzialgleichungen für den Ankerkreis und das Erregersystem beschreiben:

$$U_A = R_A \cdot I_A + L_A \cdot \frac{dI_A}{dt} + U_i \tag{10.28}$$

sowie

$$U_E = R_E \cdot I_E + L_E \cdot \frac{dI_E}{dt} \tag{10.29}$$

und für die Bewegungsgleichung mit der Formel 10.30.

$$M_i - M_{Last} = J\frac{d\omega}{dt} \tag{10.30}$$

Die induzierte Spannung wird durch das Erregerfeld und die Drehzahl gebildet mit

$$U_i = 2 \cdot \pi \cdot n \cdot k \cdot I_E$$

Der Erregerstrom I_E ist proportional zum Fluss Φ. Die Konstante k ist eine Maschinenkonstante. Das Drehmoment der Gleichstrommaschine wird gebildet durch:

$$M_i = k \cdot I_E \cdot I_A$$

Der Gleichstrommotor wurde simuliert und mit einer Sprungfunktion gestartet und wieder abgeschaltet. Die simulierten Messwerte sind in Bild 10.14 dargestellt. Der Erregerstrom wurde konstant auf 1 A eingestellt. Der Motor wurde ohne Last gestartet und erreicht die Leerlaufdrehzahl.

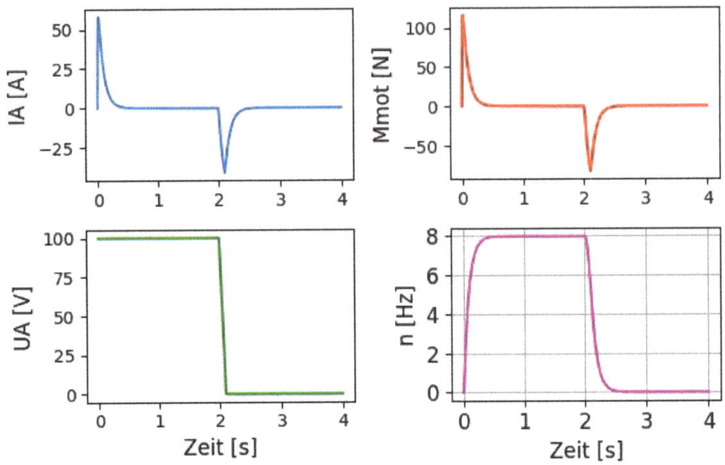

Bild 10.14 Messwerte einer Gleichstrommaschine

Die Kennwerte des Motors sind:

$R_A = 1{,}5\ \Omega$, $L_A = 0{,}0095\ \text{H}$, $R_E = 100\ \Omega$, $L_E = 0{,}95\ \text{H}$, $k = 2\ \frac{\text{Vs}}{\text{A}}$ und $J = 0{,}25\ \text{kgm}^2$.

Als Vorbereitung für die Regression müssen der Ankerstrom und die Drehzahl abgeleitet werden. Dies wird mit dem Savitzky-Golay-Filter durchgeführt. Die Abtastzeit (Schrittweite) ist $T_s = 1\ \text{ms}$.

```
from scipy.signal import savgol_filter

Ts=0.001
## Ableiten Savitzky
def ableitung(y_values):
    df =savgol_filter(y_values, window_length=9, polyorder=5, deriv=1,
delta=Ts)
    return df
```

Die Simulationsdaten werden aus einer csv-Datei eingelesen.

```
## CSV einlesen (ohne Header)
df = pd.read_csv(r"Simulationsdaten_GM.csv",
                 header=None,   # kein Header vorhanden
                 sep=',')
print(df.head())

zeit =df.iloc[:, 0]
UA = df.iloc[:, 1]    # Ankerspannung
IA = df.iloc[:, 2]    # Ankerstrom
Mot = df.iloc[:, 3]   # Drehmoment
nn  = df.iloc[:, 4]   # Drehzahl [Hz]
```

Ableiten der Messdaten und für die Drehzahl wird die Kreisfrequenz berechnet.

```
## Messdaten ableiten
IAp= ableitung(IA)
Omegp=ableitung(nn*2*np.pi)
```

Die Regression sieht dann folgendermaßen aus:

```
#########################################
# Daten in eine Matrix legen
# Ankerkreis
xx=np.column_stack((IA,IAp,UI))
yy=np.array( [UA])       # 1DIM Zeilenarray
yy=YY.T                  # Spaltenvektor
##########################################
#Regression berechnen
#
AA=xx.T@xx
AA_I=inv(AA)
para1=AA_I @ xx.T @ yy        # Regression
```

mit dem Ergebnis

```
array([[1.49950723e+00],
       [9.42985421e-03],
       [1.25661072e+01]])
```

Der erste Parameter entspricht dem Ankerwiderstand, der zweite Parameter die Ankerinduktivität und der dritte Parameter muss etwas näher erläutert werden. Die induzierte Spannung berechnet sich mit der Formel $U_\text{i} = 2 \cdot \pi \cdot n \cdot k \cdot I_\text{E}$. Der Erregerstrom I_E ist auf 1 A konstant gehalten und n stellt die Drehzahl in Hz dar, die gemessen wurde. Damit kann die Maschinenkonstante k berechnet werden.

$$k = \frac{12.566}{2 \cdot \pi \cdot 1\,\text{A}} = 1.999$$

Sie stimmt sehr gut mit dem Maschinenparameter überein. Dies gilt auch für den Ankerwiderstand. Die Abweichung der Induktivität lässt sich durch die Filterung erklären, um die Ableitung des Ankerstroms zu berechnen. Digitale Filter müssen einschwingen und zeigen ein Randverhalten. Das Savitzky-Golay-Filter benutzt ein symmetrisches Gleitfenster. Wenn z. B. window_length=31 gewählt wurde, dann braucht das Filter zur Berechnung für jeden Punkt 15 Werte davor und 15 danach. Am Anfang und Ende des Signals sind diese nicht vorhanden. Das Filter interpoliert oder extrapoliert dort intern. Das führt zu ungenaueren Ergebnissen an den Rändern. Bei Ableitungen fällt das sehr stark ins Gewicht.

Der Vollständigkeit halber soll auch noch das Trägheitsmoment berechnet werden.

```
#########################################
# Daten in eine Matrix legen
# Bewegungsgleichung
xx=np.array( [Omegp])  # Zeilenvektor
xx=xx.T
yy=np.array( [Mot])     # 2DIM array
yy=yy.T
##########################################
#Regression berechnen
#
```

```
AA=xx.T@xx
#AA_I=inv(AA)
AA_I=1/AA
para2=AA_I @ xx.T @ yy        # Regression
```

mit dem Ergebnis:

```
para2
array([[0.24999955]])
```

Das Trägheitsmoment wird sehr gut berechnet. Da in der Matrix *A* nur ein Skalar steht, reicht für die Matrixinversion eine Division aus.

10.2.4 Linearisierung

Die Regression lässt sich indirekt auch auf nichtlineare Funktionen anwenden. Hierfür muss die Ausgangsfunktion linearisiert werden. Ist die Ausgangsgleichung z.B. gegeben durch

$$y = a \cdot x^b \tag{10.31}$$

kann diese durch ein Logarithmieren in eine lineare Funktion überführt werden.

$$\ln(y) = \ln(a) + b \cdot \ln(x) \tag{10.32}$$

mit $u = \ln(y)$, $v = \ln(a)$ und $w = \ln(x)$ ergibt sich eine Geradengleichung

$$u = v + b \cdot w$$

Der Parameter b wird direkt durch die Regression ermittelt und der Parameter a wird über $a = \mathrm{e}^v$ zurückgewandelt. Mit diesem Ansatz können auch die Parameter einer Differenzialgleichung erster Ordnung berechnet werden. Die Lösung für eine Sprungfunktion ist gegeben durch eine e-Funktion:

$$x(t) = X_\mathrm{E} + (X_\mathrm{A} - X_\mathrm{E}) \cdot \mathrm{e}^{-\frac{t}{\tau}} \tag{10.33}$$

$X_\mathrm{A} = x(0)$ Anfangswert, $X_\mathrm{E} = x(\infty)$ Endwert, τ = Zeitkonstante

Dies soll anhand eines Beispiels gezeigt werden.

Beispiel 10.6

Angenommen es wird die Ladekurve eines Kondensators aufgenommen.

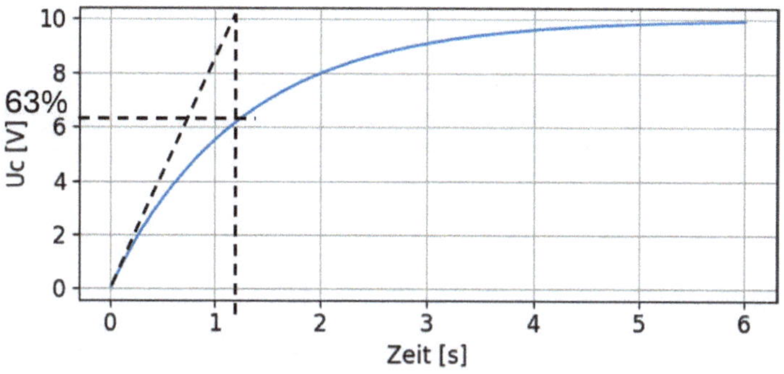

Bild 10.15 Sprungantwort eines PT1-Gliedes

Durch die grafischen Methoden mit Tangente oder den 63 % des Endwertes kann die Zeitkonstante ermittelt werden. Es kann für $\tau = 1{,}25$ s abgelesen werden.

Eine andere Möglichkeit wäre die Regression. Die Ausgangsgleichung

$$U_C = U_0(1 - e^{-\frac{t}{\tau}}) \tag{10.34}$$

muss für die Regressionsgleichung umgestellt werden. Dies ergibt

$$1 - \frac{U_C}{U_0} = e^{-\frac{t}{\tau}} \tag{10.35}$$

Mit dem Logarithmieren ergibt sich

$$\ln(1 - \frac{U_C}{U_0}) = -\frac{1}{\tau} \cdot t \tag{10.36}$$

In dieser Form kann der Regressionsalgorithmus angewendet werden.

```
## Vorbereitung
y=np.log(1-Uc/U0)
x=t
##########################################
# Daten in eine Matrix legen
#
xx=np.column_stack((x))
xx=xx.T
yy=np.array( [y])     # 1DIM array
yy=yy.T
############################################
#Regression berechnen
#
AA=xx.T@xx
AA_I=inv(AA)
para1=AA_I @ xx.T @ yy       # Regression
```

Das Ergebnis ist

```
paral
array([[-0.8]])
```

Das entspricht $\tau = \frac{1}{0{,}8} = 1{,}25$ s.

Für die Berechnung muss nicht die gesamte Messreihe ausgewertet werden. Eine Messwerterfassung bis 0,5 s würde das gleiche Ergebnis liefern.

10.3 Python in der Bildverarbeitung und OpenCV

Python hat sich als eine der beliebtesten Programmiersprachen für die Bildverarbeitung und Computer Vision etabliert. Dank der leistungsstarken Bibliotheken und Tools, die für Python verfügbar sind, wie OpenCV (Open Source Computer Vision Library), können Entwickler problemlos komplexe Bildverarbeitungsaufgaben wie Objekterkennung, Farbsegmentierung, Kantenerkennung und Bildmanipulation durchführen. Die Vielseitigkeit von Python, gepaart mit der enormen Funktionalität von OpenCV, ermöglicht eine breite Palette an Anwendungen, die von der Medizin bis hin zur Automatisierung reichen.

OpenCV ist eine weit verbreitete und leistungsstarke Open-Source-Bibliothek für die Computer Vision und Bildverarbeitung. Sie bietet eine Vielzahl von Funktionen zur Verarbeitung von Bildern und Videos in Echtzeit. OpenCV kann für Aufgaben wie Gesichtserkennung, Optische Zeichenerkennung (OCR), Videoanalyse, Kamerakalibrierung und viele weitere Anwendungen verwendet werden.

Die Bibliothek ist in C++ geschrieben, bietet jedoch Python-Bindings, sodass Python-Entwickler die Funktionen von OpenCV in ihren Projekten nutzen können. OpenCV ist plattformübergreifend verfügbar und funktioniert auf verschiedenen Betriebssystemen, darunter Windows, Linux und macOS.

10.3.1 Echtzeit-Objektmaskierung mit OpenCV

In diesem Abschnitt wird ein grundlegendes Bildverarbeitungsprogramm vorgestellt, das mithilfe von OpenCV in einem Live-Kamerabild bewegliche Objekte wie Menschen oder Gegenstände erkennen und hervorheben kann. Der Fokus liegt auf der Hintergrundsubtraktion, einem bewährten Ansatz zur zuverlässigen Trennung von Vordergrund und Hintergrund in Echtzeit, selbst bei wechselnden Lichtverhältnissen.

```
import cv2 as cv
import numpy as np
# Zugriff auf die Webcam (0 = Standardkamera)
cap = cv.VideoCapture(0)
while(1):
# Ein Frame (Bild) von der Kamera lesen
    _, frame = cap.read()
# Umwandlung des Bildes vom BGR- in den HSV-Farbraum
    hsv = cv.cvtColor(frame, cv.COLOR_BGR2HSV)
# Definition des unteren und oberen Farbwerts für Blau im HSV-Farbraum
    lower_blue = np.array([110, 50, 50])
    upper_blue = np.array([130, 255, 255])
# Erstellung einer Maske: nur Pixel im blauen Bereich bleiben erhalten
    mask = cv.inRange(hsv, lower_blue, upper_blue)
# Anwendung der Maske auf das Originalbild-zeigt nur die blauen
# Bereiche
    res = cv.bitwise_and(frame, frame, mask=mask)
# Anzeige des Originalbildes
    cv.imshow('frame', frame)
# Anzeige der Maske (weiß = blau erkannt, schwarz = alles andere)
    cv.imshow('mask', mask)
# Anzeige des Ergebnisses (nur blaue Teile des Bildes)
    cv.imshow('res', res)
# Warten auf Tastendruck(alle 5 ms)- bei ESC(Taste 27)wird abgebrochen
    k = cv.waitKey(5) & 0xFF
    if k == 27:
        break
# Alle Fenster schließen
cv.destroyAllWindows()
```

Erwartetes Ergebnis:

Das Programm zeigt drei Fenster an:

- Originalbild (frame) – Das aktuelle Kamerabild.
- Maske (mask) – Ein Bild, das die Bereiche des Bildes anzeigt, die die definierte blaue Farbe enthalten (in Weiß). Alle anderen Bereiche sind schwarz.
- Ergebnisbild (res) – Zeigt nur die blauen Bereiche des Bildes an, indem die Maske auf das Originalbild angewendet wird.

Das Programm läuft kontinuierlich und zeigt die Echtzeitmaskierung von blauen Objekten. Mit der ESC-Taste kann das Programm jederzeit beendet werden.

10.3.2 Objekterkennung mit YOLO (You Only Look Once)

Die Objekterkennung ist ein fundamentaler Bestandteil der Computer Vision und findet breite Anwendung in Feldern wie Sicherheitstechnik, Automatisierungsprozessen, Medientechnologien und der industriellen Fertigung. Während für einfache Szenarien ohne Objektüberlappungen oder bei einer geringen Anzahl zu detektierende Objekte klassische Bildverarbeitungsverfahren mit OpenCV erfolgreich eingesetzt werden können, stoßen diese Methoden bei komplexeren Aufgaben an ihre Grenzen. Sobald Objekte sich überlappen, die Anzahl der zu erkennende Objekte signifikant steigt oder eine robuste und genaue Erkennung unter verschiedenen Bedingungen gefordert ist, werden Methoden des maschinellen Lernens, insbesondere Deep-Learning-Ansätze wie YOLO (You Only Look Once), unerlässlich.

YOLO ist ein Deep-Learning-Modell, das sich durch seine Fähigkeit auszeichnet, mehrere Objekte in einem Bild gleichzeitig und in Echtzeit zu erkennen und zu klassifizieren. Im Gegensatz zu traditionellen Algorithmen, die das Bild in einzelne Regionen zerlegen und diese sequenziell analysieren, betrachtet YOLO das gesamte Bild in einem einzigen Durchlauf (daher der Name „You Only Look Once"). Dadurch kann YOLO die Position (mittels Begrenzungsrahmen) und die Klasse aller detektierten Objekte effizient vorhersagen. Dieses innovative Vorgehen resultiert in einem exzellenten Verhältnis von hoher Verarbeitungsgeschwindigkeit und bemerkenswerter Präzision, was YOLO zu einer der bekanntesten und am häufigsten verwendeten Deep-Learning-Methoden für anspruchsvolle Objekterkennungsanwendungen macht.

Das Modell YOLOv10 ist eine Weiterentwicklung der ursprünglichen YOLO-Architektur und bietet Verbesserungen in Bezug auf Genauigkeit und Verarbeitungsgeschwindigkeit. YOLOv10 ist darauf ausgelegt, selbst komplexe Aufgaben der Objekterkennung in Echtzeit mit einer großen Anzahl an Klassen effizient zu lösen. Es ist vielseitig und eignet sich für Anwendungen, bei denen sowohl hohe Präzision als auch schnelle Verarbeitung erforderlich sind, z. B. in Überwachungssystemen, Robotersteuerungen oder Autonomes Fahren.

Der folgende Code zeigt, wie das YOLOv10-Modell zur Objekterkennung in einem Live-Video-Feed eingesetzt wird. Dabei werden verschiedene Objekte wie Personen, Fahrzeuge oder Werkzeuge erkannt, die auf dem Bildschirm erscheinen. Eine Kamera wird verwendet, um die Bilder zu erfassen, und eine CSV-Datei wird erstellt, um die erkannten Objekte sowie deren Positionen zu protokollieren.

```
from ultralytics import YOLO
import cv2
import csv
import time
# Modell laden (YOLOv10x für höhere Genauigkeit, Yolo10n schneller)
model = YOLO('yolov10x.pt')  # Verwendung des YOLOv10x-Modells
# Deutsche Klassennamen (an Ihre Bedürfnisse anpassen)
deutsche_klassen = {
    'person': 'Person',
    'bicycle': 'Fahrrad',
    'car': 'Auto',
    'motorbike': 'Motorrad',
    'bus': 'Bus',
    'truck': 'LKW',
    'dog': 'Hund',
    'cat': 'Katze',
    'machine': 'Maschine',  # Beispiel für ein Industrieobjekt
    'tool': 'Werkzeug',  # Beispiel für ein Industrieobjekt
```

```
    'component': 'Bauteil',
    'robot': 'Roboter',
    'conveyor belt': 'Förderband',
}
# Kamera öffnen
cap = cv2.VideoCapture(0)

# Framerate des Eingabevideos abrufen (falls verfügbar)
fps = cap.get(cv2.CAP_PROP_FPS)
if fps == 0:  # Falls die Kamera keine FPS zurückgibt, einen Standardwert festlegen
    fps = 30

# Video-Writer initialisieren
fourcc = cv2.VideoWriter_fourcc(*'XVID')
out = cv2.VideoWriter('output.avi', fourcc, fps, (int(cap.get(3)), int(cap.get(4))))

# CSV-Datei initialisieren
csv_file = open('detections.csv', 'w', newline='')
csv_writer = csv.writer(csv_file)
csv_writer.writerow(['Frame', 'Objekt'])  # Header schreiben

frame_count = 0
start_time = time.time()  # Startzeit für die Framerate-Berechnung

while cap.isOpened():
    success, frame = cap.read()
    if success:
# Objekterkennung durchführen
        results = model(frame)

# Ergebnisse visualisieren (nur Objekte mit > 50% Sicherheit)
        annotated_frame = frame.copy()
# Originalframe kopieren, um darauf zu zeichnen

        detected_objects = []
        for result in results:
            boxes = result.boxes.cpu().numpy()
            for box in boxes:
                confidence = box.conf[0]
                if confidence > 0.5:
# Nur Objekte mit > 50% Sicherheit berücksichtigen
                    class_id = int(box.cls[0])
                    class_name = model.names[class_id]
                    detected_objects.append(class_name)

# Deutsche Übersetzung verwenden, wenn verfügbar
                    deutsche_name = deutsche_klassen.get(class_name, class_name)

# Begrenzungsrahmen und Beschriftung zeichnen
                    x1, y1, x2, y2 = map(int, box.xyxy[0])
                    cv2.rectangle(annotated_frame, (x1, y1), (x2, y2), (0, 255, 0),
2)
                    cv2.putText(annotated_frame, f'{deutsche_name} {confidence:.2f}',
(x1, y1 - 10),
                                cv2.FONT_HERSHEY_SIMPLEX, 0.5, (0, 255, 0), 2)
```

```
        csv_writer.writerow([frame_count, ', '.join(detected_objects)])
        # Ergebnisse in CSV schreiben

# Visualisiertes Bild anzeigen
        cv2.imshow('YOLOv8x Objekterkennung', annotated_frame)

# Frame in Video schreiben
        out.write(annotated_frame)

# 'Esc' oder beliebige Taste zum Beenden drücken
        if cv2.waitKey(1) != -1:
            break
        frame_count += 1
        end_time = time.time()
        elapsed_time = end_time - start_time
        target_delay = 1.0 / fps  # Zielverzögerung pro Frame
        actual_delay = target_delay - elapsed_time
        if actual_delay > 0:
            time.sleep(actual_delay)
        start_time = time.time()
    else:
        break
# Ressourcen freigeben
cap.release()
out.release()
csv_file.close()
cv2.destroyAllWindows()
```

Bild 10.16 Echtzeit-Objekterkennung mit YOLOv10

MediaPipe

MediaPipe ist ein von Google entwickeltes Framework zur KI-gestützten, echtzeitfähigen Analyse von Video- und Bilddaten, insbesondere im Bereich des maschinellen Sehens.

Es basiert auf vortrainierten, hochoptimierten Modellen und bietet sofort einsetzbare Pipelines für:

- Handerkennung
- Gesichtserkennung & Gesichtslandmarken,
- Ganzkörper-Pose-Erkennung,
- Objekterkennung,
- Gesichtsmaskierung, 3D-Effekte, und vieles mehr.

Dank der einfachen API lassen sich auch komplexe visuelle Aufgaben mit nur wenigen Zeilen Code umsetzen.

Bild 10.17
Porträt mit darüber gezeichnetem MediaPipe Face Mesh

Für die Benutzung von MediaPipe muss das Framework zunächst über die Python-Konsole mit folgendem Befehl installiert werden:

```
pip install mediapipe
```

Beispielanwendung: Erkennung und Verfolgung von Händen in Echtzeit

```
import mediapipe as mp
import cv2

mp_hands = mp.solutions.hands
hands = mp_hands.Hands()
cap = cv2.VideoCapture(0)

while True:
    ret, frame = cap.read()
    if not ret:
        break
    rgb = cv2.cvtColor(frame, cv2.COLOR_BGR2RGB)
    result = hands.process(rgb)

    if result.multi_hand_landmarks:
```

```
        for hand in result.multi_hand_landmarks:
            mp.solutions.drawing_utils.draw_landmarks(
                frame, hand, mp_hands.HAND_CONNECTIONS)

    cv2.imshow("Hände", frame)
    if cv2.waitKey(1) & 0xFF == 27:
        break
cap.release()
cv2.destroyAllWindows()
```

Erwartetes Ergebnis:

Das Programm zeigt in Echtzeit die Erkennung und Verfolgung von Händen. Wenn Hände erkannt werden, werden ihre Landmarken auf dem Kamerabild angezeigt.

10.4 Integration von Python-Code in LabVIEW

Kompatibilität von Python und LabVIEW

Für die Integration von Python in LabVIEW ist es entscheidend, dass sowohl LabVIEW als auch Python die gleiche Architektur (32-Bit oder 64-Bit) verwenden. Wenn LabVIEW in der 32-Bit-Version genutzt wird, sollte auch eine 32-Bit-Version von Python verwendet werden. Für LabVIEW in der 64-Bit-Version ist eine 64-Bit-Version von Python erforderlich. Anderenfalls können Kompatibilitätsprobleme auftreten, insbesondere bei der Verwendung des Python Nodes in LabVIEW. Es ist außerdem wichtig zu beachten, dass LabVIEW 2018 oder neuere Versionen die beste Unterstützung für Python 3.x bieten.

LabVIEW unterstützt Python-Skripte über den Python Node. Dieser Knoten ermöglicht das Ausführen von Python-Code direkt innerhalb eines LabVIEW-Diagramms.

Bild 10.18 zeigt, wie der Python-Node in LabVIEW verwendet wird, um die Python-Funktion „*neper_nach_db*“ aus der Datei „`nepper_db.py`“ aufzurufen. Dabei öffnet LabVIEW eine Python-Sitzung, übergibt einen Dämpfungswert in Neper an die entsprechende Funktion und gibt das berechnete Ergebnis aus, bevor die Sitzung wieder geschlossen wird.

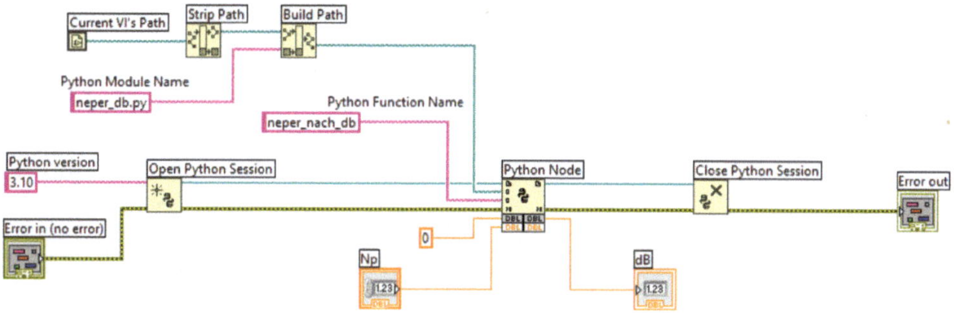

neper_db.py

```python
import math

def neper_nach_db(neper):
    """Wandelt Dämpfung von Neper (Np) nach Dezibel (dB) um."""
    db = neper * 20 * math.log10(math.e)
    return db

def db_nach_neper(db):
    """Wandelt Dämpfung von Dezibel (dB) nach Neper (Np) um."""
    neper = db / (20 * math.log10(math.e))
    return neper
```

Bild 10.18 Python-Code in LabVIEW: Umwandlung von dB in Nepper und umgekehrt

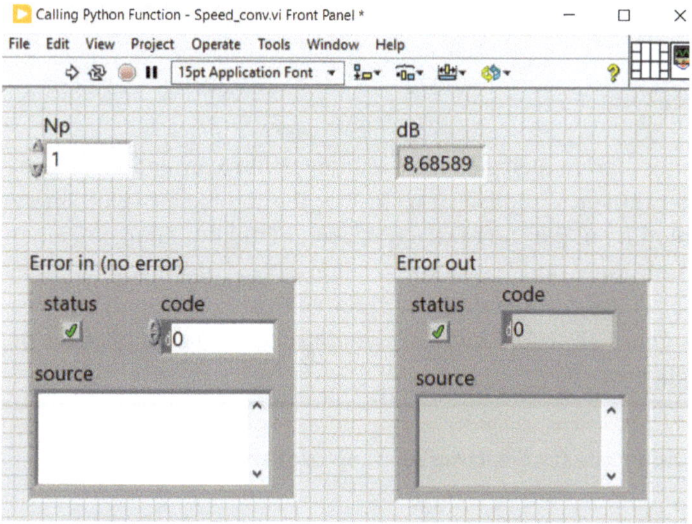

Bild 10.19 LabVIEW-Frontpanel: Umwandlung von dB in Nepper und umgekehrt

Bild 10.20 demonstriert die Integration von interaktiver Datenvisualisierung, generiert mit Python, in eine LabVIEW-Anwendung mithilfe des Python Node.

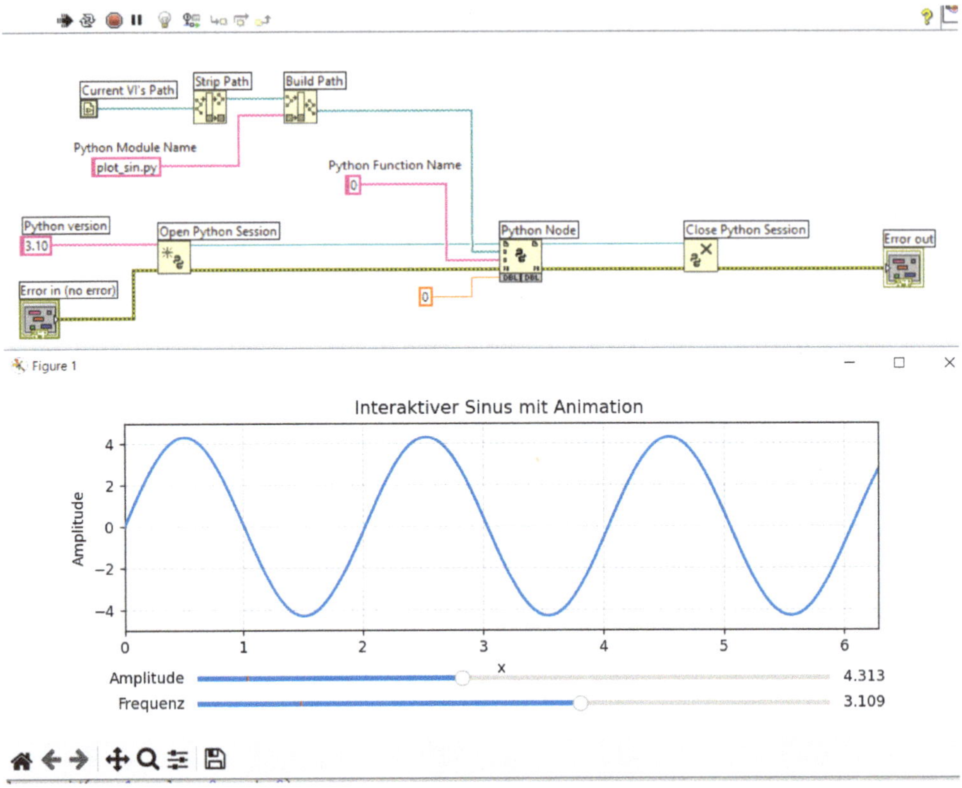

Bild 10.20 Interaktive Datenvisualisierung

Bild 10.20 zeigt ein leistungsstarkes Beispiel für die Integration von Python in LabVIEW zur Erstellung interaktiver Visualisierungen. Das Python-Skript (plot_sin.py) nutzt die Bibliothek matplotlib mit der interaktiven Backend-Funktionalität, um einen Plot mit veränderbarer Amplitude und Frequenz zu generieren. LabVIEW ruft dieses Python-Skript auf und bettet die resultierende interaktive Grafik in seine Benutzeroberfläche ein, wodurch dem LabVIEW-Benutzer dynamische Kontrolle über die visualisierten Daten ermöglicht wird.

Beispiel 10.7: Python-Code für Gesichterkennung zur Verwendung mit LabVIEW

Geben Sie einen Python-Code für die Gesichterkennung an, der in Verbindung mit LabVIEW verwendet wird. Der Code konvertiert ein Bild aus LabVIEW in ein OpenCV-kompatibles Format, erkennt Gesichter mithilfe von Haar-Cascade-Klassifikatoren und markiert diese Gesichter mit grünen Rechtecken. Anschließend wird das bearbeitete Bild zurück in das LabVIEW-Format konvertiert, um die Ergebnisse in LabVIEW anzuzeigen.

Lösung

```
import numpy as np
import cv2
import os

def convertToCV(image):
    """Konvertiert LabVIEW-Bild in OpenCV RGB-Format."""
    npimage = np.array(image)
    # Konvertiert das Bild in ein NumPy-Array.
    r = npimage // 65536 # Extrahiert den Rotkanal (höchste Bits).
    g = (npimage % 65536) // 256
    # Extrahiert den Grünkanal (mittlere Bits).
    b = npimage % 256 # Extrahiert den Blaukanal (niedrigste Bits).
    rgb_array = np.dstack((b,g,r))
    # Stapelt die RGB-Kanäle zusammen zu einem 3D-Array.
    return np.uint8(rgb_array)
    # Gibt das RGB-Bild im 8-Bit-Format zurück.

def convertToLV(np_image):
    """Konvertiert OpenCV-RGB-Bild zurück nach LabVIEW-Format."""
    b, g, r = np_image[:, :, 0], np_image[:, :, 1], np_image[:, :, 2]
    image = (r *65536 + g *256 + b).astype(int)
    return image.tolist()

def findFaces(lvimage, scale_factor=1.1, neighbors=5):
    """Erkennt Gesichter im LabVIEW-Bild mit Haar-Cascades."""
    image = convertToCV(lvimage)
    # Konvertiert das LabVIEW-Bild in ein OpenCV-kompatibles Bild
    img_copy = image.copy()
    gray = cv2.cvtColor(img_copy, cv2.COLOR_BGR2GRAY)
    # Wandelt das Bild in Graustufen um, da Haar-Cascades
    # Graustufenbilder benötigen
    # Pfad zur Haar-Cascade-Datei
    cascade_path = os.path.join(os.path.dirname(os.path.abspath(__file__)),
    'data', 'haarcascade_frontalface_alt.xml')
    face_cascade = cv2.CascadeClassifier(cascade_path)
    # Lädt die Haar-Cascade für die Gesichtserkennung
    # Gesichter erkennen
    faces = face_cascade.detectMultiScale(gray, scaleFactor=scale_factor,
    minNeighbors=neighbors)

    # Gesichter im Bild markieren
    for (x, y, w, h) in faces:
     cv2.rectangle(img_copy, (x, y), (x + w, y + h), (0, 255, 0), 2)

    return convertToLV(img_copy)
```

Bild 10.21 Gesichtserkennung mittels LabVIEW und Python

Teile des Codes basieren auf Software unter der MIT-Lizenz, bereitgestellt von Danielle Jobe, 2019.

10.5 Übungen

Aufgabe 10.1: Tankfüllstandsberechnung

Mithilfe eines Ultraschallsensors wird die Entfernung von der Oberkante eines liegenden, teilweise gefüllten Zylindertanks bis zur Flüssigkeitsoberfläche gemessen.

Gegeben: Länge des Zylinders L in Metern, Radius des Zylinders r in Metern und gemessene Entfernung x (in Metern) vom Sensor bis zur Flüssigkeitsoberfläche.

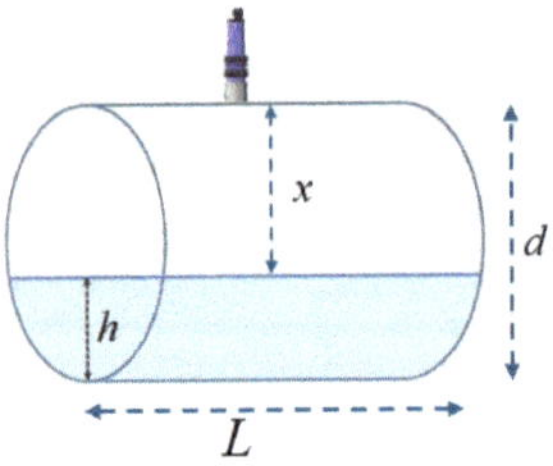

Bild 10.22 Tankfüllstandsberechnung

Gesucht:

a) Beweisen Sie, dass das Volumen V der Flüssigkeit in einem liegenden zylindrischen Tank mit folgender Formel berechnet wird:

$$V = r^2 \cdot L \cdot \left(\arccos\left(\frac{r-h}{r}\right) - (r-h) \cdot \frac{\sqrt{2rh - h^2}}{r^2} \right)$$

Dabei ist r der Radius des Zylinders, L die Länge des Tanks und h die Füllhöhe

b) Berechnen Sie das Volumen V der gefüllten Flüssigkeit im Tank, wenn L = 4 m, d = 2 m und die vom Ultraschallsensor gemessene Entfernung x = 0,8 m beträgt.

c) Schreiben Sie einen Python-Code, um zu visualisieren, wie sich der Prozentsatz des gefüllten Volumens in Abhängigkeit vom Verhältnis h/r verändert.

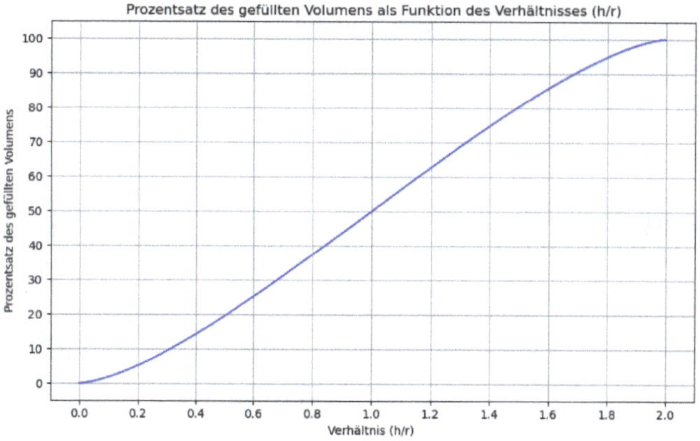

Bild 10.23 Prozentsatz des gefüllten Volumens in Abhängigkeit vom Verhältnis h/r

Aufgabe 10.2: Personenerkennung mit YOLOv8 und LED-Steuerung über NI USB-6009

Entwickeln Sie ein Python-Programm, das mithilfe des YOLOv10-Objekterkennungsmodells Personen auf einem Bild erkennt. Sobald mindestens eine Person erkannt wurde, soll eine grüne LED über ein NI USB-6009-Gerät eingeschaltet werden. Die LED bleibt während der Erkennung aktiv und wird danach wieder ausgeschaltet.

10.6 Lösungen

Lösung 10.1: Tankfüllstandsberechnung

a) Die Querschnittsfläche der Flüssigkeit ist ein Kreissegment im Kreis mit Radius r, bei Höhe h.

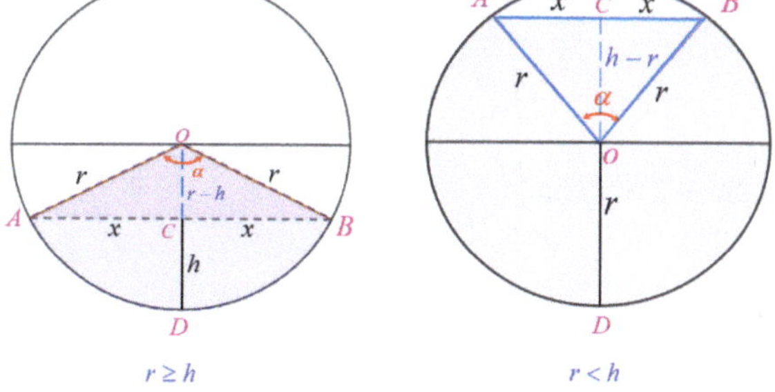

Bild 10.24 Füllstand eines liegenden zylindrischen Tanks bei $r \geq h$ bzw. $r < h$

Fall 1:

$$r \geq h \Rightarrow A_{\text{Segment}} = A_{\text{Sektor}} - A_{\text{Dreieck}} \tag{10.37}$$

Fläche des Kreissegments = Fläche des Kreissektors *OAB* – Fläche des Dreiecks *OAB*

Sei α der halbe Zentriwinkel des Kreissegments. Dann gilt:

$$\cos\left(\frac{\alpha}{2}\right) = \frac{(r-h)}{r} \Rightarrow \frac{\alpha}{2} = \arccos\left(\frac{r-h}{r}\right) \Rightarrow \alpha = 2\arccos\left(\frac{r-h}{r}\right) \tag{10.38}$$

Fläche des Kreissektors OAB

Die Fläche eines Kreissektors mit dem Zentriwinkel α ist gegeben durch:

$$A_{\text{Sektor}} = \frac{1}{2}r^2 \cdot \alpha = \frac{1}{2}r^2 \cdot 2\arccos\left(\frac{r-h}{r}\right) = r^2 \cdot \arccos\left(\frac{r-h}{r}\right) \tag{10.39}$$

Die Fläche des Dreiecks OAB

$$x = \sqrt{r^2 - (r-h)^2} \tag{10.40}$$

$$\Rightarrow A_{\text{Dreieck}} = \frac{1}{2} \cdot (r-h) \cdot 2x = (r-h) \cdot x = (r-h) \cdot \sqrt{r^2 - (r-h)^2} \tag{10.41}$$

Aus Formel 10.37, Formel 10.39 und Formel 10.41 folgt:

$$A_{\text{Segment}} = r^2 \cdot \arccos\left(\frac{r-h}{r}\right) - (r-h) \cdot \sqrt{r^2 - (r-h)^2} \tag{10.42}$$

Volumen des gefüllten Zylinders (*V*)

Das Volumen (*V*) der Flüssigkeit ergibt sich aus der Multiplikation der Querschnittsfläche (*A*) mit der Länge (*L*) des Zylinders:

$$V = L \cdot \left(r^2 \cdot \arccos\left(\frac{r-h}{r}\right) - (r-h) \cdot \sqrt{r^2 - (r-h)^2}\right) \tag{10.43}$$

$$\Rightarrow V = r^2 \cdot L \cdot \left(\arccos\left(\frac{r-h}{r}\right) - (r-h) \cdot \frac{\sqrt{r^2 - (r-h)^2}}{r^2}\right) \tag{10.44}$$

Fall 2:

$$h > r \Rightarrow A_{\text{Segment}} = A_{\text{Sektor}} + A_{\text{Dreieck}} \tag{10.45}$$

$$A_{\text{Dreieck}} = \frac{1}{2} \cdot (h-r) \cdot 2x = (h-r) \cdot x = (h-r) \cdot \sqrt{r^2 - (h-r)^2}$$

$$\Rightarrow A_{\text{Dreieck}} = -(r-h) \cdot \sqrt{2rh - h^2} \tag{10.46}$$

$$A_{\text{Sektor}} = \frac{1}{2}r^2 \cdot (2\pi - \alpha) = \frac{1}{2}r^2 \cdot \left(2\pi - 2\arccos\left(\frac{h-r}{r}\right)\right)$$

$$= \mathrm{r}^2 \cdot \left(\pi - \arccos\left(\frac{h-r}{r}\right)\right)$$

$$\arccos\left(\frac{h-r}{r}\right) = \pi - \arccos\left(\frac{r-h}{r}\right)$$

$$\Rightarrow A_{\text{Sektor}} = \mathrm{r}^2 \cdot \left(\pi - \pi + \arccos\left(\frac{r-h}{r}\right)\right) = r^2 \cdot \left(\arccos\left(\frac{r-h}{r}\right)\right) \tag{10.47}$$

Aus Formel 10.45, Formel 10.46 und Formel 10.47 folgt:

$$\Rightarrow V = r^2 \cdot L \cdot \left(\arccos\left(\frac{r-h}{r}\right) - (r-h) \cdot \frac{\sqrt{2rh - \mathrm{h}^2}}{r^2}\right) \tag{10.48}$$

b) $V = (1\,\mathrm{m})^2 \cdot 4\,\mathrm{m} \cdot$

$$\left(\arccos\left(\frac{1\,\mathrm{m} - 1{,}2\,\mathrm{m}}{1\,\mathrm{m}}\right) - (1\,\mathrm{m} - 1{,}2\,\mathrm{m}) \cdot \frac{\sqrt{2 \cdot 1\,\mathrm{m} \cdot 1{,}2\,\mathrm{m} - (1{,}2\,\mathrm{m})^2}}{(1\,\mathrm{m})^2}\right)$$

$$= 7{,}87245\,\mathrm{m}^3 = 7872{,}45\,\mathrm{l}$$

c)

```
import math
import matplotlib.pyplot as plt
import numpy as np
# Gegebene Werte
L = 1  # Länge des Zylinders in Metern (normiert)
r = 100   # Radius des Zylinders in Metern
# Liste von Werten für das Verhältnis h/r von 0 bis 2 in Schritten von 0.01
hr_values = np.arange(0, 2.01, 0.01)
# Liste der Prozentsätze des gefüllten Volumens für jeden Wert von h/r
percentage_filled_values = []
for hr in hr_values:
    h = hr * r
# Berechnung des Volumens des gefüllten Bereichs bis zur Höhe h
    V_filled = L * r**2 * math.acos(1 - h/r) - (r - h) * math.sqrt(2 * r * h - h**2)
# Berechnung des Prozentsatzes des gefüllten Volumens im Verhältnis zum Gesamtvolumen
    percentage_filled = (V_filled / (math.pi * r**2 * L)) *100
    percentage_filled_values.append(percentage_filled)
# Speichere Ergebnisse in einer Textdatei
with open('Ergebnisse.txt', 'w') as f:
    for hr, p in zip(hr_values, percentage_filled_values):
        f.write(f'Verhältnis (h/r): {hr:.2f}, Prozentsatz des gefüllten Volumens:
{p:.2f}\n')
# Erstellen des Diagramms
plt.plot(hr_values, percentage_filled_values)
plt.title('Prozentsatz des gefüllten Volumens als Funktion des Verhältnisses (h/r)')
plt.xlabel('Verhältnis (h/r)')
plt.ylabel('Prozentsatz des gefüllten Volumens')
# Achsenlimits und Achsenticks anpassen
plt.xticks(np.arange(0, 2.1, 0.2))  # x-Achse: Schritte von 0.2 Verhältnis (h/r)
plt.yticks([i for i in range(0, 101, 10)])  # y-Achse: Schritte von 10 Prozent
plt.grid(True)
plt.show()
```

Quellenverzeichnis

Literatur

Azizi, S. A.: Entwurf und Realisierung digitaler Filter. Oldenbourg Verlag, 1990
Bernstein, H.: Messelektronik und Sensoren. Springer Vieweg Verlag, 2024
Brigham, E. O.: FFT Schnelle Fourier-Transformation. Oldenbourg Verlag, 1989
Carter, B.; Mancini, R.: Op Amps for Everyone. Oxford: Newnes Verlag, 2017
Georgi, W.; Metin, E.: Einführung in LabVIEW. Carl Hanser Verlag, 2015
Krauer, N.: LabVIEW für Einsteiger. Carl Hanser Verlag, 2019
Hesselmann, N.: Digitale Signalverarbeitung. Vogel Buchverlag, 1987
Hoffmann, J.: Taschenbuch der Messtechnik. Carl Hanser Verlag, 2015
Hoffmann, J.; Trentmann W.: Praxis der PC-Messtechnik. Carl Hanser Verlag, 2002
Jamal, R.; Hagenstedt, A.: LabVIEW. Das Grundlagenbuch. Addison-Wesley-Verlag, 2004
Kiencke, U.; Kronmüller, H.; Eger, R.: Messtechnik. Springer Verlag, 2001
Lerch R.: Elektrische Messtechnik. Springer Verlag, 2016
Marchthaler, R; Dingler, S: Kalman-Filter, Springer Vieweg Verlag, 2024
McKinney, W; Lichtenberg, K: Datenanalyse mit Python. O'Reilly Verlag, 2018
Meffert, B.; Hochmuth O.: Werkzeuge der Signalverarbeitung. Pearson Studium, 2004
Meyer, M.: Signalverarbeitung. Vieweg Teubner Verlag, 2011
Mütterlein, B: Handbuch für die Programmierung mit LabVIEW´. Springer Verlag, 2007
National Instruments: User Guide and Specifications USB-6008/6009, 2023
Oppenheim, A. V.; Varghese G. C: Signals, Systems and Inference. Pearson Verlag, 2018
Profos, P.; Pfeifer, T.: Grundlagen der Meßtechnik. Oldenbourg Verlag, 1997
Rennert, I.; Bundschuh, B.: Signale und Systeme. Carl Hanser Verlag, 2013
Savitzky, A.; Golay, M. J. E.: Smoothing and Differentiation of Data by Simplified Least Squares Procedures. Analytical Chemistry, 36(8), 1627–1639, 1964
Schnell, G. (Hg.): Sensoren in der Automatisierungstechnik. Vieweg Verlag, 1991
Schwetlick, H.: PC-Meßtechnik. Vieweg Verlag, 1997
Tietze, U., Schenk, Ch., Gram, U.: Halbleiter-Schaltungstechnik. Springer Verlag, 2019
Tränkler, H. R.: Taschenbuch der Messtechnik. Oldenbourg Verlag, 1996

von Grünigen, D. Ch.: Digitale Signalverarbeitung. Carl Hanser Verlag, 2014

Vary P.; Martin R.: Digitale Sprachsignalverarbeitung. Springer Vieweg, 1998

Internet

Lohninger, H: Savitzky-Golay-Filter – Koeffizienten. *http://www.statistics4u.info/fundstat_germ/cc_savgol_coeff.html*, abgerufen: Mai 2025

Manurung, A.: Kalman. LabVIEW implmentation of Kalman Filter. *https://github.com/auralius/lv-kalman/tree/master*, abgerufen: Mai 2025

Sigma-Delta ADC Tutorial. *https://www.analog.com/en/resources/interactive-design-tools/sigma-delta-adc-tutorial.html*, abgerufen: Mai 2025

User Guide and Specifications NI USB-6008/6009 LabVIEW Hands-On Guide, 2006, abgerufen: Mai 2025

Index

D

E

F

G

H

I

K

L

M

N

O

P

V

W

Y

Z